环境影响评价实训教程
（第二版）

主　编：宋保平　王　娜

副主编：彭　林　潘　晓

中国环境出版集团·北京

图书在版编目（CIP）数据

环境影响评价实训教程 / 宋保平等主编. —2 版.
—北京：中国环境出版集团，2023.12
ISBN 978-7-5111-5653-2

Ⅰ．①环…　Ⅱ．①宋…　Ⅲ．①环境影响—评价—
高等学校—教材　Ⅳ．①X820.3

中国国家版本馆 CIP 数据核字（2023）第 201982 号

出 版 人	武德凯	
责任编辑	黄　颖	
封面设计	宋　瑞	

出版发行　中国环境出版集团
　　　　　（100062　北京市东城区广渠门内大街 16 号）
　　　　　网　　　址：http://www.cesp.com.cn
　　　　　电子邮箱：bjgl@cesp.com.cn
　　　　　联系电话：010-67112765（编辑管理部）
　　　　　　　　　　010-67147349（第四分社）
　　　　　发行热线：010-67125803，010-67113405（传真）
印　　刷　玖龙（天津）印刷有限公司
经　　销　各地新华书店
版　　次　2023 年 12 月第 2 版　2016 年 11 月第 1 版
印　　次　2023 年 12 月第 1 次印刷
开　　本　787×960　1/16
印　　张　27.75
字　　数　505 千字
定　　价　80.00 元

中国环境出版集团郑重承诺：
中国环境出版集团合作的印刷单位、材料单位均具有中国环境标志产品认证。

《环境影响评价实训教程（第二版）》编委会

主　编：宋保平　王　娜

副主编：彭　林　潘　晓

参　编：刘　征　王　娜　梁晶晶

主　审：宋保平

《环境影响评价实训教程（第一版）》编委会

主　编：宋保平　彭　林

副主编：张素珍

参　编：刘　征　王　娜　梁晶晶　张秀兰　翟兰英

主　审：赵旭阳

第二版 前 言

《环境影响评价实训教程》(第一版)自 2016 年 11 月出版以来,得到了教师和学生的认可。教师和学生的支持和鼓励对实际环境影响评价工作的不断发展有重要意义,也对我们编写者提出了更高的要求。为了更好地适应当前环境影响评价领域的发展和需求,我们对教材进行了进一步完善。

自 2016 年起,原环境保护部(现生态环境部)集中更新和修订了地表水、地下水、大气、土壤、生态等环境影响评价技术导则,为保证教材紧扣中国环境影响评价的最新政策、法策法规、标准和环境影响评价技术导则,努力践行"绿水青山就是金山银山"的发展方向,贯彻创新、协调、绿色、开放、共享的发展理念。本次修订主要遵循以下原则:一是体现本科应用型教育特色,突出解决实际问题能力的培养。本书在编写时不仅结合了最新的环境影响评价技术导则和方法,还特别加入了工程实例并进行了深入分析。二是突出内容的全面性。习近平总书记在党的二十大报告中强调要"深入推进环境污染防治""持续深入打好蓝天、碧水、净土保卫战""加强土壤污染源头防控"。第二版在第一版的基础上增加了土壤环境影响预测与评价一章,贴合了当前环保行业的发展。

全书内容共 15 章,其中第一章、第四章、第十四章由彭林、潘晓编写;第二章、第九章、第十三章、第十五章由刘征编写;第三章、第五章、第六章、第七章、第十二章由王娜、宋保平编写;第八章、第十章、第十一章由梁晶晶编写,全书最后由王娜、彭林统稿、定稿,宋保平主审。

　　由于编者水平和视野有限，时间仓促，教材中不当之处，敬请批评指正。联络邮箱：1102230@sjzc.edu.cn。

编　者

2023 年 3 月于石家庄

第一版 前 言

自 1969 年美国参众两院协商通过并由尼克松总统签署的《国家环境政策法》（NEPA）确定环境影响评价制度以来，全球 80 个国家开展了人类活动的环境影响评价工作，该制度在 1992 年联合国环境与发展大会形成的《里约宣言》中得到确认。

我国于 1973 年第一次环境保护会议开始，经历了科研尝试、探索发展、项目试点、区域试点、全面推行、规范化、专业化、制度化、职业化 9 个阶段，历经 40 多年。1993 年 9 月 18 日国家环境保护局批准的《环境影响评价技术导则 总纲》是环境影响评价规范化的标志；1996 年开始的建设项目环境影响评价工作上岗证考试是环境影响评价专业化的标志；2002 年 10 月 28 日全国人民代表大会常务委员会通过的《中华人民共和国环境影响评价法》是环境影响评价制度化的标志；2005 年 5 月 12 日至 13 日全国统一的环境影响评价工程师考试是环境影响评价职业化的标志。现在建设项目环境影响评价的技术方法、内容要求、标准体系、工作程序、管理制度已基本成熟，规划的环境影响评价还处在试行阶段，战略政策的环境影响评价尚未开始。

依据国家统计局网站的数据，1980 年中国的国内生产总值（GDP）为 4 551.6 亿元，2014 年为 636 138.7 亿元，经济总量增长了近 140 倍。在改革开放的前 20 年（1979—1999 年）里，投资与项目建设迅猛增长，但由于未受到环境资源的约束，全国环境质量恶化十分迅速。2000 年，开始要求所有建设项目均要进行环境影响评价，许多项目因环境影响评价不通过或停建，或改变厂址，或调整工艺，或更换设备，或另选环保原料，或重新设计产品方案等，虽然环境恶化的趋势没有改变，但恶化的速度在经济总量增加的前提下有所减缓，环境影响评价制度在保护环境方面起到了不可或缺的作用。

本书以建设项目的环境影响评价为主，兼顾战略政策环境影响评价，总结了编者多年从事环境影响评价工作与教学的实践经验，采用了最新的相关标准（导则或规范）、典型案例，全书主要结构与建设项目环境影响评价报告书结构相似。本书既体现了环境影响评价工作的最新实践要求，又反映了环境影响评价的发展方向；既体现了一定职业素质培养的目的，又构建了环境影响评价所需的较完整的知识体系。

目前，许多高校的地理类、环境类专业都开设"环境影响评价"课程，相关的教材种类也较多。但是，仍然缺少与环境影响评价实务操作契合度高的教材，另外，环境影响评价内容不断更新完善，标准、导则修订较快，教材编写滞后。因此，本书编者力图编制一部与当前环境影响评价工作高度吻合的实用性教程，适用对象为地理类、环境类专业的本科生，也可供环境管理工作者、环境保护从业者、环境影响评价工作者参考。

全书内容共14章，由石家庄学院资源与环境系宋保平、彭林主编，第一章、第四章、第十三章由彭林、宋保平编写；第二章、第九章、第十二章、第十四章由刘征、翟兰英编写；第三章、第五章、第六章、第十一章由王娜、刘征编写；第七章由宋保平、彭林编写；第八章、第十章由梁晶晶、王娜编写，全书最后由宋保平、彭林统稿、定稿，石家庄学院资源与环境系赵旭阳主审。

由于环境影响评价涉及要素多、领域广，编者水平和视野有限，因此教材中难免出现纰漏，敬请批评指正。联络邮箱：songbaoping@sjzc.edu.cn。

编　者

2016 年 3 月于石家庄

目　录

第一章 总 论

人类的任何活动都与环境有关，随着人类科技的进步与生产力的提高，对资源的支配力越来越强，对环境的干扰程度也越来越大，环境保护也就越来越重要。环境影响评价是环境保护中起到预防作用的重要一环，也是世界各国普遍采用的制度。

第一节 环境影响评价概述

一、环境影响评价的基本概念

（一）环境

从哲学的角度来看，环境是一个相对的概念，即一个对于主体（中心）而言的客体。环境与其主体是相互依存的，当主体或是中心不同时，相应的客体即环境也有所不同。例如，把人看作主体时，人周围的空气、大地、汽车都成了人的环境；把空气看作主体时，人就成了空气的环境。因此，明确主体是正确把握环境概念及其实质的前提。

在环境科学中，环境是指以人类为主体的外部世界，主要是地球表面与人类发生相互作用的自然要素及其总体。《中华人民共和国环境保护法》规定："本法所称环境，是指影响人类生存和发展的各种天然的和经过人工改造的自然因素的总体，包括大气、水、海洋、土地、矿藏、森林、草原、湿地、野生生物、自然遗迹、人文遗迹、自然保护区、风景名胜区、城市和乡村等。"《中华人民共和国环境保护法》中规定的环境就是我们在环境影响评价中必须执行的环境的实质，是以人类为主体的环境，即围绕着人群的空间，以及其中可以直接、间接影响人类生存和发展的各种自然因素与社会因素的总体，包括自然因素的各种物质、现象和过程，以及在人类历史中的社会、经济成分。

（二）环境系统

系统由相互作用的若干组成部分结合而成，是具有特定功能的整体，具有以下特征：

1）系统是由两个以上相互有区别的单元组合起来的，这些单元称为子系统或元素。

2）系统各单元之间具有物质、能量、信息的密切联系。

3）系统的总体功能和特性建立在各单元功能和特性的基础之上，但又不等同于单元功能之和或特性之和。

4）当系统中任一单元的变化超过一定范围时，将导致整个系统的结构和功能发生变化。

根据系统结构，可以把系统分为两大类：一类是系统的内部和外部事物之间没有物质、能量、信息等的联系，外部事物的变化不会使系统的结构发生改变，称为封闭系统；另一类是系统的内部事物和外部事物之间有着各种各样的物质、能量和信息等方面的联系，且外部事物的变化可以引起系统结构的改变，称为开放式系统。

环境是一个开放式系统，环境系统是指由围绕人群的各种环境因素构成的整体。这里所说的环境因素是环境系统的独立基本单元，包括生物的和非生物的，具体指大气、水体、土壤、岩石、热、光、声、重力与各种有机体等。一定时空中的环境因素通过物质交换、能量流动、信息交流等多种方式，相互联系、相互作用，形成了具有一定结构和功能的整体。环境系统是一个动态的系统，一直处于演变过程中，特别是在人类活动作用下，环境系统的组成和结构不断地发生变化。环境污染、生态破坏就是环境系统在人类活动作用下发生不良变化的结果。另外，环境系统具有一定程度的自我调节功能，具有相对的稳定性，即当把外界的侵扰控制在一定程度和范围之内时，环境系统能通过自身的调节作用，维持系统的组成结构不变和整体性能正常发挥。以系统论观点，正确、全面地认识环境，掌握环境系统的运动变化规律，从而选择适当的社会发展行为，是防止、减少直至解决环境问题的基础。

环境系统的范围视所研究和需要解决的环境问题而定，既可以是全球性的，也可以是局部性的。例如一个城市、区域、河流、工厂、村落等，都可以是一个单独的环境系统。环境系统也可以是几个要素交织而成的，如空气-水-土壤系统、水-土壤-生物系统、城市污水-土壤-农作物组成的污水灌溉系统等。

（三）环境的基本特性

1. 整体性与区域性

环境的整体性是指环境的各个组成部分和要素之间构成了一个完整的系统，故又称系统性。整体性是环境的最基本特性。整体虽然是由部分组成的，但整体的功能不是各组成部分的功能之和，而是由组成整体的各部分之间通过一定的联系方式所形成的结构，以及所呈现的状态而决定的。

环境的区域性是指环境"整体"特性的区域差异，即不同面积大小或不同地理位置的区域环境具有不同的整体特性。因此，区域性与整体性是同一环境特性在不同侧面上的表现。

2. 变动性与稳定性

环境的变动性是指在自然和人类社会行为的共同作用下，环境的内部结构和外在状态始终处于不断变化之中。

环境的稳定性是相对而言的，是指环境系统具有一定的自我调节功能的特性，也就是说，在人类社会行为作用下，环境结构与状态所发生的变化不超过一定限度时，环境可以借助自身的调节功能使这些变化逐渐消失，结构和状态得以恢复。

变动性与稳定性是共生的，是相辅相成的。变动是绝对的，稳定是相对的。

3. 资源性与价值性

人类之所以如此重视环境，其根本原因在于人类越来越深刻地认识到：环境是人类社会生存与发展须臾不可离开的依托。甚至可以说，没有环境就没有人类的生存，更谈不上人类社会的发展。从这个意义上来看，环境具有不可估量的价值。

环境价值源于环境的资源性。人类的繁衍、社会的发展都是源于周围环境不断提供物质和能量的结果，即环境是人类社会生存和发展不可或缺的资源。

（四）环境要素

环境要素也称环境基质，是环境系统的基本独立单元。环境要素可分为自然环境要素和社会环境要素，但通常所指的是自然环境要素；社会环境要素则是指人及人类长期实践所营造的环境要素。

环境系统和环境要素是不可分割的、联系在一起的。一方面，当环境系统处于稳定状态时，它的整体性作用就决定并制约着各环境要素在环境系统中的地位、作用，以及各要素之间的数量比例关系；另一方面，各环境要素间的联系方式和相互作用关系又决定了环境系统的总体性质和功能。地球表面各种环境要素及其相互关系的总和即地球环境系统。

（五）环境质量

环境质量是决定环境科学性质与特点的一个最重要的基本概念。它的逻辑前提是承认环境是一个整体、一个系统。环境质量是环境系统客观存在的一种本质属性，并且能用定性和定量的方法加以描述的环境系统所处的状态。

1. 环境质量的变异

环境质量的运动变化所遵循的客观规律，称为环境质量的变异规律。

（1）人类行为导致的环境质量变异

人类行为引起环境质量变异存在两个特点：一是人类整治农田、兴修水利、建厂挖山、兴办学校、架设桥梁等活动，都可以直接使环境质量发生很大的变异；二是由于各环境要素之间通过物质和能量的流动而存在十分密切的联系，因此，人类活动的作用虽然可能只是直接针对环境的某一要素，但环境质量的变异会因环境要素之间的连锁作用而在整体上显示出来，引起整个环境系统发生变化，造成环境质量的变异。

（2）自然力导致的环境质量变异

这类环境质量变异的规律可以分别从空间和时间两个角度上来认识。

环境质量的空间变异规律可以分为地带性变异和非地带性变异两种。地带性的环境质量变异主要是指地球表面环境状态在纬度方向以及经度方向上呈现的差异，比如从赤道到两极、从海洋到内陆的环境差异。

环境质量的时间变异规律可以分为节律性变异和非节律性变异两种。节律性变异又因为节律的长短而有快慢之分，快节律的变异是指环境质量的日变化、月变化和年变化；慢节律的变异是指年代、世纪，甚至万年、亿年时间尺度上的环境质量变化，又称演化性变异。非节律性变异往往是由重大的自然现象或自然灾害造成的，比如，火山爆发引起周围湖泊河流和土壤的酸化，山洪暴发冲毁堤坝、淹没农田，甚至破坏城市等。

2. 环境质量的价值

在哲学上，所谓价值就是客体与主体需要之间特定（肯定或否定）关系的主体性描述。这里所说的主体，在环境科学中是指人、人群或人类社会。在人类历史长河中，真正认识到环境质量的价值，是最近几十年的事。

1972年6月，联合国人类环境会议发表《人类环境宣言》，宣告："为现代人和子孙后代保护和改善人类环境已经成为人类一个紧迫的任务。""现在已达到历史上这样一个时刻：我们在决定世界各地的行动的时候，必须更加审慎地考虑它们对环境产生的后果。由于无知和不关心，我们可能给我们的生活和幸福所依靠的地球环境造成巨大的无法挽回的损害。反之，有了比较充分的知识和采取比较明智的行动，我们就可能使我们自己和我们的后代在一个比较符合人类需要和希望的环境中过着较好的生活。"这是人类对环境认识的一个飞跃，是人类思想、意识和价值观念的一次重大转变。它表明人类已经在思想中建立起了新的环境观念，并重新认识到环境质量对人类的价值。

人类社会生存发展的需要是多方面和多层次的，所以环境质量的价值具有多维性与动态性。我们可以从以下几个方面来理解：①环境是人类健康与生存的第一需要，所以环境质量应有一个最低标准；②环境是人类生活条件提高的需要，所以环境质量标准会因经济社会发展而有所不同；③环境是人类发展生产的需要，这是人类生存发展需要在另一个层次上的表现；④环境质量是维持自然生态系统良性循环的需要，这一需要虽然显得比较间接，但却是人类生存发展所不可或缺的，因为若没有一个良好的自然生态系统作后盾，人类追求的社会生态系统是不可能形成的。

环境质量在自然力和人类行为的共同作用下不断变化，人类生存发展的需要也在不断变化，因此，两者之间的具体关系也必然随之发生变化，这就是环境质量价值的动态性。一方面，表明人们对环境质量的需求是动态变化的；另一方面，表明在人类活动的干预下环境价值会发生变化。

（六）环境质量评价

环境质量评价是指依据一定的评价标准和方法对一定区域范围内的环境质量进行说明和评定。环境质量评价的对象是环境质量的价值而不是环境质量本身，探讨的是环境质量与人类生存发展需要之间的关系，即环境质量的社会意义。为了能对环境质量的价值作出正确的判断或评价，首先必须对环境质量本身的特点及其变异规律有所了解和掌握。

环境质量评价的目的是比较各地区所受污染的程度，反映环境质量价值、环境客观存在和人的环境质量需求之间的关系，从而为环境管理、环境规划、环境综合整治等提供依据。

环境质量评价的依据随评价主体的变化而变化，通常是以环境质量对人类生活和工作特别是对人类健康的适应程度为依据的。因此，在评价的过程中必然要折射出人的态度、意志和选择。而人是社会的、具体的、历史的和不断变化着的，因此，环境质量评价的一大特点是把一定的或变化着的环境状态，同不断发展着的人类需要联系起来加以判断。环境质量评价的另一个特点是环境质量评价的结果要受到道德准则的制约和影响。除上述两点外，环境质量评价还有许多其他特点，如综合性、动态性等。

环境质量评价是一个统称，它可以从不同的角度被分成许多类型，如从时间域上，可以分为环境质量回顾评价、环境质量现状评价、环境质量影响评价等；从空间域上，可以分为项目环境影响评价、区域（流域）环境质量评价、全球环境质量评价等；从要素上，可以分为大气环境质量评价、水环境质量评价、土壤环境质量评价等；从内容上，可以分为健康影响评价、经济影响评价、生态影响评价、风险评价、美学景观评价等。

环境质量评价是环境管理工作的一个重要组成部分和基础，是环境决策的科学依据。

（七）环境容量

环境容量是指对一定区域，根据其自然净化能力，在特定的污染源布局和结构条件下，为达到环境目标值，所允许的污染物最大排放量。环境容量是衡量和表征环境系统的结构、状态相对稳定性的概念，在环境影响评价的实践中常常定义为在污染物浓度不超过环境标准或基准的前提下，某地区所能允许的最大排放量。

环境容量是一种重要的环境资源，其基本特征是具有地域性。因地域的不同、时期的不同、环境要素的不同以及对环境质量要求的不同，环境容量也不同。一般来说，某区域环境容量的大小与该区域本身的组成、结构及其功能有关。通过人为调节和控制环境的物理、化学及生物学过程，改变物质的循环转化方式，可以增加环境容量，改善环境的污染状况。

按照环境要素的不同，环境容量可细分为大气环境容量、水环境容量、土壤环境容量、生物环境容量，以及人口环境容量、城市环境容量等。

（八）环境影响

环境影响是指人类活动（政治活动、经济活动和社会活动）对环境的作用和导致的环境变化，以及引起的对人类社会和经济的效应。

在研究一项开发活动对环境的影响时，首先应该注意那些受到重大影响的环境要素的质量参数变化。环境影响的作用是相对的，如高强度噪声对居民住宅区的影响比对工业区的影响大。这种环境影响是由造成环境影响的源和受影响的环境（受体）两个方面构成的。对人类开发活动进行系统分析，辨识出该项活动中那些能对环境产生显著和潜在影响的活动，就是"开发活动分析"，对于区域开发和建设项目而言即"工程分析"，对于规划项目而言则为"规划分析"。而辨识开发活动或建设项目对环境要素各种参数的各类影响，就是环境影响识别的任务。

按照不同的划分依据，环境影响有不同的分类，例如，根据影响的来源，可分为废气影响、废水影响、固体废物影响、噪声影响、放射性影响、生态影响；根据影响的途径，可分为直接影响、间接影响和累积影响；根据影响的效果，可分为有利影响和不利影响；根据影响的性质，可分为可恢复影响和不可恢复影响；根据影响的时间，可分为短期影响和长期影响；根据影响的范围，可分为地方影响、区域影响和全球影响；根据影响的时段，可分为建设阶段影响、运行阶段影响和服役期后影响。

（九）环境影响评价

环境影响评价是指对规划和建设项目实施后可能造成的环境影响进行分析、预测和评估，提出预防和减轻不良环境影响的对策和措施，进行跟踪监测的方法与制度。通俗来讲，就是分析项目建成投产后可能对环境产生的影响，并提出防止污染的对策和措施。

环境影响评价是我国环境保护法的基本制度之一。目前，我国的环境影响评价主要包括规划环境影响评价和建设项目环境影响评价两大类。规划和建设项目涉及不同的决策层，所以二者评价的基本任务不同。建设项目环境影响评价涉及建设单位、环境影响评价机构、环境影响评价文件的审批部门、建设项目的审批部门等；而规划环境影响评价中还涉及各级政府和政府有关部门，如规划的审批、编制等机构。

一个完整的建设项目环境影响评价，除了要对拟议中的建设项目动工之前进行环境影响评价，还包括后评价、"三同时"（建设项目中防治污染的设施必须与主体工程同时设计、同时施工、同时投产使用）、跟踪监测等一系列制度和措施。只有这样，环境影响评价制度才能发挥其应有的作用。

环境影响评价是通过对一个地区的自然条件、资源条件、环境质量条件和社会经济发展现状进行综合分析与研究，然后依据该地区环境、社会、资源的综合能力，将人类活动对环境的不利影响限制到最小。因此，环境影响评价是正确认识经济发展、社会发展和环境发展之间相互关系的科学方法，是强化环境管理的有效手段，对确定经济发展方向和保护环境等一系列重大决策都具有重要的指导作用。

（十）中国环境影响评价制度的特点

1．具有法律强制性

《中华人民共和国环境保护法》对环境影响评价作了明确要求，具有不可违抗的强制性。

2．纳入基本建设程序

未经生态环境主管部门批准环境影响报告书的建设项目，相关部门不办理设计任务书的审批手续，土地部门不办理征地，建设主管部门不办理开工许可，银行不予贷款等。

3．分类管理

《中华人民共和国环境影响评价法》和《建设项目环境保护管理条例》规定，对造成不同程度环境影响的建设项目实行分类管理：①对环境有重大影响的项目必须编写环境影响评价报告书；②对环境影响较小的项目应编写环境影响报告表；③对环境影响很小的项目，可只填报环境影响登记表。评价工作的重点也各有侧重：新建项目的评价重点主要是合理布局、优化选址和总量控制；扩建和技术改造项目的评价重点是工程实施前后可能对环境造成的影响及"以新带老"。

4．评价以工程项目和污染影响为主

长期以来，我国的环境影响评价以工程项目为主，很少对区域开发和公共政策进行环境影响的评价，同时评价的重点往往是污染影响，对经济和社会的影响

评价进行得很少。

二、环境质量评价的基本类型

目前，我国环境影响评价从业人员进行的环境质量评价包括建设项目环境影响评价和规划环境影响评价。

（一）建设项目环境影响评价

建设项目环境影响评价是环境影响评价体系中的基础，具有评价内容和评价结论针对性强的特点。

建设项目对环境的影响千差万别，不同行业、产品、规模、工艺、原材料所产生的污染物种类和数量不同，对环境的影响就不同，而且即使是相同的企业处于不同的地点、区域，对环境的影响也不一样。因此，我国对建设项目的环境保护实行分类管理。

《中华人民共和国环境影响评价法》第十六条和《建设项目环境保护管理条例》第七条规定，国家根据建设项目的环境的影响程度，对建设项目实行分类管理，分为环境影响报告书、环境影响报告表、环境影响登记表 3 类。1999 年，国家环境保护总局发布《建设项目环境影响评价分类管理名录（试行）》（环发〔1999〕99 号）（以下简称《分类名录》），之后国家生态环境主管部门定期根据技术进步与经济社会发展需要进行了多次修订。《分类名录》中对建设项目的环境影响评价分类管理进行了较详细的规定，是环境影响评价进行建设项目类型划分的重要依据之一。

建设项目所处环境的敏感性质和敏感程度，是确定建设项目环境影响评价类别的重要依据。涉及环境敏感区的建设项目，应当严格按照《分类名录》确定其环境影响评价类别，不得擅自提高或者降低环境影响评价等级。环境影响评价文件应当就该项目对环境敏感区的影响进行重点分析。跨行业、复合型建设项目，其环境影响评价类别按其中单项等级最高的确定。

《分类名录》未作规定的建设项目，其环境影响评价类别由省级生态环境主管部门根据建设项目的污染因子、生态影响因子特征及其所处环境的敏感性质和敏感程度提出建议，报国务院生态环境主管部门认定。《分类名录》中的环境敏感区，是指依法设立的各级各类自然、文化保护地，以及对建设项目的某类污染因子或者生态影响因子特别敏感的区域。

另外，《建设项目环境影响评价技术导则　总纲》（HJ 2.1—2016）规定，各类导则只适用于环境影响报告书和环境影响报告表，建设项目对环境影响轻微的环境影响登记表已无资格证书要求，也不需要专业人员进行填报，企业自行填报即可，这类建设项目数量不少。

（二）规划环境影响评价

从战略决策对环境影响的广度、深度、时间跨度来看，战略决策环境影响评价比单个建设项目的环境影响评价重要得多，技术上也面临更多的不确定性。目前，我国正在尝试的是规划环境影响评价，这只是众多战略环境影响评价（SEA）中的一种。

1970 年，美国《国家环境政策法》的颁布，标志着战略环境影响评价已经在美国以制度的形式确定下来，但当时学术界还没有正式提出战略环境影响评价概念，称战略环境影响评价为计划环境影响评价（PEIA）、规划环境影响评价、区域环境影响评价、环境累积影响评价、总体环境影响评价，或直接称为环境影响评价（EIA）。直到 20 世纪 90 年代，战略环境影响评价这一概念才由英国的 N.Lee、C.Wood 和 F.Walsh 等提出。Therivel 等在其合著的《战略环境评价》一书中正式给出 SEA 的定义，即战略环境影响评价可以看作环境影响评价在政策、计划和规划层次上的应用。

尽管中国在 1979 年就确立了环境影响评价制度。但是直到 20 世纪 90 年代以后，才意识到战略环境评价的重要性，并着手从概念引入、国外理论成果与实践经验的介绍、符合国内实际的理论研究与尝试性探索，到立法与制度体系的建立等展开了一系列工作。战略环境评价在我国是一项全新的工作，国外也处在理论研究和探讨阶段。我国在对战略环境评价立法及配套法规的制定过程中，充分吸收了欧盟、美国、加拿大、南非等国家（地区）在战略环境评价理论研究和实践中的经验，并与我国的具体实际相结合，走出了一条具有中国特色的战略环境评价之路。当然，随着理论研究的深入和实践经验的积累，战略环境评价制度体系还将不断充实和完善。

由于我国战略环境影响评价工作的成熟程度还不足以支撑行政与法律的环境保护工作，原国家环境保护总局（现生态环境部）依据《中华人民共和国环境影响评价法》在 2003 年发布了《规划环境影响评价技术导则（试行）》（HJ/T 130—2003）（2014 年、2019 年先后进行了修订），将规划环境影响评价依法纳入环境管理的范围。在 2019 年还发布了《规划环境影响评价技术导则 总纲》（HJ 130—2019），并且将规划的环境影响评价技术导则进行了分类细化，这有利于指导规划的环境影响评价工作。

因此，规划环境影响评价是指对规划实施后可能造成的环境影响进行预测、分析和评价，提出预防或者减轻不良环境影响的对策和措施，并对此后的环境影响情况进行跟踪监测与评价的方法和制度。其主要目的是参考规划区域的环境调查报告，根据环保方面的法律法规，通过对规划开发活动的环境影响预测与分析，提出在规划实施过程中可能出现的环境影响问题，完善开发活动规划，保障规划的实施与环境保护之间的协调。

三、环境影响评价的基础理论

（一）化学

在建设项目的环境影响评价过程中涉及石油化工、煤化工、精细化工等化工类项目，如果没有一定的化学理论素养，则无法完成评价工作；在专业的化工园区或某一化工行业的规划环境影响评价工作中，需要更为专业的化学理论素养，才能对一些宏观层面的污染源源项及物质的理化特性进行分析与评价，得出的结论才能为决策提供科学的依据。

对于化工类建设项目或规划，环境影响评价技术工作人员必须清楚原料的组成及占比、理化特性，掌握化学反应类型、过程及有无副反应，根据这一过程中物质的结构与状态变化、物质的去向（是进入产品、废水、废气还是固体废物中）确定各要素的污染因子、源强及其排放特征，确定产品标准，为防治措施的制定、污染源的达标评价、环境风险评价、环境影响预测与评价提供基础数据。

（二）物理学

在建设项目的工程分析中会经常遇到物质的物理加工过程，在跟踪物料的过程中会用到物质守恒定律，在噪声与振动的防治措施设计、噪声影响预测与评价、热污染影响评价等工作过程中会用到能量守恒定律，在空气质量影响预测与评价、水环境影响预测与评价、废气防治措施设计、废水防治措施设计等工作过程中会用到流体力学的相关原理，在核电与放射性预测与评价过程中涉及许多核物理中的相关理论。总之，作为环境影响评价的技术工作人员，必须有一定的物理学知识基础。

（三）数学

数学是研究一切定量关系的基本工具与理论基础，环境影响评价工作也不例外。函数及与函数相关的导数、微积分知识对环境影响的预测与评价十分重要，概率论及各种分布函数是建模的基础，同时也是模型预测结果误差分析所必需的知识。废气防治措施设计、废水防治措施设计、噪声与振动的防治措施设计中均以定量关系为主，没有较高的数学理论水平根本无法完成。所以，环境影响评价工程师必须具备一定的数学理论素养。

（四）生物学与生态学

人类的一切活动均是在某一特定的生态环境中进行的，所以环境影响评价工作与生物学的概念、理论知识的关系非常紧密。在废气防治措施、废水防治措施、生态修复等工作过程中会用到微生物及其相关原理，在生态环境影响评价的工作过程中会用到植物学、动物学、普通生态学、景观生态学、城市生态学等生物科学的许多概念与理论。随着生物科学技术的进步，对于从事环境保护，尤其是从事环境影响评价的工作者来说，生物科学会越来越重要，环境保护工作技术人员不仅应具有很好的生物科学的理论修养和完善的知识体系，还应密切关注生物科学的前沿技术，让环境保护工作与生物科技水平同步发展，保护环境，造福人类。

（五）制图学

在《环境影响评价技术导则》中对图件有明确的规定，图件也是环境影响评价的重要表达方式之一，所以环境影响评价工作人员必须掌握摄影测量与遥感、地理信息系统（GIS）、地图学、工程制图等学科的理论知识与操作技能，能在工作中完成各种图件的绘制。在大尺度的生态评价中摄影测量与遥感、GIS 技术显得尤为重要。

（六）地球科学

地球科学是指一切研究地球的科学，学科范围广泛，其主要包括地质学、地理学，以及其他衍生学科。环境影响评价一般在 3 种情况下会涉及地球科学问题：一是自然地理环境要素本身是环境影响评价的对象，因此其特性及演化规律是环境影响预测和评价的基础，如大气环境、水环境等；二是环境影响评价对象受自然地理要素的影响，如生态环境受自然地理环境各要素的综合影响、地形地貌对噪声的影响；三是对地球科学研究技术手段的利用，如环境调查、成果呈现要用到"3S"（遥感、地理信息系统、全球定位系统的合称）技术，地下水调查可能要用到同位素技术等。

四、环境影响评价的发展历程与展望

（一）环境影响评价制度的由来

环境影响评价的概念，最早是在 1964 年加拿大举行的一次关于国际环境质量评价的学术会议上提出来的。1969 年美国《国家环境政策法》（NEPA）把环境影响评价作为联邦政府管理中必须遵循的一项制度确立下来，开创了将该项制度纳入法律规定的先河。该法自 1970 年 1 月 1 日起正式实施，其中，第二节第二条第三款规定：在对人类环境质量具有重大影响的每项生态建议或立法建议报告和其他重大联邦行动中，均应由提出建议的机构协商相关主管部门后，提供一份详细报告，说明拟议中的行动将会对环境和自然资源产生的影响、采取的减缓措施以及替代方案等。该报告应同建议报告一并提交给总统和环境质量委员会，依照相关规定向社会公布，并按法定程序进行审查。

继美国建立环境影响评价制度后，瑞典（1970 年）、新西兰（1973 年）、加拿大（1973 年）、澳大利亚（1974 年）、马来西亚（1974 年）、德国（1976 年）、印度（1978 年）、菲律宾（1979 年）、泰国（1979 年）、中国（1979 年）、印度尼西亚（1979 年）、斯里兰卡（1979 年）等国家也相继建立了环境影响评价制度。与此同时，国际上也成立了许多环境影响评价的相关机构，召开了一系列有关环境影响评价的会议，开展了环境影响评价的研究和交流，进一步促进了各国环境影响评价的应用与发展。

1970 年，世界银行设立环境与健康事务办公室，对其每一个投资项目的环境影响作出评价和审查。1974 年，联合国环境规划署与加拿大联合召开了第一次环境影响评价会议。1984 年 5 月，联合国环境规划理事会第 12 届会议建议组织各国环境影响评价专家进行环境影响评价研究，为各国开展环境影响评价提供方法和理论基础。1992 年，联合国环境与发展大会在里约热内卢召开，会上通过的《里约环境与发展宣言》和《21 世纪议程》中，都写入了有关环境影响评价的内

容。《里约环境与发展宣言》宣告：对于拟议中可能对环境产生重大不利影响的活动，应进行环境影响评价，并且由国家相关主管部门作出决策。1994 年，由加拿大和国际影响评价协会（IAIA）在魁北克市联合召开的第一届国际环境影响评价部长级会议，有 52 个国家和组织机构参加，会议作出了进行环境影响评价有效性研究的决议。

经过几十年的发展，已有 100 多个国家（地区）建立了环境影响评价制度。同时，环境影响评价的内涵也不断得到丰富，已从对自然环境的影响评价发展到对社会环境的影响评价，自然环境的影响不仅考虑环境污染，还注重生态影响，开展环境风险评价，关注累积性影响并开始对环境影响进行后评价。环境影响评价的应用对象也从最初单纯工程项目环评，发展到区域开发环评和战略环评，环境影响评价的技术、方法和程序也逐渐完善。

（二）我国环境影响评价制度的发展历程

1．引入和确立阶段（1973—1979 年）

从 1973 年第一次全国环境保护会议后，环境影响评价的概念开始引入我国。高等院校和科研单位的一些专家、学者，在报刊和学术会议上宣传和倡导环境影响评价，并参与了环境质量评价及其方法的研究。同年，北京西郊环境质量评价研究协作组成立，随后官厅流域、南京市、茂名市开展了环境质量评价。

1977 年，中国科学院召开区域环境学讨论会，推动了大中城市环境质量现状评价。1978 年 12 月 31 日，中发〔1978〕79 号文件批转的国务院环境保护领导小组《环境保护工作汇报要点》中，首次提出了环境影响评价的意向。1979 年 4 月，国务院环境保护领导小组在《关于全国环境保护工作会议情况的报告》中，把环境影响评价作为一项方针政策再次提出。在国家支持下，北京师范大学等单位率先在江西永平铜矿开展了我国第一个建设项目的环境影响评价工作。

1979 年 9 月，《中华人民共和国环境保护法（试行）》颁布，规定"一切企业、事业单位的选址、设计、建设和生产，都必须注意防止对环境的污染和破坏。在进行新建、改建和扩建工程中，必须提出环境影响报告书，经环境保护主管部门和其他有关部门审查批准后才能进行设计"。至此，我国的环境影响评价制度得以正式确立。

2．规范和建设阶段（1979—1989 年）

环境影响评价制度确立后，相继颁布的各项环境保护法律法规不断对环境影响评价进行规范，并通过部门行政规章，逐步明确了环境影响评价的内容、范围和程序，环境影响评价的技术方法也不断完善。

1989 年颁布的《中华人民共和国环境保护法》第十三条规定："建设污染环境的项目，必须遵守国家有关建设项目环境管理的规定。建设项目的环境影响报告书，必须对建设项目产生的污染和对环境的影响作出评价，规定防治措施，经项目主管部门预审，并依照规定的程序报环境保护行政主管部门批准。环境影响报告书经批准后，计划部门方可批准建设项目设计任务书。"与此同时，该法对环境影响评价制度的执行对象和任务、工作原则和审批程序、执行时段和与基本建设程序之间的关系作了原则性规定，成为行政法规中具体规范环境影响评价制度的法律依据和基础。

另外，1982 年颁布的《中华人民共和国海洋环境保护法》第六条、第九条和第十条，1984 年颁布的《中华人民共和国水污染防治法》第十三条，1987 年颁布的《中华人民共和国大气污染防治法》第九条，1988 年颁布的《中华人民共和国野生动物保护法》第十二条，以及 1989 年颁布的《环境噪声污染防治条例》第十五条等，都有类似规定。

其他相关部门在保证环境影响评价制度有效执行的同时，对环境影响评价的技术方法也进行了广泛研究和探讨，并取得了明显的进展。这一阶段主要的部门行政规章如下：

1）1981 年，国家计划委员会、国家基本建设委员会、国家经济委员会、国务院环境保护领导小组颁布的《基本建设项目环境保护管理办法》，明确把环境影响评价制度纳入基本建设项目审批程序中。

2）1986 年，国务院环境保护委员会、国家计划委员会、国家经济委员会颁布的《建设项目环境保护管理办法》，明确规定了建设项目环境影响评价的范围、程序、审批和环境影响报告书（表）编制格式。

3）1986 年，国家环境保护局颁布的《建设项目环境影响评价证书管理办法（试行）》，确立了环境影响评价的资质要求，从而成为核发综合和单项环境影响评价证书、建立环境影响评价专业队伍的法律依据。

4）1989 年 5 月，国家环境保护局、财政部、国家物价局发布的《建设项目环境影响评价收费标准的原则与方法（试行）》，确定了环境影响评价"按工作量收费"的收费原则。

这一阶段制定的主要部门行政规章还有《关于建设项目环境影响报告书审批

权限问题的通知》《关于建设项目环境管理问题的若干意见》《建设项目环境影响评价证书管理办法》等。各地方也根据《建设项目环境保护管理办法》制定了适用于本地的建设项目环境影响评价行政法规，各行业主管部门也陆续制定了建设项目环境保护管理的行业行政规章，初步形成了国家、地方、行业相配套的建设项目环境影响评价的多层次法规体系。

3．强化和完善阶段（1989—2002 年）

从《中华人民共和国环境保护法》（1989 年）的实施至《中华人民共和国环境影响评价法》（2002 年）经全国人民代表大会常务委员会通过，是建设项目环境影响评价逐渐强化和完善的阶段。

《中华人民共和国环境保护法》第十三条重新规定了环境影响评价制度，并且随着我国改革开放的深入发展和社会主义计划经济向市场经济转轨，建设项目的环境保护管理也不断得到改革和强化。这期间加强了国际合作与交流，进一步完善了我国的环境影响评价制度。

针对建设项目的多渠道立项现象和开发区的兴起，1993 年国家环境保护局发布《关于进一步做好建设项目环境保护管理工作的几点意见》，提出了先评价、后建设，以及环境影响评价分类指导和开发区进行区域环境影响评价的规定。

1993—1997 年，国家环境保护局陆续发布了《环境影响评价技术导则　总纲》《环境影响评价技术导则　大气环境》《环境影响评价技术导则　地表水环境》《环境影响评价技术导则　声环境》《辐射环境保护管理导则》《电磁辐射环境影响评价方法与标准》《火电厂建设项目环境影响报告书编制规范》《环境影响评价技术导则　非污染生态影响》等，环境影响评价技术规范的制定工作得到加强。

1996 年召开第四次全国环境保护工作会议以后，各级环境保护主管部门认真落实《国务院关于环境保护若干问题的决定》，严格把关，坚决控制新污染，对不符合环境保护要求的项目实施"一票否决"。各地加强了对建设项目的审批和检查，并实施污染物总量控制，环境影响评价中提出了"清洁生产"和"公众参与"的要求，强化了生态影响评价，环境影响评价的深度和广度得到进一步扩展。国家环境保护局又开展了环境影响后评价试点，对海口电厂、齐鲁石化等项目作了认真的后评价研究，积累了宝贵经验。

1998 年 11 月 29 日，国务院颁布《建设项目环境保护管理条例》（国务院令　第253 号），这是建设项目环境管理的第一个行政法规，其中对环境影响评价作了明确规定。

1999 年 3 月，国家环境保护总局发布《建设项目环境影响评价资格证书管理办法》，对评价单位的资质进行了规定；4 月，又发布了《建设项目环境保护分类管理名录（试行）》。

4. 提高和拓展阶段（2002 年至今）

2002 年 10 月 28 日，第九届全国人民代表大会常务委员会通过了《中华人民共和国环境影响评价法》，并于 2003 年 9 月 1 日起正式实施。环境影响评价从项目环境影响评价进入规划环境影响评价，是环境影响评价制度的最新发展。

国家环境保护总局依照法律的规定，初步建立了环境影响评价基础数据库：颁布了《规划环境影响评价技术导则（试行）》，明确了规划环境影响评价的基本内容、工作程序、指标体系以及评价方法等；还会同有关部门制定了《编制环境影响报告书的规划的具体范围（试行）》和《编制环境影响篇章或说明的规划的具体范围（试行）》，并经国务院批准，予以发布。制定了《专项规划环境影响报告书审查办法》（国家环境保护总局令 第 18 号）、《环境影响评价审查专家库管理办法》（国家环境保护总局令 第 16 号），设立了国家环境影响评价审查专家库。

为了加强环境影响评价管理，提高环境影响评价专业技术人员素质，确保环境影响评价质量，2004 年 2 月，人事部、国家环境保护总局决定在全国环境影响评价行业建立环境影响评价工程师职业资格制度，对环境影响评价从业者提出了更高的要求。

为了加强对规划的环境影响评价工作，提高规划的科学性，从源头预防环境污染和生态破坏，促进经济、社会和环境的全面协调可持续发展，根据《中华人民共和国环境影响评价法》，我国于 2009 年 10 月 1 日正式施行《规划环境影响评价条例》，不仅为规划环评提供了具有可操作性的法律依据，更重要的是重塑了政府宏观决策的程序规则，标志着环境保护参与综合决策进入了新阶段。与《中华人民共和国环境影响评价法》相比，《规划环境影响评价条例》细化了很多条款，明确了审查部门、程序、内容等，在跟踪评价和责任追究等方面也增加了内容。

（三）我国环境影响评价的管理体制

目前，我国环境影响评价的主管部门是生态环境部，由生态环境部下设机构环境影响评价与排放管理司开展具体管理工作。环境影响评价与排放管理司的职责：负责从源头准入到污染物排放许可控制预防环境污染和生态破坏；拟订并组织实施政策、规划与建设项目环境影响评价和排污许可相关法律、行政法规、部门规章、标准及规范；组织开展区域空间生态环境影响评价；组织编制和实施"三线一单"；组织审查规划环境影响评价文件；按权限审批涉核与辐射、海岸及海洋工程以外建设项目环境影响评价文件；指导实施建设项目环境影响登记备案；开展建设项目环境影响评价文件的技术复核；组织开展建设项目环境影响后评价；承担排污许可综合协调和管理工作；指导协调新建项目环境社会风险防范化解。

环境影响评价与排放管理司内设综合处、区域与规划环境影响评价处、环境影响评价与固定污染源排污许可一处、环境影响评价与固定污染源排污许可二处、资源开发与基础设施环境影响评价处 5 个机构，具体职责分工可登录生态环境部网站查询。

在生态环境部环境影响评价与排放管理司之外，还有生态环境部直属技术支撑机构——环境工程评估中心。环境工程评估中心内设排污许可技术部、生态环境执法研究部、区域环评与规划评估部、能源评估部、交通评估部、石化轻纺评估部、冶金机电与社会事业评估部、产业发展生态环境评价部、生态环境影响数值模拟研究部等专业机构来分类研究、指导环境影响评价工作，相关信息可登录环境影响评价网查询。

可以说，全国的环境影响评价管理体系已经成熟，完全能胜任环境影响评价的所有工作。

（四）中国环境影响评价工作的展望

目前，我国正处于第二个百年奋斗目标的加速发展时期，转变经济增长方式，实现高质量发展已达成共识。

自 2005 年环境影响评价工程师职业资格首次考试以来，环境影响评价的职业化制度日趋完善，从业人员以环境影响评价工程师的名义从事环境影响评价工作，并对其结论承担相应的法律责任。另外，根据《建设项目环境影响评价机构资质管理办法》（2006 年 1 月 1 日实施，于 2015 年 9 月进行了修订）的规定，凡从事环境影响评价、技术评估和环境保护验收的单位，均应配备一定数量的环境影响评价工程师。该制度的实施对建设项目环境影响评价工作产生很大的促进作用，无论是评价机构还是环境影响评价从业人员，都有了明确的身份和努力的方向。从 2011 年起，部分省、市开始了规划环境影响评价的试点工作，2019 年生态环境部又推出、修改了规划环境影响技术导则，使环境影响的评价对象由微观向宏观推进，这将对环境影响评价行业产生深远影响，也将使环境影响评价发挥更为重要的环境保护作用。

在 2020 年 9 月 22 日召开的第 75 届联合国大会上，习近平主席提出中国"二氧化碳排放力争于 2030 年前达到峰值，努力争取 2060 年前实现碳中和"的战略目标，明确了中国在面对全球气候变化问题的任务与担当。2021 年 7 月 21 日，生态环境部发布《关于开展重点行业建设项目碳排放环境影响评价试点的通知》（环办环评函〔2021〕346 号），在河北、吉林、浙江、山东、广东、重庆、陕西等地开展重点行业（电力、钢铁、建材、有色、石化和化工等重点行业）碳排放环境影响评价试点工作；2021 年 10 月 17 日，生态环境部发布《关于在产业园区规划环评中开展碳排放评价试点的通知》（环办环评函〔2021〕471 号），选取具备条件的产业园区，在规划环评中开展碳排放评价试点工作。碳排放环境影响评价将逐步纳入环境影响评价范围之内。

第二节 环境影响评价的依据

一、环境法律法规

我国环境保护一直在探索法治化的道路，目前已形成相对完善的环境保护法律法规体系，如图 1-1 所示。

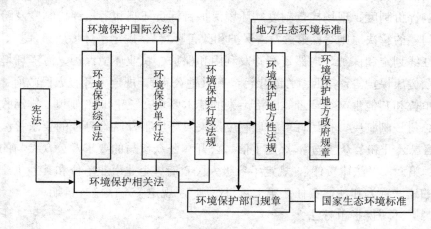

图 1-1 中国环境保护法律法规体系

（作者自制。）

（一）法律法规体系的构成

1. 法律

（1）宪法

环境保护的法律法规体系以《中华人民共和国宪法》对环境保护的规定为基础。《中华人民共和国宪法》序言中明确指出推动物质文明、政治文明、精神文明、社会文明、生态文明协调发展；第一章第九条规定了国家保障自然资源的合理利用，保护珍贵的动物和植物，以及禁止任何组织或者个人用任何手段侵占或者破坏自然资源；第一章第二十六条规定了国家保护和改善生活环境和生态环境，防治污染和其他公害。《中华人民共和国宪法》中的这些规定是环境保护立法的依据和指导原则。

（2）环境保护综合法

在宪法的基础上又制定了环境保护法律，包括环境保护综合法、环境保护单行法和环境保护相关法。环境保护综合法是指 1989 年颁布的《中华人民共和国环境保护法》（2014 年 4 月 24 日第十二届全国人民代表大会常务委员会第八次会议修订），该法共有七章七十条：第一章"总则"，规定了立法目的、环境的含义、适用范围、基本原则及环境监督管理体制等；第二章"监督管理"，规定了环境保护规划的编制要求、环境标准制定的权限、程序和实施要求、环境监测制度、环境影响评价制度、现场检查制度、环境保护目标责任制和考核评价制度及跨地区环境问题的解决原则等；第三章"保护和改善环境"，规定了环境质量保护、生态保护红线划定和保护、自然资源开发利用和保护、农业环境保护、海洋环境保护及公众健康保护等；第四章"防止污染和其他公害"，规定了各级人民政府、企业事业单位和其他生产经营者等防治污染的基本要求、"三同时"制度、排污收费制度、总量控制制度、排污许可管理制度及突发环境事件风险管控的要求等；第五章"信息公开和公众参与"，规定了信息公开和公众参与的要求及公众参与的保障机制；第六章"法律责任"，规定了各级人民政府、企业事业单位和其他生产经营者等的违法行为和法律责任；第七章"附则"，规定了本法施行日期。

（3）环境保护单行法

环境保护单行法包括污染防治类法（如《中华人民共和国水污染防治法》《中华人民共和国大气污染防治法》《中华人民共和国固体废物污染环境防治法》《中华人民共和国环境噪声污染防治法》《中华人民共和国放射性污染防治法》等）、

生态保护类法（如《中华人民共和国水土保持法》《中华人民共和国野生动物保护法》《中华人民共和国防沙治沙法》《中华人民共和国海洋环境保护法》《中华人民共和国环境影响评价法》等）。

（4）环境保护相关法

环境保护相关法是指一些自然资源保护和其他有关部门的法律，如《中华人民共和国森林法》《中华人民共和国草原法》《中华人民共和国渔业法》《中华人民共和国矿产资源法》《中华人民共和国水法》《中华人民共和国清洁生产促进法》等都涉及环境保护的有关要求，也是环境保护法律法规体系的一部分。

2. 环境保护行政法规

环境保护行政法规是由国务院制定并公布或经国务院批准、有关主管部门公布的环境保护规范性文件，法律地位仅次于法律，包括根据法律授权制定的环境保护法律相对应的实施细则或条例，如《中华人民共和国水污染防治法实施细则》，以及针对环境保护的某个领域而制定的条例、规定和办法，如《建设项目环境保护管理条例》《规划环境影响评价条例》等。

3. 环境保护部门规章

环境保护部门规章是指国务院生态环境主管部门单独发布或与国务院有关部门联合发布的环境保护规范性文件，以及政府其他有关行政主管部门依法制定的环境保护规范性文件。部门规章是以环境保护法律和行政法规为依据制定的，或者针对某些尚未有相应法律和行政法规的领域作出的相应规定。

4. 环境保护地方性法规和地方政府规章

环境保护地方性法规和地方政府规章是由享有立法权的地方权力机关和地方政府机关，依据《中华人民共和国宪法》和《中华人民共和国立法法》相关法律制定的环境保护规范性文件。这些规范性文件根据本地实际情况和特定环境问题制定，并在本地区实施，有较强的可操作性。环境保护地方性法规和地方性规章不能与法律、国务院行政规章相抵触。

5. 生态环境标准

生态环境标准是国家为了维护环境质量、实施污染控制，按照法定程序制定的各种技术规范和要求，是具有法律性质的技术文件。环境保护法律中规定了实施生态环境标准的条款，使其成为环境执法不可或缺的依据和环境保护法规的重要组成部分。详见下文"二、生态环境标准"一节。

6．环境保护国际公约

为解决突出的全球性环境问题，在联合国环境规划署牵头组织下，各国经过艰苦谈判达成了一系列环境公约，并以法律制度的形式确定各方的权利和义务，以推动国际社会采取共同行动，使环境问题得到解决或改善。目前，我国已签署40多个环境保护国际公约和条约。

（二）环境法律法规的相互关系

我国环境保护法律法规各层次之间的相互关系包括以下几点：

1）《中华人民共和国宪法》是环境保护法律法规体系的基础，是制定其他各种环境保护法律、法规、规章的依据。在法律层面上，无论是综合法、单行法还是相关法，其中有关环境保护要求的法律效力是等同的。

2）如果法律规定中出现不一致的内容，则按照发布时间的先后顺序，遵循后颁布法律的效力大于先前颁布法律的效力。

3）国务院环境保护行政法规的地位仅次于法律。

4）环境保护部门规章、环境保护地方性法规和地方政府规章均不得违背法律和环境保护行政法规。地方性法规和地方政府规章只在制定本法规、规章的辖区内有效。

5）我国参加和签署的环境保护国际公约与我国环境保护行政法规有不同规定时，优先适用国际公约的规定，但我国声明保留的条款除外。

二、生态环境标准

生态环境标准是环境保护法律法规体系的一个组成部分，是环境执法和环境管理工作的技术依据。我国的生态环境标准分为国家生态环境标准和地方生态环境标准。

无论是规划还是建设项目的环境影响评价，都是要完成"这个规划或项目"放在"这个环境"中是否可行的判断工作。要想完成这个工作首先有两个前提条件：一是对评价对象（规划或建设项目、环境）的认知；二是选择合适的标准进行评价。生态环境标准是国务院生态环境主管部门和省、自治区、直辖市人民政府依据国家有关法律法规对环境保护工作中需要统一的各项技术规范要求和行为过程而制定的。

生态环境标准是我国环境政策在技术方面的具体体现，既是行使环境监督管理和进行环境规划的主要依据，也是推动环境科技进步的动力。在环境影响评价工作中，生态环境标准是环境影响评价的依据和准绳。

2020 年 12 月 15 日，生态环境部对《环境标准管理办法》《地方环境质量标准和污染物排放标准备案管理办法》进行整合修订，发布了新的《生态环境标准管理办法》，完善了标准类别和体系划分，我国生态环境标准体系如图 1-2 所示。

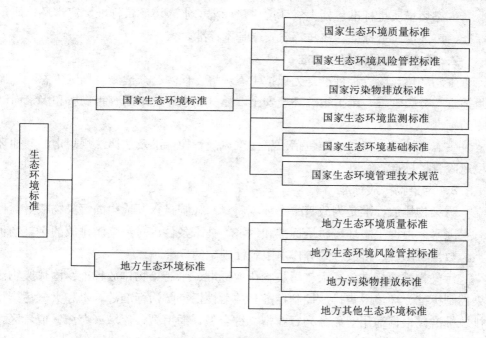

图 1-2 我国生态环境标准体系

生态环境标准分为国家生态环境标准和地方生态环境标准。国家生态环境标准包括国家生态环境质量标准、国家生态环境风险管控标准、国家污染物排放标准、国家生态环境监测标准、国家生态环境基础标准和国家生态环境管理技术规范，统一编号为 GB、GB/T、HJ 或 HJ/T，在全国范围或者标准指定区域范围执行。地方生态环境标准包括地方生态环境质量标准、地方生态环境风险管控标准、地方污染物排放标准和地方其他生态环境标准，统一编号为 DB，在发布该标准的省、自治区、直辖市行政区域范围或者标准指定区域范围执行。有地方生态环境质量标准、地方生态环境风险管控标准和地方污染物排放标准的地区，应当依法优先执行地方标准。

1．生态环境质量标准

生态环境质量标准是为保护生态环境，保障公众健康，增进民生福祉，促进经济社会可持续发展，限制环境中有害物质和因素而制定的标准。生态环境质量标准是开展生态环境质量目标管理的技术依据，由生态环境主管部门统一组织实施。

生态环境质量标准包括大气环境质量标准、水环境质量标准、海洋环境质量标准、声环境质量标准、核与辐射安全基本标准。

2．生态环境风险管控标准

生态环境风险管控标准是为保护生态环境，保障公众健康，推进生态环境风险筛查与分类管理，维护生态环境安全，控制生态环境中的有害物质和因素而制定的标准。

生态环境风险管控标准包括土壤污染风险管控标准及法律法规规定的其他环境风险管控标准。

3．污染物排放标准

污染物排放标准是为改善生态环境质量，控制排入环境中的污染物或者其他有害因素，根据生态环境质量标准和经济、技术条件，对污染源排放的污染物种类、数量、浓度、排放方式等作出限制性规定的标准。

污染物排放标准包括大气污染物排放标准、水污染物排放标准、固体废物污染控制标准、环境噪声排放控制标准和放射性污染防治标准等。水和大气污染物排放标准，根据适用对象分为行业型、综合型、通用型、流域（海域）或者区域型污染物排放标准。

行业型污染物排放标准适用于特定行业或者产品污染源的排放控制；综合型污染物排放标准适用于行业型污染物排放标准适用范围以外的其他行业污染源的排放控制；通用型污染物排放标准适用于跨行业通用生产工艺、设备、操作过程或者特定污染物、特定排放方式的排放控制；流域（海域）或者区域型污染物排放标准适用于特定流域（海域）或者区域范围内的污染源排放控制。

污染物排放标准按照下列顺序执行：

1）地方污染物排放标准优先于国家污染物排放标准；地方污染物排放标准未规定的项目，应当执行国家污染物排放标准的相关规定。

2）同属国家污染物排放标准的，行业型污染物排放标准优先于综合型和通用型污染物排放标准；行业型或者综合型污染物排放标准未规定的项目，应当执行通用型污染物排放标准的相关规定。

3）同属地方污染物排放标准的，流域（海域）或者区域污染物排放标准优先于行业型污染物排放标准，行业型污染物排放标准优先于综合型和通用型污染物排放标准。流域（海域）或者区域污染物排放标准未规定的项目，应当执行行业型或者综合型污染物排放标准相关规定；流域（海域）或者区域型、行业型或者综合型污染物排放标准均未规定的项目，应当执行通用型污染物排放标准的相关规定。

三、其他技术性文件

开展环评工作涉及的其他技术性文件主要有：项目可行性研究报告，项目建议书，项目所在区域的近五年的经济社会统计年鉴、近一年或三年（评价等级不同时间长短要求不同）的气象统计月报年报，区域的地质构造图及地质调查报告，区域近五年的水文水资源数据，区域近一年的地表水国控、省控监测断面数据，评价区内工业企业的基本生产情况与污染源监测数据，区域遥感或其他影像数据，区域动物志、植物志等生态评价所需的支持性技术数据，区域的社会经济、交通规划，项目所在地的工业园区规划及项目所属行业的行业规划等。

第三节　环境影响评价的工作程序

环境影响评价工作一般分为 3 个阶段，即环境影响评价工作方案编制阶段、环境影响评价文件编制阶段、环境影响评价文件审批阶段。具体如图 1-3 所示。

一、环境影响评价工作方案编制阶段

接受环境影响评价委托后，首先要研究国家和地方环境保护相关法律法规、政策、标准及规划等文件，对项目的原料、产品、装备、工艺等建设内容和选址进行法律上的符合性评价；如果符合法律法规，则根据生态环境部的《分类名录》确定环境影响评价文件类型，在研究相关技术文件和其他有关文件的基础上，进行初步的工程分析，同时开展初步的环境状况调查；结合初步的工程分析结果和环境现状调查资料，识别建设项目的环境影响因素，筛选主要的环境影响评价因子，明确评价重点和环境保护目标，确定环境影响评价工作的等级、范围和标准；最后编制出环境现状监测方案及整个项目的工作方案。

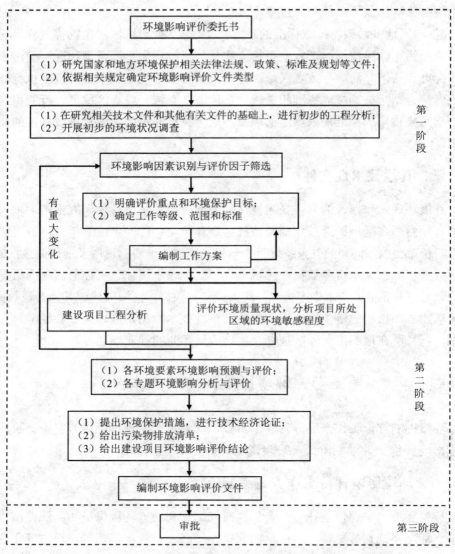

图 1-3　环境影响评价工作

二、环境影响评价文件编制阶段

环境影响评价文件编制工作可以分为 5 个阶段，具体如下。

第一阶段，进行翔实的建设项目工程分析，掌握该项目的污染物排放强度与特征、生态破坏范围与程度，并以此为基础选择污染物防治措施、生态恢复与补偿措施，进行污染源的达标评价，确定各要素环境影响预测与评价的源项参数。

第二阶段，在环境质量现状监测与区域环境充分调查的基础上进行环境质量现状评价，分析项目所处区域的环境敏感程度。

第三阶段，以工程分析选择的原料、装备、工艺、产品为基础，对涉及易燃易爆、有毒有害物质的建设项目进行环境风险预测与评价。此时，需要根据工程分析中的废气源项参数与区域的气象条件进行大气环境影响预测；根据工程分析中的废水源项参数与区域的水环境（地表与地下水环境）条件进行水环境影响预测；根据工程分析中的噪声源项参数与周边的地形地貌等障碍物条件进行声环境影响预测；根据工程分析中的能源消耗及放射性装备的源项参数进行热污染、放射性污染影响预测；在涉及重金属的项目上还要进行土壤影响预测。得到预测结果后结合环境敏感程度及环境质量标准、污染防治措施进行环境影响评价，并对评价结果进行分析。

第四阶段，根据工程分析中确定的污染物防治措施、生态恢复与补偿措施，结合环境敏感程度进行措施的技术经济可行性论证。同时，根据法律法规、规划、气象条件、交通条件、环境影响评价结论，进行公众意见的调查工作，在此基础上进行项目选址的可行性评价。

第五阶段，整理所有评价结果，编制环境影响评价文件。

三、环境影响评价文件审批阶段

环境影响评价文件一般有三级审核：首先是项目负责人进行初审、修改；项目负责人认可后报总工或技术负责人二审、修改；二审通过后组织相关专家三审；三审通过后报相关行政主管部门批复后执行。

第四节　评价因子筛选与评价等级的确定

一、评价因子的筛选

进行建设项目环境影响评价因子筛选之前，应首先确定建设项目在施工建设期、营运期、服务期满后的全过程中与各环境要素的相互关系，即环境影响要素识别。在了解和分析建设项目所在区域发展规划、环境保护规划、环境功能区划、生态功能区划及环境现状的基础上，列出建设项目的直接和间接行为，以及可能受上述行为影响的环境要素。环境影响要素识别应明确建设项目在施工过程、生产运行、服务期满后全过程的各种行为与可能受影响环境要素间的作用和效应关系、影响性质、影响范围、影响程度等，定性分析建设项目对各环境要素可能产生的污染影响与生态影响，其中包括有利与不利影响、长期与短期影响、可逆与不可逆影响、直接与间接影响、累积与非累积影响等。对建设项目实施形成制约的关键环境因素，就是环境影响评价的重点内容。

环境影响因素识别方法可采用矩阵法、网络法、GIS 支持下的叠图法等。

评价因子筛选就是在环境影响要素识别的基础上，按环境对开发建设活动的制约因素和开发建设活动对环境资源的影响因子作用关系，筛选出主要行为影响因子和环境制约因子。依据环境影响识别结果，并结合区域环境功能要求、规划确定的环境保护目标，综合分析开发建设活动产生的环境污染和生态影响因子、环境现状污染及超标因子、环境功能目标因子，从中分别筛选出需要进行环境现状调查、监测、现状评价和影响预测、评价的因子。评价因子必须能全面反映建设项目的环境影响特征和区域环境的基本状况。

根据建设项目环境影响评价过程，将评价因子分为污染源评价因子、环境质量现状评价因子、影响预测与评价因子 3 类，经筛选后在环境影响报告书中一一列出。从环境要素的角度，将评价因子分为空气环境评价因子、水环境评价因子、声环境评价因子、生态环境评价因子、固体废物评价因子、热污染评价因子、光污染评价因子、放射性污染评价因子 8 类。根据筛选结果，一般以表格的形式将这两种分类的评价因子表达出来，以此作为评价等级核算、评价标准限值选取的依据。

二、评价等级的确定

（一）基本要求

根据生态环境部《分类名录》中的规定，建设项目的环境影响评价，依据其对环境影响程度和范围，分为环境影响登记表、环境影响报告表与环境影响报告书 3 个大类。环境影响登记表适用于环境影响程度较小、各要素均没有达到评价等级、只进行影响定性分析即可的建设项目，不需要有资质的专业环境影响评价机构完成，建设单位自行填表报批即可；环境影响报告表需具备资质的专业环境影响评价机构完成才能审批；环境影响报告书须有资质的专业环境影响评价机构完成并通过专家评审后才能报批。

对于环境影响报告书，环境影响评价工作等级按环境要素与专题分别划分，如环境要素包括大气、水、声、振动、生物、土壤、放射性、电磁等，专题包括环境风险、人群健康、固体废物等。

建设项目各环境要素与各专题评价等级，应根据相应的环境影响评价技术导则确定，目前均划分为三级。评价等级不同，评价内容、工作深度的要求有所不同。

（二）评价等级划分依据

各环境要素与各专题评价工作等级按建设项目的工程特点，建设项目所在地区的环境特征，国家和地方相关法律法规、标准及规划的有关要求，环境功能区划等因素进行划分。

1. 建设项目的工程特点

建设项目的工程特点主要包括工程性质，工程规模，能源、水及其他资源的使用量及类型，污染物排放特点（如污染物种类、性质、排放量、排放浓度、排放方式、排放去向等），工程建设的范围和时段，生态影响的性质和程度等。

2. 建设项目所在地区的环境特征

建设项目所在地区的环境特征主要包括自然环境条件和特点、环境敏感程度、环境质量现状、生态系统功能与特点、自然资源及社会经济环境状况、建设项目可能引起的现有环境特征发生变化的范围和程度等。

3. 国家和地方相关法律法规、标准及规划的有关要求

国家和地方相关法律法规、标准及规划的有关要求主要包括环境和资源保护法规及其法定的保护对象，环境质量标准和污染物排放标准，环境保护规划、生态保护规划、环境功能区划、生态红线区域和自然保护区规划等。

4. 环境功能区划

对于某一具体建设项目，其环境要素与专题评价等级可以根据建设项目所在区域环境敏感程度、工程污染或生态影响特征及其他特殊要求等情况进行适当的调整，但调整幅度不超过一级，并应说明调整的具体理由。例如，在生态敏感区域建设可能影响生态环境的建设项目，其生态环境的环境影响评价等级应提一级；废水排入下游污水处理厂的建设项目，其地表水环境影响评价等级应降一级。

第五节　建设项目环境影响评价的基本内容

一、建设项目环境影响登记表的基本内容

建设项目环境影响登记表是生态环境部发布的固定格式的表格，涉及的内容有建设项目的名称、地点、地理位置、建设性质，以及工程总投资、建设规模、项目组成、产品方案、工艺方法或施工建设方案、工程建设进度计划和劳动定员等基本情况，其中还包括项目排污及其环境影响的简要分析。

对于建设内容简单、产品单一、环境影响轻微的项目，依据《分类名录》确定的环境影响登记表，一般建设单位都能自行填写，也可找有资质的环境影响评价专业机构填写。

二、建设项目环境影响报告表的基本内容

建设项目环境影响报告表必须由环境影响评价专业人员来完成，对项目的排污特征与环境影响程度均要进行定量、定性分析。环境影响报告表是由生态环境主管部门制定的统一表格。2020 年 12 月 24 日，生态环境部印发《关于印发〈建设项目环境影响报告表〉内容、格式及编制技术指南的通知》（环办环评〔2020〕33 号），根据建设项目环境影响特点将报告表分为污染影响类和生态影响类，配套制定了《建设项目环境影响报告表编制技术指南（污染影响类）（试行）》和《建设项目环境影响报告表编制技术指南（生态影响类）（试行）》。以下重点介绍了污染影响类建设项目环境影响报告表的基本内容。

《建设项目环境影响报告表编制技术指南（污染影响类）（试行）》对污染影响类建设项目环境影响报告表作出填写要求。一般情况下，建设单位应按照此指南要求组织填写建设项目环境影响报告表。建设项目产生的环境影响需要深入论证的，应按照环境影响评价相关技术导则开展专项评价工作。

污染影响类建设项目环境影响报告表的基本内容包括以下 6 部分。

1．建设项目基本情况

建设项目基本情况包括建设项目名称、项目代码、建设地点、地理坐标、国民经济行业类别、建设项目行业类别、是否开工建设、用地（用海）面积、专项评价设置情况、规划情况、规划环境影响评价情况、规划及规划环境影响评价符

合性分析、其他符合性分析等。

2．建设项目工程分析

建设项目工程分析包括建设内容、工艺流程和产排污环节、与项目有关的原有环境污染问题。

建设内容：主体工程、辅助工程、公用工程、环保工程、储运工程、依托工程，主要产品及产能、主要生产单元、主要工艺、主要生产设施及设施参数、主要原辅材料及燃料的种类和用量，劳动定员和工作制度，厂区平面布置等。简要分析主要原辅材料中与污染排放有关的物质或元素，必要时开展相关元素平衡计算。产生工业废水的建设项目应开展水平衡分析。

工艺流程和产排污环节：工艺流程和产排污环节的文字与图件表述。

与项目有关的原有环境污染问题：改建、扩建及技改项目说明现有工程履行环境影响评价、竣工环境保护验收、排污许可手续等情况，核算现有的工程污染物实际排放总量，梳理与该项目有关的主要环境总量并提出整改措施。

3．区域环境质量现状、环境保护目标及评价标准

区域环境质量现状：大气环境、地表水环境、声环境、生态环境、电磁辐射、地下水环境和土壤环境的质量现状，引用与建设项目距离近的有效监测数据或开展现状监测与调查对各要素环境质量现状进行评价。

环境保护目标：大气环境、声环境、地下水环境、生态环境等。

评价标准：国家、地方污染物排放控制标准、总量控制指标。

4．主要环境影响和保护措施

施工期环境影响和保护措施：施工扬尘、废水、噪声、固体废物、振动等防治措施。

运营期环境影响和保护措施：废气、废水、噪声、固体废物、地下水及土壤、生态、环境风险、电磁辐射等污染源、治理措施及对环境的影响分析。按源强核算技术指南和排污许可证申请与核发技术规范进行分析，具体内容如下：

（1）废气

明确产排污环节、污染物种类、污染物产生量和浓度，排放形式（有组织、无组织）、治理设施（处理能力、收集效率、治理工艺去除率、是否为可行技术）、污染物排放浓度（速率）、污染物排放量、排放口基本情况（高度、排气筒内径、温度、编号及名称、类型、地理坐标）、排放标准，监测要求（监测点位、监测因子、监测频次）。结合源强、排放标准、污染治理措施等分析达标排放情况。生产

设施开停炉（机）等非正常情况应分析频次、排放浓度、持续时间、排放量及措施。

结合建设项目所在区域环境质量现状、环境保护目标、项目采取的污染治理措施及污染物排放强度、排放方式，定性分析废气排放的环境影响。

（2）废水

明确产排污环节、类别、污染物种类、污染物产生浓度和产生量、治理设施（处理能力、治理工艺、治理效率、是否为可行技术）、废水排放量、污染物排放量和浓度、排放方式（直接排放、间接排放）、排放去向、排放规律、排放口基本情况（编号及名称、类型、地理坐标）、排放标准，监测要求（监测点位、监测因子、监测频次）。结合源强、排放标准、污染治理措施等分析达标情况。

废水间接排放的建设项目应从处理能力、处理工艺、设计进出水水质等方面，分析依托集中污水处理厂的可行性。

（3）噪声

分析噪声源、产生强度、降噪措施、排放强度、持续时间，分析厂界和环境保护目标达标情况，提出监测要求（监测点位、监测频次）。

（4）固体废物

明确产生环节、名称、属性（一般工业固体废物、危险废物及编码）、主要有毒有害物质名称、物理性状、环境危险特性、年度产生量、贮存方式、利用处置方式和去向、利用或处置量、环境管理要求。

（5）地下水及土壤

分析地下水及土壤污染源、污染物类型和污染途径，按照分区防控要求提出相应的防控措施，并根据分析结果提出跟踪监测要求（监测点位、监测因子、监测频次）。

（6）生态

产业园区外建设项目新增用地且用地范围内含有生态环境保护目标的，应明确保护措施。

（7）环境风险

明确有毒有害和易燃易爆等危险物质和风险源分布情况及可能影响途径，并提出相应环境风险防范措施。

（8）电磁辐射

明确电磁辐射源布局、发射功率、频率范围、天线特性参数、运行工况，电磁辐射场强分布情况，环境保护目标达标情况，监测要求（监测点位、监测频次）。当建设项目存在多个电磁辐射源时，应考虑其对环境保护目标的综合影响，并说明相应的环境保护措施。

5．环境保护措施监督检查清单

主要包括各要素（大气环境、地表水环境、声环境、电磁辐射、固体废物、地下水及土壤、生态、环境风险等）的环境保护措施清单。

6．结论

从环境保护角度，明确建设项目环境影响可行或不可行的结论。

三、建设项目环境影响报告书的基本内容

经过多年的实践过程分析与总结，根据《建设项目环境影响评价技术导则 总纲》的要求，建设项目环境影响报告书的基本内容一般包括概述、总则、工程分析、环境现状监测与评价、环境影响预测与评价、环境保护措施及其可行性论证、环境影响经济损益分析、环境管理与监测计划、风险预测与评价、环境影响评价结论与建议、附录附件等内容。由于本书各章节将对此分别进行详细叙述，在此不再赘述。

【课后习题与训练】

1．环境影响评价的兴起、发展与人类生产力发展有怎样的关系？为什么会有这样的关系？

2．环境影响评价工作与哪些理论有关？举例说明这些理论在环境影响评价中的应用。

3．环境影响评价依据有哪些？各依据起着什么作用？

4．环境影响评价的工作程序是什么？说明程序中先后次序之间的逻辑关系。

第二章 区域环境调查与评价

区域环境综合调查是项目所在区域环境质量评价的基础工作。区域环境包括项目所在区域的地理位置、地质地貌、水文、气候气象、土壤、生物、生态环境等各种环境要素，同时也包括项目所在区域的社会经济环境，它们构成了环境评价的基础资料。

第一节 自然环境调查

一、地理位置

根据建设项目所处行政区，具体分析所处行政区的地理位置，并分析建设项目与环境保护目标的地理空间关系。附相应的地理位置图。

二、地质地貌

地质概况的调查内容包括区域地层、岩性、地质构造、岩石的矿物组成及化学成分、各种矿产资源等。地貌条件的调查包括海拔、地形特征、山地形态、山地高度、山脉走向，以及地貌类型的组成与分布等。

调查过程中要注意收集相应的图件，如地质钻孔资料图、地质图、第四纪地质图、地貌图等。与地质地貌关系密切的工程项目，尤其要对地质构造、区域地质发展史、第四纪地质地貌演化给予必要的分析。

三、水文

水文概况包括水系构成、各河流基本情况，以及地表水利用情况、水文特征、水质现状及污染来源、地下水开采利用情况、水质状况、污染来源和地下水埋深、厚度、储量等。

（一）地表水环境背景调查

1. 河流水文状况调查

主要包括评价区域内河流的水量、水位、流速和泥沙量等资料。

2. 水体中各种水质参数数据的收集

包括物理参数、化学参数和生物参数的收集。物理参数包括色、嗅、温度、固体（残渣）量、油类和脂肪量等。化学参数可以分为无机和有机两类：重要的无机参数包括含盐量、硬度、酸碱度，以及铁、锰、氯化物、硫酸盐、重金属（汞、铜、铬、铅、铜、锌等）、氮（氨氮、硝酸盐、亚硝酸盐）和磷等；最常用的表示有机物含量的综合指标包括生化需氧量（BOD）、化学需氧量（COD）和总有机碳（TOC），在水质特征中具有潜在重要性的有机参数，还有各种有机化合物如农药等。生物参数则包括水生生物和微生物等。

3. 水体底部沉积物状况

从水中沉降下来的物质，沉积于水底形成水底沉积物。水底沉积物与水体通过化学、物理、生物和水动力学过程互相发生物质和能量的交换，其组成和性质反映了水体过去和现在的组分变化。水底沉积物是底栖生物的支持体，其性质和状况影响底栖生物的种类、数量及变化，因而对整个水体的水生生态系统产生影响。水底沉积物为水体的自净提供容纳、消除有害物质和储备生物营养物质的场所，但是，水底沉积物积累的污染物也会因此释放出来，会在很长时间内影响水体水质。

（二）地下水环境背景调查

1. 地下水环境背景调查项目

根据现有资料，全部或部分调查地下水的埋藏、分布、运移、水质水量特征、地下水开采利用状况、地下水与地面水的联系等。

2. 地下水位的测定

地下水位既可以用相对海平面的绝对高度表示，即水位高程；也可以用低于地表的深度表示，即地下水埋深。

四、气候气象

气象环境调查选用地理条件基本一致，距建设项目最近的气象台站的气象要素资料，最近 30 年以上的平均值。列表载明逐月及全年的气压、气温、降水、湿度、日照、蒸发量、平均风速、主导风向、大风、雷暴、雾日、扬沙等多项内容，其中蒸发量、雷暴、雾日、扬沙等项目视地区气候特点而定，必要时附风向、风速、玫瑰图。研究区的主要气候特征，主要的天气特征（如梅雨、寒潮、冰雹和台风）等。必要时还需对大气组分进行分析，分析大气中的各种组分，特别是通过测定颗粒物、二氧化硫、氮氧化物、一氧化碳、光化学氧化剂和臭氧、铅、氟化物等的浓度可以获取大气环境质量现状评价中的背景值，同时，可了解当地大气受人类活动及自然条件变化影响，包括自然灾害，如地震、泥石流、崩塌、滑坡、洪涝、旱灾、风灾、冻灾、植物病虫害等。

五、土壤

土壤调查项目包括土壤类型与分布、土壤矿物组成、土壤物理性状、成土母质特征、土壤剖面发育程度等，必要时应对土壤化学性质、土壤微生物进行分析。除此之外，还应对土壤污染的来源及质量现状、植被情况、主要生态系统类型、自然景观及其特征、敏感保护对象、自然灾害因子等和土地利用状况进行调查，包括农、林、牧用地情况、用地面积和作物产量等，可以在适当比例尺的地图中表示农、林、牧用地的分布。

六、生物

生物环境调查的主要内容包括生物资源、种类、形态特征、生态习性等，特别应注意珍稀动植物的情况和物种多样性调查。此外，还包括植物化学成分、污水危害情况、污染物在土壤中的含量、农药使用的种类和用量、化肥施用的种类和用量等内容的调查。

七、生态环境

生态环境背景调查的内容包括区域生态环境演变的基本特征，项目拟建区域水土流失、沙漠化、石漠化、盐渍化、自然灾害、生物入侵和污染危害等，生态完整性调查与评价等。

生态完整性的调查与评价包括自然系统生产能力的定量估测和稳定状态分析两个方面。其中，生产能力的定量估测是通过自然植被净第一性生产力（NPP）的估测来完成的。

需要说明的是，植被净第一性生产力实质上是植物的生长所积累的有机物质总量；而生态完整性是指生态系统结构的完整性，既包含生态系统组成、排序或布局，以及系统之间的相互关系，也包含系统稳定性与演替趋势。因此，植被净第一性生产力只是生态完整性的一小部分，开发建设项目或规划的环境影响评价不能仅用植被净第一性生产力来评价生态完整性。

第二节　社会经济环境调查

社会经济环境调查的目的在于掌握评价区人口、工业与能源结构、农业与土地利用情况、交通运输与公用设施、文物与"珍贵"景观、人群健康状况等对于环境质量变化具有敏感性的要素状态。其调查内容包括人口，经济，社会，历史文物，自然保护区、水源地，相关规划，基础设施等状况。

一、人口

1）户数：包括总户数、农业户数、非农户数。

2）人口：包括总人口、男女人口、农业人口和非农业人口、年龄结构、民族构成、人口的出生率、死亡率及自然增长率等。

二、经济

1）综合经济：包括国内生产总值、国民收入，居民生活消费情况，人口增长与计划生育等国民经济有关情况。

2）农业：包括种植业、林业、畜牧业、淡水渔业、副业和农业现代化等内容。

种植业方面包括耕地组成，作物组成、各类作物的投入和产出状况、作物布局，以及产量、产值、净产值、种植面积等；林业方面包括林种、产品及产值、投入产出状况、管理技术、作业工具、方式等；畜牧业方面包括牲畜种类、畜群结构、存栏数、产品及产值、饲养规模水平、投入产出状况等；淡水渔业方面包括养殖或捕捞面积、产量、产值、技术水平等；副业方面包括副业种类、规模、投入产出状况等；农业现代化方面包括机械装备、水利设施（主要指机电灌溉和喷灌）及其利用状况。

3）工业：包括采掘业、制造业和建筑业等内容。

采掘业方面包括工业企业数目、规模、投资、产量、产值等；制造业方面包括行业名称、生产能力、产量等；建筑业方面包括企业个数、职工人数、总产值、净产值、生产能力、固定资产总值、利税、主要能源、物资消耗量及主要产品等。

4）产业结构：包括第一、第二、第三产业的产值、产品结构和内部结构等。

三、社会

社会包括对区域有明显影响和重大作用的政治、经济、文化等方面的内容。

1）医疗卫生：包括各类医院数目及分布、各类医疗人员的数目、可负担的医疗人数等。

2）移民问题：包括迁移规模、迁移方式、预计移民区产业情况、居住区情况及其潜在的生态问题和敏感因素。

四、历史文物

文物是人类在历史发展过程中所遗留下来的遗物、遗迹。各类文物从不同的侧面反映出各个历史时期人类的社会活动、社会关系、意识形态以及利用自然、改造自然和当时生态环境的状况，是人类宝贵的历史文化遗产。根据我国文物保护法律法规，所有建设项目在建设过程中不得损坏文物。所以必须调查项目所在区域的历史文物保护对象、等级及保护范围。

五、自然保护区、水源地

1. 自然保护区

自然保护区的定义分为广义和狭义两种。广义的自然保护区是指受国家法律特殊保护的各种自然区域的总称，不仅包括自然保护区本身，而且包括国家公园、风景名胜区、自然遗迹地等各种保护地区。狭义的自然保护区是指以保护特殊生态系统进行科学研究为主要目的而划定的自然保护区，即严格意义的自然保护区。

自然保护区调查的内容包括保护区名称、经纬度范围、所在地、主要保护对象及级别、总面积，以及核心区、缓冲区、实验区面积。

2. 水源地

主要是针对饮用水水源地。调查水源地的基础信息、取水情况，包括水源地名称、地理位置及地理坐标、水源类型，如地表水（河流、湖泊、水库）、地下水等；饮用水水源地运行状况，包括水源地类型、建设时间、工程设计采水量、实际取水量、采水方式等，应注明是否属于应急水源；饮用水水源地所在水系及其编码，城市饮用水水源地编码统一采用全国环境系统水系编码、行政编码、水源类型编码及序号四层编制；自然保护区、水源地是建设项目环境影响评价中最为敏感的环境保护目标，在调查时一定尽量翔实，以满足选址可行性评价的要求。

1）地表水饮用水水源地。调查内容应包括所在水系或河流湖库自然属性的调查，如面积、长度、流量、水位、水深、蓄水量、降水量、水质等水环境数据；所在流域土地利用结构图、地形地貌及土壤分布图。

2）地下水饮用水水源地。应调查其水文地质条件，包括地下水位、岩性、地层、构造、包气带厚度、含水层及包气带、地下水补给、径流、排泄和水质情况。

饮用水水源地基础信息调查。包括水源地名称、地理位置及地理坐标、水源类型，如地表水（河流、湖泊、水库）、地下水等。

六、相关规划

需收集的相关规划有国民经济和社会发展规划、城市总体规划、环境规划、环境区划及土地利用规划等。根据建设项目所在区域规划要求，对项目是否符合规划的产业结构和产业布局进行评价，并给出明确的结论。

国民经济和社会发展规划是在较长一段历史时期内经济和社会发展的全局安排，其规定了经济和社会发展的总目标、总任务。该规划一般可从国家发展和改革委员会等部门收集。

城市总体规划是为确定城市性质、规模、发展方向，通过合理利用城市土地，协调城市空间布局和各项建设，实现城市经济和社会发展目标而进行的综合部署。该规划一般可从自然资源主管部门收集。

环境规划是人类为使环境与经济和社会协调发展而对自身活动和环境所进行的空间和时间上的合理安排，用来指导人们进行各项环境保护活动，按既定的目标和措施合理地分配排污削减量，约束排污者的行为，改善生态环境，防止资源破坏，保障环境保护活动纳入国民经济和社会发展计划，以最小的投资获取最佳的环境效益，促进环境、经济和社会的可持续发展。该规划一般可从生态环境主管部门收集。

环境区划是对某区域内各种资源和环境条件进行综合评价并分区，在制订区域经济发展和生产建设布局规划的同时，提出保护和改善环境的目标和措施，统筹规划，合理布局，保护环境。该规划一般可从生态环境主管部门收集。

土地利用规划也称土地规划，是对各类用地的结构和布局进行调整或配置的长期计划。它是根据土地开发利用的自然和社会经济条件、历史基础和现状特点、国民经济发展的需要等，对一定地区范围内的土地资源进行合理利用和经营管理的一项综合性技术经济措施。该规划一般可从自然资源主管部门收集。

七、基础设施

基础设施又称依托工程，泛指国民经济体系中为社会生产和再生产提供一般条件的部门和行业，其中包括交通、邮电、供水供电、商业服务、科研与技术服务、园林绿化、环境保护、文化教育、卫生事业等技术性工程设施和社会性服务设施。例如，交通行业包括交通运输的方式（如铁路索道等）、运输能力（如交通网的密度、交通工程建设及其质量等级等），供水行业包括给水设施、排水管道等给排水系统，环境保护行业包括污水处理设施、垃圾收集及处理设施等，电力行业包括发电站及发电量、各变电站所的分布、容量、输电线路等，园林绿化包括绿地覆盖数量及种类等。

需要对建设项目所在区域的基础设施是否满足项目建设进行评价，并给出明确结论。

【课后习题与训练】

1. 区域环境调查应调查哪些方面？
2. 自然保护区需要调查哪些内容？水源地需要调查哪些内容？
3. 在区域环境调查中收集的相关规划资料是指哪些规划资料？应从哪些部门收集？

第三章　区域污染源调查与评价

只有了解环境污染的历史和现状，才能更好地预测环境污染的演化方式，为污染治理、总量控制、循环经济提供科学依据。污染源调查是建设项目环境现状调查的重要内容，对区域污染源的了解和评价是进行项目环境影响评价的基础。对污染源的调查，应根据建设项目的特点和当地环境状况确定其调查要素，再根据评价等级确定污染源调查的范围，然后选择建设项目等标排放量较大的污染因子、在评价区域已造成严重污染的污染因子，以及拟建项目的特征污染因子作为主要污染因子，进行调查与评价。

第一节　概　述

一、污染物的分类

任何以不适当的浓度、数量、速度、形态和途径进入环境系统并对环境产生污染或破坏的物质或能量，统称为污染物。

按污染物的产生过程分类，可以分为一次污染物和二次污染物。

由污染源释放的直接危害人体健康或导致环境质量下降的污染物，称为一次污染物。如日本米糠油事件，就是由食用受多氯联苯污染的米糠油所引起的，其中多氯联苯是一次污染物。

排放物质在一定环境条件下产生的一系列物理、化学和生物化学反应，导致环境质量下降，然后通过食物链危害人体健康的污染物，称为二次污染物。例如，废水中的无机汞在水体的底泥中累积，在一定的 pH、氧化还原电位（Eh）、温度、硫离子和有机质浓度下，通过微生物的作用转化为甲基汞（甲基汞比无机汞毒性更大），其中甲基汞是二次污染物。

按其物理、化学、生物特性可分为物理污染物（噪声、光、热、放射性、电磁波）、化学污染物（无机污染物、有机污染物或重金属、石油类）、生物污染物（病菌、病毒、霉菌、寄生虫卵）和综合污染物（烟尘、废渣、致病有机体）。

按环境要素，可分为水体污染物、大气污染物、土壤污染物等。例如，水体污染物中的乙醛、油类、苯胺、汞、铍、滴滴涕、六六六、氨、酸、碱、硫化物、锌、化学需氧量（COD）、悬浮物（SS）等；大气污染物中的氰化物、四氯化碳、苯、二硫化碳、氮氧化物（NO_x）、二氧化硫（SO_2）、氟化氢（HF）、氯气（Cl_2）、烟尘、粉尘、水雾、酸雾等；土壤污染物中的重金属元素、放射性元素、盐、酸、碱、农药、石油类、洗涤剂及其他有害物质等。水、大气和土壤环境中的污染物可以互相转化：大气污染物通过降水转变为水体污染物和土壤污染物；水体污染物通过灌溉、地表径流、下渗转变为土壤污染物，进而通过蒸发转变为大气污染物，通过径流转变为水污染物。

二、污染源的分类

根据污染物的来源、特征、污染源结构、形态和调查研究的目的不同，污染源有不同的分类方式。

1. 按污染物产生的主要来源分类

（1）自然污染源

自然污染源是指自然界自行向环境排放有害物质或造成有害影响的场所，又分为生物污染源（鼠、蚊、蝇、菌、病原体等）和非生物污染源（火山地震、泥石流、有毒矿泉等）。

（2）人为污染源

人为污染源是指由于人类活动而产生的污染物发生源，可分为生产污染源（工业、农业、交通、科研等）和生活污染源（住宅、学校、医院、餐饮、商业等）。

2. 按污染源的空间特点分类

（1）点污染源

点污染源是指污染物质集中排放的地点（如工业废水及生活污水的排放口），其特点是呈点状形式，位置相对固定、集中，排污量可以直接测定，并且可以直接评价。

（2）面污染源

面污染源是指在一定区域范围内，以低矮密集的方式自地面或近地面的高度排放污染物的源，如工艺过程中的无组织排放、储存堆、渣场、施用化肥和农药的农田等。

（3）线污染源

线污染源是指污染物呈线状排放或者由移动源构成线状排放的源，如城市道路的机动车、输油管道、污水沟道等。

（4）体污染源

体污染源是指由源本身或者附近建筑物的空气动力学作用使污染物呈一定体积向大气排放的源，如焦炉炉体、屋顶天窗等。

点污染源在许多国家已经得到较好的控制和治理，而其他类型的污染源由于地理边界和发生位置不确定，成因复杂，潜伏周期长，防治十分困难，是影响环境质量的重要污染源。

3．按污染源对环境要素的影响分类

根据污染物排放的环境对象不同，可将污染源分为大气污染源、水体污染源、土壤污染源、生物污染源等。这些分类还可以进一步划分，例如，水体污染源又可以进一步分为地表水污染源、地下水污染源、海洋污染源等。

4．按污染物性质分类

（1）物理性污染源

物理性污染源是指释放各种物理因素引起的环境污染的源头，如造成放射性辐射、电磁辐射、噪声、光污染等的装置和设施。

（2）化学性污染源

化学性污染源是指释放各种化学物质造成污染的装置和设施。一般主要是指农用化学物质、食品添加剂、食品包装容器和工业废弃物的污染，汞、镉、铅、氰化物、有机磷及其他有机或无机化合物等造成的污染。

（3）生物性污染源

生物性污染源是由生物有机体对人类或环境造成的不良影响。例如，SARS病毒、禽流感病毒造成的污染。

5．按生产行业分类

（1）工业污染源

工业污染源是指工业生产中对环境造成有害影响的生产设备或场所，其污染形式包括排放废气、废水、废渣和废热污染大气、水体和土壤，产生噪声、振动等。

各种工业生产过程排放的废物含有不同的污染物，例如，煤燃烧排出的烟气中含有一氧化碳、二氧化硫、苯并[a]芘和粉尘等；化工生产废气中含有硫化氢、氮氧化物、氟化氢、甲醛、氨等；电镀工业废水中含有重金属（铬、镉、镍、铜等）离子、酸碱、氰化物等。此外，由于化学工业的迅速发展，越来越多的人工合成物质进入环境；地下矿藏的大量开采，把原来埋在地下的物质带到地上，从而破坏了地球物质循环的平衡。重金属和各种难降解的有机物，在人类生活环境中循环、富集，对人体健康构成了长期威胁。

（2）农业污染源

农业污染源是农业生产过程中对环境造成有害影响的农田和各种农业措施，其中包括农药及化肥的施用、土壤流失和农业废弃物等。例如，化肥和农药的不合理施用，造成土壤污染，破坏土壤结构和土壤生态系统，进而破坏了自然界的生态平衡；降水形成的径流和渗流将土壤中的氮、磷、农药以及牧场、养殖场、农副产品加工厂的有机废物带入水体，使水质恶化、水体富营养化等。

（3）交通运输污染源

交通运输污染源是指对周围环境造成污染的交通运输设施和设备，其污染方式包括发出噪声、引起振动、排放废气和洗刷废水、泄漏有害液体、散发粉尘等。排放的主要污染物包括一氧化碳、氮氧化物、碳氢化合物、二氧化硫、铅化合物、苯并[a]芘、石油和石油制品，以及剧毒有害运载物等。除污染城市环境外，交通运输污染源还对河流、湖泊、海域构成威胁，其排放的废气也是大气污染物的主要来源之一。

（4）生活污染源

生活污染源是指人类生活产生的污染物发生源，包括生活用煤、生活废水、生活垃圾、生活噪声等。

第二节　污染源调查

一、污染源调查的目的

污染源调查的目的是查清污染物的种类、数量，污染的排放方式和途径，以及污染源的类型和位置，在此基础上判断出主要污染物和主要污染源，为环境影响评价与环境治理提供依据。

二、污染源调查的原则

1）根据建设项目的特点和当地环境状况，确定污染源调查的主要对象，如大气污染源、水污染源或固体污染源。

2）根据各专项环境影响评价技术导则确定的环境影响评价工作等级，确定污染源的调查范围，如大气环境影响一级评价要求调查评价区内所有的污染源，还应调查评价区之外的有关污染源，还将交通运输移动源的调查纳入编制报告书中，并对城市主干路、快速路等新建道路污染排放量和交通流量进行详细调查；二级评价和三级评价须调查评价区内与拟建项目相关的污染源。

3）选择建设项目等标排放量较大的污染因子，评价区已造成严重污染的污染因子及拟建项目的特殊因子作为主要污染因子，并注意点污染源与非点污染源的分类调查。

三、污染源调查的内容

1．工业污染源调查

工业污染源调查内容应包括以下几个方面：

（1）工业企业生产和管理

调查内容包括：①企业名称、厂址、所有制性质、规模、产品、产量、产值等企业概况；②企业生产工艺，如工艺原理、主要反应方程、工艺流程、主要技术指标、设备设施；③能源及原材料，如种类、产地、成分、单耗、总耗、资源利用率等；④水源，如供水类型、水质、供水量和耗水指标、复用率、节水潜力；⑤生产布局，如原料堆场、水源位置、车间、办公室、居住区位置、废渣堆放、绿化、污水排放系统等；⑥生产管理，如体制、编制、规章制度、管理水平及经济指标等。

（2）污染物排放及治理

调查内容包括：①污染物产生及排放，如污染物种类、数量、成分、浓度、性质、绝对排放量、排放方式、排放规律、污染历史、事故记录、排放口位置类型、数量等，对于工业噪声还需要调查声源数量、分布位置、声源规律、声源等级及其与居民的关系等；②污染物治理，如生产工艺改革、综合利用、污染物治理方法、工艺投资、成本、效果、运行费用、损益分析、管理体制等。

（3）污染危害及事故的调查处理

调查内容包括污染危害的对象、程度、原因、历史、损失、赔偿，以及职工及居民职业病、常见病、癌症死亡率、病物相关分析、代谢产物有毒成分分析、重大事故发生时间、原因、危害程度与处理情况。

2．农业污染源调查

农业污染源既有点污染源，又有面污染源：①农村生活污染源，调查人口数量、人均用水量指标、供水方式，污水排放方式、去向和排污负荷量等；②农田污染源，调查农药和化肥的施用种类、施用量、流失量及入河系数、去向及受纳水体等情况（包括水土流失、农药和化肥流失强度、流失面积、土壤养分含量等调查分析）；③分散式畜禽养殖污染源，调查畜禽养殖的种类、数量、养殖方式、粪便污水收集与处置情况、主要污染物浓度、污水排放方式和排污负荷量、去向及受纳水体等。畜禽粪便污水作为肥水进行农田利用的，需要考虑畜禽粪便污水土地承载力。

3．生活污染源调查

生活污染源主要包括城市垃圾、粪便、生活污水、污泥、餐饮业的排放物等。其调查内容包括：①城市居民人口总数、总户数、流动人口、年龄结构、人口密度。②居民用水排水状况，如居民用水类型（集中供水或分散自备水源）、居民生活人均用水量；办公、餐饮、医院、学校等的用水量、排水量、排水方式及去向。③生活垃圾，如数量、种类、收集和清运方式。④民用燃料，如燃料构成（煤、煤气、液化气等）、消耗量、使用方式、分布情况。⑤城市污水和垃圾的处理和处置，如城市污水总量、污水处理率；污水处理厂的个数、规模、分布、处理方法、投资、运行和维护费；处理后的水质；城市垃圾总量、处置方式、处置点分布、处置场位置、采用的技术、投资和运行费。

4．交通污染源调查

调查内容包括：①尾气，如汽车种类、数量、年耗油量、单耗指标；燃油构成、成分、排气量；尾气中的 NO_x、CO_x、C_mH_n、Pb、S^{2-}、苯并[a]芘含量。②噪声，如车辆种类、数量，车流量、车速；路面等级、道路两旁楼宇分布与高度。

5．电磁辐射污染源和人工电磁辐射污染源的调查

调查内容主要包括：①自然界电磁辐射污染源，如雷电、恒星爆发、太阳黑子、宇宙射线等；②人工电磁辐射污染源，如电磁系统等射频设备的名称、型号、输出功率、输出形式、工作频率、屏蔽条件、接地状况等。

6．噪声源调查

噪声是一种能量污染（也称环境干扰），其影响范围小、时间短，声源一旦停

止发声，影响也即结束，没有残留物。噪声分为工业噪声、社会噪声与交通噪声。对工业噪声源的调查内容主要是声源（机械运行的互相撞击、摩擦等产生）的数量、位置和机械运行规律、噪声等级及其与周围居民的关系；对社会噪声源的调查内容主要是娱乐业扬声器、餐饮业炊事机械和用具等发声噪声等级及波及范围。

7. 放射性污染源调查

环境中的放射性污染源分为自然放射性污染源和人工放射性污染源两大类。人工放射性污染源可能由核试验、核工业、原子反应堆、核动力及核废物的排放产生，其调查首先是本底调查，明确评价区内水、土壤、大气、农作物等的环境本底值含量——这是研究人工放射性污染的基础。调查内容包括使用辐射源单位的类型、位置和原料来源，放射性废物的处置与排放方式、排放地点、排放量，以及周围环境受放射性污染的情况，现场测定 α、β 辐射剂量。

四、污染源调查程序和方法

1. 污染源调查程序

污染源调查一般可分为准备、调查和总结 3 个阶段，具体如图 3-1 所示。

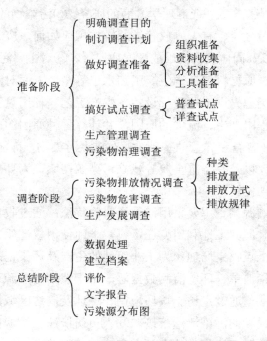

图 3-1　污染源调查各阶段基本内容

2. 污染源调查方法

环境影响评价工作中涉及的污染源调查，可以采用点面结合的方法，分为普查和详查两种。

（1）普查

普查是指对区域内所有污染源进行全面的调查。普查的方式一般是通过有关部门组织发放调查表，由被调查部门填写上报。调查内容包括企业基本情况、生产工艺、产品及产量、原辅材料及能源利用情况、污染物排放及治理情况等。

在普查的基础上，将污染物排放量、影响范围、危害程度大的污染源确定为重点污染源，具体筛选条件如下：①等标污染负荷是筛选重点污染源的重要依据，重点污染源的等标污染负荷一般占区域总等标污染负荷的 80%以上；②排放的污染物量大、面广；③排放的污染物在环境中很难降解，毒性很大；④敏感地区的污染源。

（2）详查

详查是指对重点污染源的调查。详查时，工作人员应深入污染源现场，通过现场实测或理论计算等方法，掌握其污染物发生及排放情况。重点污染源的调查内容包括：①污染物的理化和生物特性，关系污染物对环境的危害方式、程度，如果缺乏相关资料，还需要进行毒理学方面的研究。②污染物的排放方式与规律，如废水是否做到清污分流、有无排放管道、排放规律如何，废气排放口的高度、排放方式和数量，以及固体废物的堆放情况如何等。③对主要污染物的跟踪分析。从生产管理、能耗、原材料消耗、生产工艺水平等多个方面对污染物进行跟踪分析，并与国内外同类型先进工厂进行设备、生产工艺、耗用量等方面的比较，查清污染物在生产过程中产生、流失的原因，并计算各种原因的比重。④对重点污染源的建档管理。在普查和详查的基础上，对重点污染物，特别是持久性污染物、破坏臭氧层的物质，以及有毒重金属等建立污染源档案，为环境影响评价、环境规划和管理提供基础资料。

如土壤污染影响源调查主要采用：①资料收集法：通过收集建设项目场地土地历史使用情况，掌握其土地利用变迁资料，土地使用权证明及变更记录、房屋拆除记录等信息，重点收集场地作为工业用地的生产及污染记录、厂区平面布置图、地上及地下储罐清单、环境监测数据等，用于识别影响源可能产生的位置及时间。②现场踏勘法：通过走访土壤环境调查场地及周边区域，重点记录厂区内构筑物、建筑物及地表的污染泄漏痕迹。③人员访谈法：访谈内容包括资料收集和现场踏勘所涉及的疑问，作为信息补充和已有资料的考证。询问知情人员场地的土地使用历史，人类活动的污染负荷、特殊环境事件，居民生活、健康及周边生态异常情况等。

3．污染物排放量的确定方法

确定污染物排放量的方法一般分为 3 种，即物料衡算法、排污系数法和实测法。

（1）物料衡算法

物料衡算法的基本原理是质量守恒定律。在生产过程中，投入的物料量应等于产品中该物料的量和其流失量之和。如果流失的物料全部转化为污染物，污染物的排放量就等于物料流失量；如果流失的物料只有部分转化为污染物，其他部分以别的形态存在，则应将物料流失量乘以其修正系数得到污染物的排放量（详见第四章"工程分析"）。

进行物料衡算需要掌握必要的基础数据，主要包括生产工艺过程、生产的化学反应式及反应条件、产品及副产品的得率、回收原料与中间产品的量、原材料的纯度及用量、产品的纯度及产量、各种杂质含量、污染物的治理方式及其处理效率等。

物料平衡的种类很多，不仅有以全厂物料的总进出为基准的物料衡算，也有针对具体的装置或工艺进行的物料平衡，比如在合成氨厂中，针对氨进行的物料平衡，即氨平衡。在环境影响评价中，必须根据不同行业的具体特点，选择若干有代表性的物料进行物料平衡。但计算中生产运行均按理想状态考虑，所以计算结果有时会偏低，而且此方法不是所有工程项目都能使用，有一定的局限性。

（2）排污系数法

排污系数法是根据一定生产条件下单位产品或产量的排出某污染物量的经验排污系数来计算污染物的排放量。它是在污染源详查的基础上，经过大量实测统计而取得的，因行业和生产技术条件而异，应根据实际情况来选择相应条件下的数值。其计算公式为

$$E_i = MR_i \qquad\qquad (3-1)$$

式中：E_i 为某污染物的排放量，kg/a；M 为产品的产量，kg/a；R_i 为排污系数，即某污染物的单位产品排污量。

几种不同行业的经验排污系数见表 3-1。

表 3-1　几种不同行业的经验排污系数

行业代码	行业名称	污染物	计量单位	经验排污系数		备注
				平均值	变化幅度	
67	餐饮业	动植物油	mg/L	100	70～200	废水量按用水量的80%折算
		COD	mg/L	650	400～1 000	
		BOD$_5$	mg/L	300	200～400	
		悬浮物	mg/L	100	80～200	
78	旅游业（附设餐厅）	动植物油	mg/L	80	30～110	废水量按用水量的85%折算
		COD	mg/L	360	250～580	
		BOD$_5$	mg/L	195	120～300	
		悬浮物	mg/L	80	60～120	
	旅游业	COD	mg/L	100	70～150	
		悬浮物	mg/L	60	30～95	
76	理发业	废水量	t/（座·月）	20	10～30	
		COD	mg/L	700	250～1 100	
		BOD$_5$	mg/L	300	250～650	
		悬浮物	mg/L	120	80～250	
	洗衣业	COD	mg/L	约 1 200		废水量按用水量的80%折算
		悬浮物	mg/L	约 550		
	冲晒、扩印	COD	mg/L	约 135		废水量按用水量的90%折算
		BOD$_5$	mg/L	约 44		
		悬浮物	mg/L	约 35		
85	医院	COD	mg/L	220		废水量按用水量的85%折算
		BOD$_5$	mg/L	60		
		悬浮物	mg/L	35		

【例】　某企业年新鲜工业用水 9 000 m^3，无监测排水流量，排污系数取 0.7，废水处理设施进口 COD 质量浓度为 500 mg/L，排放口 COD 质量浓度为 100 mg/L，那么这个企业每年去除的 COD 为多少？

解：COD$_{去除量}$=9 000×0.7×10^3×（500－100）×10^{-6}=2 520（kg）。

（3）实测法

实测法是指对污染源进行现场测定，得到污染物的排放浓度和流量，再计算得出污染物排放量的方法。实测法需要时间长且工作量大，但结果比较准确。该方法容易受到采样点位和频次的限制，如果实测数据没有代表性，则不能得到真实的排放量。此外，该方法只适合正在运行的污染源。

1）废水及排污量监测。废水流量可用流量计、流速仪测定。在生产过程变化不定的情况下，废水样可在不同时间采集，然后用不同流量加权混合检验分析。

污染物排放量可按下式计算：

$$M_i = C_i RQ \qquad (3-2)$$

式中：M_i 为第 i 种污染物排放总量，g/d；C_i 为第 i 种污染物平均质量浓度，mg/L；Q 为废水流量，m^3/d。

不同行业排放的废水监测项目有些是相同的，有些则是不同的（表 3-2）。就某一企业而言，其产品、原材料、生产工艺一旦确定，通过对原料、产品、中间产品的特性及生产工艺的分析，则该厂矿所排放的废水中主要有哪些污染物基本上是可以确定的，所以废水有时也可根据产生废水的行业部门或生产工艺来命名，例如，焦化厂废水，其主要污染物有 COD、硫化物、挥发酚、氰化物、石油类等；而电镀废水中其中主要污染物有重金属、氰化物、酸度等。

表 3-2　不同类别企业废水监测项目

行业类别		监测项目
无机原料	硫酸	pH、悬浮物、硫化物、氟化物、铜、铅、锌、铬、砷等
	氯碱	pH、悬浮物、COD、汞等
	铬盐	pH、总铬、六价铬等
有机原料		pH、COD、BOD、悬浮物、挥发酚、氰化物、苯类、硝基苯类、有机氯等
化肥	磷肥	pH、COD、悬浮物、氰化物、砷、磷等
	氮肥	COD、BOD、挥发酚、氰化物、硫化物、砷等
橡胶	合成橡胶	pH、COD、BOD、石油类、铜、锌、六价铬、多环芳烃等
	橡胶加工	COD、BOD、硫化物、六价铬、石油类、苯、多环芳烃等
塑料		COD、BOD、硫化物、氰化物、铅、砷、汞、石油类、有机氯、苯类、多环芳烃类
化纤		pH、COD、BOD、悬浮物、铜、锌、石油类等
农药		pH、COD、BOD、悬浮物、硫化物、挥发酚、砷、有机氯、有机磷类等
制药		pH、COD、BOD、石油类、硝基苯类、硝基酚类、苯胺类等
印染		pH、COD、BOD、悬浮物、挥发酚、硫化物、苯胺类、硝基苯类等

2）废气及排放量监测。其监测项目的确定依其生产行业及技术水平而定。表 3-3 给出了废气中主要有害物质及其工业来源。

表 3-3　废气中主要有害物质及其工业来源

名称	化学符号	工业来源
一氧化碳	CO	石油燃料燃烧、冶金、火力发电、焦化、汽车尾气等
粉尘	粒径 1～200 μm	飞灰、煤尘是燃烧的产物，冶金粉尘、硅尘等是工业生产过程的产物
二氧化硫	SO_2	燃料燃烧、有色金属冶炼、硫酸等化工生产
氮氧化物	NO_x	燃料燃烧、硝酸尾气、使用硝酸的工业
光化学烟雾		汽车尾气、炼油厂及石油化工废气，在紫外线照射下发生光化学反应
硫化氢	H_2S	炼油、化工脱硫、农药、染料、二氧化硫生产
氟	F_2	磷肥厂、钢铁厂、冶铝厂、含氟产品的生产
氟化氢	HF	
氯	Cl_2	食盐电解及其有关的工业生产产物
氯化氢	HCl	氯化氢合成、氯乙烯生产以及农药等化工生产
氨	NH_3	焦化厂、合成氨、硝酸生产及其他使用氨的工业生产
乙烯	C_2H_4	石油裂解分离、聚乙烯、聚苯乙烯等以乙烯为原料的工业生产
苯并[a]芘		炼焦及以煤为燃料的锅炉排烟、汽车尾气、沥青烟等

毒性较大物质的非正常排放量的必测项目如下：①排放工况，诸如连续排放或间断排放，如果间断排放应注明具体排放时间、时数和可能出现的频率；②排气筒底部中心坐标；③排气筒高度（m）及进出口内径（m）；④排气筒出口速度（m/s）；⑤排放温度（℃）；⑥各主要污染物正常排放量（t/a、t/h 或 kg/h）；⑦毒性较大物质的非正常排放量（kg/h）；⑧燃料燃烧排放物的计算。

废气排放量是指以煤、油、气等为燃料的工业锅炉、采暖锅炉等燃料燃烧装置在燃烧过程中通过排气筒或无组织排入大气的数量。如有净化装置，则是通过净化处理装置后排入大气的数量。计算固体燃料燃烧的烟气量的经验公式如下：

$$V_y = 3.72 \times \frac{Q_{net}}{1\,000} + 1.65 + (\alpha - 1)V_a \qquad (3-3)$$

式中：V_y 为烟气排放量，m^3/kg；Q_{net} 为燃料低位发热量，kJ/kg；α 为空气过剩系数，按表 3-4 选择；V_a 为固体燃料的理论空气需要量，m^3/kg，由式（3-4）计算：

$$V_a = 4.22 \times \frac{Q_{net}}{1\,000} + 0.5 \qquad (3\text{-}4)$$

表 3-4 空气过剩系数

炉型	手烧炉	链条炉、振动炉、排往复炉	煤粉炉	沸腾炉	油炉	气炉	其他炉
α	1.4	1.3	1.2～1.25	1.05～1.1	1.15～1.2	1.02～1.2	1.3～1.7

计算二氧化硫单位时间排放量的公式如下：

$$V_{SO_2} = 0.7 + \frac{S \cdot B}{100} \times \frac{273 + t_r}{273} \qquad (3\text{-}5)$$

或

$$G_{SO_2} = 2 \times \frac{S \cdot B}{100} \qquad (3\text{-}6)$$

式中：V_{SO_2} 为二氧化硫单位时间排放量，m^3/h；G_{SO_2} 为二氧化硫单位时间排放量，kg/h；S 为煤气含硫量，%；B 为用煤量，kg/h；t_r 为排烟温度，℃。

计算 NO_x 的单位时间排放量的公式如下：

$$G_{NO_x} = \left(\frac{Q / 1.055\,06}{3.8 \times 10^6} \right)^{1.18} \times 0.453\,5 \qquad (3\text{-}7)$$

式中：G_{NO_x} 为氮氧化物单位时间排放量，kg/h；Q 为热量，kJ。

计算燃煤烟尘的单位时间排放量的公式如下：

$$Y = W \cdot A \cdot B(1 - \eta) \qquad (3\text{-}8)$$

式中：Y 为燃煤烟尘单位时间排放量，t/h；W 为用煤量，t/h；A 为煤的灰分，%；B 为烟气中烟尘占煤炭总灰分的比例（其值与燃烧方式有关，见表 3-5），%；η 为除尘器效率（表 3-6），%，若安装两级除尘器装置，其效率分别为 η_1、η_2，则除尘装置总效率 $\eta_{总}$ 可按下式计算：

$$\eta_{总} = \eta_1 + (1 - \eta_1)\eta_2 \qquad (3\text{-}9)$$

表 3-5　各种燃烧方式的锅炉烟尘占煤炭总灰分的百分比

炉型	$B/\%$
手烧炉	15～20
链条炉	15～20
机械风动抛煤炉	20～40
沸腾炉	40～60
煤粉炉	70～80
往复炉	15～20
化铁炉	23～35

表 3-6　各类除尘器的除尘效率

除尘器类型	$\eta/\%$
重力沉降	40～50
离心旋风	80
湿式洗涤	85
布袋过滤	90
静电	95

计算废水与废气中污染物排放量的经验公式如下：

$$m_i = C_i \cdot Q_i \times 10^{-6}　（废水）\tag{3-10}$$

$$m_i = C_i \cdot Q_i \times 10^{-9}　（废气）\tag{3-11}$$

式中：m_i 为污染物排放量，t/a 或 t/d；C_i 为实测质量浓度，mg/L（废水）、mg/m³（废气）；Q_i 为废水或废气排放量，t/a 或 t/d（废水）、m³/a 或 m³/d（废气）。

第三节　污染源评价

污染源评价的目的是将标准各异、量纲不同的污染源和污染物的排放量，通过一定的数学方法计算出统一的可比较的值，从而确定出主要污染物和主要污染源，为污染源治理和区域治理规划提供依据。

污染源评价方法有很多种，目前多采用等标污染负荷法和排毒系数法，分别对水、气污染物进行评价。

一、等标污染负荷法

（一）污染物的等标污染负荷

污染物的等标污染负荷 P_i 定义为

$$P_i = \frac{C_i}{S_i} \cdot Q_i \times 10^{-9} \qquad (3\text{-}12)$$

式中：P_i 为某污染物的等标污染负荷，t/d；C_i 为某污染物的实测质量浓度，mg/L（针对水）或 mg/m^3（针对气）；S_i 为某污染物的排放浓度标准，与 C_i 同单位的数值，为无因次量；Q_i 为某污染物的排放量，L/d（针对水）或 m^3/d（针对气）。

污染源（工厂）的等标污染负荷 P_n 是其所排放的各种污染物的等标污染负荷之和，即

$$P_n = \sum P_i \qquad (3\text{-}13)$$

区域的等标污染负荷 P_m 为该区域（或流域）内所有的污染源的等标污染负荷之和，即

$$P_m = \sum P_n \qquad (3\text{-}14)$$

（二）污染物等标负荷比

污染物占工厂的等标污染负荷比 K_i 为

$$K_i = P_i / \sum P_i = P_i / P_n \qquad (3\text{-}15)$$

污染源占区域的等标污染负荷比 K_n 为

$$K_n = P_n / \sum P_n = P_n / P_m \qquad (3\text{-}16)$$

（三）主要污染物的确定

将各污染物的等标污染负荷按大小排列，从小到大计算累计百分比，将累计百分比大于 80% 的污染物列为主要污染物。

（四）主要污染源的确定

将各污染源的等标污染负荷大小排列，计算累计百分比，将累计百分比大于80%的污染源列为主要污染源。

采用等标污染负荷法评价时，容易造成一些毒性大、在环境中易于累积且排放量小的污染物被漏掉，而对这些污染物排放控制又是有必要的。因此计算后，还应进行全面分析，最后确定出主要污染物和主要污染源。

二、排毒系数法

污染物的排毒系数 F_i 定义为

$$F_i = m_i / d_i \tag{3-17}$$

式中：F_i 为污染物的排毒系数，人/d；m_i 为污染物排放量，mg/d；d_i 为能导致一个人出现毒作用反应的污染物最小摄入量，mg/人，根据独立性实验所得的毒作用阈剂量计算求得［废水中污染物 d_i=污染物毒作用阈剂量（mg/kg）×成年人平均体重（kg/人），其中成年人平均体重以 55 kg/人计算；废气中污染物 d_i=污染物毒作用计量（mg/kg）×人体每日吸入空气量（m³/人），其中人体每日吸入空气量以 10 m³/人计算］。

【课后习题与训练】

1. 污染源和污染物是如何分类的？
2. 污染源调查有哪几种方法？每种方法的优、缺点是什么？
3. 试述工业、农业、生活污染源调查的内容。
4. 某地区建有毛巾厂、农机厂和家用电器厂，其污水排放量与污染物监测结果见表 3-7，污染物排放标准见表 3-8。试确定该地区的主要污染物和主要污染源（其他污染源和污染物不考虑）。

表 3-7　污水排放量与污染物监测结果

项目	毛巾厂	农机厂	家用电器厂
污水量/（万 m³/a）	3.45	3.21	3.20
COD/（mg/L）	428	186	76

项目	毛巾厂	农机厂	家用电器厂
悬浮物/（mg/L）	20	62	75
挥发酚/（mg/L）	0.017	0.003	0.007
六价铬/（mg/L）	0.14	0.44	0.15

表 3-8　污染物排放标准

污染物	COD	悬浮物	挥发酚	六价铬
排放标准/（mg/L）	150	150	0.5	0.5

第四章 工程分析

　　环境影响评价中的工程分析是对工程的一般特征、污染特征，以及可能导致生态影响的因素进行全面分析，从宏观上，掌握建设项目与区域乃至国家环境保护政策的关系；从微观上，为建设项目的环境影响预测、评价和污染控制措施提供基础数据。工程分析是项目决策的主要依据之一，不仅为各专题预测评价提供基础数据，为环保设计提供优化建议，而且为项目的环境管理提供依据。

第一节 工程分析概述

一、工程分析的任务

　　工程分析从环保角度对建设项目所涉及的原料、产品、装备、工艺进行分析，确定其排污节点、源强大小及其排放特征，提出有针对性的防治措施，确保达标排放。

1. 核实建设内容

　　建设内容包括原料、装备、工艺选择、产品方案及标准、建设时段及其性质、临时占地与永久占地、主体工程、配套工程、辅助工程、衔接工程、员工人数及其工作制度等，其目的是为污染源分析提供可靠的基础数据。

2. 查清污染源的时空分布

　　污染源的时空分布是指建设与营运过程中所对应的产污工序和产污节点。只有从每道工序中确定污染源的产污节点，才能确定污染物的排放时空数据，这些数据是环境影响预测和评价的基础。

3. 分析污染源的排放特征

　　污染源的排放特征包括排放的时间特征、强度特征，以及污染源形态的几何特征、污染要素特征。

排放时间由生产工艺和生产设备所决定，有可能是连续的，也有可能是间断的，其中间断排放中又有短期间隔（如间隔 1 h 或 1 d）和长期间隔（如只在开停车的时候排放）之分。

排放强度主要指污染源的排放量大小。污染源强的数据是污染物能否达标排放、污染防治措施论证与环境影响预测与评价的依据之一。

污染源的几何（尺寸）特征内容与污染物形态有关。对于废气污染源，有集气装置或废气输送通道经排气筒排入空气环境的称为有组织排放源，其几何特征数据为排气筒高度、内径；在物质储运场地、加工车间直接排入空气环境的污染物称为无组织排放源，其几何特征数据包括场地的长、宽、高以及这 3 个几何特征数据构成的矩形体的组合方式，这些都是大气环境影响预测时的必要数据。对于废水排放源，其几何特征数据为排放管道的内径、管壁的粗糙度、岸边排放时距地表水体的水平距离与垂直距离、河（湖）心或海底排放时距岸边的水平距离及排放口对应的水深。对于噪声污染源，其几何特征数据为室内、室外的空间坐标，对室内噪声源还得给出声波扩散通道（如门、窗等）内径或长/宽/厚度数据。

污染源的要素特征内容也与污染物形态有关。对于废气污染源，其要素特征是废气排放温度、废气中污染因子的理化特性及毒性、颗粒物的粒径分布。对于废水污染物，其要素特征是废水排放温度、废水的黏滞系数、废水中污染因子的理化特性及毒性。对于噪声污染源，其要素特征主要是声源的频谱特性。

4. 达标评价

首先，以污染源各项基础数据为依据，从可靠性、技术成熟程度、经济性及防治效率等方面综合考虑，选择合适的防治措施。其次，科学、合理、经济、可行地确定污染防治措施及其设施的处理效率。最后，根据防治措施的处理效率计算排入环境的污染物的量，并以此为基础依据，按国家或地方的污染物排放标准进行标准指数计算，当指数＜1 时为达标，当指数≥1 时为不达标。任何建设项目所排放的任何污染物都必须达标才能够排放。

二、工程分析的原则

1. 客观全面

工程分析首先必须客观真实全面地反映出项目的所有建设内容，时间上覆盖建设期、营运期、服务期满后全过程。另外，引用的规划、可行性研究和设计等技术文件中的资料、数据必须客观、真实，并且与评价项目的实际情况相符合。

2. 技术优先

应尽量选用技术先进、性能成熟可靠的设施与设备，对于国家和地方在行业准入条件或产业政策中提出必须淘汰或即将淘汰的设施与设备一定不能选用，严格执行相关政策，推动产业装备升级。工程分析中应对拟采用的环保措施方案工艺、设备及其先进性、可靠性、实用性提出要求或建议。对于改、扩建项目，现有工程可能存在的工艺设备落后、污染水平高等环境问题，必须在改、扩建中通过"以新带老"的要求加以解决。

3. 工艺先进

生产工艺应以最小的物耗、能耗、水耗，获得最大量的优质产品，保证原料的最高收率，这样单位产品的排污量就会最小。工程分析应对拟采用的生产工艺进行优化论证，并且提出符合清洁生产要求的改进建议。除此之外，工艺设计上还应该重点考虑防污减污与生产工艺的匹配性，不匹配时提出改进的建议方案，以确保污染防治措施"三同时"的执行。

三、工程分析的方法

为了确保工程分析的客观真实，必须对建设项目的规划、可行性研究和设计等技术文件中的数据进行核实，对不能满足评价要求的数据与内容进行补充，所以须根据具体情况选用适当的方法进行工程分析。目前，采用较多的工程分析方法有类比分析法和物料平衡计算法。

1. 类比分析法

利用与拟建项目类型相同的现有项目的设计资料或实测数据进行工程分析的方法称为类比法。绝大多数项目有同类已建成运行的企业，即使少数高新技术项目没有可类比的企业，也可以由小试、中试提供类比资料。所以类比分析法是工程分析中常用的方法，也是定量结果较为准确的方法。但该方法要求时间长，工作量大。在评价时间允许、评价工作等级较高，又有可参考的相同或相似的现有工程时，可采用此法。

类比分析应充分注意分析对象与类比对象之间的相似性、可比性，如工程一般特征的相似性，包括建设项目的性质、建设规模、车间组成、产品结构、工艺路线、生产方法、原料、燃料来源与成分、用水量和设备类型等；污染物排放特征的相似性，包括污染物排放类型、浓度、强度与数量、排放方式与去向，以及污染方式与途径等。

类比法也常用单位产品的经验排污系数计算污染物排放量，如第三章式（3-1）。一般可以查阅建设项目环境保护使用手册、全国污染源普查课题成果、工业污染源产排污系数、设计手册等技术资料获得排污定额的数据，但要注意数据地区、行业、阶段性等差异；也可以查阅参考资料，即同类工程已有的环境影响报告书或可行性研究报告等资料，但必须根据生产规模等工程特征和生产管理等实际情况进行必要的修正。

2. 物料平衡计算法

环境影响评价中的物料平衡计算法是遵循质量守恒定律来估算污染物的排放量的，即在生产过程中投入系统的物料总量必须等于产出的产品量、物料流失量及回收量之和。

$$\sum G_{投入} = \sum G_{产品} + \sum G_{回收} + \sum G_{流失} \tag{4-1}$$

式中：$\sum G_{投入}$ 为投入系统的物料总量；$\sum G_{产品}$ 为系统产出的产品和副产品总量；$\sum G_{回收}$ 为系统回收的物料总量；$\sum G_{流失}$ 为系统中流失的物料总量，包括除产品、副产品及回收量以外各种形式的损失量，污染物排放量即包括在其中。

除上述总物料平衡计算外，物料平衡计算法还包括有毒有害物料及有毒有害元素物料平衡计算。当投入的物料在生产过程中发生化学反应时，有毒有害物料可按下列总量法或定额法公式进行计算：

$$\sum G_{排放} = \sum G_{投入} - \sum G_{回收} - \sum G_{处理} - \sum G_{转化} - \sum G_{产品} \tag{4-2}$$

式中：$\sum G_{排放}$ 为某物质以污染物形式排放的总量；$\sum G_{投入}$ 为投入物料中的某物质总量；$\sum G_{回收}$ 为进入回收产品中的某物质总量；$\sum G_{处理}$ 为经净化处理的某物质总量；$\sum G_{转化}$ 为生产过程中被分解、转化的某物质总量；$\sum G_{产品}$ 为进入产品结构中的某物质总量。

应用物料平衡计算时要特别注意物质状态、结构变化，以及物料流失途径的确定，因为这些数据的准确性将直接影响污染源强的确定，从而影响项目污染防治措施的选择，进一步影响项目环境影响程度的预测与评价，尤其在对有燃烧、煅烧、高温反应过程的项目进行工程分析时，一定要认真核实烧损量。

第二节　建设项目的类型与特点

一、建设项目的类型

建设项目按管理需要不同，有不同的分类方法。

1. 按建设项目性质划分

新建项目是指从无到有开始建设的项目，即在没有建设内容，或有建设内容但在全部清除的厂址上进行建设的项目。有的项目原有基础很小，经扩大建设规模后，新增加的固定资产价值超过原有固定资产价值 3 倍以上，也可以看作新建项目。

改建项目是指为了提高生产运行效率、提高产品质量，对原有的设备、设施、工程进行改造的项目，包括不增加生产运行规模的辅助设施建设。

扩建项目是指在不改变原厂址的前提下，为了扩大生产运行规模，而增加建设设备、设施、工程的项目。

技改项目是指对现有项目的技术、流程、工艺、原料进行升级换代的项目，可以看作广义的改建项目。但通常所说的改建项目偏重硬件设施的改造，而技术改造项目偏重技术软件更新。

迁建项目是指搬迁到异地建设的项目，不包括留在原址的部分。

重建项目是指由于自然灾害、战争等原因，使原有固定资产全部或部分报废，因此拟投资按原有规模重新恢复的项目。

改建、扩建、技改项目的共同点是原有项目的主要用途、性能未发生改变，如果主要用途、性能改变，则属于新建项目。对于迁建、重建项目，应按照其具体情况，分别纳入新建、改建、扩建项目进行管理。

2. 按建设项目环境影响特点划分

污染影响型建设项目是指以污染影响为主的建设项目，如石化、化工、火力发电（包括热电）、医药、轻工等。

生态影响型建设项目是指以生态影响为主的建设项目，如公路、铁路、管线、民航机场、水运、农林、水利、水电、矿产资源开采等。

3. 按建设项目环境影响程度划分

在生态环境部发布的《建设项目环境保护管理条例》中，依据建设项目特征和所在区域的环境敏感程度，综合考虑建设项目可能对环境的影响程度，对建设项目的环境影响评价实行分类管理，可分为3类。

报告书类项目：建设项目对环境可能造成重大影响的，应当编制环境影响报告书，对建设项目产生的污染和对环境的影响进行全面、详细的评价。

报告表类项目：建设项目对环境可能造成轻度影响的，应当编制环境影响报告表，对建设项目产生的污染和对环境的影响进行分析或者专项的评价。

登记表类项目：建设项目对环境的影响很小，不需要进行环境影响评价，应当填报环境影响登记表。

国务院生态环境主管部门在组织专家进行论证和征求有关部门、行业协会、企事业单位、公众等意见的基础上，制定并公布《分类名录》。《分类名录》的制定参照了《国民经济行业分类》，其中的一级行业采用《国民经济行业分类》中的大类名称，二级分类参照《国民经济行业分类》中的中类和部分小类行业名称。2021年1月实施的修订版《分类名录》中共设置了50个一级行业分类，192个二级类别。

《分类名录》中详细规定了不同环境影响程度下建设项目所归属的环境影响评价类别（表4-1），建设单位必须严格按《分类名录》确定的环境影响评价类别，编制建设项目环境影响报告书、环境影响报告表或者填报环境影响登记表，不得擅自改变环境影响评价类别。

表4-1 建设项目按环境影响程度分类举例

项目类别	环评类别			本栏目环境影响敏感区含义
	报告书	报告表	登记表	
农业、林业				
农产品基地项目（含药材基地）	—	涉及环境敏感区的	其他	《分类名录》第三条（一）中的全部区域；第三条（二）中的除（一）以外的生态保护红线管控范围，基本草原、重要湿地，水土流失重点预防区和重点治理区
经济林基地项目	—	原料林基地	其他	
煤炭开采和洗选业				
烟煤和无烟煤开采洗选；褐煤开采洗选；其他煤炭采选	煤炭开采	煤炭洗选、配煤；煤炭储存、集运；风井场地、瓦斯抽放站；矿区修复治理工程（含煤矿火烧区治理工程）	—	

建设项目类型划分方法还有很多，但上述 3 种分类方法在环境影响评价工作中应用较为普遍。

二、建设项目的特点

1．不同性质的建设项目

新建项目对所在区域属于新增污染源，所以对该区域环境存在 3 种可能影响：一是区域内环境中原来就存在这种污染物质，新建项目开始后从量上加重污染；二是新增加了原环境中不存在的某些污染物质；三是以上两种情况同时存在。因此，在进行新建项目的工程分析时，一定要特别注意分析第二种、第三种情况下新增污染物的理化特性及其在环境中迁移转化的规律，以便在环境影响预测与评价中作出准确判断，从而决定新建项目是否可行。

扩建项目也要计算"三本账"，即扩建前排污的一本账、扩建工程本身排污的一本账、扩建完成后整个项目排污的一本账。根据这"三本账"的数据进行扩建项目的环境效益分析，给出环境影响结论。从环境影响角度分析，扩建项目既有可能类似于新建项目，是增污的，也有可能类似于技改项目，是减污的，具体属于哪种情况完全取决于扩建项目的建设内容。

技改项目由于是从原料、工艺、装备上进行改进，提高收率的，这样进入环境的物质或能量就会相应减少，因此从理论上此类项目是减轻污染的。所以技改项目的工程分析重点在于算清"三本账"，即技改前排污的一本账、技改本身排污的一本账、技改完成后整个项目排污的一本账，根据这"三本账"的数据进行技改项目的环境效益分析，给出环境影响结论。

2．不同环境影响特点的建设项目

（1）污染影响类建设项目

化工石化医药类建设项目通过改变物质的结构来获得产品，所以在工程分析时必须从原料包含的所有成分开始跟踪项目每个工艺过程中物质的结构、状态、质量的变化情况，以及整个过程中能量和水的消耗情况，尤其是小分子物质（可能进入大气环境）、可溶性物质（可能进入水环境）的收率及去向。另外，还要特别注意物质（原料、产品及中间产物）的理化特性及毒性分析，以便在环境风险评价时能找到该项目涉及的环境风险物质和风险单元。

冶金机电类建设项目的污染形式以噪声污染、水污染、固体废物处置为主。装备生产的机械加工过程往往会产生较大的噪声及含油固体废物，而表面处理则产生废水，在黑色金属、有色金属、贵金属、稀有金属的冶炼过程中也会产生废气污染。工程分析时要特别注意项目的装备水平，水平越高，则收率越高，单位产品的排污量越小，环境影响程度也越小。

建材火电类建设项目中的水泥、玻璃、陶瓷、石灰、砖瓦、石棉等建材生产，均需要消耗大量的能量，对原料的粒径要求也很高，所以这类项目以废气污染为主，特别是氮氧化物、颗粒物的污染。火电类项目则是以氮氧化物、二氧化硫、颗粒物污染为主，同时产生大量的粉煤灰。这类项目的污染物均属于传统监管的常规因子，工程分析可类比的项目及相关资料丰富，项目的装备水平、规模决定其环境影响的大小。

社会区域中的项目如污水处理厂、城市固体废物处理（处置）、进口废物拆解等，主要是关注其对水环境尤其是地下水环境的影响，所以选址与防渗工程是这类项目的重点。自来水生产和供应则是关注外界环境对项目本身的影响，确保水源的水质安全。

在对特殊类型建设项目进行工程分析时，主要关注放射源及其分布、废弃物的处理与处置，要根据工程分析中放射源的情况科学选址。

（2）生态影响类建设项目

农林水利建设项目的特点是通过改变生态环境来获利，所以在工程分析时要特别注意与生态结构相关的生态因子的变化分析。

交通运输类建设项目以生态分割、噪声污染为特点，所以工程分析首先要抓住项目建设前后生态异质变化，明确各类拼块的大小；其次依据交通流量预测噪声污染程度及影响范围。

社会区域类建设项目在工程分析时，除关注生态异质变化外，还要注意产生社会影响的生态因子分析，按复合生态学的理论进行全面的工程分析。

海洋工程类的海底管道、海底缆线铺设项目工程分析的重点是施工方式及施工期间的生态因子变化。海洋石油勘探开发类建设项目必须在充分做好生态环境现状调查、确定其评价范围内的敏感生态因子后再进行工程分析，这样就能有针对性地分析项目建设施工方式、建设内容与敏感生态因子的关联，从而提出缓解措施。

采掘类建设项目因开采方式、开采地层、开采范围等特点不同，其污染形式差别很大，所以工程分析应抓住特点，准确把握施工、营运与闭矿后各过程中的生态破坏因子，同时，还要注意地下水因疏干水产生的水位下降或因重金属进入而引发的地下水水质污染等水环境问题，并分析尾矿库选址与尾矿库工程建设内容，为尾矿库的环境风险评价提供基础数据。

第三节　工程分析的内容

根据建设项目对环境的影响方式和途径不同，环境影响评价把建设项目分为污染影响型项目和生态影响型项目两大类。污染影响型项目以污染物排放对大气环境、水环境、土壤环境和声环境的影响为主，因此，其工程分析以对项目的工艺过程分析为重点，核心是确定工程污染源；生态影响型项目以建设期、运营期对生态环境的影响为主，因此，其工程分析以对建设期施工方式及运营期运行方式分析为重点，核心是确定工程的主要生态影响因素。在建设项目环境影响报告书中的工程分析内容至少应包括项目概况、影响因素分析、污染源源强核算，但对于污染影响型、生态影响型项目，各部分内容要求有所差异。

一、污染影响型建设项目的工程分析内容

（一）项目概况

项目概况是指交代项目的基本情况，其中包括主体工程、辅助工程、公用工程、环保工程、储运工程，以及依托工程等完整的工程组成，包括项目名称、建设单位、建设性质、建设地点、建设规模、建设内容、产品（包括主产品和副产品）方案、平面布置、建设周期、项目投资等。

1. 项目名称

项目名称必须严格校对，确保备案证、土地预审证、规划许可证、给水证、排水证、水土保持方案及审批文件等相关附件与工程分析中的项目名称完全一致。

2. 建设单位

建设单位名称必须是项目的筹建单位，而且应明确以后是否由该单位经营、出资方与建设单位关系等，以便后续手续（如施工许可）的办理。外商独资的项目应特别注意我国对其投资有相应的法律要求，须先进行合法性评价。

3. 建设性质

应根据初步的工程分析，按新建、技改、改扩建等类型进行明确，不同类型项目其工程分析的内容、结构、要求均不相同。如果是改建、扩建及易地搬迁项

目，则应该在项目概况中说明现有工程或取代工程的基本情况和它们的污染物排放及达标情况、存在的环境问题及拟采取的工程方案等内容。

4. 建设地点

建设地点要明确项目的地理坐标、行政区域，并附地理位置图。对项目占地少且厂区为正方形或矩形的，可按其几何中心的地理坐标给出；如果项目占地面积大或形状不规则，则须给出边界拐点的所有地理坐标。

占地面积按永久占地、临时占地分别给出，其中临时占地是必须恢复原貌的，另外，各种附件如土地预审证、规划许可证、水土保持文件等项目占地的数据必须是一致的，应避免由于各种原因出现项目占地面积在不同的文件中不一致的情况。

5. 建设规模

建设规模因项目类型不同而有不同的表达内容，如工业生产类的项目是指每年多少产品（包括出售的中间产品）。项目规模是估算项目排污量或风险程度的依据，一定要核实清楚、准确表达，不能有歧义。对于分期建设项目，应按不同建设期分别说明建设规模。

6. 建设内容

建设内容一般用表格的形式按主体工程、辅助工程、公用工程、环保工程、储运工程、依托工程等分别列举清楚。主体工程是指直接实现项目建设目的的建设内容，如生产厂房、生产线等；辅助工程是为了保障主体工程正常运转的配套建设内容，如为生产线配套的空压站、冷冻站等；公用工程是为全厂配套的建设内容，如科研楼、办公楼、职工生活设施、道路、供电供水供热工程等；环保工程为"三废"处理设施；储运工程是满足物料运输、储藏的储罐、仓库等内容；依托工程则经常出现在改、扩建项目中。许多企业在进行改、扩建时往往只建主体工程，而配套工程、公用工程则依托现有设施，此时，必须对依托工程的能力进行调查与审核，确保主体工程运营时不必再建或私建配套工程、公用工程而使评价失实。

7. 产品方案

对于工业生产类项目而言，无论是采用排污系数法、类比法还是物料衡算法确定排污量，都要用到产品方案中的相关数据。产品方案要求有产品种类、规格、标准等相关信息。

8．平面布置

平面布置无论是对项目运行还是环境保护都非常重要，例如，合理的水泥生产项目平面布局，可最大限度地减少物料尤其是粉料的转移次数、距离，在同等防治水平下能减少10%～20%的颗粒物排放。项目平面布置一般要求生活/办公区、生产区分开，保持物料储运及流向与生产加工次序一致，应该根据项目生产特点、物料储存量要求合理设计仓储容积等。

9．建设周期

要明确项目建设周期，因为不同的建设阶段，其施工环境影响不同，环境防范措施也不同。施工期、营运期、服务期满后的环境影响应分析清楚，并且给出量化指标。

10．项目投资

项目投资主要说明总体投资、环境保护投资及占总投资的比例，这些数据是环境经济损益分析的依据。

综上所述，项目概况是其他章节的基础与依据，要求内容全面，用语简明，表达准确。

（二）工艺流程及排污节点分析

在工业品生产中，从原料到制成成品，各道加工工序的排列组合，称为工艺流程。通过对工艺流程的分析，可以跟踪物料的流向、加工过程及其变化情况；结合项目的平面布置，可以确定项目生产过程中排污节点的空间分布；根据设备运行时数及加工物料在设备中的停留时间，可以确定污染物的产生特征，包括污染物的状态（气态、液态、固态或水溶液、胶体等信息）、产生浓度、速率及分布情况（是在废气中、废水中还是固体废物中）。

一个工业生产项目可能分为几大工段，每个工段可能由多道加工工序组成。分析工艺流程时应按照该项目原料到产品的加工顺序，分别将物料的储运方式、加工工段、加工工序，以及在加工过程中的状态变化情况描述清楚，进行是否有污染物排放判定，从而达到锁定排污节点的目的。

在污染影响型项目工程分析时，经常将物料的加工过程、物质流向、排污节点用框图的形式表示出来，称为工艺流程及排污节点图。同时，还用表格将工艺流程及排污节点图中的排污节点的污染物产生特征按图中编号进行说明，称为污染物产生特征表。

（三）原辅材料种类及理化特性分析

对于化工类项目，可按混合物、纯净物分类描述原辅材料的数量、来源、理化特性、毒性，其中混合物要给出组分及其质量比，纯净物要给出纯度。对于电子原料生产项目，必须明确杂质的成分及理化特性，因为这与该原料的净化工艺及污染物产生情况有关。

对于其他类型的污染影响型建设项目，可按物质的状态分类给出原辅材料的数量、来源、理化特性、毒性、储运方式、贮存量及使用量。

（四）装备种类与规格

用表格的形式列出建设项目的生产设备。设备一览表中需要有设备名称、规格、数量及运转时数等信息，根据这些设备的相关信息进行工艺流程及加工工序中物料状态变化的分析，以此为污染物产生情况分析的依据之一。

（五）配套工程、公用工程分析

建设项目配套的辅助工程、公用工程往往也有排污节点及排污量，所以在工程分析中也必须对这些工程的建设内容、规模、使用方式、空间布局等进行分析，确定污染物的产生特征。

常见的配套工程有给水、排水、供电、供热等。给水工程需明确水源、新鲜水用量、循环水用量、回用水用量、生产工序用水量、生活用水量，并且根据分析结果绘制水平衡图表，如果项目对水质有特殊要求，则其制备设施也是属于配套工程的建设内容，同样需要分析；排水工程主要是对排水水质、方式、去向的分析，为污水处理工艺选取及排放标准的确定提供依据；供电工程分析要求明确是单一电源还是双电源，如果是双电源，除地方电网外的另一种电源的供给方式是分析的重点，对自建变电站的项目还需要进行电磁辐射的环境影响评价；供热工程首先要明确是区域集中供热还是自建供热站，对于集中供热则要明确热源是热水还是蒸汽，如果是蒸汽则要明确是否建调压站，如建则调压站是一个噪声源，如不建则没有这个污染源，自建供热站按其规模及煤质情况分析其产污特征。

建设项目的公用工程主要是行政办公及员工生活设施，其污染物产生情况按人数及工作制度进行核算。对于产品研发、科研楼等公用设施，可按主体工程的工艺流程及排污节点的要求进行工程分析，确定其产污情况。

（六）物料平衡分析

化工类项目均要求进行物料平衡分析，据此核实污染物的产生情况；对于传统行业，如水泥生产、炼铁炼钢等原料用量大、过程复杂的项目，则要求进行投入、产出及利用率的分析，在类比调查的基础上进一步核实产污情况。物料平衡用图表的形式表达，其内容必须与工艺流程中物料流向及加工工序一一对应。

（七）污染物排放特征分析与达标评价

根据工艺流程及排污节点分析结果，结合项目所在区域的环境敏感程度、当地生态环境主管部门对该项目的批复，制定出技术成熟、经济合理、运行稳定可靠的污染防治措施，并对这些措施的工程内容进行详细说明。在此基础上确定各类污染物的处理效率，分析其排放特征及排放量。根据污染物的排放特征、排放量及批复标准，进行污染源的达标评价。

一般项目的污染物排放特征按废气、废水、噪声、固体废物 4 种类型进行分析，对于特殊项目还要进行废热、放射性的污染特征分析。

1. 废气污染源分析

废气污染源按有组织和无组织两类进行排放特征的分析。有组织废气污染源即经过排气筒排放的废气，无组织废气污染源即不经过排气筒排放的废气。对于含有毒物质的废气不允许有明显的无组织排放，必须进行收集、治理后经满足高度要求的排气筒排放。有组织废气污染源必须有污染物质的产生量、理化特性、防治措施、处理效率、排放浓度、排放速率、排放温度、排放高度、排气筒内径、排放时间特征（连续排放、间断排放或瞬时排放）、是否达标、年排放总量的分析，同时给出废气量；无组织废气污染源则有污染物质的产生量、理化特性、排放速率、排放源的几何尺寸、排放时间特征（连续排放、间断排放或瞬时排放）、是否达标、年排放总量的分析。在大气环境影响预测与评价中就依据废气污染源的排放特征分析数据进行大气环境影响程度的判断，并确定大气环境防护距离和卫生防护距离。如果预测结果满足空气环境质量标准要求，则从废气污染源的排放情况分析项目建设可行；否则应强化防治措施，减小源强后再预测评价。如果预测结果还不能满足标准要求，则该项目不宜在此建设。

2. 废水污染源分析

废水污染源按第一类污染物、第二类污染物、放射性污染、热污染 4 个类型进行排放特征的分析。在《污水综合排放标准》（GB 8978—1996）中规定的第一类污染物有 13 种，含有这些污染物的废水是要求在车间排放口就必须达标的，其他 3 类是要求厂区总排放口达标，在进行污染源的达标评价时必须分开。废水污染源必须有废水量、污染物种类、污染物理化特性、污染物的产生浓度及产生量、防治措施、污染物的排放浓度及排放速率、排放去向、排放的时间（连续排放、间断排放或瞬时排放）与空间（岸边排放或水中排放）特征、是否达标、年排放总量的分析。废水污染源排放特征分析与废气不同的是既要单一源的分析还要混合源的分析，一般一个独立的生产厂区只允许设一个总排口，所有单一源都必须汇集到总排放口后排放，在地表水的预测与评价中用的就是这个总排口的数据。另外，工程分析中还须按物质的理化特性、储运及使用单元、风险与事故发生时的可能产生量进行地下水环境影响评价的污染源排放特征分析。由于废水污染源涉及的排放特征较多，最合适的表达方式是表格法。

3. 噪声污染源分析

噪声污染源按机械摩擦与振动性噪声、空气动力性噪声、电磁性噪声 3 类分别进行排放特征分析，相邻声源的声压级相差 10 dB（A）时，小的声源即可忽略不计。噪声污染源必须有产生噪声的设备、声级、空间（室内外）和时间特征（昼间、连续、间断或瞬时）、防治措施、声源空间坐标及治理后的声源声级等信息，为噪声厂界达标及影响预测与评价提供基础数据。

4. 固体废物污染源分析

固体废物污染按一般工业固体废物和危险废物两类进行排放特征及处置措施分析：一般工业固体废物必须分析其主要成分、数量、状态、资源化、临时贮存措施、最终去向；明确含有《国家危险废物名录》中列出物质且达到规定的浓度的，就是危险废物，对危险废物必须分析产生量、理化特性与毒性、暂存设施、最终处置方案及去向。对固体废物中含有《国家危险废物名录》中列出物质但浓度不确定的，则应做浸出试验，根据试验结论确定是按一般固体废物处置还是按危险废物处置。

对于迁建项目来说，工程分析还应重点评估项目搬迁后遗留的环境问题（如土壤、地下水污染等）的性质、影响程度，以及解决方案的可行性。

二、生态影响型建设项目的工程分析内容

（一）项目概况

与污染影响型项目的概况要求基本相同，只是有的生态影响型项目针对的不是产品方案，而是服务年限，应加以注意。

（二）工程建设内容与施工方式分析

项目工程建设内容包括主体工程、辅助工程、环保工程。

主体工程是为生产产品或提供服务直接相关的设施、设备。例如，公路交通运输类项目的主体工程包括道路、桥梁、隧道、涵洞、护栏等；输油输气管线项目的主体工程包括埋设的管线、调压增压站等；旅游开发类项目的主体工程有基础设施建设、景点修护工程等。对这些工程的描述必须分段或分类进行，工程内容、工程量、施工方式等方面都要力求准确和全面。

辅助工程是为主体工程建设或运行时配套的设施、设备。例如，公路交通运输类项目的辅助工程有混凝土搅拌站、取土场、弃渣场、排水设施、公路养护站等；输油输气管线项目的辅助工程有管压检测装备、管道清洗及清洗废水收集设施、管道维护站等；旅游开发类项目的辅助工程有医疗救护站、旅客应急处理中心、景区推广宣传中心等。辅助工程如果是为建设主体工程设置的临时性工程，当主体工程完工后就会拆除，则其环境影响主要在施工期；如果是为了主体工程正常运行而建的永久性工程，则对其描述与分析应与主体工程相同。

环保工程是为了在施工期、营运期及服务期满后保护环境而采用的设施、设备。例如，公路交通运输类项目的环保工程有生态恢复工程、生态补偿工程、隔声墙等；输油输气管线项目的环保工程有生态恢复工程、生态补偿工程、油污收集处理站、尾气点燃放空装置等；旅游开发类项目的环保工程有垃圾收集设施、污水处理站、餐饮油烟净化设备等。本章主要是对环保工程的工程内容、处理对象、处理效率、处理效果、与主体工程的匹配性等方面进行叙述分析，至于其可行性则在第五章"污染防治措施"进行充分论证。

生态影响型建设项目往往占地面积大，涉及多种生态系统类型，施工期影响大于运营期等特点，而不同的施工方式生态环境的影响程度相差很大，对于生态环境特别敏感的区域要求采用特殊的施工方式。所以在进行生态类建设项目的环

境影响评价时往往要与建设单位、设计单位、施工单位就施工方式进行多次协商，并在"工程分析"章节予以明确，便于生态环境主管部门在管理中按照环境影响报告书的要求进行管理。如输气管线在经过地表水水源保护区时，要求采用顶管作业的方式进行施工，不能采用开槽埋管的施工方式，这就要求在工程分析中予以明确规定，施工时不得变更。

（三）土石方量核算

常见的土石方工程有场地平整、基坑（槽）与管沟开挖、路基开挖、人防工程开挖、地坪填土，路基填筑以及基坑回填等。在进行土石方量核算时首先应合理分段或分片，划分的原则就是尽量做到内部平衡，即本段或本片内的挖方与填方相等或接近。根据项目可行性研究报告、现场调查，按总土石方量、挖方、填方、利用方、借方、弃方 6 个方面列表分析各段各片所产生的土石方量，并据此设置取土场、弃土场的大小数量与位置，计算生态恢复、生态补偿的工程量，为环境影响评价报告中"生态措施可行性论证"和"生态环境影响预测与评价"两个章节提供依据。

（四）物料平衡、给排水平衡分析

生态影响型建设项目与污染影响型建设项目的物料平衡、给排水平衡分析要求相同。

（五）污染物排放特征分析、达标评价

生态影响型建设项目与污染影响型建设项目的污染物排放特征分析、达标评价要求相同。

第四节 工程分析案例

由于建设项目种类繁多，建设内容与方式千差万别，完全掌握工程分析存在一定的难度。本节通过项目工程分析实例，介绍工程分析的一般原则、方法、思路与表达。

一、项目概况

项目名称：年产 1 200 t 钢排钉项目。

建设单位、建设地点、建设进度（略）。

建设性质：新建。

建设规模：建设 1 200 t/a 钢排钉生产线一条。

产品方案：生产规格为 SIZE/SPECS 45 号碳钢排钉，品种为 ST-25、ST-32、ST-38、ST-45、ST-50、ST-57、ST-64。

项目投资：425 万元，其中环保投资 58 万元，占总投资的 13.6%。

企业定员及工作制度：企业定员为 510 人，其中工人 480 人、管理及技术服务人员 30 人。三班四运转，每班 8 h，年工作 300 d。

平面布置：厂区生产区与生活区由厂内主干道隔开，各主要建筑物的情况见表 4-2。

表 4-2　各主要建筑物的情况

序号	名称	占地面积/m	结构特征	备注
1	拉丝厂房	600	框架	
2	退火厂房	150	砖混	
3	制钉厂房	470	砖混	
4	淬火厂房	360	砖混	
5	电镀厂房	300	砖混	
6	包装厂房	980	砖混	塑钢顶
7	仓库	600	砖混	
8	办公楼	360	砖混	
9	餐厅、食堂	280	砖混	
10	职工宿舍	700	砖混	

二、工艺流程及排污节点

ST 排钉的生产过程主要分为制钉、电镀前处理、镀锌、钝化与胶粘排钉 4 个阶段。

（一）制钉

1. 粗拉丝

该项目原料为$\phi6.5$ mm 的 45 号碳钢盘条，粗拉丝工段就是利用 LT-550/14 拉丝机（配 280 kW 电机）将$\phi6.5$ mm 钢条拉细至$\phi3.8$ mm，属于冷拔工艺。此工段主要为电机噪声污染。

2. 退火

为消除粗拉丝过程中钢丝的应力，从拉丝机中出来的钢丝经退火炉加热后再自然冷却，并进入细拉丝工段。

3 台粗拉丝机对应 3 座退火炉，退火炉燃料为煤气，来自$\phi2.0$ mm 二段式煤气发生炉。

（1）煤气发生炉工作原理

$$C+O_2 \longrightarrow CO_2 \qquad\qquad 2C+O_2 \longrightarrow 2CO$$

$$C+H_2O \longrightarrow CO+H_2 \qquad\qquad C+2H_2O \longrightarrow CO_2+2H_2$$

$$C+CO_2 \longrightarrow 2CO \qquad\qquad CO+H_2O \longrightarrow CO_2+H_2$$

（2）煤气制备工艺流程与排污节点

二段式煤气发生炉自上而下由"干馏段"和"气化段"组成，以煤为燃料，以空气和炉体水夹套自产的蒸汽、酚水蒸发器产生的酚水蒸汽为气化剂。顶部加入煤，底部由鼓风机鼓入空气、由风管送入蒸汽。

煤从炉顶进入炉体，在干馏段受到来自气化段煤气的加热干馏，经过充分的干燥和长时间的低温干馏，逐渐形成半焦，并产生干馏煤气；之后进入气化段，炽热的半焦在气化段与炉底鼓入的气化剂充分反应生成气化煤气，半焦经过炉内还原层、氧化层形成炉渣，由炉底排出。

煤在干馏段，以挥发分析出为主（CH_4、C_mH_n 烯烃、煤焦油等）生成的煤气为干馏煤气，与进入干馏段的气化煤气混合形成顶部煤气，约占煤气量的 40%，含有大量的煤焦油；在气化段，炽热的半焦与气化剂经过还原、氧化等一系列化学反应生成的煤气为气化煤气，小部分气化煤气在炉内上升进入干馏段，大部分由底部煤气通道导出形成底部煤气，约占煤气量的 60%，因进入气化段的煤已变成半焦，生成的气化煤气不含煤焦油。

顶部煤气主要成分为 H_2、CO、CH_4、CO_2、H_2O（汽）和 N_2、C_mH_n、H_2S、焦油气等；底部煤气主要成分为 H_2、CO、CO_2、H_2O（汽）和 N_2 等。

底部煤气由旋风除尘器除尘后，经酚水蒸发器回收酚水蒸汽，再经风冷器、间接水冷器降温，之后与顶部煤气混合；顶部煤气由电捕焦油器除焦后，经间接水冷器冷却与顶部煤气混合一起进入电捕轻油器捕除轻油；最后进入退火炉燃烧。

煤气制备工艺流程如图 4-1 所示。

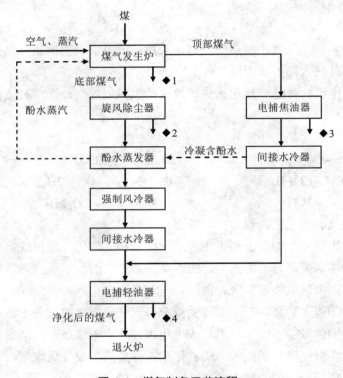

图 4-1　煤气制备工艺流程

（图中"◆"为固体废物）

该工段产生的污染物主要有退火炉烟气、煤气发生炉的炉渣、除尘灰、煤焦油。

3．细拉丝

细拉丝工段为利用 LT-450/14 拉丝机（配 65 kW 电机）将 ϕ3.8 mm 钢丝拉细至 ϕ1.5 mm，属于冷拔工艺。此工段主要为电机噪声污染。LT-450/14 拉丝机与粗拉丝对应，也为 3 台。

4．制钉

经细拉后的ϕ1.5 mm 钢丝由牵引机送入制钉机，在制钉机内按产品规格要求完成压帽和掐尖，形成排钉的毛坯后经人工送入下一道工序。

5．淬火

淬火工序主要是为了增加排钉的强度、消除应力。排钉毛坯由人工送入淬火炉料斗，由淬火炉自动将排钉送入加温区进行加温。淬火炉为 120 kW 连续式可控电阻炉，炉内温度为900℃。排钉加温至 900℃后自动送入淬火油槽中急冷 1～2 min，提升至水槽中用温度为50℃的热水进行冲洗，冲洗水用量为 2 m³/t（产品），由淬火炉自带的加热装置进行加热和温度控制。冲洗水用油水分离器对淬火油进行回收，经油水分离器处理后的水排入污水处理站，回收的油返回油槽。冲掉排钉表面淬火油后由风扇对排钉吹风干燥。干燥后的排钉自动送至回火炉进行回火。回火炉为连续式热风循环电炉，型号为 RLH60-6（60 kW），炉内温度保持在600℃，经回火消除应力后整个淬火工序结束。经自然冷却后送清洗工段。此工段主要污染物为冲洗时外排的含油废水。

（二）电镀前处理

1．滚光

由人工将排钉送入滚光机中，滚光机滚筒转速为 40～60 r/min，将 20 kg 锯末、0.5 kg 石蜡、800 kg 排钉装入其中，体积约占滚筒体积的 3/4。排钉在滚光机滚筒的旋转过程中相互碰撞，去掉排钉的毛刺和绝大部分氧化层。处理每批排钉的时间为 30 min，每天工作 3 h 即可。滚光后经筛分将排钉与锯末分开，筛下的锯末返回滚光机，一般为每 2 d 左右更换一次。此工段主要污染物为滚光机一侧排出的含铁屑和铁锈的锯末，筛分时有少量无组织的粉尘产生，在车间内即可沉降下来，不向外排放。

2．碱洗

碱洗的目的是去除排钉表层的油垢，主要设备是碱洗槽，排钉送入 20%的 NaOH 碱洗槽，洗去表层的油垢。碱洗液温度控制在 40～50℃，用电加热器进行加热。此工序主要污染物为碱洗槽定期排放的含碱废水，排水量为 9 m³/d。

3．酸洗

酸洗的目的是去除排钉在滚光工段尚未除尽的氧化铁，主要设备是酸洗槽，酸洗槽加罩密封。排钉送入添加酸雾抑制剂、缓蚀剂的 10%盐酸的酸洗槽，洗去表层的氧化铁，酸洗槽内产生的盐酸酸雾经引风至酸雾净化塔，经净化处理后排入大气。酸洗液温度控制在 20～30℃，冬季需用电加热器加热，其他季节用自来水即可。

为了保证排钉除锈效果，当酸洗液中的铁离子达到约 150 g/L 时，需更换酸洗液，废酸洗液由供酸厂回收。清洗水必须定期排放并补充新水，酸洗后清洗槽的排水量为 12 m³/d。

4．清洗

清洗的任务是将排钉经酸洗后表面携带的少量酸洗液清洗干净，采用串级人工搅拌清洗，第二级清洗使用清水，清洗后的浊水循环用于第一级清洗，从第一级水循环槽溢流排放的酸性废水排到污水处理站。

（三）镀锌

1．原理

排钉镀锌在工艺上采用硫酸盐镀锌的工艺，硫酸锌是主盐，提供镀液中锌离子。硫酸盐镀锌配方中不含络合剂，是一种碱式盐类。在加入光亮剂后能获得光亮银白的镀层。硫酸锌在溶液中发生解离，为电解提供导电离子：

$$ZnSO_4 \longrightarrow Zn^{2+} + SO_4^{2-}$$

在阳极上反应为加入的锌粉溶解，即

$$Zn - 2e \longrightarrow Zn^{2+}$$

在阴极上锌离子得到电子，还原成金属锌析出并在阴极上沉积：

$$Zn^{2+} + 2e \longrightarrow Zn$$

2．配制电镀液和电镀时的条件控制

在镀槽中加约 1/2 的自来水，然后加入硫酸锌，搅拌使其完全溶解，然后按表 4-3 所列物质依次加入，调节好 pH，控制好电流后即可进行电镀。

表 4-3　硫酸盐镀锌溶液组成和工艺条件

镀液组成	浓度
硫酸锌/（g/L）	300～400
硫酸钠/（g/L）	50
锌粉	用量为 0.2 kg/t（产品）

镀液组成	浓度
盐酸/（g/L）	20
硼酸/（g/L）	25
硫锌 30 光亮剂/（mL/L）	15～20
双氧水/（g/L）	0.001
pH	4.5～5.5
T/℃	10～50
D_k/（A/dm^2）	20～60

配方说明：

1）硫酸钠。硫酸钠和氯化铵都是导电盐，用来弥补硫酸镀锌溶液的电导率低的不足。主要用于提高镀液的分散能力和深镀能力。

2）硼酸。硼酸是硫酸镀锌溶液的 pH 缓冲剂。硼酸在 pH=4～5 时缓冲性较好，硼酸的加入量为 25～30 g/L，硼酸含量越高，它的缓冲性越好，但硼酸在常温镀液中的溶解度是比较低的，多加了不溶解，反而会影响镀锌溶液中，不能将盐类的浓度加得很高，因为盐类浓度加高了，对光亮剂的要求也就高了。光亮剂的耐盐度是有极限的。

3）pH。硫酸盐镀锌溶液的 pH 为 3.0～5.5。除了配方不同，pH 的高低还与所采用的电镀方式和电流密度有关。对于排钉这样的小件进行电镀，因为所采用的电流密度较小，pH 可以适当调高些，这样电流效率会较高。

4）温度。硫酸盐镀锌一般在室温条件下进行，温度高时，对于过去非光亮性电镀锌而言，镀层结晶就会粗糙；温度过低，镀液中就会有结晶析出。因为电镀液的浓度都比较高，有的几乎接近饱和状态，这种镀液对温度比较敏感，所以在气温较低时，应适当降低镀液浓度，使其在 10℃ 时不结晶，又能满足电镀时间和电流密度的需要（镀层厚度）。

3．镀锌

配制好电解液后再将清洗干净的排钉由人工送入电镀槽的阴极。通电后小滚筒缓慢旋转，使其镀层均匀。阴极由 12 个小滚筒组成，每个滚筒中放入 50～60 kg 排钉，每批镀件为 600～700 kg，每批镀件的电镀时间为 4 h。电镀完成后先放入冷水槽中由人工搅动清洗，再放入热水槽浸泡清洗。热水槽中的水温控制在 40℃ 左右，由电加热器进行加热。为保持清洗质量，操作时每两批镀件排一定的废水，并补充新水，每次排水量为 10.8 m^3，每天排水 32.5 m^3。清洗后送钝化工序。电解液不排放，只进行各种物质的浓度测定和调整。

（四）钝化与胶粘排钉

排钉钝化采用低铬彩色钝化工艺（图4-2），钝化后的颜色为银白色。

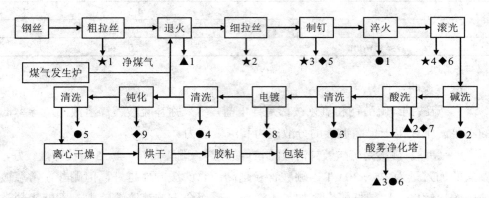

▲—废气；●—废水；◆—固体废物；★—噪声。

图4-2 排钉生产工艺流程

1. 原理

锌是一种化学性质很活泼的金属，锌电镀后如果不进行处理，镀层很快就会变暗，并相继出现白色腐蚀产物。为了减少锌的化学活性，往往采用铬酸盐溶液来钝化处理，使锌层表面上形成一层铬酸盐转化膜层。锌层钝化膜的厚度在 0.5 μm 以下。镀锌层经彩色钝化处理，其抗腐蚀能力要比未经钝化处理的提高 6～8 倍。

高铬钝化工艺的铬酐浓度在 250 g/L 左右，在钝化后需要进行清洗，高铬钝化所产生的废水很多，是电镀行业最主要的污染源。采用低铬钝化新工艺，不但使含铬废水中六价铬含量大量减少，同时还极大地减少了铬酐的消耗量。

在银白色钝化的配方中，钝化液是酸性的。在酸性介质中，锌层会与之发生化学反应，主要是金属镀锌层与钝化液中铬酸之间的氧化和还原反应。锌作为还原剂，将作为氧化剂的铬酸还原成三价铬，反应式为

$$Cr_2O_7{}^{2-}+3Zn+14H^+ \Longrightarrow 3Zn^{2+}+2Cr^{3+}+7H_2O$$

$$2CrO_4{}^{2-}+3Zn+16H^+ \Longrightarrow 3Zn^{2+}+2Cr^{3+}+8H_2O$$

在酸性较强的高铬钝化溶液中，六价铬主要以 $Cr_2O_7{}^{2+}$ 的形式存在，在酸性较

弱的低铬和超低铬钝化溶液中，六价铬则主要以 CrO_4^{2-} 的形式存在。由于反应要消耗氢离子，使锌镀层与溶液界面层中酸性减弱，pH 升高；当上升到一定的 pH 时，凝胶状的钝化膜就会在界面上形成。这层凝胶状钝化膜的成分相当复杂，主要是由三价铬和六价铬的碱式铬酸盐及其水化物所组成，钝化膜的结构式为 $Cr(OH)_3 \cdot Zn(OH)_2 \cdot Cr(OH)Cr_2O_7 \cdot Zn_2(OH)_2Cr_2O_7$。

2. 配制钝化液

低铬银白色钝化的基本情况见表 4-4。

表 4-4　低铬银白色钝化的基本情况

成分及工艺参数	组分浓度
铬酐（CrO_3，g/L）	5
碳酸钡（$BaCO_3$，g/L）	2
硝酸（HNO_3，mL/L）	0.5
白色钝化剂/（g/L）	3
温度/℃	80～90
钝化时间/s	15

3. 钝化

清洗干净的排钉人工用网状容器置入钝化槽中，停留 15 s，提出放置槽边架上沥水，待无明显水滴后放入冷水槽中由人工搅动清洗，再放入热水槽浸泡清洗。热水槽中的水温控制在 50℃左右，由电加热器进行加热。为保持清洗质量，操作时每班（8 h）排一定的废水，并补充新水，每次排水量为 5.5 m³，每天排水 16.5 m³。清洗后送干燥工序。钝化液不排放，只进行各种物质的浓度测定和调整。

4. 干燥

用离心机将钢钉表面的水甩干，甩出的水回流至钝化清洗水池。经甩干后的钢钉人工送入烘干机进行烘干后送包装车间，烘干机为电加热方式。

5. 胶粘

在包装车间将干燥好的钢钉用人工进行胶粘，每 20 个或 40 个钢钉粘成一排，形成 1 支，每 10 支或 20 支包装成一盒，经包装机包装后入库。

排钉生产线主要污染源及污染物见表 4-5，排钉生产工艺流程见图 4-2。

表 4-5 排钉生产线主要污染源及污染物

类型	序号	污染源	主要污染物	排放特征	去向
废气	▲1	退火炉	SO_2、烟尘	连续有组织	经脱硫除尘后由30 m高的烟囱排入大气
	▲2	酸洗槽	HCL	无组织连续	直接排入大气
	▲3	酸洗槽	HCL	连续有组织	经净化塔处理后排入大气
废水	●1	淬火工序的水洗槽	COD、石油类	间断	污水处理站
	●2	碱洗槽	pH、COD	间断	污水处理站
	●3	酸洗后水洗槽	pH、Fe^{2+}、COD	间断	污水处理站
	●4	电镀后的水洗槽	pH、Zn^{2+}、COD	间断	污水处理站
	●5	钝化后的水洗槽	pH、Cr^{6+}、COD	间断	污水处理站
	●6	酸雾净化塔	pH	连续	污水处理站
固体废物	◆1	煤气发生炉	灰渣	间断	制作建材
	◆2	重力除尘器	粉煤灰		
	◆3	电捕焦油器	粉煤灰		
			煤焦油		外售
	◆4	制钉机	铁屑		部分回用于污水处理站，部分外售
	◆5	滚光机	锯末		作为燃料外售
	◆6	酸洗槽外排废酸液	pH、SS、Fe^{2+}、COD		供酸厂回收
	◆7	电镀槽	废电镀液		属危险废物，送危险固体废物填埋场
	◆8	钝化槽	废钝化液		属危险废物，送危险固体废物填埋场
噪声	★1	粗拉丝机	Leq（A）	连续	声环境
	★2	细拉丝机		连续	
	★3	制钉机		连续	
	★4	滚光机		连续	

三、主要设备

生产排钉的主要设备见表 4-6。

表 4-6　生产排钉的主要设备

序号	设备名称	规格型号	台数
1	水箱拉丝机	LT 630-2-14-550	3
2	水箱拉丝机	LT 400-2-14-450	3
3	煤气发生炉	$\phi 2\,000$	1
4	退火炉	$\phi 1\,900 \times 1\,600$	1
5	小拉丝机	$\phi 350$	5
6	制钉机		25
7	淬火炉	5 t/h	1
8	滚光机	$\phi 800 \times 1\,000$	3
9	碱洗槽		1
10	酸洗槽		1
11	电镀槽	$200 \times 1\,200 \times 6$	1
12	钝化槽		1
13	水洗槽		5
14	离心机		1
15	烘干机		1
16	打包机		2

四、主要原辅材料

排钉生产的主要原辅材料及消耗情况见表 4-7。煤气发生炉所用的煤为峰峰矿区煤，燃料煤煤质成分见表 4-8。

表 4-7　排钉生产的主要原辅材料及消耗情况

序号	材料名称	单耗/（kg/t 产品）	年消耗量/（t/a）
1	45 号钢 $\phi 6.5$ mm 盘条	1 250	1 500
2	煤	125	150
3	淬火油	5	6
4	锯末	2.5	3
5	石蜡	0.062 5	0.075
6	烧碱	2	2.4
7	盐酸（36%溶液）	20	24
8	硫酸锌	0.01	0.012
9	硫酸钠	0.002	0.002 4

序号	材料名称	单耗/（kg/t 产品）	年消耗量/（t/a）
10	锌锭	6.5	7.8
11	锌粉	0.2	0.24
12	光亮剂	1.97	2.364
13	硼酸	2.7	3.24
14	铬酐（CrO$_3$）	0.25	0.3
15	碳酸钡（BaCO$_3$）	0.01	0.012
16	硝酸（97%）	0.13	0.156
17	水	12 000	14 400
18	电	3 000 kW·h	3.6×10^6 kW·h

表 4-8　燃料煤煤质成分

来源	水分/%	灰分/%	挥发分/%	固定碳/%	硫分/%	发热量/（kcal/kg）
成分	13.7	10.6	27.2	48.5	0.6	4 100

五、供热与供电

生产过程退火炉燃用煤气来自煤气 ϕ2.0 m 发生炉，小时耗煤量为 1.25 t，产生煤气量为 3 600 m^3，贮存于气柜，可供 3 座退火炉使用 2.5 d（退火炉工作时间为 8 h/d）。年耗煤量为 150 t，具体情况见表 4-9 和表 4-10。生活区没有锅炉，也没有集中供热设施，冬季取暖为各房间自行解决，一般采用小型炉烧型煤。

表 4-9　煤气发生炉技术参数

炉膛内径/m	燃料			煤气热值/（kJ/m^3）	产量/（m^3/h）
	煤种	粒度/mm	耗量/（t/h）		
2.0		25～80	1.0	5 200	3 000

表 4-10　净化后的发生炉煤气成分

项目	H$_2$	CO	CO$_2$	N$_2$	CH$_4$	C$_m$H$_n$	H$_2$S	其他	含尘量	煤气热值
组成	15%	35%	9%	39.48%	0.2%	0.1%	1.17% 1 770 mg/m^3	0.057%	1 200 mg/m^3	5 200 kJ/m^3

该项目年耗电量为 3.6×10^6 kW·h，由当地电网提供，现已接通。

六、给排水

根据已运行的生产过程中的数据记录，项目新鲜水用量为 178 m³/d，其中生活水用量为 62 m³/d。各种生产用水主要是重复使用，没有回用水。全厂水平衡图如图 4-3 所示。

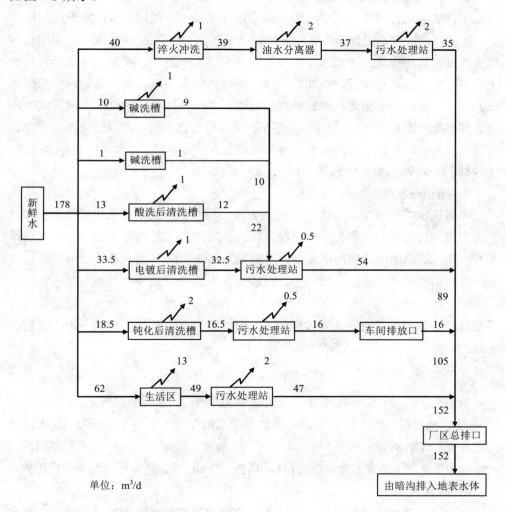

单位：m³/d

图 4-3 全厂水平衡图

七、污染物排放情况及其防治措施

（一）废水

1. 淬火工序产生的含油废水

根据实际运行情况的调查，钢钉在专用淬火油中冷却后，表面附着一层淬火油，直接用水冲洗，由此产生含油废水。该工序的用水量为 40 m^3/d，根据回收的淬火油量及其损失量，冲洗水中石油类浓度为 1 500 mg/L，经油水分离器（淬火炉自配）处理后，悬浮状淬火油被回收，处理效率为 90%，处理后石油类浓度为 150 mg/L，目前处理到此程度后就直接排放。本次环评要求对这些水进行进一步的处理。处理工艺为溶气+硫酸铝破乳+砂滤，处理设施为气浮隔油池和砂滤池。处理效率为 96%，处理后的废水石油类浓度为 6 mg/L，低于《污水综合排放标准》（GB 8978—1996）中二级标准（10 mg/L）要求。

2. 电镀废水

电镀废水的来源主要有 3 个：一是去油去垢时碱洗废水，产生量为 9 m^3/d，主要表现为碱污染；二是去锈时酸洗后的清洗废水，产生量为 12 m^3/d，主要表现为酸污染；三是电镀后的清洗废水，产生量为 32 m^3/d，主要污染因子为 Zn^{2+}。这些废水目前生产中为直接排放。本次环评要求对其进行处理。处理工艺为加药沉淀+中和+砂滤，处理设施为加药搅拌机、加药池、沉淀池、中和池、砂滤池。处理原理是在加药反应池中加入过量的 NaOH，将废水中的 Zn^{2+} 沉淀下来，达到去除目的。

$$Zn^{2+}+2OH^- \longrightarrow Zn(OH)_2\downarrow$$

根据该项目的实际调查情况及类比镀锌企业，废水中总锌的质量浓度为 45 mg/L，处理效率为 98%，处理后总锌的质量浓度为 0.9 mg/L，低于《污水综合排放标准》（GB 8978—1996）中二级标准（5 mg/L）要求。去除锌后再利用酸洗后的废酸和清洗产生的含酸废水进行 pH 的调整，待 pH=7 后进入砂滤池处理后排放。

3. 钝化废水

钝化废水产生于排钉钝化后的清洗，根据该项目的实际生产过程调查，废水产生量为 16 m^3/d，为含铬废水，是《污水综合排放标准》（GB 8978—1996）中要求在车间排放口进行控制的第一类污染物，目前为直接排放。废水中总铬的质量浓度为 4.0 mg/L，其中 Cr^{6+} 的质量浓度为 3.2 mg/L，为其主要表现形式。处理含铬废水的工艺为铁屑还原+加药沉淀。电镀废水中 Cr^{6+} 以 CrO_4^{2+} 形式存在，其具有很强的氧化性，在酸性条件下，与铁屑发生反应，Cr^{6+} 变成 Cr^{+3}，同时 Fe 被氧化成 Fe^{3+} 和 Fe^{2+}，然后在碱性条件下 Cr^{+3}、Fe^{3+}、Fe^{2+} 与 OH^- 反应形成沉淀除去，反应方程式为

$$2CrO_4^{2+}+5Fe+16H^+ \longrightarrow 2Cr^{3+}+4Fe^{3+}+Fe^{2+}+8H_2O$$

$$Cr^{3+}+Fe^{3+}+Fe^{2+}+8OH^- \longrightarrow Fe(OH)_2\downarrow+Fe(OH)_3\downarrow+Cr(OH)_3\downarrow$$

该处理工艺的处理效率为 85%，处理后总铬的质量浓度为 0.6 mg/L 以下，其中 Cr^{6+} 的质量浓度为 0.07 mg/L 以下，低于《污水综合排放标准》（GB 8978—1996）中第一类污染物标准（1.5 mg/L、0.5 mg/L）要求。

生产废水处理工艺流程和生产废水产生、处理及排放情况如图 4-4 和表 4-11 所示。

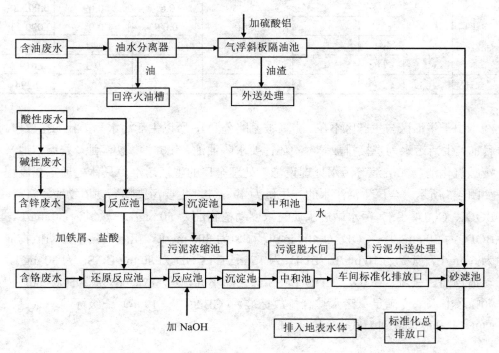

图 4-4 生产废水处理工艺流程

表 4-11　生产废水产生、处理及排放情况

产生工序	排水量/（m³/d）	污染因子	处理前浓度/（mg/L）	处理措施	处理后浓度/（mg/L）	总排放口浓度/（mg/L）	排放量/（t/a）
淬火	35	石油类	1 500	油水分离器+气浮隔油+砂滤	6	2.0	0.063
		COD	200		20	9.3	0.21
碱洗	9	pH	13	中和+砂滤	7	7	
		COD	4		4	9.3	0.010 8
酸雾净化塔	1	pH	8	中和+砂滤	7	7	
		COD	4		4	9.3	0.001 2
酸洗	12	pH	1～2	中和+砂滤	7	7	
		COD	4		4	9.3	0.014 4
电镀后清洗	32	Zn²⁺	45	化学处理+沉淀+砂滤	0.9	0.27	0.008 64
		pH	6		7	7	
		COD	4		4	9.3	0.038 4
钝化后清洗	16	总铬	4	化学处理+沉淀+砂滤	0.6	0.09	0.002 88
		Cr⁶⁺	3.2		0.07	0.01	0.000 336
		pH	6		7	7	
		COD	4		4	9.3	0.019 2
合计	105	COD					0.294

　　由于生活区与生产区不在一起（被某路分开），所以生活污水为单独的排放口。目前，生活污水为直接排放。本次环评要求隔油池、化粪池、初沉池（兼调节池）、接触氧化池、二沉池等污水处理设施，处理全厂的生活污水，具体处理工艺流程如图 4-5 所示。全厂生活污水的产生量为 49 m³/d，主要污染物为动植物油、氨氮、BOD_5、COD、SS。污水站进水质量浓度动植物油为 50 mg/L，氨氮为 30 mg/L，BOD_5 为 300 mg/L，COD 为 400 mg/L，SS 为 300 mg/L，出水质量浓度动植物油为 6 mg/L，氨氮为 10 mg/L，BOD_5 为 15 mg/L，COD 为 80 mg/L，SS 为 30 mg/L，动植物油、氨氮、BOD_5、COD 和 SS 的去除率分别达 88%、67%、95%、80%和90%。出水浓度满足《污水综合排放标准》（GB 8978—1996）一级标准，氨氮、COD 年排放量分别为 0.18 t/a、1.44 t/a。

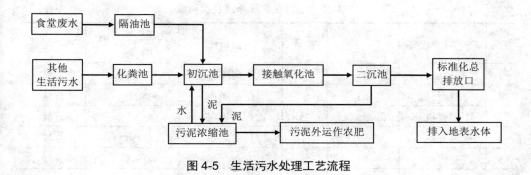

图 4-5 生活污水处理工艺流程

（二）废气

1. 盐酸酸雾

先在酸洗槽内加入酸雾抑制剂，再用玻璃钢罩密封，用引风机抽入酸雾净化塔处理，酸雾废气排放量为 5 000 m³/h，处理前酸雾质量浓度为 30 mg/m³，排放速率为 0.15 kg/h，净化后尾气中 HCl 质量浓度为 12 mg/m³，排放速率 0.06 kg/h，净化效率为 60%，经 20 m 高的烟囱排放。

酸洗槽的进出口处有少量 HCl 气体外逸，根据本项目的酸洗槽大小及相同厂家的类比调查，酸洗槽进出口 HCl 的无组织排放量为 0.02 kg/h。

2. 退火炉烟气

3 台退火炉煤气用量为 180 m³/h（每台 60 m³/h），烟气产生量为 270 m³/h，烟尘、SO_2 的产生质量浓度分别为 800 mg/m³、2 221 mg/m³。烟气经碱液（10%的 NaOH 溶液）脱硫、文丘里水膜除尘处理后由 30 m 高的烟囱排放，脱硫效率为 80%，SO_2 排放质量浓度为 444.2 mg/m³；除尘效率为 96%，烟尘排放质量浓度为 30.0 mg/m³，SO_2 的质量浓度符合《大气污染物综合排放标准》（GB 16297—1996）表 2 中的二级标准（550 mg/m³），烟尘的质量浓度符合《工业炉窑大气污染物排放标准》（GB 9078—1996）中金属压延加热炉的二级标准。

（三）噪声

项目主要噪声源及噪声值见表 4-12。

表 4-12　项目主要噪声源及噪声值

序号	产生噪声设备	源强/dB（A）	数量	防治措施	处理后噪声值/dB（A）	产生特征
1	粗拉丝机	65	3	厂房隔声	50	连续
2	细拉丝机	65	3	厂房隔声	50	连续
3	制钉机	85	25	厂房隔声	65	连续
4	滚光机	65	3	厂房隔声	50	连续
5	引风机	95	2	消声、厂房隔声	65	连续
6	电机	70	10	厂房隔声	55	连续

（四）固体废物

本项目的固体废物主要有煤气发生炉的炉渣、煤气净化时产生的粉煤灰和焦油、制钉工序产生的铁屑、滚光时产生的锯末、酸洗时产生的废酸、电镀槽清槽时产生的废电镀液、钝化槽清槽时产生的废钝化液、含铬及锌的污泥。项目固体废物产生量、类别及处理措施见表 4-13。

表 4-13　项目固体废物产生量、类别及处理措施

序号	产生工序	名称	数量/（t/a）	类别	处置措施
1	煤气发生炉	炉渣	12.7	一般固体废物	外售作建材
2	煤气净化时	粉煤灰	2.5	一般固体废物	
		焦油	0.6	危险固体废物	外售做进一步加工的原料
3	制钉机	铁屑	290	一般固体废物	少量用于污水处理，绝大部分外售
4	滚光机	锯末	3.9	一般固体废物	外售做燃料
5	酸洗	废酸	1.0	危险固体废物	供酸厂商回收
6	电镀	废电镀液	1.5	危险固体废物	
7	钝化	废钝化液	0.5	危险固体废物	外送至有资质的处置单位
8	废水处理	含锌、铬污泥	0.85	危险固体废物	

【课后习题与训练】

1. 对石化及精细化工类建设项目进行工程分析时，要特别关注什么？为什么？

2. 建设项目按其污染特征分为哪两大类？每种类型均有哪些共同特征？

3. 北方某地拟开发一新油田，油田区地势平坦，中西部为农业区，有一条中型河流自北向南流过油田边界，滨河地带为宽阔的河滩，属于"洪泛区"，每年夏、秋两季洪水暴涨时有 35 km² 以上区域成为水面。"洪泛区"内水生植物茂盛，有多种候鸟分布其中，其中有国家级和省级保护鸟类 12 种。拟建油井分布在东西长 18 km，南北宽约 8 km 的带状区域，按 7 个块区进行开采。规划在位于油田西北部的镇建设油田生产和生活基地，拟建设道路网将各油田块区连通。

问：（1）按照自然生态系统类型划分的常用方法，说明油田开发涉及哪几种生态系统类型？

（2）该油田建设项目环境影响评价应分几个时期？

（3）按自然生态系统类型划分，项目环境现状调查与评价的重点因子和要点是什么？

（4）说明油田道路修建的主要生态环境影响和应采取的环保措施？

（5）油田项目的最大生态环境影响是什么？应该采取什么有效措施减轻这种影响？

4. 某城市工业区内一汽车制造厂扩建年加工 5 万辆汽车车身涂漆车间，生产工艺为清洗除油→水清洗→磷化→水清洗→涂漆→水清洗→干燥→喷中漆→烘干→喷面漆→烘干。清洗除油采用 NaOH 和合成洗涤剂，磷化使用磷酸锌、硝酸镍，涂底漆使用不含铅的水溶性涂料，中漆和面漆含甲苯、二甲苯，烘干采用热空气加热方式。生产过程废气污染源主要有喷漆过程产生的废气。喷漆室废气量为 $8.6 \times 10^4 \, m^3/h$，漆物浓度为 680 mg/m³，漆雾含甲苯 12 mg/m³，由 30 m 高的排气筒排放；两个烘干室废气量均为 $2.1 \times 10^4 \, m^3/h$，含甲苯 86 mg/m³，废气采用直接燃烧法处理，净化效率 96.5%，分别由各自 30 m 高的排气筒排放，两排气筒相距 50 m。

生产过程所产生的废水有含油废水、磷化废水和喷漆废水，均入汽车制造厂污水综合处理站处理达标后排入城市污水处理厂，产生的工业固体废物有漆渣、磷化滤渣，污水处理站的污泥，厂址东侧有一乡镇。

问：（1）给出喷漆室可采用的 3 种以上的漆雾净化方法。

（2）计算各烘干室排气筒甲苯排放速率及两个排气筒的等效高度。

（3）给出涂漆废水的主要污染因子，列举理由说明本工程污水处理方案是否可行？

（4）本工程产生的工业固体废物中哪些属于危险废物？

（5）危险废物拟在厂区临时存放，以下符合危险废物处置原则的有哪些？

（6）公司拟自建危险废物焚烧炉，那么焚烧炉的环境影响评价必须回答的问题是什么？

第五章 污染防治措施

生产型的建设项目投入运营后，会有各种类型的废弃物产生，如废水、废气、固体废物和噪声等。必须采取适当的控制措施，使之达到相关国家或地方排放标准后再进行排放，以减少对环境的影响。同时要针对拟采用的各类污染控制措施，从处理工艺、处理效果、处理能力等方面评价其长期稳定的达标排放的技术可行性和经济合理性。

第一节 污染防治措施的技术可行性分析

一、技术可行性分析的要求

根据环境影响评价结果提出污染防治和环境保护对策与建议，是环境影响评价的基本任务之一。环境保护措施的技术论证应符合下列要求：

明确采取的具体环境保护措施；分析论证拟采取措施的技术可行性、长期稳定运行和达标排放的可靠性，满足环境质量和污染物排放总量控制要求的可行性，如不能满足要求，则需提出必要的补充环境保护措施要求；生态保护措施必须落实到具体时段和具体位置上，并且要特别注意施工期的环境保护措施。

二、污染防治措施的技术可行性分析内容

各类污染防治措施的技术可行性论证可从以下几个方面进行：处理能力、污染源中各污染因子的达标可靠性、处理后污染源组分的复杂性变化、产生的新废弃物的处理处置可行性、污染物排放总量指标，以及是否满足环境敏感程度要求等。

1．处理能力

环境评价中工程分析属于预测性核算，实际项目投运后，情况可能会发生较大变化。因此，各项拟定污染防治措施的处理能力均应有足够的富余量，一般设计的安全系数为 1.2～1.8。

2．污染源中各污染因子的达标可靠性

首先，要对项目的污染因子进行分析，结合排放标准找出项目的典型污染因子。对于一个污染源来说，经过一个处理流程，其中的各污染因子包括典型污染因子均可以稳定地达到一定的排放标准，这是基本的技术指标。其次，通过对处理工艺流程中各工艺单元预期处理效率分析，得到整个流程对各污染因子的总去除效率，验证其是否能保证各污染因子均可稳定地达到排放标准。考虑到采样、分析等误差，处理流程对于各污染因子的总去除效率应留有 15%～20%的富裕量。

在论证处理工艺流程的达标可靠性时，应当对拟采用技术措施进行详细论证，防止采用稀释的方法降低处理设施进口浓度，以达到处理设施出口"达标"的目的。

3．处理后污染源组分的复杂性变化

理论上，经过一个处理工艺流程，污染源中的污染物种类应当减少，有机物从复杂大分子降解为简单小分子甚至矿化成无机物，即经过处理流程后，污染源中组分应当趋于简单。但如果经过一个处理流程，反而给污染源中带进较多新的化学物质，特别是带进有毒有害物质、大分子、难降解有机物时，则该工艺不合理、不可行。

4．产生的新废弃物的处理处置可行性

很多处理过程，会产生一些新的物质，如废水蒸发析盐产生的盐渣、氧化钙沉淀法处理重金属废水时产生的重金属—氢氧化钙共沉体、吸附法产生的浓脱附液等。如果这些新废弃物难以得到综合利用或不妥善处置，将成为二次污染物，则该处理流程不可行。

5．污染物排放总量指标

对于污染防治措施，其技术先进性的考核标准之一，是对产生的污染物的实际削减率。即建设项目由工程分析核定的各类污染物产生量，按拟定污染防治措施的设计去除率，而不是通过大量配水、加大排气量后的虚拟"浓度达标排放"。

6．是否满足环境敏感程度要求

在达标排放的基础上，查阅是否改变所在地区原有的环境功能。如确实改变，则需提高处理标准，直至满足要求；如在最严处理标准的条件下仍不满足，则需否定该项目，而另选厂址进行重新论证。

三、各环境要素污染处理技术的选择

（一）废水处理技术及方案选择

1．按技术应用的原理

废水处理技术分为物理法、化学法、物理化学法和生物处理法四大类。

物理法是利用物理的作用来分离废水中的悬浮物或乳浊物，常见的有格栅、筛滤、离心、澄清、过滤、隔油等方法。

化学法是利用化学反应的作用来去除废水中的溶解物质或胶体物质，常见的有中和、沉淀、氧化还原、电化学、焚烧等方法。

物理化学法是利用物理化学的作用来去除废水中溶解物质或胶体物质，常见的有混凝、气浮、离子交换与吸附、膜分离、萃取、汽提、吹脱、蒸发、结晶等方法。

生物处理法是利用微生物代谢的作用，使废水中的有机污染物和无机微生物营养物转化为稳定、无害的物质，常见的有活性污泥法、生物膜法、厌氧生物消化法、稳定塘与湿地处理等。生物处理法也可按照是否供氧而分为好氧处理和厌氧处理两类，前者主要有活性污泥法和生物膜法两种，后者包括各种厌氧消化法。

2．按处理技术的性质

废水处理技术又可分为分离和无害化技术两大类。

沉淀、过滤、蒸发结晶、离心、气浮、吹脱、膜分离、离子交换与吸附等单元技术均属于分离方法，其实质是将物质从混合物中分离出来或从一种介质转移至另一种介质中。分离方法通常会产生一种或几种浓缩液或废渣，需进一步处置，这些浓缩液或废渣是否能得到妥善处置常成为该分离方法应用的制约因素。

氧化还原、化学或热分解、生化处理等属于污染物的无害化技术，可将污染物逐步分解成简单化合物或单质，达到无害化的目的。

3．按处理程度

废水处理技术又可分为一级处理、二级处理和三级处理。

一级处理包括预处理过程，如经过格栅、沉砂池和调节池。一级处理通常被认为是一个沉淀过程，主要通过物理法中的各种处理单元如沉降或气浮法来去除废水中悬浮状态的固体、呈分层或乳化状态的油类污染物。在某些情况下还会加入化学剂以加快沉降。一级沉淀池通常可去除 90%～95%的可沉降颗粒物、50%～60%的总悬浮固形物、25%～35%的 BOD_5，但无法去除溶解性污染物。

二级处理的主要目的是去除一级处理出水中的溶解性 BOD_5，并进一步去除悬浮固体物质。在某些情况下，二级处理还可以去除一定量的营养物，如氮、磷等。二级处理主要为生物过程，可在相当短的时间内分解有机污染物。二级处理过程可以去除大于 85%的 BOD_5 及悬浮固体物质，但无法显著地去除氮、磷或重金属，也难以完全去除病原菌和病毒。一般工业废水在经过二级处理后，已能达到排放标准。

当二级处理无法满足出水水质要求时，需要进行废水三级处理。三级处理所使用的处理方法有很多，包括化学处理及过滤方法等。一般三级处理能够去除 99%的 BOD_5、磷、悬浮固体和细菌，以及 95%的含氮物质。三级处理过程除常用于进一步处理二级处理出水外，还可用于替代传统的二级处理过程。

工业废水中的污染物质种类很多，不能设想只用一种处理方法，就能把所有污染物质去除殆尽。一种废水往往要经过多种方法组合成的处理工艺系统后，才能达到预期的处理效果。

（二）环评中废水处理流程选择

环评中应对建设方提供的可研报告或其他技术资料中的废水处理方案开展技术、经济可行性论证。而在实际工作中，许多项目在环评阶段并不能提供完善可行的处理方案，尤其是经工程分析筛选出排污环节和特征污染因子的排放量后，往往发现原有方案不可行，此时就需要在环评中提出新的废水处理流程。

对于新建项目，应根据工程分析得出的废水源强数据、所含有的污染物特性及排放要求，设计出由一个或者多个工艺单元组成的完整的处理流程。

对于技改、扩建项目，如果新废水源中污染因子与现有的项目类似，那么可以通过对现有项目废水处理设施的运行状况、达标情况等进行分析，然后根据分析结论采用现有工艺扩建、吸取现有设施的经验教训进行改进等措施完成技改、扩建项目的废水处理方案。

对于直接排放到纳污水体的项目，其废水处理方案要做到达标排放；对于接入区域污水处理厂的项目，废水处理方案的深度是通过预处理达到接管标准。如有多个废水处理子系统，应给出全厂废水处理系统图和各子系统工艺流程图。

（三）大气污染控制技术

大气污染的常规控制技术按控制对象可分为洁净燃烧技术、气态污染物净化技术、颗粒物净化技术和烟气的高烟囱排放技术等，按其作用可以分为回收、无害化和高空排放 3 类。吸收、吸附、冷凝等均属于回收类。回收类的处理方法要求根据欲回收物质的性质和形态选择具体方法，而且要求处理过程尽可能不带入新物质进入体系，以免造成分离困难，影响回收物料的质量。

1．二氧化硫控制技术

二氧化硫控制技术有采用低硫燃料和清洁能源替代、燃烧前脱硫、燃烧过程中脱硫和末端尾气脱硫。以下就燃料的燃烧前、燃烧过程和末端尾气的脱硫方式进行讨论。

（1）燃烧前脱硫

煤炭作为天然化石燃料含有众多矿物质，其中硫分为 0.5%～5%。目前，世界广泛采用的选煤工艺仍是重力分选法，分选后的原煤含硫量可降低 40%～90%。正在研究的新脱硫方法有浮选法、氧化脱硫法、化学浸出法、化学破碎法、细菌脱硫、微波脱硫、磁力脱硫等多种方法。在工业实际应用中型煤固硫是一条控制二氧化硫污染的经济、有效途径。选用不同煤种，以无黏结剂法或以沥青等为黏结剂，用廉价的钙系固硫剂，经干馏成型或直接压制成型，制得多种型煤。此方法对解决高硫煤地区的二氧化硫污染有重要意义。同时，为了提高煤炭利用率和保护环境，将煤炭转化为清洁燃料，一直是科学界致力的方向。煤炭转化主要有气化和液化，即对煤进行脱碳或加氢改变其原有的碳氢比，把煤转化为清洁的二次燃料。

（2）燃烧过程中脱硫

目前，较为先进的燃烧方式是流化床燃烧脱硫技术。其原理为使内部气速产生的升力和煤粒重力相当（达到临界速度），此时煤粒将开始浮动流化。为使流化方式更好地进行，一般气流实际速度要大于临界速度。在锅炉流化燃烧过程中向炉内喷入石灰石粉末与二氧化硫发生反应，以达到脱硫效果。

（3）末端尾气脱硫

从排烟中去除二氧化硫的技术称为末端尾气脱硫，也称烟气脱硫。末端尾气脱硫方法有上百种，通常将末端尾气脱硫方法分为抛弃法与回收法两大类。在抛弃法中，吸收剂与二氧化硫结合，形成废渣，其中包括烟灰、硫酸钙、亚硫酸钙和部分水，没有再生步骤，废渣最终被综合利用或填埋处理。在回收法中，吸收剂吸收或吸附二氧化硫，然后再生或循环使用，烟气中二氧化硫被回收，转化成可出售的副产品如硫黄、硫酸或浓二氧化硫气体。一般习惯以使用吸收剂或吸附剂的形态和处理过程将回收法分为干法与湿法两类。干法末端尾气脱硫，是用固态吸附剂或固体吸收剂去除烟气中二氧化硫的方法。湿法末端尾气脱硫，是用液态吸收剂吸收烟气中二氧化硫的方法。按所使用的吸收剂不同，分为氨法、钠法、石灰—石膏法、镁法及催化氧化法等。

2．氮氧化物控制技术

从烟气中去除氮氧化物的过程简称烟气脱氮或氮氧化物控制技术，俗称烟气脱硝。它与烟气脱硫相似，也需要应用液态或固态的吸收剂或吸附剂来吸收吸附氮氧化物，以达到脱氮的目的。

目前烟气脱氮技术有 20 多种，从物质的状态来分，可分为湿法和干法两大类。一般习惯从化工过程来分，大致可分为 3 类：催化还原法、吸收法和固体吸附法。

3．烟（粉）尘控制技术

烟（粉）尘的治理主要是通过改进燃烧技术和采用除尘技术来实现。

（1）改进燃烧技术

完全燃烧产生的烟尘和煤尘等颗粒物，要比不完全燃烧产生的少。因此，在燃烧过程中供给的空气量要适当，使燃料完全燃烧。供给的空气量要大于通过氧化反应式计算出的理论空气，一般手烧式水平炉排的供给量要比理论量多 50%～100%，油类或气体燃料喷烧则要多 10%～30%。供给的空气量偏少则不能完全燃烧，偏多则会降低燃烧室温度，增加烟气量。空气和燃烧料充分混合是实现完全燃烧的条件。

（2）除尘技术

除尘技术是治理烟（粉）尘的有效措施。根据在除尘过程中有没有液体参加，可分为干式除尘和湿式除尘两种；根据除尘过程中的粒子分离原理，又可分为重力除尘、惯性力除尘、离心力除尘、洗涤除尘、过滤除尘、电除尘、声波除尘等。

（四）噪声污染控制技术及其方案选择

1. 噪声污染控制技术

（1）吸声降噪

吸声降噪是一种在传播途径上控制噪声强度的方法，主要用于室内空间。

物体的吸声作用是普遍存在的。吸声的效果不仅与吸声材料有关，还与所选材料的吸声结构有关。材料的吸声着眼于声源一侧反射声能的大小，吸声材料对入射声能的反射很小，即声能容易进入和透过这种材料。因此，吸声材料的材质通常是多孔、疏松和透气的，一般是用纤维状、颗粒状或发泡材料以形成多孔型结构。其结构特征是材料中具有大量互相贯通的、从表到里的微孔。当声波入射到多孔材料表面时，引起微孔中的空气振动；由于摩擦阻力和空气的黏滞阻力及热传导作用，将相当一部分声能转化为热能，从而起到吸声作用。玻璃棉、岩矿棉等材料具有良好的吸声性能。

（2）消声降噪

消声器是一种既能使气流通过，又能有效降低噪声的设备，主要用于降低各种空气动力设备的进出口或沿管道传递的噪声。例如，在内燃机、通风机、鼓风机、压缩机、燃气轮机以及各种高压、高气流排放的噪声控制中可广泛使用消声器。不同消声器的降噪原理不同，常用的消声技术有阻性消声、抗性消声、损耗型消声、扩散消声等。

（3）隔声降噪

把产生噪声的机器设备封闭在一个小的空间内，使它与周围的环境隔开，以减少噪声对环境的影响，这种做法叫作隔声。隔声屏障和隔声罩是两种主要的隔声结构，结构还有隔声室、隔声墙、隔声幕、隔声门等。

隔声材料要求减弱透射声能，阻挡声音的传播，它的材质应该是重而密实、无孔隙或缝隙的，如钢板、铅板、砖墙等一类材料。

（4）减震

机械运转时产生的振动会通过支承传递给基础和屋面结构，或者通过管道、管道的支承或吊架传递给屋面结构，使屋面结构产生微振动并导致二次结构噪声，以及屋面结构（梁、楼板、柱和墙体组成的结构）微振动导致的二次结构噪声从楼板面和墙面等房屋结构向室内辐射产生噪声影响。

2．噪声控制方案的一般原则

（1）采用低噪声设备

营业性、娱乐性声响器材的最高声压级应遵守当地生态环境主管部门的规定，不得随意使用高音量声响器材。建设项目中，拟采用的生产、经营活动中的各类机械设备、装置、设施等，在设备选型时应考虑选用低噪声、低振动型，以从源头降低噪声。

（2）噪声源与保护目标、敏感目标的距离

建设项目的总体布置设计中，各类噪声源应尽量与保护目标、敏感目标有一定的距离间隔，这样可以减少降噪技术难度和费用。

（3）采用适用的噪声控制措施

通常，各类机械设备、流体动力设备和流体运动的噪声，仅仅依靠距离间隔不足以消除对周边的环境影响，因此需要采取各种降噪技术措施。吸声、消声、隔声和减震的量与采用的材料、结构和使用条件有很大关系，查询有关产品的样品和资料，再根据需要的降噪量和相关条件选用。

降噪相关条件指噪声源的运行状态、运行条件（温度、湿度、气体含尘量、腐蚀条件等）、操作条件、维护要求等。降噪方式、材料和结构的选型受这些相关条件的影响，只有综合考虑才能得到理想的降噪效果。

（五）固体废物污染控制技术及方案选择

1．固体废物处理技术

（1）固体废物的压实

对固体废物进行压实处理可以减少其运输量和处置体积，具有明显的经济意义。在对固体废物进行资源化处理的过程中，废物的交换和回收利用均需将原来松散的废物进行压实、打包，然后从废物产生地运往废物回收利用地。在城市生活垃圾的收集运输过程中，许多纸张、塑料和包装物，具有很小的密度，占有很大的体积，必须经过压实，才能减少运输费用。

（2）破碎处理

通过人力或机械等外力的作用，破坏物体内部的凝聚力和分子间作用力而使物体破裂变碎的操作过程，统称破碎。破碎是固体废物处理技术中最常用的预处理工艺。破碎不是最终处理的作业，而是运输、焚烧、热分解、熔化、压缩等作业的预处理作业，其目的是使上述操作能够或容易进行，或者更加经济有效。

（3）分选

固体废物的分选有很重要的意义。在固体废物处理、处置与回用之前必须进行分选，将有用的成分分选出来加以利用，并将有害的成分分离出来。根据物料的物理性质或化学性质（包括粒度、密度、重力、磁性、电性、弹性等）分别采用不同的方法，其中包括人工手选、风力分选、筛分、跳汰机、浮选、磁选、电选等分选技术。

（4）固体废物堆肥化技术

自然界中有很多微生物具有氧化、分解有机物的能力，而城市有机废物则是堆肥化微生物赖以生存、繁殖的物质条件。根据生物处理过程中起作用的微生物对氧气要求的不同，可以把固体废物堆肥分为好氧堆肥化和厌氧堆肥化。前者是在通风条件下，有游离氧存在时进行的分解发酵过程，由于堆肥堆温度高，一般在 55～65℃，有时高达 80℃，故也称高温堆肥。后者是利用厌氧微生物发酵造肥。由于好氧堆肥具有发酵周期短、无害化程度高、卫生条件好、易于机械化操作等特点，国内外用垃圾、污泥、人畜粪尿等有机废物制造堆肥，绝大多数采用好氧堆肥技术。

（5）固体废物焚烧处置技术

焚烧法是一种高温热处理技术，即以一定的过剩空气量与被处理的有机废物在焚烧炉内进行氧化燃烧反应，废物中的有毒有害物质在高温下氧化、热解被破坏。焚烧法可同时实现废物无害化、减量化、资源化的处理效果。

焚烧处置技术对环境的最大影响是尾气所造成的污染，常见的焚烧尾气空气污染物包括粒状污染物、酸性气体、氮氧化物、重金属、一氧化碳和有机氯化物。为了防止二次污染，工况控制和尾气净化则是污染控制的关键。

（6）固体废物填埋处置技术

填埋技术即利用天然地形或人工构造，形成一定的空间，将固体废物填充、压实、覆盖以达到贮存的目的。它是固体废物的最终处置技术并且是保护环境的重要手段。

2．环评中固体废物处置方案的要求

（1）提高资源化

各类固体废物首先应考虑资源化，即通过厂内、区域和固体废物处理中心等方式，使生活和生产过程产生的固体废物得到综合利用。实现资源化重要的一点是各类固体废物应分类收集、分类暂存、分类利用，在环评中即应提出明确的技术措施和管理要求。

（2）不产生二次污染

由于某些固体废物组分的不确定性，采用填埋法处理时，易造成对地下水、土壤的污染；采用焚烧法时则可能因在高温条件下发生某些化学反应产生新的污染物，如二噁英等。因此，在环评中应通过物料平衡分析，给出各类固体废物的组分，根据其物理化学性质，在综合利用的基础上，提出妥善的最终处置方案。

一些工业副产物中，常含有各种无机、有机污染物甚至是有毒有害物质，应通过物料平衡分析，给出其中各种污染物组分及含量，当其中污染物组分有可能在这些副产品综合利用过程中形成二次污染或污染物多介质转移时，应提出必要的净化措施，并明确最终出售的副产品中各种污染物组分的浓度控制要求。

（六）生态保护对策措施

1. 减少生态影响的工程措施

（1）合理选址选线

避绕敏感的环境保护目标，不对敏感保护目标造成直接危害；符合地方环境保护规划和环境功能（含生态功能）区划的要求；选址选线地区的环境特征和环境问题清楚，不存在潜在的环境风险；不影响区域具有重要科学价值、美学价值、社会文化价值和潜在价值的地区或目标，保障区域可持续发展的能力不受到损害或威胁。

（2）工程方案分析与优化

选择减少资源消耗的方案，特别是水资源和土地资源等；采用环境友好的方案，包括从选址选线、工艺方案到施工建设方案的各个时期；采用循环经济理念，优化建设方案，结合建设项目及其环境特点等具体情况，利用循环经济理念优化建设方案，创造性地发展环保措施；发展环境保护工程设计方案，既要考虑工程既定功能，又要考虑经济目标的要求，还应满足环境保护需求。

（3）施工方案分析与合理化建议

施工建设期是许多建设项目对生态发生实质性影响的时期，因此在施工项目环境影响评价时需要根据具体情况做具体分析，提出有针对性的施工期环境保护工作建议。

1）建立规范化操作程序和制度。以一定的程序和制度的方式规范建设期的行为是减少生态影响的重要措施。如公路、铁路施工中控制作业带宽度，可大大减少对周围地带的破坏和干扰，尤其在草原地带，控制机动车行车范围，防止机动车在草原上任意选路行驶，是减少对草原影响的根本性措施。

2）合理安排施工次序、季节、时间。合理安排施工次序，不仅是环境保护需要的，也是工程施工方案优化的重要内容。程序合理可以省工省时，保证质量。

合理安排施工季节，对野生生物保护具有特殊意义，尤其在生物产卵、孵化、育幼阶段，减少对其干扰，以达到有效保护的目的。

3）改变落后的施工组织方式，采用科学的施工组织方法。通过项目实施过程的科学化、合理化实现建设项目的目标，达到省钱省力、高质高效的效果。从环境保护的角度出发，了解施工组织的科学性、合理性，提出合理化建议，是十分必要的。

2. 生态监理

明确施工期和运营期管理原则与技术要求。可提出环境保护工程分标与招投标原则，施工期工程环境监理，环境保护阶段验收和总体验收、环境影响后评价等环保管理技术方案。

生态监理应是整个工程监理的一部分，是对工程质量为主监理的补充。监理由第三方承担，受业主委托，依据合同和有关法律法规（包括批准的环境影响报告书），对工程建设承包方的环保工作进行监督、管理、监察。

3. 生态监测

生态的复杂性、生态影响的长期性和由量变到质变的特点，决定了生态监测在生态管理中具有特殊而重要的意义，也是重要的生态保护措施。对可能具有重大、敏感生态影响的建设项目，区域、流域开发项目，应提出长期的生态监测计划、科技支撑方案，明确监测因子、方法、频次等。

生态监测方案应具备以下主要内容：明确监测目的或需要解决的主要问题；确定监测项目或监测对象；确定监测点位、频次或时间等，明确方案的具体内容；规定监测方法和数据统计规范，使监测的数据可进行积累与比较；确立保障措施。

（七）土壤环境保护措施

1. 土壤环境污染防治措施

（1）土壤污染防治措施

建设项目对土壤环境产生的污染，可以按照土壤污染事件顺序，从多角度提出土壤环境保护及治理措施，并加强运行监管。

1）源头防控措施。为预防建设项目对土壤环境产生污染，应切断其对土壤环境的影响源头，包括通过提出污染物质减量化方案，控制废气、废水、固体废物的排放量和排放浓度；对涉及垂直入渗影响途径的装置、设备及构筑物重点做好防渗措施；对于土壤污染预防应当涉及对废水、废气、固体废物等诸多污染源的源头防控措施。

2）过程防控措施。建设项目应在充分考虑到土壤特征的情况下，结合影响源造成不同类型影响的特点，对影响源可能影响的过程采取防控和阶段措施，在影响源已经产生的情况下仍可在中途阻断、削减从而得到有效控制。

3）跟踪监测计划。土壤具有极强的非均质性，受地质成因、微地形、人类开发活动等影响较大，不易像流体一样通过断面来进行考核，但其难以流动的特性又为土壤环境影响的结果鉴定提供了更多便利条件，而解决这种便利的最佳取证方式就是跟踪监测，尤其是土壤环境污染重点监管单位，应制订土壤环境跟踪监测计划。

（2）污染治理与修复措施

土壤污染治理与修复措施包括原位或异位物理/工程措施、化学措施、生物措施、农业措施等。原位或异位物理/工程措施包括客土、换土、翻土、去表土、隔离、固化、玻璃化、热处理、土壤冲洗、电化学方法等。化学措施是指施用改良剂、抑制剂等降低土壤污染物的水溶性、扩散性和生物有效性，从而降低污染物进入食物链的能力，以减轻对土壤生态环境的危害。生物措施是利用特定的动、植物和微生物吸收或降解土壤中的污染物。农业措施是通过增肥有机肥、选种抗污染农作物品种等来治理污染土壤。一般情况下，异位物理/工程措施所需时间较短，而且更能确定处理的一致性，但挖掘土壤常导致花费和工程量的增大，因而不适宜大面积的土壤治理。

2. 土壤环境生态影响保护措施

土壤盐渍化和土壤酸化是常见的土壤生态问题，引起的后果严重，土壤盐渍化致使农作物减产或绝收、影响植被生长并间接造成生态环境恶化等；盐渍土还可侵蚀桥梁、房屋等建筑物基础，引起基础开裂或破坏。土壤酸化可导致土壤中盐基离子大量流失，以及活性铝有毒重金属的活化、溶出等对土壤化学元素的影响，导致土壤变贫瘠、对树木生长产生毒害。

土壤盐渍化防治措施主要依据盐渍化的原因与水盐运动规律来制定改良措

施。控制盐源；转化盐类；调控盐量；根据改良土壤改变粗放的农业用水方式和落后的灌溉技术；减少人类不合理的生产生活方式；平整土地，做好渠边取土坑的回填防止积水；减少化肥用量适量施用有机肥等。

土壤酸化控制措施：一是采用防止酸雨污染土壤的综合对策（完善法律法规、加强监管；调整能源结构，改进燃烧技术；改善交通环境，控制汽车尾气排放；加强植树栽花，扩大绿化面积；控制区域 SO_2 排放量；划定酸雨控制区，避免或减少酸雨发生）。二是合理改进并控制氮肥的施用。三是对酸性土壤改良和管理。

第二节　污染防治措施的经济可行性论证

污染防治措施的经济可行性论证主要从初期一次性投资预算和后期运行费用估算两个方面进行。

一、初期一次性投资预算

污染防治措施的投资预算内容分为工程直接费用和间接费用两大部分。直接费用是指污染治理的设备、构筑物、建筑物、绿化、厂区内污水管网、界区内道路、管道、地坪、设备基础、安装费、运输费等。间接费用是指技术费、设计费、调试费等。

在设备和构筑物选型计算完成后，即可通过询价从制造商处获取设备、器材、管道、管件、电气仪表等的价格；非标准设备可在完成设计图纸后，请制造商估价；构筑物按池体、构件、配件、附属设备、防腐处理等分别进行造价估算；池体造价通常根据砖结构、混凝土结构等不同结构按每立方米池容积估价；构件、配件、附属设备等可按设计图纸或选型进行询价。

各类污染防治措施的投资在建设项目总投资中应占一定比例，通常合理比例为 3%～10%。污染物产生极少的建设项目所占比例可以较小，而某些建设项目如精细化工类，其单位产品产污系数相对较高，但其利润也较高，这类项目污染防治措施投资占项目总投资的比例往往会高于 10%。因此，污染防治措施的投资在建设项目总投资中的比例应根据建设项目的具体情况确定，过低难以保证污染防治措施达到预期效果，过高则增大投运后的运行费用，可能影响项目的正常运转。

二、后期运行费用估算

从某些角度来说，污染防治措施的运行费用更值得关注。运行费用过高，建设项目投运后无法承受，将严重影响污染防治设施的正常运行，因此，较为准确地估算出污染防治措施的运行费用，是污染防治措施的技术、经济可行性论证不可或缺的一环。

污染防治措施运行时，需要消耗各种原辅材料（药剂）、水、电、蒸汽、压缩空气费用、人员工资、设备及构筑物折旧费用、维护费用等，最终给出吨产品污染治理费用或单位数量的污染物处理成本。运行费用的构成如下：

运行费用=原辅材料（药剂）费+水、电、蒸汽、压缩空气费用等+

人员工资+设备及构筑物折旧费+维护费用

原辅材料（药剂）包括酸碱中和剂、混凝剂、沉淀剂、氧化还原剂、营养盐、消泡剂等，以当前市场价计算；水、电、蒸汽等费用，以建设项目所在地当前价格计算；人员工资，以建设项目平均工资和项目所在地相关政策确定；设备折旧期通常以 8~10 年计算，厂房及构筑物通常以 15~20 年计算；设备及构筑物维护费用可根据建设项目内部规定确定。

最终的运行费用单位，废水为"元/t"，废气为"元/万 m^3"，固体废物为"元/t"。

通过运行费用估算，如果发现拟采用的污染防治措施投资在总投资中占有比例过大，或运行费用过高，会影响建设项目投运后污染防治措施的长期稳定运行，则应调整拟采用的工艺、设备等，并再次计算其投资和运行费用，直至达到合适的技术经济指标，最终完成污染防治措施的技术经济选型。

【课后习题与训练】

1. 环境影响评价中，污染防治措施技术经济可行性论证的作用和内容是什么？
2. 废水处理流程设计的原则是什么？
3. 污染防治措施的运行费用有哪些方面？
4. 大气污染控制技术主要有哪些？

第六章　大气环境影响预测与评价

第一节　大气污染的基本概念

一、大气污染的概述

从环境评价学的角度分析，由于自然现象或人类活动向大气中排放的烟尘和废气过多，使大气中出现新的化学物质或某种成分含量超过了自然状态下的含量，从而影响人类和动植物的正常发育和生长，给人类带来冲击和危害，即大气污染。按照国际标准化组织（ISO）的定义，"大气污染通常是指由于人类活动或自然过程引起某些物质进入大气中，呈现出足够的浓度，达到足够的时间，并因此危害了人体的舒适、健康和福利或环境污染的现象"。大气污染的产生实际上是大气系统的内在结构发生了变化并通过外部状态表征出来，其实质还是由内在结构的改变而引起了大气对人类及生物界生存和繁衍的干扰。

大气污染物的种类很多，按其存在状态可以概括为两大类：气溶胶状态污染物、气体状态污染物。

（一）气溶胶状态污染物

在大气污染中，气溶胶是指固体、液体粒子或它们在气体介质中的悬浮体。其粒径为 0.002～100 μm 大小的液滴或固体粒子。大气气溶胶中各种粒子按其粒径大小可分为以下 3 种。

1. 总悬浮颗粒物（TSP）

总悬浮颗粒物是分散在大气中的各种粒子的总称。它是指用标准大容量颗粒采样器（流量在 1.1～1.7 m³/min）在滤膜上所收集到的颗粒物的总质量，其粒径大小，绝大多数在 100 μm 以下，其中多数在 10 μm 以下，也是目前大气质量评价中的一个通用的重要污染指标。

2. 飘尘

能在大气中长期漂浮的悬浮物质称为飘尘。其粒径主要是小于 10 μm 的微粒。由于飘尘粒径小，能被人体直接吸入呼吸道而造成危害；又由于它能在大气中长期飘浮，易将污染物带到很远的地方，导致污染范围扩大，同时在大气中还可以为化学反应提供反应载体。根据粒径不同将粒径小于 10 μm 的颗粒物用 PM_{10} 表示，粒径小于 2.5 μm 的颗粒物用 $PM_{2.5}$ 表示。

3. 降尘

用降尘罐采集到的大气颗粒物为降尘。在总悬浮颗粒物中一般直径大于 30 μm 的粒子，由于其自身的重力作用会很快沉降下来，将这部分微粒称为降尘。单位面积的降尘量可作为评价大气污染程度的指标之一。

（二）气体状态污染物

气体状态污染物简称气态污染物，是以分子状态存在的污染物，大部分为无机气体。常见的有五大类：以 SO_2 和 H_2S 为主的含硫化合物、以 NO 和 NH_3 为主的含氮化合物、以 CO 和 CO_2 为主的碳的氧化物、碳氢化合物以及含卤素化合物等。目前已受到人们普遍重视的大气污染物见表 6-1。

表 6-1　大气中的主要污染物

类别	一次污染物	二次污染物
含硫化合物	SO_2、H_2S	SO_3、H_2SO_4、MSO_4
含氮化合物	NO、NH_3	NO_2、HNO_3、MNO_3
碳的氧化物	CO、CO_2	无
碳氢化合物	C_mH_n 化合物	醛、酮、过氧乙酰基硝酸酯
含卤素化合物	HF、HCl	无
颗粒物	重金属元素、多环芳烃	H_2SO_4、SO_4^{2-}、NO_3^-

气态污染物又分为一次污染物和二次污染物。

1. 一次污染物

一次污染物是指直接从污染源排放的污染物质，如 SO_2、NO、CO_2 等，它们又可分为反应物和非反应物，前者不稳定，在大气环境中常与其他物质发生化学反应，或者作催化剂促进其他污染物之间的反应；后者则不完全反应或反应速度缓慢。

2．二次污染物

二次污染物是指由一次污染物在大气中互相作用经化学反应或光化学反应形成的与一次污染物的物理、化学性质完全不同的新的大气污染物，其毒性比一次污染物强。常见的二次污染物有硫酸及硫酸盐气溶胶、硝酸及硝酸盐气溶胶、臭氧、光化学氧化剂，以及许多不同寿命的活性中间物，如 HO_2、HO 等。

二、大气污染源

大气污染源是指导致环境污染的各种污染因子或污染物的发生源。大气污染可以分为两大类：自然的和人为的，前者是由自然界发生火山爆发、地震、台风、森林火灾等自然灾害造成的，后者是由人类活动所排放的有毒有害气体造成的。目前，一般所说的大气污染多指后者。根据不同的研究目的以及污染源的特点，大气污染源的类型有 3 种划分方法。

（一）按照污染物排放的方式划分

根据《环境影响评价技术导则大气环境》（HJ 2.2—2018）的规定，大气污染源分为点源、面源、线源、体源、火炬源等。

不同排放方式的排放标准指标限值有所不同：通过排气筒排放的污染物限制最高允许排放浓度，并按排气筒高度规定最高允许排放速率。任何一个排气筒必须同时遵守上述两项指标，超过其中任何一项均为超标排放。

以无组织方式排放的污染物，规定无组织排放的监控点及相应的监控浓度限值。

（二）按污染物排放的时间划分

大气污染源按污染物排放的时间可划分为连续源、间断源和瞬时源 3 类，此划分方法便于分析大气污染物排放的时间规律。

（三）按污染物产生的类型划分

大气污染源按污染物产生的类型可划分为工业污染源、交通污染源、生活污染源和农业污染源 4 类。

1. 工业污染源

在工业企业排放的废气中，排放量最大的是以煤和石油为燃料，在燃烧过程中排放的粉尘、SO_2、NO_x、CO、CO_2 等，其次是工业生产过程中排放的多种有机污染物和无机污染物。产生大气污染的企业主要有钢铁、有色金属、火力发电、水泥、石油炼冶以及造纸、农药、医药等企业。建筑施工工地的扬尘也不容忽视。

2. 交通污染源

交通污染源一般是指移动污染源，主要是各种机动车辆、飞机、轮船等排放有毒有害物质进入大气。由于交通工具以燃油为主，主要污染物为碳氢化合物、CO、氮氧化物和含铅污染物，尤其是汽车尾气中的 CO 和铅污染最严重，如汽车排放的铅占大气中铅含量的比例可达 97%。

3. 生活污染源

人们由于做饭、取暖、沐浴等生活需要，造成大气污染的污染源，称为生活污染源。这类污染源具有分布广、污染物排放量大、排放强度低等特点。生活污染源主要有生活燃料的污染、居住环境的污染、其他生活污染。

4. 农业污染源

农业生产过程中对环境造成有害影响的农田和各种农业措施，包括农药及化肥的施用，土壤流失和农业废弃物等。

三、大气污染气象要素

大气污染是由污染物排放量和污染气象条件共同决定的。进入大气中的污染物由于风及大气湍流的作用，在垂直和水平两个方向上逐渐分散稀释的现象，称为大气扩散。污染气象条件反映了当地大气环境自净能力的高低，是大气环境影响评价不可缺少的重要内容。以下将从风、湍流、大气温度层结与大气稳定度、辐射和云等方面介绍污染气象要素。

（一）风

空气的水平运动称为风。一方面风决定了污染物的输送方向；另一方面风通过影响污染物与空气的混合过程，影响空气中污染物的浓度。风是一个矢量，既有大小，又有方向，风的大小用风速表示，风的方向用风向表示。

1. 风速

风速是指单位时间内空气质点在水平方向上移动的距离，其大小常以 m/s、

km/h 或 n mile/h 来计量。一般气象台测得的地面风速为距离地面 10 m 高处的风速，如果要得其他高度的风速，需进行换算。

2．风向

风吹来的方向为风的方向，以方位来表示。陆地上，一般用 16 个方位表示风向，海上多用 36 个方位表示；在高空则用角度表示（图 6-1）。即把圆周分为 360°，北风是 0°（360°），东风是 90°，南风是 180°，西风是 270°。

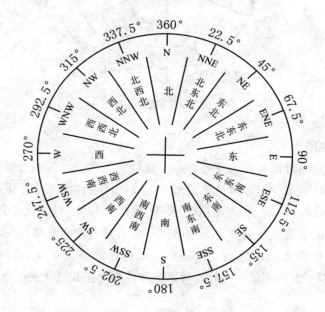

图 6-1 风向图

3．风频

通常用风频表示某个方向的风出现的频率，它是指一年（月）内某方向风出现的次数和各方向风出现的总次数的百分比，即

$$风频 = 某风向出现次数/风向的总观测次数×100\% \tag{6-1}$$

一段时间内所占百分比最大的风向，称为主导风向。通常使用风玫瑰图来表示风频。风玫瑰图一般用 8 个方位或 16 个方位来表示，在各方向线上按各方向风出现频率截取相应的长度，将相邻方向线上的截点用直线连接成闭合的折线，如图 6-2 所示。

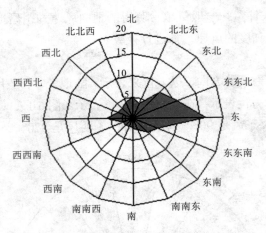

图 6-2　风玫瑰图

4．风的性质

风速、风向随时都在发生变化，对于底层大气来说，风的日变化规律为：日出以后风速逐渐增大，午后风速达到最大，夜间风速逐渐减小，清晨达到最小。风速这种日变化幅度，陆地上大于海上，夏季大于冬季，晴天大于阴天。在我国，风的季节性变化很明显，夏天多为东南风，冬天则盛行西北风。

随着高度的增加，摩擦力逐渐减小，风速逐渐增大。这一特征在距离地面 1 500 m 高度以下尤为明显，因此，可通过风速高度指数模式来计算区域内某高度处的风速。

$$u = u_i \left(\frac{Z}{Z_i} \right)^p \qquad (6-2)$$

式中：u、u_i 分别为 Z 及 Z_i 高度处的平均风速；p 为风速高度指数，依赖大气稳定度和地面粗糙度，应根据监测结果利用统计学方法求出，否则可参照表 6-2 选取。

表 6-2　各稳定度等级的 p 值

稳定度等级	A	B	C	D	E
城市	0.10	0.15	0.20	0.25	0.30
乡村	0.07	0.07	0.10	0.17	0.25

地理环境引起的局地风场变化：由于地理条件影响而形成的气流变化称为局地风场，这样的气流一般以一天为周期昼夜交替而发生变化。例如，在靠近大海的地区，白天从海上吹向陆地，称为海风。晚上从陆地吹向海面，称为陆风。此外，还有山谷风、城市热岛环流等。

（二）湍流

在空气的水平移动过程中，时常伴随有上下、左右的摆动。如果用仪器测量，则会发现风速值沿平均风向的方向及侧向或垂直向随时在变化，这种大气无规则的运动称为大气湍流或乱流。湍流运动中，大气运动的方向和速度都是极不规则的，具有随机性，并且会造成流场中各部分气团之间发生混合和交换。污染物进入大气后，在大气湍流的作用下逐渐扩散稀释，这就是大气扩散。

（三）大气温度层结与大气稳定度

1. 大气温度层结

大气温度层结是指气温随高度的变化规律，近地面气温的垂直分布一般有以下 3 种情况。

（1）气温随着高度递减

一般出现在晴朗白天风不大时。地面吸收太阳辐射增温后，使近地面的空气先被加热，逐渐向上传递，加上近地面空气中水汽及固体杂质较多，吸收地面的辐射也强，因此大气温度形成上低下高的分布情况。

（2）气温随着高度递增

一般出现在晴朗夜间小风时。夜间没有太阳辐射，地面无热量吸入，但向外辐射仍在进行，地面由于失去热量而不断冷却，近地面的空气也随之冷却。由于地面冷却速度比空气快，形成上高下低的气温分布情况。这种气温上高下低的现象，称为逆温。

逆温状态的大气层结相当稳定，湍流活动被抑制，空气的混合作用减弱，阻碍了气团的垂直运动，区域内污染物难以扩散，因此逆温属于不利的污染气象条件，有时会造成严重的污染事件。

（3）气温随着高度基本不变

一般发生在白天阴天大风时或夜间的多云大风时。由于阴天云层对太阳光的阻挡，地面增热不明显，风大时能使上下层空气充分混合，因此上下层空气气温的差别不大，这种气温上下基本不变的现象，称为等温。

近地面气温垂直分布常以一天为周期进行变化，经常是夜间逆温，日间递减，午后可能出现超绝热递减，日出后和日落前出现等温过程。

2．大气稳定度

大气稳定度是指整层空气的稳定程度，是大气对在其中做垂直运动的气团是加速、遏制，还是不影响其运动的一种热力学性质。

大气湍流结构与大气层温度分布密切相关，所以在研究大气扩散时，气层的稳定度是很重要的因素。当气层处于不稳定层结时，则会促使湍流运动的发展，使大气扩散稀释能力加强；反之，当气层处于稳定层结时，则对湍流起抑制作用，减弱大气的扩散能力。

3．大气温度层结与大气稳定度的关系

气温的垂直分布反映了大气的稳定程度，而大气的稳定程度影响着湍流活动的强弱，所以气温的垂直分布与空气的稀释扩散能力有十分密切的关系。

在缺乏温度层结观测资料的情况下，可以根据季节、每天的时间和云量来估计大气的稳定度状况，再结合风速的大小进一步确定大气稳定度，如帕斯奎尔稳定度分级法。

（四）辐射和云

1．辐射

太阳辐射是地球大气的主要能量来源，地面和大气层一方面吸收太阳辐射能，另一方面不断地对外产生辐射。地面及大气的热状况、温度的分布和变化，制约着大气运动状态，影响着云与降水的形成，对污染物在空气中的扩散起着一定的作用。在晴朗的白天，地面首先吸收太阳辐射，地面温度升高，使近地层气温升高，大气处于不稳定状态；夜间通过地面长波辐射散失热量，地面温度降低，使近地层气温下降，逐渐形成上层温度高而下层温度低的逆温情况。

2．云

云的多少一般用云量来表示。云量是指云遮蔽天空的成数。将天空分为 10 份，在这 10 份中为云所遮盖的份数，称为云量。

云对太阳辐射有反射作用，它的存在会减少到达地面的太阳直接辐射，同时云层又加强大气逆辐射，减少地面的有效辐射，因此云层的存在可以减小气温随高度的变化。某些地区在冬季阴天时，温度层结几乎没有昼夜变化。

第二节 大气环境影响评价工作等级与评价范围

一、推荐模式

《环境影响评价技术导则 大气环境》（HJ 2.2—2018） 中列出了大气环境影响预测模式，即推荐模式。推荐模式采取互联网等形式发布，发布内容包括模式的使用说明、执行文件、用户手册、技术文档、应用案例等。推荐模式清单包括估算模式、进一步预测模式等，不同的预测模式有其不同的数据要求及适用范围。

估算模式是一种单源预测模式，适用于建设项目评价等级及评价范围的确定工作。估算模式利用预设的气象条件进行计算，可计算点源、火炬源、面源和体源的短期浓度最大值及对应距离，以及模拟熏烟和建筑物下洗等特殊条件下的最大地面浓度。由于预设的不利气象组合条件，可能发生，也可能不发生，因此，估算模式计算出的是某污染源对环境空气质量的最大影响程度和影响范围的保守的计算结果，即结果大于采用进一步预测模式的计算浓度值。

进一步预测模式是一些多源预测模式，适用于一、二级评价工作的进一步预测工作。

二、环境影响识别与评价因子筛选

按照《建设项目环境影响评价技术导则 总纲》（HJ 2.1—2016）和《规划环境影响评价技术导则 总纲》（HJ 130—2019）相应规范要求识别大气环境影响因素，筛选出大气环境影响评价因子，大气环境影响评价因子分为基本污染物及其他污染物。当建设项目排放的 SO_2 和 NO_x 年排放量大于等于 500 t/a 时，评价因子应增加二次 $PM_{2.5}$；当规划项目排放的 SO_2、NO_x 及 VOCs 年排放量达到表 6-3 规定的量时，评价因子应增加二次 $PM_{2.5}$ 及 O_3。

表 6-3 二次污染物评价因子筛选

类别	污染物排放量/（t/a）	二次污染物评价因子
建设项目	$SO_2+NO_x \geqslant 500$	$PM_{2.5}$
规划项目	$SO_2+NO_x \geqslant 500$	$PM_{2.5}$
	$NO_x +VOCs \geqslant 2\ 000$	O_3

三、大气环境影响评价工作等级的确定

大气环境影响评价工作等级的划分是开展评价工作的基础，评价工作等级决定了评价工作的深度、广度和开展评价所投入的人力、财力、物力。合理确定大气环境影响评价工作的等级是评价工作的关键环节。

环境质量标准选用《环境空气质量标准》（GB 3095—2012）中的环境空气质量浓度限值，如已有地方环境质量标准，应选用地方标准中的浓度限值；对于《环境空气质量标准》（GB 3095—2012）及地方环境质量标准中未包含的污染物，可参照《环境影响评价技术导则　大气环境》（HJ 2.2—2018）附录 D 中的浓度限值；对上述标准中都未包含的污染物，可参照选用其他国家、国际组织发布的环境质量浓度限值或基准值，但应作出说明，经生态环境主管部门同意后执行。

依据《环境影响评价技术导则　大气环境》（HJ 2.2—2018）推荐模型中的估算模型对项目的大气环境影响评价工作进行分级。具体的方法：根据项目污染源初步调查结果，分别计算项目排放主要污染物的最大地面浓度占标率 P_i（第 i 个污染物）与第 i 个污染物的地面浓度达到标准值的 10%时所对应的最远距离 $D_{10\%}$。最大地面浓度占标率 P_i 计算式为

$$P_i = \frac{C_i}{C_{0i}} \times 100\% \tag{6-3}$$

式中：P_i 为第 i 个污染物的最大地面浓度占标率，%；C_i 为采用估算模型计算出的第 i 个污染物的最大 1 h 地面质量浓度，$\mu g/m^3$；C_{0i} 为第 i 个污染物的环境空气质量浓度标准，$\mu g/m^3$。

C_{0i} 一般选用《环境空气质量标准》（GB 3095—2012）中 1 h 平均质量浓度的二级浓度限值。如项目位于一类环境空气功能区，应选择相应的一级浓度限值；对该标准中未包含的污染物，使用已确定的各评价因子 1 h 平均质量浓度限值。对仅有 8 h 平均质量浓度限值、日平均质量浓度限值或年平均质量浓度限值的，可以分别按 2 倍、3 倍、6 倍折算为 1 h 平均质量浓度限值。

对于编制环境影响报告书的项目在采用估算模型计算评价等级时，应输入地形参数。

根据计算所得的 P_i 值中最大者（P_{max}），按照表 6-4 进行评价工作等级划分。

表 6-4 评价工作等级

评价工作等级	评价工作分级判据
一级评价	$P_{max} \geqslant 10\%$
二级评价	$1\% \leqslant P_{max} < 10\%$
三级评价	$P_{max} < 1\%$

评价工作等级的确定还应符合以下规定。

1）同一项目有多个污染源（两个及以上，下同）时，则按各污染源分别确定评价等级，并取评价等级最高者作为项目的评价等级。

2）对电力、钢铁、水泥、石化、化工、平板玻璃、有色金属等高耗能行业的多源项目或以使用高污染燃料为主的多源项目，并且编制环境影响报告书的项目评价等级提高一级。

3）对等级公路、铁路项目，分别按项目沿线主要集中式排放源（如服务区、车站大气污染源）排放的污染物计算其评价等级。

4）对新建包含 1 km 及以上隧道工程的城市快速路，主干路等城市道路项目，按项目隧道主要通风竖井及隧道出口排放的污染物计算其评价等级。

5）对新建、迁建及飞行区扩建的枢纽及干线机场项目，应考虑机场飞机起降及相关辅助设施排放源对周边城市的环境影响，评价等级取一级。

6）确定评价等级同时应说明估算模型计算参数和判定依据。

四、大气环境影响评价范围的确定

一级评价项目根据建设项目排放污染物的最远影响距离（$D_{10\%}$）确定大气环境影响评价范围，即以项目厂址为中心区域，自厂界外延 $D_{10\%}$ 的矩形区域作为大气环境影响评价范围。当 $D_{10\%}$ 超过 25 km 时，确定评价范围为边长 50 km 的矩形区域；当 $D_{10\%}$ 小于 2.5 km 时，评价范围边长取 5 km。

二级评价项目大气环境影响评价范围边长取 5 km。

三级评价项目无须设置大气环境影响评价范围。

对于新建、迁建及飞行区扩建的枢纽及干线机场项目，评价范围还应考虑受影响的周边城市，最大取边长 50 km；规划的大气环境影响评价范围以规划区边界为起点，外延至规划项目排放污染物的最远影响距离（$D_{10\%}$）的区域。

五、估算模型

（一）模型的获取

估算模型 AERSCREEN 及中文应用手册可从环境空气质量模型技术支持服务系统（www.lem.org.cn、www. craes.cn）下载。目前，很多大气商业预测软件已将估算模式纳入软件系统中，便于使用。

（二）模型参数选取

1．污染源参数
估算模型应采用满负荷运行条件下排放强度及对应的污染源参数。

2．气象数据
估算模型所需最高和最低环境温度，一般需选取评价区域近 20 年以上资料统计结果。最小风速可取 0.5 m/s，风速计高度取 10 m。

3．地表参数
估算模型根据模型特点取项目周边 3 km 范围内占地面积最大的土地利用类型来确定。

4．模型计算设置
（1）城市/农村选项

当项目周边 3 km 半径范围内一半以上面积属于城市建成区或者规划区时，选择城市；否则选择农村，见表 6-5。

表 6-5　估算模型参数

参数		取值
城市/农村选项	城市/农村	
	人口数（城市选项时）	
最高环境温度/℃		
最低环境温度/℃		
土地利用类型		
区域湿度条件		
是否考虑地形	考虑地形	□是　　□否
	地形数据分辨率/m	

参数		取值
	考虑岸线熏烟	□是　　□否
是否考虑岸线熏烟	岸线距离/km	
	岸线方向/（°）	

当选择城市时，城市人口数按项目所属城市实际人口或者规划的人口数输入。

（2）岸边熏烟选项

对于估算模型 AERSCREEN，当污染源附近 3 km 范围内有大型水体时，需选择岸边熏烟选项。

（三）主要污染源估算模型计算结果

估算模型的计算结果可以如表 6-6 所示进行汇总。

表 6-6　主要污染源估算模型计算结果

下风向距离/m	污染源 1		污染源 2		污染源 n	
	预测质量浓度/（μg/m³）	占标率/%	预测质量浓度/（μg/m³）	占标率/%	预测质量浓度/（μg/m³）	占标率/%
50						
75						
……						
下风向最大质量浓度及占标率/%						
$D_{10\%}$最远距离/m						

<h2 align="center">第三节　环境空气质量现状调查与评价</h2>

一、大气环境质量现状调查

大气环境现状调查包括大气污染源调查、大气环境质量现状调查等内容。

（一）大气污染源调查

1. 调查内容

一级评价项目调查本项目不同排放方案有组织及无组织排放源，对于改建、扩建项目还应调查本项目现有污染源。本项目污染源调查包括正常排放和非正常排放，其中非正常排放调查内容包括非正常工况、频次、持续时间和排放量。调查本项目所有拟被替代的污染源（如有），包括被替代污染源名称、位置、排放污染物及排放量、拟被替代时间等。调查评价范围内与评价项目排放污染物有关的其他在建项目，已批复环境影响评价文件的拟建项目等污染源。对于编制报告书的工业项目，分析调查受本项目物料及产品运输影响新增的交通运输移动源，其中包括运输方式、新增交通流量、排放污染物及排放量。

二级评价项目参照一级评价项目要求调查本项目现有及新增污染源和拟被替代的污染源。

三级评价项目只调查本项目新增污染源和拟被替代的污染源。

对于城市快速路、主干路等城市道路的新建项目，需调查道路交通流量及污染物排放量。

对于采用网格模型预测二次污染物的项目，需结合空气质量模型及评价要求，开展区域现状污染源排放清单调查。

污染源调查内容及格式要求按点源、面源、体源、线源、火炬源、烟塔合一源、城市道路源、机场源等分别给出。

2．数据来源与要求

新建项目的污染源调查，依据《建设项目环境影响评价技术导则 总纲》（HJ 2.1—2016）、《规划环境影响评价技术导则 总纲》（HJ 130—2019）、《排污许可证申请与核发技术规范 总则》（HJ 942—2018）、行业排污许可证申请与核发技术规范及各污染源源强核算技术指南，并结合工程分析从严确定污染物排放量。

评价范围内在建和拟建项目的污染源调查，可使用已批准的环境影响评价文件中的资料；改建、扩建项目现状工程的污染源和评价范围内拟被替代的污染源调查。可根据数据的可获得性，依次优先使用项目监督性监测数据、在线监测数据、年度排污许可执行报告、自主验收报告，排污许可证数据、环评数据或补充污染源监测数据等。污染源监测数据应采用满负荷工况下的监测数据或者换算至满负荷工况下的排放数据。

网格模型模拟所需的区域现状污染源排放清单调查，按国家发布的清单编制相关技术规范执行。污染源排放清单数据，应采用近 3 年内国家或地方生态环境主管部门发布的包含人为源和天然源在内的所有区域污染源清单数据。在国家或地方生态环境主管部门未发布污染源清单之前，可参照污染源清单编制指南自行建立区域污染源清单，并对污染源清单准确性进行验证分析。

（二）大气环境质量现状调查

1．调查内容和目的

一级评价项目调查项目所在区域环境质量达标情况，作为项目所在区域是否为达标区的判断依据。调查评价范围内有环境质量标准的评价因子的环境质量监测数据或进行补充监测，用于评价项目所在区域污染物环境质量现状，以及计算环境空气保护目标和网格点的环境质量现状浓度。

二级评价项目调查项目所在区域环境质量达标情况。调查评价范围内有环境质量标准的评价因子的环境质量监测数据或进行补充监测，用于评价项目所在区域污染物环境质量现状。

三级评价项目只调查项目所在区域环境质量达标情况。

2．数据来源

（1）基本污染物环境质量现状数据

项目所在区域达标判定，优先采用国家或地方生态环境主管部门公开发布的评价基准年环境质量公告，或环境质量报告中的数据或结论。

采用评价范围内国家或地方环境空气质量监测网中评价基准年连续 1 年的监测数据，或采用生态环境主管部门公开发布的环境空气质量现状数据。

评价范围内没有环境空气质量监测网数据或公开发布的环境空气质量现状数据的，可选择符合《环境空气质量监测点位布设技术规范（试行）》（HJ 664—2013）规定，并且与评价范围地理位置邻近，地形、气候条件相近的环境空气质量城市点或区域点监测数据。

对于位于环境空气质量一类区的环境空气保护目标或网格点，各污染物环境质量现状浓度可取符合《环境空气质量监测点位布设技术规范（试行）》（HJ 664—2013）规定，并且与评价范围地理位置邻近，地形、气候条件相近的环境空气质量区域点或背景点监测数据。

（2）其他污染物环境质量现状数据

优先采用评价范围内国家或地方环境空气质量监测网中评价基准年连续 1 年的监测数据。

评价范围内没有环境空气质量监测网数据或公开发布的环境空气质量现状数据的，可收集评价范围内近 3 年与项目排放的其他污染物有关的历史监测资料。

在没有以上相关监测数据或监测数据不能满足评价要求时，应进行补充监测。

3. 补充监测

（1）监测时段

根据监测因子的污染特征，选择污染较为严重的季节进行现状监测。补充监测应至少取得 7 天有效数据。对于部分无法进行连续监测的其他污染物，可监测其一次空气质量浓度，监测时次应满足所用评价标准的取值时间要求。

（2）监测布点

以近 20 年统计的当地主导风向为轴向，在厂址及主导风向下风向 5 km 范围内设置 1～2 个监测点。如需在一类区进行补充监测，监测点应设置在不受人为活动影响的区域。

（3）监测方法

应选择符合监测因子对应环境质量标准或参考标准所推荐的监测方法，并在评价报告中注明。

（4）监测采样

环境空气监测中的采样点、采样环境，采样高度及采样频率，按照《环境空气质量监测点位布设技术规范（试行）》（HJ 664—2013）及相关评价标准规定的环境监测技术规范执行。

二、大气环境质量现状评价

（一）项目所在区域达标判断

城市环境空气质量达标情况评价指标为 SO_2、NO_2、PM_{10}、$PM_{2.5}$、CO 和 O_3 6 项污染物全部达标即城市环境空气质量达标。

根据国家或地方生态环境主管部门公开发布的城市环境空气质量达标情况，判题项目所在区域是否属于达标区。如项目评价范围涉及多个行政区（县级或以上，下同），需分别评价各行政区的达标情况，若存在不达标行政区，则判定项目所在评价区域为不达标区。

国家或地方生态环境主管部门未发布城市环境空气质量达标情况的，可按照《环境空气质量评价技术规范（试行）》（HJ 663—2013）中各评价项目的年评价指标进行判定。年评价指标中的年均浓度和相应百分位数 24 h 平均或 8 h 平均质量浓度满足《环境空气质量标准》（GB 3095—2012）中浓度限值要求的即达标。《环境空气质量评价技术规范（试行）》（HJ 663—2013）中年评价指标要求见表6-7。

表6-7 基本污染物年评价指标要求

评价时段	评价项目及平均时间
年评价	SO_2 年平均、SO_2 24 h 平均第 98 百分位数 NO_2 年平均、NO_2 24 h 平均第 98 百分位数 PM_{10} 年平均、PM_{10} 24 h 平均第 95 百分位数 $PM_{2.5}$ 年平均、$PM_{2.5}$ 24 h 平均第 95 百分位数 CO 24 h 平均第 95 百分位数 O_3 日最大 8 h 滑动平均值的第 90 百分位数

（二）各污染物的环境质量现状评价

对于长期监测数据，按照《环境空气质量评价技术规范（试行）》（HJ 663—2013）中的统计方法对各污染物的年评价指标进行环境质量现状评价；对于环境现状监测结果的数据，应按照《数值修约规则与极限数值的表示和判定》（GB/T 8170—2008）中的规则进行修约，浓度的单位和保留小数位要求详见表6-8。城市环境质量评价中基本污染物年评价指标统计方法见表6-9。

表6-8 污染物浓度的单位和保留小数位要求

污染物	单位	保留小数位
SO_2、NO_2、PM_{10}、$PM_{2.5}$、O_3、TSP 和 NO_x	$\mu g/m^3$	0
CO	$\mu g/m^3$	1
Pb	$\mu g/m^3$	2
苯并[a]芘	$\mu g/m^3$	4

表6-9 基本污染物年评价指标统计方法

评价时段	评价项目	统计方法
年评价	城市 SO_2、NO_2、PM_{10}、$PM_{2.5}$ 的年平均值	一个日历年内城市 24 h 平均浓度值的算术平均值
	城市 SO_2、NO_2 24 h 年平均第 98 百分位数 城市 PM_{10}、$PM_{2.5}$ 24 h 年平均第 95 百分位数 城市 CO 24 h 平均第 95 百分位数 城市 O_3 日最大 8 h 平均第 90 百分位数	按式（6-7）计算一个日历年内城市日评价项目的相应百分位数浓度

对于补充监测数据，要分别对各监测点位不同污染物的短期浓度进行环境质量现状评价。

无论长期监测数据还是补充监测数据评价，对于超标的污染物，要计算其超标倍数和超标率。

超标项目 i 的超标倍数按式（6-4）计算：

$$B_i = (C_i - S_i) / S_i \tag{6-4}$$

式中：B_i 为超标项目 i 的超标倍数；C_i 为超标项目 i 的浓度；S_i 为超标项目 i 的浓度限值标准，一类区采用一级浓度限值标准，二类区采用二级浓度限值标准。

评价项目 i 的小时超标率、日达标率按式（6-5）计算：

$$D_i = (A_i / B_i) \times 100 \tag{6-5}$$

式中：D_i 为评价项目 i 的超标率，%；A_i 为评价时段内评价项目 i 的超标天（小时）数，d（或 h）；B_i 为评价时段内评价项目 i 的有效监测天（小时）数，d（或 h）。

污染物浓度序列的第 p 百分位数计算方法如下。

1）将污染物浓度序列数值从小到大排序，排序后的浓度序列为 $\{X_{(i)}$，$i=1$，2，$\cdots$，$n\}$。

2）按式（6-6）计算第 p 百分位数 m_p 的序数 k：

$$k = 1 + (n-1) \times p\% \tag{6-6}$$

式中：k 为 $p\%$ 位置对应的序数；n 为污染物浓度序列中的浓度值。

3）按式（6-7）计算第 p 百分位数 m_p：

$$m_p = X_{(s)} + [X_{(s+1)} - X_{(s)}] \times (k - s) \tag{6-7}$$

式中：s 为 k 的整数部分，当 k 为整数时，$s=k$。

（三）环境空气保护目标及网格点环境质量现状浓度

对采用多个长期监测点位数据进行现状评价的，取各污染物相同时刻各监测点位的浓度平均值，作为评价范围内环境空气保护目标及网格点环境质量现状浓度，计算方法见式（6-8）：

$$C_{现状(x,y,t)} = \frac{1}{n} \sum_{j=1}^{n} C_{现状(j,t)} \tag{6-8}$$

式中：$C_{现状(x,y,t)}$为环境空气保护目标及网格点（x，y）在 t 时刻环境质量现状浓度，$\mu g/m^3$；$C_{现状(y,t)}$为第 j 个监测点位在 t 时刻环境质量现状浓度（包括短期浓度和长期浓度），$\mu g/m^3$；n 为长期监测点位数。

对采用补充监测数据进行现状评价的，取各污染物不同评价时段监测浓度的最大值，作为评价范围内环境空气保护目标及网格点环境质量现状浓度。对于有多个监测点位数据的，先计算相同时刻各监测点位平均值，再取各监测时段平均值中的最大值。计算方法见式（6-9）：

$$C_{现状(x,y)} = \max\left[\frac{1}{n}\sum_{j=1}^{n} C_{监测(j,t)}\right] \qquad (6\text{-}9)$$

式中：$C_{现状(x,y)}$为环境空气保护目标及网格点（x，y）环境质量现状浓度，$\mu g/m^3$；$C_{监测(j,t)}$为第 j 个监测点位在 t 时刻环境质量现状浓度（包括 1 h 平均、8 h 平均或日平均质量浓度），$\mu g/m^3$；n 为现状补充监测点位数。

第四节 大气环境影响预测与评价

一、大气环境影响预测概述

大气环境影响预测用于判断项目建成后，对评价范围大气环境影响的程度和范围，是大气环境影响评价所要解决的核心问题。常用的大气环境影响预测方法是通过建立数学模型来模拟各种气象条件、地形条件下的污染物在大气中输送、扩散、转化和清除等物理、化学机制。

（一）大气环境影响预测的目的

大气环境影响预测的目的是为评价提供可靠和定量的基础数据。具体有以下几点。

1）了解建设项目建成后对大气环境质量影响的程度和范围。

2）比较各种建设方案对大气环境质量的影响。

3）给出各类或各个污染源对任一点污染物浓度的贡献（污染分担率）。

4）优化城市或区域的污染源布局及对其实行总量控制。

（二）大气环境影响预测的方法

预测方法大体上可分为三大类：物理模拟法、经验法和扩散模式预测法。

1．物理模拟法

利用风洞或水槽等实验设备模拟手段得出预测结果的方法。这类模拟的过程较复杂，需要具有一定水平的专业人员及必要的专门设备。物理模拟可模拟复杂地形、建筑物下洗、多个相邻排放源等问题。

2．经验法

在统计、分析历史资料的基础上，结合未来的发展规划进行预测。

3．扩散模式预测法

以大气扩散理论和实验研究结果为基础，将各种污染源、气象条件和下垫面条件模式化（抽象化、理想化），从而描述污染物在大气中输送、扩散、转化过程的预测方法。扩散模式预测法是目前在大气环境影响预测中使用最多的预测方法。

二、大气环境影响预测

1．一般性要求

一级评价项目应采用进一步预测模型开展大气环境影响预测与评价。

二级评价项目不进行进一步预测与评价，只对污染物排放量进行核算。

三级评价项目不进行进一步预测与评价。

2．预测因子

预测因子根据评价因子而定，选取有环境质量标准的评价因子作为预测因子。

3．预测范围

预测范围应覆盖评价范围，并覆盖各污染物短期浓度贡献值占标率大于 10% 的区域；对于经判定需预测二次污染物的项目，预测范围应覆盖 $PM_{2.5}$ 年平均质量浓度贡献值占标率大于 1% 的区域。对于评价范围内包含环境空气功能区一类区的，预测范围应覆盖项目对一类区最大环境影响。预测范围一般以项目厂址为中心，东西向为 X 坐标轴、南北向为 Y 坐标轴。

4．预测周期

选取评价基准年作为预测周期，预测时段取连续 1 年。选用网格模型模拟二次污染物的环境影响时，预测时段应至少选取评价基准年 1 月、4 月、7 月、10 月。

5．预测模型

（1）预测模型选择原则

一级评价项目应结合项目环境影响预测范围、预测因子及推荐模型的适用范围等选择空气质量模型。各推荐模型适用范围见表 6-10。当推荐模型适用性不能满足需要时，可以选择适用的替代模型。

表 6-10　各推荐模型适用范围

模型名称	适用性	适用污染源	适用排放形式	推荐预测范围	适用污染物（模拟方法）	输出结果	其他特性
AERSCREEN	用于评价等级及评价范围判定	点源（含火炬源）、面源（矩形或圆形）、体源	连续源			短期浓度最大值及对应距离	可模拟熏烟和建筑物下洗
AERMOD	用于进一步预测	点源（含火炬源）、面源、线源、体源	连续源、间断源	局地尺度（≤50 km）	一次污染物（模型模拟法）、二次 $PM_{2.5}$（系数法）	短期和长期平均质量浓度及分布	可模拟建筑物下洗、干湿沉降
ADMS		点源、面源、线源、体源、网格源					可模拟建筑物下洗、干湿沉降，包含街道窄谷模型
AUSTAL2000		烟塔合一源					可模拟建筑物下洗
EDMS/AEDT		机场源					可模拟建筑物下洗、干湿沉降
CALPUFF		点源、面源、线源、体源		城市尺度（50 km 至几百 km）	一次污染物、二次 $PM_{2.5}$（模型模拟法）		可用于特殊风场，包括长期静、小风和岸边熏烟
区域光化学网格模型（CMAQ 或类似模型）		网格源		区域尺度（几百 km）	一次污染物、二次 $PM_{2.5}$ 和 O_3（模型模拟法）		可模拟复杂化学反应及气象条件对污染物浓度的影响

岸边熏烟。当在近岸内陆上建设高烟囱时，需要考虑岸边熏烟的问题。由于水陆地表的辐射差异，水陆交界地带的大气由地面不稳定层结过渡到稳定层结，当聚集在大气稳定层内污染物遇到不稳定层结时将会发生熏烟现象，在某固定区域将形成地面的高浓度。在缺少边界层气象数据或边界层气象数据的精确度和详细程度不能反映真实情况时，可选用大气导则推荐的估算模型获得近似的模拟浓度，或者选用 CALPUFF 模型。

长期静、小风。长期静、小风的气象条件是指静风和小风持续时间达几小时到几天，在这种气象条件下，空气污染扩散（尤其是来自低矮排放源），可能会形成相对高的地面浓度。CALPUFF 模型对静风湍流速度做了处理，当模拟城市尺度以内的长期静、小风的环境空气质量时，可选用大气导则推荐的 CALPUFF 模型。

（2）预测模型选取的其他规定

当项目评价基准年内存在风速≤0.5 m/s 的持续时间超过 72 h 或近 20 年统计的全年静风（风速≤0.2 m/s）频率超过 35%时，应采用 CALPUFF 模型进行进一步模拟。

当建设项目处于大型水体（海或湖）岸边 3 km 范围内时，应首先采用估算模型判定是否会发生熏烟现象。如果存在岸边熏烟，并且估算的最大 1 h 平均质量浓度超过环境质量标准，则应采用 CALPUFF 模型进行进一步模拟。

（3）推荐模型使用要求

在使用推荐模型时，应按《环境影响评价技术导则　大气环境》（HJ 2.2—2018）附录 B 要求提供污染源、气象、地形、地表参数等基础数据；环境影响预测模型所需气象、地形、地表参数等基础数据应优先使用国家发布的标准化数据；采用其他数据时，应说明数据来源、有效性及数据预处理方案。

6．预测方法

采用推荐模型预测建设项目或规划项目对预测范围不同时段的大气环境影响。当建设项目或规划项目的 SO_2、NO_x 及 VOCs 年排放量达到表 6-3 规定的量时，可按照表 6-11 推荐的方法预测二次污染物。

表 6-11　二次污染物预测方法

污染物排放量/（t/a）		预测因子	二次污染物预测方法
建设项目	$SO_2+NO_x \geqslant 500$	$PM_{2.5}$	AERMOD/ADMS（系数法）或 CALPUFF（模型模拟法）

污染物排放量/（t/a）		预测因子	二次污染物预测方法
规划项目	$500 \leqslant SO_2 + NO_x < 2\ 000$	$PM_{2.5}$	AERMOD/ADMS（系数法）或 CALPUFF（模型模拟法）
	$SO_2 + NO_x \geqslant 2\ 000$	$PM_{2.5}$	网格模型（模型模拟法）
	$NO_x + VOCs \geqslant 2\ 000$	O_3	网格模型（模型模拟法）

采用 AERMOD、ADMS 等模型模拟 $PM_{2.5}$ 时，需将模型模拟的 $PM_{2.5}$，一次污染物的质量浓度，同步叠加按 SO_2、NO_2 等前体物转化比率估算的二次 $PM_{2.5}$ 质量浓度，得到 $PM_{2.5}$ 的贡献浓度。前体物转化比率可引用科研成果或有关文献，并注意地域的适用性。对于无法取得 SO_2、NO_2 等前体物转化比率的，可取 φ_{SO_2} 为 0.58、φ_{NO_2} 为 0.44，按式（6-10）计算二次 $PM_{2.5}$ 贡献浓度：

$$C_{二次PM_{2.5}} = \varphi_{SO_2} \cdot C_{SO_2} + \varphi_{NO_2} \cdot C_{NO_2} \tag{6-10}$$

式中：$C_{二次PM_{2.5}}$ 为二次 $PM_{2.5}$ 质量浓度，$\mu g/m^3$；φ_{SO_2}、φ_{NO_2} 分别为 SO_2、NO_2 浓度换算为 $PM_{2.5}$ 质量浓度的系数；C_{SO_2}、C_{NO_2} 分别为 SO_2、NO_2 的预测质量浓度，$\mu g/m^3$。

采用 CALPUFF 或网格模型预测 $PM_{2.5}$ 时，模拟输出的贡献浓度应包括一次 $PM_{2.5}$ 和二次 $PM_{2.5}$ 质量浓度的叠加结果。

对于已采纳规划环评要求的规划所包含的建设项目，当工程建设内容及污染物排放总量均未发生重大变更时，建设项目环境影响预测可引用规划环评的模拟结果。

三、大气环境影响评价

（一）评价内容

1．达标区的评价项目

1）项目正常排放条件下，预测环境空气保护目标和网格点主要污染物的短期浓度和长期浓度贡献值，评价其最大浓度占标率。

2）项目正常排放条件下，预测评价叠加环境空气质量现状浓度后，环境空气保护目标和网格点主要污染物的保证率日平均质量浓度和年平均质量浓度的达标情况；对于项目排放的主要污染物仅有短期浓度限值的，评价其短期浓度叠加后的达标情况。如果是改建、扩建项目，则应同步减去"以新带老"污染源的环境影响。如果有区域削减项目，则同步减去削减源的环境影响。如果评价范围内还有其他排放同类污染物的在建、拟建项目，则应叠加在建、拟建项目的环境影响。

3）项目非正常排放条件下，预测评价环境空气保护目标和网格点主要污染物的 1 h 最大浓度贡献值及占标率。

2．不达标区的评价项目

1）项目正常排放条件下，预测环境空气保护目标和网格点主要污染物的短期浓度和长期浓度贡献值，评价其最大浓度占标率。

2）项目正常排放条件下，预测评价叠加大气环境质量限期达标规划（以下简称达标规划）的目标浓度后，环境空气保护目标和网格点主要污染物保证率日平均质量浓度和年平均质量浓度的达标情况；对于项目排放的主要污染物仅有短期浓度限值的，评价其短期浓度叠加后的达标情况。如果是改建、扩建项目，则应同步减去"以新带老"污染源的环境影响，如果有区域达标规划之外的削减项目，则应同步减去削减源的环境影响。如果评价范围内还有其他排放同类污染物的在建、拟建项目，则应叠加在建、拟建项目的环境影响。

3）对于无法获得达标规划目标浓度场或区域污染源清单的评价项目，需评价区域环境质量的整体变化情况。

4）项目非正常排放条件下，预测环境空气保护目标和网格点主要污染物的 1 h 最大浓度贡献值，评价其最大浓度占标率。

3．区域规划

1）预测评价区域规划方案中不同规划年叠加现状浓度后，环境空气保护目标和网格点主要污染物保证率日平均质量浓度和年平均质量浓度的达标情况；对于规划排放的其他污染物仅有短期浓度限值的，评价其叠加现状浓度后短期浓度的达标情况。

2）预测评价区域规划实施后的环境质量变化情况，分析区域规划方案的可行性。

4．污染控制措施

对于达标区的建设项目，需按要求预测评价不同方案主要污染物对环境空气保护目标和网格点的环境影响及达标情况，比较分析不同污染治理设施、预防措施或排放方案的有效性。

对于不达标区的建设项目，需按要求预测不同方案主要污染物对环境空气保护目标和网格点的环境影响，评价达标情况或评价区域环境质量的整体变化情况，比较分析不同污染治理设施、预防措施或排放方案的有效性。

5．大气环境防护距离

对于项目厂界浓度满足大气污染物厂界浓度限值，但厂界外大气污染物短期贡献浓度超过环境质量浓度限值的，可以自厂界向外设置一定范围的大气环境防护区域，以确保大气环境防护区域外的污染物贡献浓度满足环境质量标准。

对于项目厂界浓度超过大气污染物厂界浓度限值的，应要求削减排放源强或调整工程布局，待满足厂界浓度限值后，再核算大气环境防护距离。大气环境防护距离内不应有长期居住的人群。

6．预测内容和评价要求

不同评价对象或排放方案对应的预测内容和评价要求见表 6-12。

表 6-12　预测内容和评价要求

评价对象	污染源	污染源排放形式	预测内容	评价内容
达标区评价项目	新增污染源	正常排放	短期浓度 长期浓度	最大浓度占标率
	新增污染源 － "以新带老"污染源（如有） － 区域削减污染源（如有） ＋ 其他在建、拟建污染源（如有）	正常排放	短期浓度 长期浓度	叠加环境质量现状浓度后的保证率日平均质量浓度和年平均质量浓度的占标率，或短期浓度的达标情况
	新增污染源	非正常排放	1 h 平均质量浓度	最大浓度占标率
不达标区评价项目	新增污染源	正常排放	短期浓度 长期浓度	最大浓度占标率
	新增污染源 － "以新带老"污染源（如有） － 区域削减污染源（如有） ＋ 其他在建、拟建污染源（如有）	正常排放	短期浓度 长期浓度	叠加达标规划目标浓度后的保证率日平均质量浓度和年平均质量浓度的占标率，或短期浓度的达标情况；评价年平均质量浓度变化率
	新增污染源	非正常排放	1 h 平均质量浓度	最大浓度占标率

评价对象	污染源	污染源排放形式	预测内容	评价内容
区域规划	不同规划期/规划方案污染源	正常排放	短期浓度 长期浓度	保证率日平均质量浓度和年平均质量浓度的占标率，年平均质量浓度变化率
大气环境防护距离	新增污染源 — "以新带老"污染源（如有） + 项目全厂现有污染源	正常排放	短期浓度	大气环境防护距离

7. 评价方法

（1）环境影响叠加

1）达标区环境影响叠加。预测评价项目建成后各污染物对预测范围的环境影响，应用本项目的贡献浓度，叠加（减去）区域削减污染源以及其他在建、拟建项目污染源环境影响，并叠加环境质量现状浓度。计算方法见式（6-11）：

$$C_{\text{叠加}(x,y,t)} = C_{\text{本项目}(x,y,t)} - C_{\text{区域削减}(x,y,t)} + C_{\text{拟在建}(x,y,t)} + C_{\text{现状}(x,y,t)} \quad (6\text{-}11)$$

式中：$C_{\text{叠加}(x,y,t)}$ 为在 t 时刻，预测点（x，y）叠加各污染源及现状浓度后的环境质量浓度，$\mu g/m^3$；$C_{\text{本项目}(x,y,t)}$ 为在 t 时刻，本项目对预测点（x，y）的贡献浓度，$\mu g/m^3$；$C_{\text{区域削减}(x,y,t)}$ 为在 t 时刻，区域削减污染源对预测点（x，y）的贡献浓度，$\mu g/m^3$；$C_{\text{拟在建}(x,y,t)}$ 为在 t 时刻，其他在建、拟建项目污染源对预测点（x，y）的贡献浓度，$\mu g/m^3$；$C_{\text{现状}(x,y,t)}$ 为在 t 时刻，预测点（x，y）的环境质量现状浓度，$\mu g/m^3$。

环境质量现状浓度按环境空气保护目标及网格点环境质量现状浓度计算方法计算。

其中，本项目预测的贡献浓度除新增污染源环境影响外，还应减去"以新带老"污染源的环境影响，计算方法见式（6-12）：

$$C_{\text{本项目}(x,y,t)} = C_{\text{新增}(x,y,t)} - C_{\text{以新带老}(x,y,t)} \quad (6\text{-}12)$$

式中：$C_{\text{新增}(x,y,t)}$ 为在 t 时刻，本项目新增污染源对预测点（x，y）的贡献浓度，$\mu g/m^3$；

$C_{\text{以新带老}(x,y,t)}$ 为在 t 时刻，"以新带老"污染源对预测点（x，y）的贡献浓度，μg/m³。

2）不达标区环境影响叠加。对于不达标区的环境影响评价，应在各预测点上叠加达标规划中达标年的目标浓度，分析达标规划年的保证率日平均质量浓度和年平均质量浓度的达标情况。叠加方法可以用达标规划方案中的污染源清单参与影响预测，也可直接用达标规划模拟的浓度场进行叠加计算。计算方法见式（6-13）：

$$C_{\text{叠加}(x,y,t)} = C_{\text{本项目}(x,y,t)} - C_{\text{区域削减}(x,y,t)} + C_{\text{拟在建}(x,y,t)} + C_{\text{规划}(x,y,t)} \qquad (6\text{-}13)$$

式中：$C_{\text{规划}(x,y,t)}$ 为在 t 时刻，预测点（x，y）的达标规划年目标浓度，μg/m³；其余符号含义同式（6-11）。

（2）保证率日平均质量浓度

对于保证率日平均质量浓度，首先按前述方法计算叠加后预测点上的日平均质量浓度，然后对该预测点所有日平均质量浓度从小到大进行排序，根据各污染物日平均质量浓度的保证率（p），计算排在 p 百分位数的第 m 个序数，序数 m 对应的日平均质量浓度即保证率日平均浓度 C_m。

其中，序数 m 计算方法见式（6-14）：

$$m = 1 + (n-1) \times p \qquad (6\text{-}14)$$

式中：p 为该污染物日平均质量浓度的保证率，按照《环境空气质量评价技术规范（试行）》（HJ 663—2013）规定的对应污染物年评价中 24 h 平均百分位数取值，%；n 为 1 个日历年内单个预测点上的日平均质量浓度的所有数据个数，个；m 为百分位数 p 对应的序数（第 m 个），向上取整数。

（3）浓度超标范围

以评价基准年为计算周期，统计各网格点的短期浓度或长期浓度的最大值，所有最大浓度超过环境质量标准的网格，即该污染物浓度超标范围。超标网格的面积之和，即该污染物的浓度超标面积。

（4）区域环境质量变化评价

当无法获得不达标区规划达标年的区域污染源清单或预测浓度场时，也可评价区域环境质量的整体变化情况。按式（6-15）计算实施区域削减方案后预测范围的年平均质量浓度变化率 k。当 $k \leqslant -20\%$ 时，可判定项目建设后区域环境质量得到整体改善。

$$k = \frac{[\overline{c}_{\text{本项目}(a)} - \overline{c}_{\text{区域削减}(a)}]}{\overline{c}_{\text{区域削减}(a)}} \times 100\% \tag{6-15}$$

式中：k 为预测范围年平均质量浓度变化率，%；$\overline{c}_{\text{本项目}(a)}$、$\overline{c}_{\text{区域削减}(a)}$ 分别为本项目、区域削减污染源对所有网格点的年平均质量浓度贡献值的算术平均值，$\mu g/m^3$。

（5）大气环境防护距离确定

在确定大气环境防护距离时，需采用进一步预测模型模拟评价（基准年内）项目所有污染源（改建、扩建项目应包括全厂现有污染源）对厂界外（厂界外预测网格分辨率不应超过 50 m）主要污染物的短期贡献浓度分布，在底图上标注从厂界起所有超过环境质量短期浓度标准值的网格区域，选择自厂界起至超标区域的最远垂直距离作为大气环境防护距离。

（6）污染控制措施有效性分析与方案比选

达标区建设项目选择大气污染治理设施、预防措施或多方案比选时，应综合考虑成本和治理效果，选择最佳可行技术方案，保证大气污染物能够达标排放，并使环境影响可以被接受。

不达标区建设项目选择大气污染治理设施、预防措施或多方案比选时，应优先考虑治理效果，结合达标规划和替代源削减方案的实施情况，在只考虑环境因素的前提下选择最优技术方案，保证大气污染物达到最低排放强度和排放浓度，并使环境影响可以被接受。

（7）污染物排放量核算

污染物排放量核算包括本项目的新增污染源及改建、扩建污染源（如有）。

根据最终确定的污染治理设施、预防措施及排污方案，确定本项目所有新增及改建、扩建污染源大气排污节点、排放污染物、污染治理设施与预防措施及大气排放口基本情况。

项目各排放口排放大气污染物的核算排放浓度、排放速率及污染物年排放量，应为通过环境影响评价，并且环境影响评价结论为可以被接受时对应的各项排放参数。

项目大气污染物年排放量包括项目各有组织排放源和无组织排放源在正常排放条件下的预测排放量之和。污染物年排放量按式（6-16）计算：

$$E_{\text{年排放}} = \sum_{i=1}^{n}(M_{i\text{有组织}} \times H_{i\text{有组织}}) / 1\,000 + \sum_{i=1}^{n}(M_{j\text{无组织}} \times H_{j\text{无组织}}) / 1\,000 \tag{6-16}$$

式中：$E_{年排放}$ 为项目年排放量，t/a；$M_{i有组织}$ 为第 i 个有组织排放源排放速率，kg/h；$H_{i有组织}$ 为第 i 个有组织排放源年有效排放小时数，h/a；$M_{j无组织}$ 为第 j 个无组织排放源排放速率，kg/h；$H_{j无组织}$ 为第 j 个无组织排放源全年有效排放小时数，h/a。

项目各排放口非正常排放量核算，应结合非正常排放预测结果（环境空气保护目标和网格点主要污染物的 1 h 最大浓度贡献值及最大浓度占标率），优先提出相应的污染控制与减缓措施。当出现 1 h 平均质量浓度贡献值超过环境质量标准时，应提出减少污染排放直至停止生产的相应措施，列出发生非正常排放的污染源、非正常排放原因、排放污染物、非正常排放浓度与排放速率、单次持续时间、年发生频次及应对措施等。

（二）评价结果表达

1. 基本信息底图

项目所在区域相关地理信息的底图，至少应该包括评价范围内的环境功能区划、环境空气保护目标、项目位置、监测点位，以及图例、比例尺、基准年风频玫瑰图等要素。

2. 项目基本信息图

在基本信息底图上标示项目边界、总平面布置、大气排放口位置等信息。

3. 达标评价结果表

列表给出各环境空气保护目标及网格最大浓度点主要污染物现状浓度、贡献浓度、叠加现状浓度后保证率日平均质量浓度和年平均质量浓度、占标率、是否达标等评价结果。

4. 网格浓度分布图

网格浓度分布图包括叠加现状浓度后主要污染物保证率日平均质量浓度分布图和年平均质量浓度分布图；网格浓度分布图的图例间距一般按相应标准值的5%～100%进行设置，如果某种污染物环境空气质量超标，还需在评价报告及浓度分布图上标示超标范围与超标面积，以及与环境空气保护目标的相对位置关系等。

5. 大气环境防护区域图

在项目基本信息图上沿出现超标的厂界外延，将大气环境防护距离所包括的范围，作为本项目的大气环境防护区域，大气环境防护区域应包含自厂界起连续的超标范围。

6. 污染治理设施、预防措施及方案比选结果表

列表对比不同污染控制措施及排放方案对环境的影响，评价不同方案的优劣。

7. 污染物排放量核算表

污染物排放量核算表包括有组织及无组织排放量、大气污染物年排放量、非正常排放量等。

一级评价应包括以上 1～7 条内容，二级评价一般应包括第 1 条、第 2 条及第 7 条内容。

（三）环境监测计划

1. 一般性要求

根据项目大气环境影响评价结论，评价工作需要对项目运营后的日常监测提出要求，参照《排污单位自行监测技术指南　总则》（HJ 819—2017）要求并按照不同评价等级项目，提出以下一般性要求：一级评价项目提出项目在生产运行阶段的污染源监测计划和环境质量监测计划，二级评价项目提出项目在生产运行阶段的污染源监测计划，三级评价项目适当简化环境监测计划。

2. 污染源监测计划

按照《排污单位自行监测技术指南　总则》（HJ 819—2017）、《排污许可证申请与核发技术规范　总则》（HJ 942—2018），以及各行业排污单位自行监测技术指南及排污许可证申请与核发技术规范执行；污染源监测计划应明确监测点位、监测指标、监测频次、执行排放标准。自行监测计划相关表格见表 6-13～表 6-15。

表 6-13　有组织废气监测方案

监测点位	监测指标	监测频次	执行排放标准

表 6-14　无组织废气监测计划

监测点位	监测指标	监测频次	执行排放标准

表 6-15　环境质量监测计划

监测点位	监测指标	监测频次	执行环境质量标准

3．环境质量监测计划

筛选项目排放污染物 $P_i \geqslant 1\%$ 的其他污染物作为环境质量监测因子。环境质量监测点位一般在项目厂界或大气环境防护距离（如有）外侧设置 1～2 个监测点。

各监测因子的环境质量每年至少监测 1 次，监测时段选择污染较重的季节进行现状监测，补充监测应至少取得 7 天有效数据。对于部分无法进行连续监测的其他污染物，可监测其 1 次空气质量浓度，监测时次应满足所用评价标准的取值时间要求。

新建 10 km 及以上的城市快速路、主干路等城市道路项目，应在道路沿线设置至少 1 个路边交通自动连续监测点，监测项目包括道路交通源排放的基本污染物。

（四）大气环境影响评价结论与建议

1．大气环境影响评价结论

1）达标区域的建设项目环境影响评价，当同时满足以下条件时，则认为环境影响可以被接受。

①新增污染源正常排放下污染物短期浓度贡献值的最大浓度占标率≤100%。

②新增污染源正常排放下污染物年均浓度贡献值的最大浓度占标率≤30%（其中一类区≤10%）。

③项目环境影响符合环境功能区划。叠加现状浓度、区域削减污染源及在建、拟建项目的环境影响后，主要污染物的保证率日平均质量浓度和年平均质量浓度均符合环境质量标准；对于项目排放的主要污染物仅有短期浓度限值的，叠加后的短期浓度符合环境质量标准。

2）不达标区域的建设项目环境影响评价，当同时满足以下条件时，则认为环境影响可以被接受。

①达标规划未包含的新增污染源建设项目，需另有替代源的削减方案。

②新增污染源正常排放下污染物短期浓度贡献值的最大浓度占标率＜100%。

③新增污染源正常排放下污染物年均浓度贡献值的最大浓度占标率≤30%（其中一类区≤10%）。

④项目环境影响符合环境功能区划或满足区域环境质量改善目标。现状浓度超标的污染物评价，叠加达标年目标浓度、区域削减污染源，以及在建、拟建项

目的环境影响后，污染物的保证率日平均质量浓度和年平均质量浓度均符合环境质量标准或满足达标规划确定的区域环境质量改善目标，或按计算的预测范围内年平均质量浓度变化率 $k \leqslant -20\%$；对于现状达标的污染物评价，叠加后污染物浓度符合环境质量标准；对于项目排放的主要污染物仅有短期浓度限值的，叠加后的短期浓度符合环境质量标准。

3）区域规划的环境影响评价，当主要污染物的保证率日平均质量浓度和年平均质量浓度均符合环境质量标准，对于主要污染物仅有短期浓度限值的，叠加后的短期浓度符合环境质量标准时，则认为区域规划环境影响可以被接受。

2．污染控制措施可行性及方案比选结果

1）大气污染治理设施与预防措施必须保证污染源排放以及控制措施均符合排放标准的有关规定，满足经济、技术可行性。

2）从项目选址选线、污染源的排放强度与排放方式，污染控制措施技术与经济可行性等方面，结合区域环境质量现状及区域削减方案。项目正常排放及非正常排放下大气环境影响预测结果，综合评价治理设施，预防措施及排放方案的优劣，并对存在的问题（如有）提出解决方案。经对解决方案进行进一步预测和评价比选后，给出大气污染控制措施可行性建议及最终的推荐方案。

3．大气环境防护距离

1）根据大气环境防护距离计算结果，并结合厂区平面布置图，确定项目大气环境防护区域。若大气环境防护区域内存在长期居住的人群，则应给出相应优化调整项目选址、布局或搬迁的建议。

2）项目大气环境防护区域之外，也应符合前述大气环境影响评价结论的相关要求。

4．污染物排放量核算结果

1）环境影响评价结论是环境影响可以被接受的，根据环境影响评价审批内容和排污许可证申请与核发所需表格要求，明确给出污染物排放量核算结果表。

2）评价项目完成后污染物排放总量控制指标能否满足环境管理要求，并且明确总量控制标的来源和替代源的削减方案。

5．大气环境影响评价自查表

大气环境影响评价完成后，应对大气环境影响评价主要内容与结论进行自查。建设项目大气环境影响评价自查表见表 6-16。

表 6-16 建设项目大气环境影响评价自查表

工作内容		自查项目		
评价等级与范围	评价等级	一级□	二级□	三级□
	评价范围	边长=50 km □	边长 5~50 km □	边长=5 km □
评价因子	SO_2+NO_x 排放量	≥2 000 t/a □	500~2 000 t/a □	<500 t/a □
	评价因子	基本污染物:( ) 其他污染物:( )		包括二次 $PM_{2.5}$ □ 不包括二次 $PM_{2.5}$ □
评价标准	评价标准	国家标准□	地方标准□	附录 D □　　其他标准□
现状评价	环境功能区	一类区□	二类区□	一类区和二类区□
	评价基准年	( )年		
	环境空气质量现状调查数据来源	长期理性监测数据□	主管部门发布的数据□	现状补充监测□
	现状评价	达标区□		不达标区□
污染源调查	调查内容	本项目正常排放源□ 本项目非正常排放源□ 现有污染源□	拟替代的污染源□	其他在建、拟建项目污染源□　　区域污染源□
大气环境影响预测与评价	预测模型	AERMOD □　　ADMS □	AUSTAL 2000 □	EDMS/AEDT □　CALPUFF □　网格模型□　其他□
	预测范围	边长≥50 km □	边长 5~50 km □	边长=5 km
	预测因子	预测因子:( )		包括二次 $PM_{2.5}$ □ 不包括二次 $PM_{2.5}$ □
	正常排放短期浓度贡献值	$C_{本项目}$最大占标率≤100% □		$C_{本项目}$最大占标率>100% □
	正常排放年均浓度贡献值	一类区	$C_{本项目}$最大占标率≤10% □	$C_{本项目}$最大占标率>10% □
		二类区	$C_{本项目}$最大占标率≤30% □	$C_{本项目}$最大占标率>30% □
	非正常排放1 h浓度贡献值	非正常持续时长:( )h $C_{非正常}$占标率≤100% □		$C_{非正常}$占标率>100% □

工作内容		自查项目			
大气环境影响预测与评价	保证率日平均浓度和年平均浓度叠加值	$C_{叠加}$达标□		$C_{叠加}$不达标□	
	区域环境质量整体变化情况	$k{\leqslant}-20\%$ □		$k>-20\%$ □	
环境监测计划	污染源监测	监测因子：（ ）	有组织废气监测□ 无组织废气监测□		无监测□
	环境质量监测	监测因子：（ ）	监测点位数：（ ）		无监测□
	环境影响	可以接受□		不可以接受□	
	大气环境防护距离	距（ ）厂界最远（ ）m			
	污染源年排放量	SO₂：（ ）t/a	NOₓ：（ ）t/a	颗粒物：（ ）t/a	VOCs：（ ）t/a

注："□"为勾选项，填"√"；"（ ）"为内容填写项。

【课后习题与训练】

1. 大气环境影响评价的工作程序是什么？

2. 如何划分大气环境影响评价的工作等级和评价范围？

3. 影响大气污染的主要因素有哪些？

4. 设定厂区污染源周边 500 m 范围。不考虑环境质量等其他附加条件：按 $P_{max} \geqslant 10\%$ 来确定的环境评价等级是几级？按 $P_{max} < 10\%$ 来确定的环境评价等级是几级？若有两种污染物，第一个污染物 $P_{max}=10\%$，第二个污染物 $P_{max}=5\%$，则确定的大气环境评价等级是几级？

第七章　水环境影响预测与评价

陆地水环境与人类的生活和生产密切相关，因此，建设项目对水环境的影响评价格外重要。由于陆地地下水与其他形式水体的发展演化规律有很大差别，因此，通常把陆地水分为地表水和地下水两部分来对待，在环境影响评价工作中也相应地分为地表水环境影响预测与评价和地下水环境影响预测与评价两部分。

第一节　地表水环境影响预测与评价

环境影响评价工作针对的地表水范围包括河流（江河、运河及渠道）、湖泊、水库等，以及入海河口和附近海域等具有特定使用功能的地表水体。因为表面缺乏遮蔽，地表水体与外界联系异常密切，极易受到影响和干扰。

一、地表水体的污染与自净

水体污染是指一定量的污水、废水、各种废弃物等污染物质进入水域，超出了水体的自净和纳污能力，导致水体及其底泥的物理、化学性质和生物群落组成发生不良变化，破坏了水中固有的生态系统和水体的功能，从而降低水体使用价值的现象。地表水体与外界的物质与能量交换十分频繁，因此非常容易受到污染。

（一）地表水体污染

1. 水体污染源

自然因素和人类活动都可能造成水体污染，环境影响评价工作主要针对的是人类活动对水环境的影响。造成水体污染的物质和能量称为污染物或污染因子，污染物的发生源称为水体污染源。有关污染源的分类详见第三章第一节。

水体同时受到多种类型的污染，并且各种污染互相影响，不断地发生分解、化合或生物沉淀作用。

2. 水体污染物分类

造成水体水质、水中生物群落，以及水体底泥质量恶化的各种有害物质（或能量）都可称作水体污染物。水体污染物的分类方式有多种，实际工作中应依据目的和任务不同，采取适当的污染物分类方法。例如，根据化学成分及毒性特点可分为无机有害污染物、无机有毒污染物、有机有害污染物、有机有毒污染物等；根据污染物性质和环境危害类型可分为病原体、植物营养物质、耗氧物质、石油、放射性物质、有毒化学品、酸碱盐类及热能；根据污染物在水体中是否可降解与转化分为持久性污染物和非持久性污染物；而在《污染物综合排放标准》（GB 8978—1996）中，依据污染物的危害特性和控制方式，将水体污染物分为第一类污染物和第二类污染物两类，前者是指在水环境或动植物体内蓄积，对人体健康产生长远不良影响的有害物质，在车间或车间处理设施排出口取样控制；后者则是指其长远影响小于第一类污染物的有害物质，在排污单位排出口取样控制。

（二）水体的自净作用

1. 概念

水体的自净作用是指在天然条件下，经过水中物理、化学与生物作用，水体污染物的浓度逐渐降低的过程，其中既包括水体环境对污染物的降解作用，也包括水体底泥对污染物的吸附等作用。水体中一旦加入废水或污染物，就开始了自净过程，直到水质趋于稳定。理论上，自净作用可以使水质恢复到污染前的水平，但是若污染物进入量超过水体自净能力，水体即受到污染。因此，分析水体自净规律，有助于优化水体污染防治措施和治理方案。

2. 水体自净的方式

（1）物理方式

物理方式包括可使水体污染物浓度降低的可沉性固体的沉降作用，以及悬浮性、溶解性污染物的溶液的混合稀释等作用。

（2）化学方式

化学方式包括可改变污染物质存在状态并降低水体污染物浓度的氧化、还原、酸碱反应或胶体吸附和凝聚等作用。

（3）生物方式

各种生物（藻类、微生物等）在生命活动的过程中，通过对污染物进行氧化分解或吸附等作用，使污染物降解。

上述水体自净方式往往是同时发生、相互影响的。

3. 水体自净作用的影响因素

水体的自净能力十分有限，若排入水体的污染物数量超过某个界限时，则将造成水体的永久性污染，这个界限称为水体的自净容量或水环境容量。影响水体自净的因素很多，主要有以下几个方面。

（1）环境因素

环境因素包括水体所处地理位置的大气、太阳辐射、水体底质等条件。例如，大气的氧分压与水体温度、水体流速可综合影响水体中溶解氧的补给速度，而溶解氧浓度是水体污染物化学反应的重要因子之一；而太阳辐射能使水体污染物产生光转化，直接影响水体自净，也可以通过改变水温、促进光合作用，间接影响水体自净能力；水体底质通过对污染物质吸附、水岩或水土物质交换等作用，影响水体自净能力，而且底质特征也会影响底栖生物的种类和数量，从而影响水体自净的生物方式。

（2）水文要素

水文要素包括水温、流速、流量和含沙量等。例如，水温不仅直接影响水体中污染物质的化学转化速度，而且通过影响水体中微生物的活动而对生物化学降解速度产生间接影响；水体流速高、流量大，不仅能增强水体中污染物稀释扩散能力，而且能提高水汽界面物质交换速率；水体中泥沙颗粒对某些污染物（如砷）有强烈的吸附作用，因此，含沙量会影响水体自净能力。

（3）水中微生物和水生生物

水中微生物可对污染物产生生物降解作用，而某些水生生物对污染物有富集作用，两者均可降低水体污染物浓度。

（4）污染物的性质和浓度

水体中易于化学降解、光转化和生物降解的污染物最容易得以自净，如酚易挥发、氰易氧化分解，又能为泥沙和底泥吸附，因此在水体中较易净化。难以化学降解、光转化和生物降解的污染物也很难在水体中得到自净，如合成洗涤剂、有机农药等化学稳定性极高的合成有机化合物，在自然状态下需10年以上的时间才能完全分解。另外，水体中某些重金属可能对微生物有害，从而降低生物降解能力。

二、地表水环境影响评价的基本任务与工作程序

建设项目地表水环境影响评价的基本任务是在调查和分析评价范围地表水环境质量现状与水环境保护目标的基础上，预测和评价建设项目对地表水环境质量、水环境功能区、水功能区或水环境保护目标及水环境控制单元的影响范围与影响程度，提出相应的环境保护措施、环境管理要求与监测计划，明确给出地表水环境影响是否可接受的结论。

地表水环境影响评价的工作程序可以分为 3 个阶段，具体如图 7-1 所示。

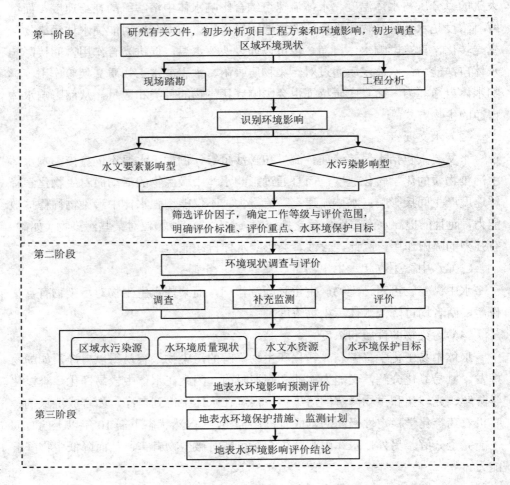

图 7-1　地表水环境影响评价的工作程序

第一阶段为准备阶段，主要工作为研究有关文件，初步分析项目工程方案和环境影响，初步调查水环境现状，明确水环境功能区或水功能区管理要求，识别建设项目的环境影响，确定评价类别，筛选评价因子。在此基础上，确定评价工作等级与评价范围，明确评价标准、评价重点和水环境保护目标，编制评价大纲。

第二阶段为评价阶段，主要工作为根据评价类别、评价等级及评价范围，开展与环境影响评价相关的区域水污染源、水环境质量现状、水文水资源与水环境保护目标调查与评价；选择合适的预测模型，进行环境影响预测，分析与评价建设项目对地表水环境质量、水文要素及水环境保护目标的影响范围与程度；在此基础上核算建设项目的污染源排放量、生态流量等。

第三阶段为环评文件编制阶段，其主要工作为汇总、分析第二阶段工作所得的各种分析结果、数据，制定地表水环境保护措施，开展地表水环境保护措施的有效性评价，制订地表水环境监测计划，给出地表水环境影响评价的结论，完成环境影响环评文件的编制。

三、地表水环境影响评价工作等级与评价范围的确定

1. 评价类别确定

在环境影响评价前首先要确定评价工作的类别（也称项目类别）。建设项目对地表水环境的影响主要表现为水污染影响与水文要素影响，据此可将建设项目地表水环境影响评价工作分为水污染影响型、水文要素影响型及两者兼有的复合影响型 3 类，不同类别的建设项目评价工作等级的判定标准不同。

2. 环境影响识别与评价因子筛选

地表水环境影响因素识别应按照《建设项目环境影响评价技术导则　总纲》（HJ 2.1—2016）的要求，分析项目在建设、生产运行和服务期满后的各阶段中对地表水环境质量、水文要素的影响行为。评价因子筛选要根据项目情况和评价类别确定。

（1）水污染影响型建设项目

评价因子要符合以下要求：

1）按照污染源源强核算技术指南，开展建设项目污染源与水污染因子识别，结合建设项目所在水环境控制单元或区域水环境质量现状，筛选水环境现状调查评价与影响预测评价的因子；

2）行业污染物排放标准中涉及的水污染物应作为评价因子；

3）在车间或车间处理设施排放口排放的第一类污染物应作为评价因子；

4）水温应作为评价因子；

5）面源污染所含的主要污染物应作为评价因子；

6）由建设项目排放且为建设项目所在控制单元的水质超标因子或潜在污染因子（指近3年来水质浓度值呈上升趋势的水质因子），应作为评价因子。

（2）水文要素影响型建设项目

评价因子应根据建设项目对地表水体水文要素影响的特征确定。例如，河流、湖泊、水库主要评价水面面积、水量、水温、径流过程、水位、水深、流速、水面宽度、冲淤变化等因子；湖泊、水库需重点关注水域面积、蓄水量及水力停留时间等因子；感潮河段、入海河口及近岸海域主要评价流量、流向、潮区界、潮流界、纳潮量、水位、流速、水面宽度、水深、冲淤变化等因子。

建设项目可能导致受纳水体富营养化时，评价因子还应包括与富营养化有关的因子（如总磷、总氮、叶绿素 a、高锰酸盐指数及透明度等，特别是叶绿素 a）。

3．评价等级确定

评价等级确定是环境影响评价工作的重要基础工作之一，不同评价等级的工作要求不同。地表水环境影响评价工作等级根据评价类别、排放方式、排放量或影响情况、受纳水体环境质量现状、水环境保护目标等综合确定为三级，评价等级判别依据见表 7-1、表 7-2。复合影响型建设项目的评价工作等级，应按照水污染影响型、水文要素影响型评价类别分别确定评价工作等级并开展评价工作。

表 7-1　水污染影响型建设项目评价等级判定

评价等级	判定依据	
	排放方式	废水排放量 Q/（m^3/d）；水污染物当量数 W/（量纲一）
一级	直接排放	$Q \geqslant 20\ 000$ 或 $W \geqslant 600\ 000$
二级	直接排放	其他
三级 A	直接排放	$Q < 200$ 且 $W < 6\ 000$
三级 B	间接排放	—

对于表 7-1，需要说明的是：

1）水污染物当量数等于该污染物的年排放量除以该污染物的污染当量值［各类水污染物的污染当量值可通过《环境影响评价技术导则 地表水环境》（HJ 2.3—2018）查询］，计算排放污染物的污染物当量数，应区分第一类水污染物和其他类水污染物，统计第一类水污染物当量数总和，然后与其他类水污染物按照污染物当量数从大到小排序，取最大当量数作为建设项目评价等级确定的依据。

2）废水排放量按行业排放标准中规定的废水种类统计，没有相关行业排放标准要求的通过工程分析合理确定，应统计含热量大的冷却水的排放量，可不统计间接冷却水、循环水及其他含污染物极少的清净下水的排放量。

3）厂区存在堆积物（露天堆放的原料、燃料、废渣等，以及垃圾堆放场）、降尘污染的，应将初期雨污水纳入废水排放量，相应的主要污染物纳入水污染当量计算。

4）建设项目直接排放第一类水污染物的，其评价等级为一级；建设项目直接排放的污染物为受纳水体超标因子的，其评价等级不低于二级。

5）直接排放受纳水体影响范围涉及饮用水水源保护区、饮用水取水口、重点保护与珍稀水生生物的栖息地、重要水生生物的自然产卵场等保护目标时，其评价等级不低于二级。

6）建设项目向河流、湖库排放温排水引起受纳水体水温变化超过水环境质量标准要求且评价范围内有水温敏感目标时，其评价等级为一级。

7）建设项目利用海水作为调节温度介质，当排水量≥500 万 m^3/d 时，其评价等级为一级；当排水量＜500 m^3/d 时，其评价等级为二级。

8）仅涉及清净下水排放的，如其排放水质满足受纳水体水环境质量标准要求的，其评价等级为三级 A。

9）依托现有排放口，且对外环境未新增排放污染物的直接排放建设项目，其评价等级参照间接排放，定为三级 B。

10）当建设项目生产工艺中有废水产生，但作为回水利用而不排放到外环境时，按三级 B 评价。

表 7-2　水文要素影响型建设项目评价等级判定

评价等级	水温	径流		受影响地表水域		
	年径流量与总库容之比 α	兴利库容占年径流量百分比 β/%	取水量占多年平均径流量百分比 γ/%	工程垂直投影面积及外扩范围为 A_1/km²；工程扰动水底面积为 A_2/km²；过水断面宽度占用比例或占水域面积比例 R/%		工程垂直投影面积及外扩范围为 A_1/km²；工程扰动水底面积为 A_2/km²
				河流	湖库	入海河口、近岸海域
一级	$\alpha \leqslant 10$ 或稳定分层	$\beta \geqslant 20$ 或完全年调节与多年调节	$\gamma \geqslant 30$	$A_1 \geqslant 0.3$ 或 $A_2 \geqslant 1.5$ 或 $R \geqslant 10$	$A_1 \geqslant 0.3$ 或 $A_2 \geqslant 1.5$ 或 $R \geqslant 20$	$A_1 \geqslant 0.5$ 或 $A_2 \geqslant 3$
二级	$20 > \alpha > 10$ 或不稳定分层	$20 > \beta > 2$ 或季调节与不完全年调节	$30 > \gamma > 10$	$0.3 > A_1 > 0.05$ 或 $1.5 > A_2 > 0.2$ 或 $10 > R > 5$	$0.3 > A_1 > 0.05$ 或 $1.5 > A_2 > 0.2$ 或 $20 > R > 5$	$0.5 > A_1 > 0.15$ 或 $3 > A_2 > 0.5$
三级	$\alpha \geqslant 20$ 或混合型	$\beta \leqslant 2$ 或无调节	$\gamma \leqslant 10$	$A_1 \leqslant 0.05$ 或 $A_2 \leqslant 0.2$ 或 $R \leqslant 5$	$A_1 \leqslant 0.05$ 或 $A_2 \leqslant 0.2$ 或 $R \leqslant 5$	$A_1 \leqslant 0.15$ 或 $A_2 \leqslant 0.5$

对于表 7-2，需要说明的是：

1）影响范围涉及饮用水水源保护区、重点保护与珍稀水生生物的栖息地、重要水生生物的自然产卵场、自然保护区等保护目标，其评价等级不低于二级。

2）跨流域调水、引水式电站、可能受大型河流感潮河段咸潮影响的建设项目，其评价等级不低于二级。

3）造成入海河口（湾口）宽度束窄（束窄尺度达到原宽度的 5%以上），其评价等级不低于二级。

4）对于不透水的单方向建筑尺度较长的水工建筑物（如防波堤、导流堤等），与潮流或水流主流向切线垂直方向投影长度大于 2 km 时，其评价等级不低于二级。

5）允许在一类海域建设的项目，其评价等级为一级。

6）同时存在多个水文要素影响的建设项目，要分别判定各水文要素影响评价等级，并取其中最高等级作为水文要素影响型建设项目的评价等级。

4．评价范围确定

建设项目地表水环境影响评价范围是指建设项目整体实施后，可能对地表水环境造成的影响范围。

（1）水污染影响型建设项目的评价范围

应综合评价等级、工程特点、影响方式程度、地表水环境质量管理要求等进行确定，对于一级、二级、三级 A 的评价范围，要根据主要污染物迁移转化状况确定，至少需要覆盖建设项目污染影响所及水域。当受纳水体为河流时，应覆盖对照断面、控制断面与削减断面等关键断面；当受纳水体为湖（库）时，一级的评价范围应不小于以入湖（库）排放口为中心、半径为 5 km 的扇形区域，二级的评价范围应不小于半径为 3 km 的扇形区域，三级 A 的评价范围应不小于半径为 1 km 的扇形区域；当受纳水体为入海河口或近岸海域时，评价范围按《海洋工程环境影响评价技术导则》（GB/T 19485）执行；当影响范围涉及水环境保护目标时，评价范围至少应扩大到水环境保护目标内受到影响的水域。同一建设项目有两个及两个以上的废水排放口或排入不同地表水体时，按各排放口及所排入地表水体分别确定评价范围；有叠加影响的，叠加影响水域应作为重点评价范围。

对于三级 B 的评价范围，要满足其依托污水处理设施环境可行性分析的要求。涉及地表水环境风险的应覆盖环境风险影响范围所及的水环境保护目标水域。

（2）水文要素影响型建设项目评价范围

应根据评价等级、水文要素影响类别、影响及恢复程度确定。例如，水温要素影响评价范围为建设项目形成水温分层水域，以及下游未恢复到天然（或建设项目建设前）水温的水域；径流要素影响评价范围为水体天然性状发生变化的水域，以及下游增减水影响水域；地表水域影响评价范围为相对建设项目建设前日均或潮均流速及水深或高（累积频率 5%）低（累积频率 90%）水位（潮位）变化幅度超过 5%的水域。

对于存在多类水文要素影响的建设项目，应分别确定各水文要素影响评价范围，取各水文要素评价范围的外包线作为水文要素的评价范围。

5. 评价时期

建设项目地表水环境影响评价时期是根据受影响地表水体类型、评价等级等确定的，见表 7-3，对于三级 B 的评价可以不考虑确定评价时期。

表 7-3　建设项目地表水环境影响评价时期确定

受影响地表水体类型	评价等级		
	一级评价	二级评价	水污染影响型（三级 A）/水文要素影响型（三级）
河流、湖库	丰水期、平水期、枯水期；至少丰水期和枯水期	丰水期和枯水期；至少枯水期	至少枯水期
入海河口（感潮河段）	河流：丰水期、平水期和枯水期；河口：春季、夏季和秋季；至少丰水期和枯水期，春季和秋季	河流：丰水期和枯水期；河口：春、秋 2 个季节；至少枯水期或 1 个季节	至少枯水期或 1 个季节
近岸海域	春季、夏季和秋季；至少春、秋 2 个季节	春季或秋季；至少 1 个季节	至少 1 次调查

对于表 7-3，需要说明的是：

1）感潮河段、入海河口、近岸海域在丰、枯水期（或春夏秋冬四季）均应选择大潮期或小潮期中一个潮期开展评价（无特殊要求时，可以不考虑一个潮期内高潮期、低潮期的差别）。选择原则：依据调查监测海域的环境特征，以影响范围较大或影响程度较重为目标、定性判别和选择大潮期或小潮期为调查潮期。

2）冰封期较长且作为生活饮用水与食品加工用水的水源或有渔业用水需求的水域，应将冰封期纳入评价时期。

3）具有季节性排水特点的建设项目，根据建设项目排水期对应的水期或季节确定评价时期。

4）水文要素影响型建设项目对评价范围内的水生生物生长、繁殖与洄游有明显影响的时期，需将对应的时期作为评价时期。

5）复合影响型建设项目分别确定评价时期，按照覆盖所有评价时期的原则综合确定。

6．水环境保护目标的确定

要依据前期环境影响因素识别结果和评价范围内的水环境保护目标，确定主要水环境保护目标，并给出水环境保护目标的位置及四至范围（东西南北边界）、主要保护对象和保护要求，以及与建设项目占地区域的相对距离、坐标、高差，与排放口的相对距离等信息，同时说明水环境保护目标与建设项目的水力联系。

7．环境影响评价标准的确定

建设项目地表水环境影响评价标准，应符合评价范围内水环境质量管理要求和相关污染物排放标准的规定，因此，应根据现行国家和地方有关环境质量标准、污染物排放标准等相关规定，结合受纳水体水环境功能区或水功能区、近岸海域环境功能区、水环境保护目标、生态流量等水环境质量管理要求，以及所属行业、地理位置，确定地表水环境质量评价标准和建设项目污染物排放评价标准。

对于未划定水环境功能区或水功能区、近岸海域环境功能区的水域，或未明确水环境质量标准的评价因子，或在国家及地方污染物排放标准中未包括的评价因子，由地方政府生态环境主管部门确认应执行的环境质量要求或污染物排放要求。

四、地表水环境现状调查与评价

地表水环境现状调查与评价是环境影响评价的重要基础性工作，应遵循"问题导向与管理目标导向统筹、流域（区域）与评价水域兼顾、水质水量协调、常规监测数据利用与补充监测互补、水环境现状与变化分析相结合"的原则，满足建立污染源与受纳水体水质响应关系的需求，符合地表水环境影响预测的要求。

（一）地表水环境现状调查

1．调查范围

地表水环境现状调查范围应覆盖环境影响的评价范围，并明确起止断面位置与范围边界。此外，不同评价类型的建设项目，调查范围确定方法如下。

（1）水污染影响型建设项目

调查范围除覆盖评价范围外，当受纳水体为河流时，在不受回水影响的河段，排放口上游调查范围不小于 500 m，受回水影响河段的上游调查范围原则上游与下游调查的河段长度相等；当受纳水体为湖库时，以排放口为圆心，调查半径在评价范围的基础上外延 20%～50%。当建设项目排放的污染物中包括氮、磷或有毒污染物且受纳水体为湖库时，一级评价的调查范围应包括整个湖泊、水库，二级、三级 A 评价的调查范围应包括排放口所在水环境功能区、水功能区或湖（库）湾区。

（2）水文要素影响型建设项目

当受影响水体为河流、湖库时，调查范围除了要覆盖评价范围，一级、二级评价还应包括库区及支流回水影响区、坝下至下一个梯级或河口、受水区、退水影响区。

当受纳或受影响水体为入海河口或近岸海域时，调查范围依据《海洋工程环境影响评价技术守则》（GB/T 19485—2014）执行。

2．调查因子和调查时期

地表水环境现状调查因子根据评价范围内水环境质量管理要求、建设项目水污染物排放特点与水环境影响预测评价要求等综合确定，调查因子应不少于评价因子。

地表水环境现状调查时期应与评价时期一致。

3．调查内容

地表水环境现状调查内容包括建设项目及区域水污染源调查、受纳或受影响水体水环境质量现状调查、区域水资源与开发利用状况调查、水文情势与相关水文特征值调查，以及与水环境保护目标、水环境功能区或水功能区、近岸海域环境功能区相关的水环境质量管理要求的调查；涉及涉水工程的还应调查工程运行规则和调度情况。

调查方法主要采用资料收集、现场监测、无人机或卫星遥感监测等方法。

（1）建设项目水污染源调查内容

根据建设项目工程分析、污染源强核算技术指南，结合排污许可技术规范等相关要求，分析确定建设项目所有排放口（包括涉及第一类污染物的车间或车间处理设施排放口、企业总排口、雨水排放口、清净下水排放口、温排水排放口等）的污染物源强，明确排放口的相对位置及图件、地理坐标、排放规律等。改建、扩建项目还应调查现有企业所有废水排放口。

（2）区域水污染源调查内容

1）点污染源调查。其调查内容主要包括：

基本信息，如污染源的名称、排污许可证编号等。

排放特点，如排放形式、排放口的平面位置及排放方向、排放口在断面上的位置等。

排污数据，如污水排放量、排放浓度、主要污染物等数据。

用排水状况，如取水量、用水量、循环水量、重复利用率、排水总量等。

污水处理状况，如各排污单位生产工艺流程中的产污环节、污水处理工艺、处理效率、处理水量、中水回用量、再生水量、污水处理设施的运转情况等。

2）面污染源调查。按污染源类型分类调查，并采用源强系数法、面源模型法等方法，估算面源源强、流失量与入河量等。不同类型面污染源调查内容如下：

农村生活污染源。调查人口数量、人均用水量指标、供水方式、污水排放方式、去向和排污负荷量等。

农田污染源。调查农药和化肥施用种类、施用量、流失量及入河系数、去向及受纳水体等情况（包括水土流失、农药和化肥流失强度、流失面积、土壤养分含量等）。

畜禽养殖污染源。调查畜禽养殖的种类、数量、养殖方式、粪便污水收集与处置情况、主要污染物浓度、污水排放方式和排污负荷量、去向及受纳水体等。畜禽粪便污水作为肥水进行农田利用的，需要考虑畜禽粪便污水土地的承载力。

城镇地面径流污染源。调查城镇土地利用类型及面积、地面径流收集方式与处理情况、主要污染物浓度、排放方式和排污负荷量、去向及受纳水体等。

堆积物污染源。调查矿山、冶金、火电、建材、化工等单位的原料、燃料、废料、固体废物（含生活垃圾）的堆放位置、堆放面积、堆放形式及防护情况、污水收集与处置情况、主要污染物浓度、排放方式和排污负荷量、去向及受纳水体等。

大气沉降源。调查区域大气沉降（湿沉降、干沉降）的类型、污染物种类、污染物沉降负荷量等。

3）内源污染调查。其调查内容包括：底泥物理指标，如力学性质、质地、含水率、粒径等；化学指标，如水域超标因子、与建设项目排放污染物相关的因子。若建设项目为一级、二级评价，则会直接导致受纳水体内源污染发生变化，或存在与建设项目排放污染物同类的且内源污染影响受纳水体水环境质量，应开展内源污染调查，必要时进行底泥污染补充监测。

区域水污染源调查时，应重点关注调查范围内与建设项目排放污染物同类或有关联关系的已建、在建和拟建项目等污染源。对于一级评价，应以收集现有资料和已有监测数据为主，辅以现场调查与现场监测；对于二级评价，在必要时补充现场监测；对于水污染影响型三级 A 评价或水文要素影响型三级评价，主要收集与排污口和所排污染物特征相关的污染源资料，可不进行现场调查和现场监测；对于水污染影响型三级 B 评价，主要调查污水处理设施运行情况和执行排放标准情况，可不开展区域水污染源调查。当建设项目污染物排放指标需要等量替代或减量替代时，还应对替代项目开展污染源调查。当水污染影响型建设项目一级、二级评价时，应调查受纳水体近 3 年的水环境质量数据，并分析其变化趋势。

（3）水文情势调查

水文情势调查内容见表 7-4。

表 7-4 水文情势调查内容

水体类型	水污染影响型	水文要素影响型
河流	水文年及水期划分、不利水文条件及特征水文参数、水动力学参数等	水文系列及其特征参数；水文年及水期划分；河流物理形态参数；河流水沙参数、丰枯水期水流及水位变化特征等
湖库	湖库物理形态参数；水库调节性能与运行调度方式；水文年及水期划分；不利水文条件特征及水文参数；出入湖库水量过程；湖流动力学参数；水温分层结构等	
入海河口（感潮河段）	潮汐特征、感潮河段的范围、潮区界与潮流界的划分；潮位及潮流；不利水文条件组合及特征水文参数；水流分层特征等	
近岸海域	水温、盐度、泥沙、潮位、流向、流速、水深等；潮汐性质及类型；潮流、余流性质及类型；海岸线、海床、滩涂、海岸蚀淤变化趋势等	

（4）水资源开发利用状况调查

水资源开发利用状况调查方法以间接为主，并辅以必要的实地踏勘。

1）水资源现状。调查水资源总量、水资源可利用量、水资源时空分布特征、人类活动对水资源量的影响等。主要涉水工程的数量、等级、位置、规模，以及主要开发任务、开发方式、运行调度及其对水文情势、水环境的影响。

2）水资源利用状况。调查城市、工业、农业、渔业、水产养殖业、水域景观等各类用水现状与规划（包括用水时间、取水地点、取用水量等），各类用水的供需关系（包括水权等）、水质要求和渔业、水产养殖业等所需的水面面积。

（二）地表水环境现状评价

地表水环境现状评价，是指通过一定的数理方法与手段，对评价范围水环境区域进行环境要素分析，对其环境质量现状和变化特征作出定量描述。在评价过程中，需要根据不同评价对象或范围选择评价内容和评价方法。

1. 评价内容

根据建设项目水环境影响特点与水环境质量管理要求，评价内容包括以下几个方面：

1）水质达标状况评价。评价建设项目所在水环境控制单元或断面、水环境功能区或水功能区、近岸海域环境功能区的水质状况与时空变化特征，给出各评价对象的水质达标状况，明确水质超标因子、超标程度，并分析超标原因。对代表性断面的评价，应给出水环境影响预测的设计水文条件，明确控制断面来水水质、水量状况，识别上游来水不利组合状况，分析不利条件下的水质达标问题。

2）底泥污染评价。评价底泥污染项目及污染程度，识别超标因子，结合底泥处置排放去向，评价退水水质与超标情况。

3）水资源与开发利用程度及其水文情势评价。根据建设项目水文要素影响特点，评价所在流域（区域）水资源开发利用程度、生态流量满足程度、水域岸线空间占用状况等。

4）水环境质量回顾评价。结合历史监测数据与国家及地方生态环境主管部门公开发布的环境状况信息，评价建设项目所在水环境控制单元或断面、水环境功能区或水功能区、近岸海域环境功能区的水质变化趋势，评价主要超标因子变化状况，从水污染、水文要素的历史变化等方面综合分析水环境质量现状问题的原因，明确与建设项目排污影响的关系。

5）流域（区域）水资源（包括水能资源）与开发利用总体状况、生态流量管理要求与现状满足程度、建设项目占用水域空间的水流状况与河湖演变状况。

6）依托污水处理设施稳定达标排放评价。评价建设项目依托的污水处理设施稳定达标状况，分析建设项目依托污水处理设施环境可行性。

水环境现状评价方法有两种：一是单项水质参数评价，反映单项污染物对水质污染的影响程度；二是多项水质参数综合评价，反映多项污染物对水质综合污染的影响程度。

2．评价方法

水环境功能区或水功能区、近岸海域环境功能区及水环境控制单元或断面水质达标状况评价方法，参考国家或地方相关部门制定的水环境质量评价技术规范、水体达标方案编制指南、水功能区水质达标技术规范等。监测断面或点位水环境质量现状评价方法，采用水质指数法；底泥污染状况评价方法，采用单项污染指数法。

（1）水功能区水质达标评价方法

对于年度监测次数低于6次的河流源头保护区、自然保护区及保留区，可按照年均值方法进行水功能区达标评价，年度评价类别等于或优于水功能区水质目标类别的水功能区为达标水功能区。

其他类型水功能区水质达标评价应采用频次达标评价方法，达标率≥80%的水功能区为达标水功能区。年度水功能区达标率计算公式如下：

$$FD = \frac{FG}{FN} \times 100\% \qquad (7\text{-}1)$$

式中：FD 为年度水功能区达标率；FG 为年度水功能区达标次数；FN 为年度水功能区评价次数。

年度水功能区达标率分别以个数达标率、河长达标率、湖泊水面面积及水库蓄水量达标率表示，以水功能区个数达标率为达标评价的依据。同时，重点河湖水质达标评价还要遵循行业相关评价要求，如水利部水资源司组织编制的《全国重要江河湖泊水功能区水质达标评价技术方案》、水利部海河水利委员会发布的《海河流域重要水功能区水质达标评价技术细则》、国务院批复的《太湖流域水环境综合治理总体方案》中的水功能区评价要求。

（2）监测断面或点位水质状况评价方法

1）水质指数法。对于一般性水质因子（随浓度增加而水质变差的水质因子），其水质指数计算公式为

$$S_{i,j} = C_{i,j} / C_{si} \qquad (7\text{-}2)$$

式中：$S_{i,j}$ 为评价因子 i 的水质指数，$S_{i,j} > 1$ 表明该因子超标；$C_{i,j}$ 为评价因子 i 在 j 点的实测统计代表值，mg/L；C_{si} 为评价因子 i 的水质标准限值，mg/L。

对于溶解氧（DO）的标准指数，其计算公式为

$$S_{\mathrm{DO},j} = \frac{\mathrm{DO}_s}{\mathrm{DO}_j} \qquad \mathrm{DO}_j \leqslant \mathrm{DO}_f \qquad (7\text{-}3)$$

$$S_{\mathrm{DO},j} = \frac{\left| \mathrm{DO}_f - \mathrm{DO}_j \right|}{\mathrm{DO}_f - \mathrm{DO}_s} \qquad \mathrm{DO}_j > \mathrm{DO}_f \qquad (7\text{-}4)$$

式中：$S_{\mathrm{DO},j}$ 为溶解氧的标准指数，$S_{\mathrm{DO},j} > 1$ 表明该水质因子超标；DO_j 为溶解氧在 j 点的实测统计代表值，mg/L；DO_s 为溶解氧的评价标准限值；DO_f 为某水温、气压条件下的饱和溶解氧浓度，mg/L。河流的 $\mathrm{DO}_f = 468 / (31.6 + T)$，而盐度较高的湖泊、水库及入海河口、近岸海域的 $\mathrm{DO}_f = (491 - 2.65S) / (33.5 + T)$，其中 S 为实用盐度，量纲一，T 为水温，℃。

对于 pH 指数，计算公式为

$$S_{\mathrm{pH},j} = \frac{7.0 - \mathrm{pH}_j}{7.0 - \mathrm{pH}_{sd}} \qquad \mathrm{pH}_j \leqslant 7.0 \qquad (7\text{-}5)$$

$$S_{\mathrm{pH},j} = \frac{\mathrm{pH}_j - 7.0}{\mathrm{pH}_{su} - 7.0} \qquad \mathrm{pH}_j > 7.0 \qquad (7\text{-}6)$$

式中：$S_{\mathrm{pH},j}$ 为 pH 的指数，$S_{\mathrm{pH},j} > 1$ 表明该水质因子超标；pH_j 为 pH 的实测统计代表值；pH_{sd}、pH_{su} 分别为评价标准中 pH 的下限值、上限值。

2）底泥污染指数法（单项污染指数法）：

$$P_{i,j} = C_{i,j} / C_{si} \qquad (7\text{-}7)$$

式中：$P_{i,j}$ 为底泥污染因子 i 的单项污染指数，$P_{i,j} > 1$ 表明该污染因子超标；$C_{i,j}$ 为调查点位污染因子 i 的实测值，mg/L；C_{si} 为污染因子 i 的评价标准值或参考值（可根据土壤环境质量标准或所在水域底泥的背景值来确定），mg/L。

五、地表水环境影响预测与评价

（一）地表水环境影响预测

地表水环境影响预测是对建设项目在未来对环境造成影响的量化手段，预测结果是环境影响评价的重要依据，因此，直接影响整个环境影响评价工作的科学性及有效性。除水污染影响型三级 B 评价可不进行水环境影响预测外，其余评价等级均应定量预测建设项目水环境影响，并且预测过程中应考虑评价范围内已建、在建和拟建项目与要评价的建设项目排放同类（种）污染物或对相同水文要素产生的叠加影响。建设项目分期规划实施的，应估算规划水平年进入评价范围的污染负荷，预测分析规划水平年评价范围内地表水环境质量变化趋势。

1. 预测条件的确定

（1）预测因子

建设项目的建设过程、生产运行（包括正常和不正常排放两种）、服务期满后各阶段拟预测的水质参数（预测因子）应包括能反映建设项目特点的常规污染因子、特征污染因子和生态因子，以及反映区域环境质量状况的主要污染因子、特殊污染因子和生态因子，应重点选择与建设项目水环境影响关系密切的因子。

（2）预测范围

地表水环境预测范围应覆盖前期确定的评价范围，并根据受影响地表水体水文要素与水质特点合理拓展。

（3）预测点位

预测点的数量和布设应根据受纳水体和建设项目的特点、评价等级及当地环保要求确定。通过预测这些点位情况，能全面反映建设项目对该范围内地表水环境的影响。一般选择以下地点为预测点：①环境现状监测点；②水文特征和水质突然变化处的上下游、水源地，重要水工建筑物及水文站附近；③已确定的敏感点，比如重要的用水地点，包括位于预测范围以外，但估计可能受到影响，也应设立预测点；④河流混合过程段的河段；⑤排污口附近常有局部超标区，如有必要可在适当水域加密预测点，以便确定超标区的范围。

（4）预测时期

地表水环境影响预测的时期应满足不同评价等级的评价时期要求（表7-3）。水污染影响型建设项目，应将水体自净能力最不利及水质状况相对较差的不利时期、水环境现状补充监测时期作为重点预测时期；水文要素影响型建设项目，应将水质状况相对较差或对评价范围内水生生物影响最大的不利时期作为重点预测时期。

（5）预测情景

建设项目的建设过程、生产运行和服务期满后等不同阶段对环境影响的方式和程度均有所差异，因此，应根据建设项目特点分阶段进行预测，其中，对于建设时间超过一年的大型建设项目，如果建设阶段对地表水环境影响较大时，则应进行建设过程阶段的环境影响预测。

生产运行阶段正常排放和不正常排放两种工况对水环境的影响是预测重点，但若建设项目具有充足的调节容量，则可只预测正常排放对水环境的影响。此外，评价范围内已建、在建和拟建项目中，与所评价建设项目排放同类（种）污染物或对相同水文要素产生的叠加影响也是水环境影响预测应该考虑的情景之一；涉及建设项目污染控制和减缓措施方案的，需要针对该方案进行水环境影响模拟预测；对于受纳水体环境质量不达标或不符合环境质量改善目标的区域，应开展区域（流域）环境质量改善目标要求情景下的模拟预测。

有的建设项目，还需要根据建设项目的特点、规模、环境敏感程度、影响特征、地表水环境特点和当地环保要求，预测服务期满后对地表水环境的影响，如矿山开发、垃圾填埋场项目等。服务期满后地表水环境影响主要源于水土流失所产生的悬浮物和以各种形式存在于废渣、废矿中的污染物。

对于分期规划实施的建设项目，应估算规划水平年进入评价范围的污染负荷，预测分析规划水平年评价范围内地表水环境质量变化趋势。

2．预测内容

地表水环境影响预测分析内容要根据影响类型（评价类型）、预测因子、预测情景、预测范围地表水体类别、所选用的预测模型及评价要求确定。

（1）水污染影响型建设项目

1）各关心断面（如控制断面、取水口、污染源排放核算断面等）水质预测因子的浓度及变化。

2）到达水环境保护目标处的污染物浓度。

3）各污染物最大影响范围。

4）湖泊、水库及半封闭海湾等，需关注富营养化状况与水华、赤潮等。

5）排放口混合区范围。

（2）水文要素影响型建设项目

1）河流、湖泊及水库的水文情势预测内容主要包括水面面积、水量、水温、径流过程、水位、水深、流速、水面宽、冲淤变化等有关水域形态、径流与水力条件、冲淤状态等因子，湖泊和水库需要重点关注其水域面积、蓄水量及水力停留时间等因子。

2）感潮河段、入海河口及近岸海域水动力条件预测内容主要包括流量、流向、潮区界、潮流界、纳潮量、水位、流速、水面宽、水深、冲淤变化等因子。

3．预测模型的选择

地表水环境影响预测模型包括数学模型、物理模型。一般采用数学模型，当评价等级为一级且有特殊要求时采用物理模型，物理模型应遵循水工模型实验技术规程等要求。

数学模型按预测内容可分为面源污染负荷估算模型、水动力模型、水质（包括水温及富营养化）模型等，不同模型应用目的和适用条件不同，可根据需要进行选择。

（1）面源污染负荷估算模型

此类模型用于预测污染物排放量与入河量，包括源强系数法（适用条件为评价区域有可采用的源强产生、流失及入河系数等估算参数）、水文分析法（适用条件为评价区域具备一定数量的同步水质水量监测资料，可采用基流分割法确定暴雨径流污染物浓度、基流污染物浓度，再采用通量法估算面源负荷量）、面源模型法（已有多种模型，需根据污染特点、模型适用条件、基础资料可获取性综合确定）等。有条件的地方可以综合采用多种方法进行对比分析，确定面源污染负荷。

（2）水动力模型及水质模型

此类模型用于预测分析水动力条件和水质变化。按时间可分为稳态模型与非稳态模型；按空间可分为零维模型、一维模型、二维模型、三维模型；按是否需要采用数值离散方法可分为解析解模型与数值解模型；按受纳水体类型可分为河流数学模型、湖库数学模型、感潮河段或入海河口数学模型、近岸海域数学模型。应用时需根据建设项目的污染源特征、受纳水体类型、水力学特征、水环境特点及评价等级要求，选取适宜的数学模型来进行预测。

1）河流数学模型。适用条件见表 7-5，在模拟河道顺直、水流均匀且排污稳定时可以采用解析解模型。

表 7-5　部分河流数学模型适用条件

模型分类	模型空间分类						模型时间分类	
	零维	纵向一维	河网	平面二维	立面二维	三维	稳态	非稳态
适用条件	水域基本均匀混合	沿程横断面均匀混合	多条河道相互连通，使得水流运动和污染物交换相互影响的河网地区	垂向均匀混合	垂向分层特征明显	垂向及平面分布差异明显	水流恒定、排污稳定	水流不恒定或排污不稳定

2）湖库数学模型。适用条件见表 7-6，在模拟湖库水域形态规则、水流均匀且排污稳定时可以采用解析解模型。

表 7-6　部分湖库数学模型适用条件

模型分类	模型空间分类						模型时间分类	
	零维	纵向一维	平面二维	垂向一维	立面二维	三维	稳态	非稳态
适用条件	水流交换作用较充分、污染物分布基本均匀	污染物在断面上均匀混合的河道型水库	浅水湖库，垂向分层不显	深水湖库，水平分布差异不明显，存在垂向分层	深水湖库，横向分布差异不明显，存在垂向分层	垂向及平面分布差异明显	流场恒定或源强稳定	流场不恒定或源强不稳定

3）感潮河段或入海河口数学模型。污染物在断面上均匀混合的感潮河段或入海河口，可采用纵向一维非恒定数学模型，感潮河网区宜采用一维河网数学模型。

浅水感潮河段和入海河口宜采用平面二维非恒定数学模型。

4）近岸海域数学模型。宜采用平面二维非恒定数学模型。如果评价海域的水流和水质分布在垂向上存在较大差异（如排放口附近水域），则宜采用三维数学模型。

4．河流、湖库、入海河口及近岸海域常用数学模型

（1）混合过程段长度估算公式

预测范围内的河段可以分为充分混合段、混合过程段和上游河段，具体如图 7-2 所示。充分混合段是指污染物浓度在断面上均匀分布的河段，当断面上任意一点的浓度与断面平均浓度之差小于平均浓度的 5%时，可以认为达到均匀分布；混合过程段是指排放口下游达到充分混合以前的河段，在该河段不执行地表水环境质量标准；上游河段是排放口上游的河段。混合过程段的长度可由式（7-8）估算：

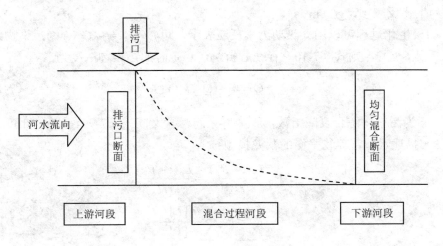

图 7-2　河流混合断面示意图

$$L_m = \left\{ 0.11 + 0.7 \left[0.5 - \frac{a}{B} - 1.1 \left(0.5 - \frac{a}{B} \right)^2 \right]^{\frac{1}{2}} \right\} \frac{uB^2}{E_y} \quad (7\text{-}8)$$

式中：L_m 为混合过程段的长度，m；B 为河流水面宽度，m；a 为排放口到岸边的距离，m；u 为断面流速，m/s；E_y 为污染物横向扩散系数，m^2/s。

（2）零维数学模型

1）河流均匀混合模型：

$$C = \frac{Q_h C_h + Q_p C_p}{Q_h + Q_p} \tag{7-9}$$

式中：C 为混合后的污染物质量浓度，mg/L；Q_h 为河流流量，m³/s；C_h 为排污口上游河流污染物质量浓度，mg/L；Q_p 为污水排放量，m³/s；C_p 为污染物排放质量浓度，mg/L。

2）湖库均匀混合模型：

$$V\frac{\mathrm{d}C}{\mathrm{d}t} = W - QC + f(C)V \tag{7-10}$$

式中：V 为湖库水体体积，m³；C 为混合后的污染物质量浓度，mg/L；t 为时间，s；W 为单位时间污染物排放量，g/s；Q 为水量平衡时出入湖库的流量，m³/s；$f(C)$ 为生化反应项，g/（m³·s）。

如果生化过程可以用一级动力学反应表示，即 $f(C) = -kC$（k 为污染物综合衰减系数，s⁻¹），则式（7-10）存在解析解，稳定时的污染物浓度为

$$C = W / (Q + kV) \tag{7-11}$$

式中：k 为污染物综合衰减指数，s⁻¹。其余符号含义同式（7-9）、式（7-10）。

3）描述水体营养物平衡的狄龙模型：

$$[P] = \frac{I_P(1 - R_P)}{rV} = \frac{L_P(1 - R_P)}{rH} \tag{7-12}$$

$$R_p = 1 - \frac{\sum q_a[P]_a}{\sum q_i[P]_i} \tag{7-13}$$

$$r = Q / V \tag{7-14}$$

式中：$[P]$ 为湖库中氮（磷）的平均质量浓度，mg/L；I_P 为单位时间进入湖库的氮（磷）质量，g/a；L_P 为单位时间、单位面积进入湖库的氮（磷）负荷量，g/（m²·a）；H 为平均水深，m；R_P 为氮（磷）在湖库中的滞留率，量纲一；q_a 为年流出的水量，m³/a；q_i 为年入流的水量，m³/a；$[P]_a$ 为年出流的氮（磷）平均质量浓度，mg/L；$[P]_i$ 为年入流的氮（磷）平均质量浓度，mg/L；r 为冲刷速度常数，a⁻¹；Q 为湖库年出流水量，m³/a；V 为湖库水体体积，m³。

（3）纵向一维数学模型

1）基本方程。水动力数学模型的基本方程为

$$\begin{cases} \dfrac{\partial A}{\partial t} + \dfrac{\partial Q}{\partial x} = q \\ \dfrac{\partial Q}{\partial t} + \dfrac{\partial}{\partial x}\left(\dfrac{Q^2}{A}\right) - q\dfrac{Q}{A} = -g\left(A\dfrac{\partial Z}{\partial x} + \dfrac{n^2 Q|Q|}{Ah^{4/3}}\right) \end{cases} \tag{7-15}$$

式中：A 为断面面积，m^2；t 为时间，s；Q 为断面流量，m^3/s；x 为笛卡儿坐标系 X 向坐标（距离），m；q 为单位河长的旁侧入流水量，m^2/s；g 为重力加速度，m/s^2；Z 为断面水位，m；n 为河道糙率，量纲一；h 为断面水深，m。

水温数学模型的基本方程为

$$\dfrac{\partial(AT)}{\partial t} + \dfrac{\partial(uAT)}{\partial x} = \dfrac{\partial}{\partial x}\left(AE_{tx}\dfrac{\partial T}{\partial x}\right) + qT_L + \dfrac{BS}{\rho c} \tag{7-16}$$

式中：T 为水温，℃；E_{tx} 为水温纵向扩散系数，m^2/s；T_L 为旁侧出入流（源汇项）水温，℃；ρ 为水体密度，kg/m^3；c 为水的比热，$J/(kg\cdot℃)$；S 为表面积净热交换通量，W/m^2。其余符号含义同式（7-8）、式（7-10）、式（7-15）。

水质数学模型的基本方程为

$$\dfrac{\partial(AC)}{\partial t} + \dfrac{\partial(QC)}{\partial x} = \dfrac{\partial}{\partial x}\left(AE_x\dfrac{\partial C}{\partial x}\right) + Af(C) + qC_L \tag{7-17}$$

式中：E_x 为污染物纵向扩散系数，m^2/s；C_L 为旁侧出入流（源汇项）污染物质量浓度，mg/L。其余符号含义同式（7-9）、式（7-10）、式（7-15）。

2）解析方法。对于连续稳定排放源，根据河流纵向一维水质模型方程的简化、分类判别条件（O'Connor 数 α 和贝克来数 Pe 的临界值），选择相应的解析解公式。其中：

$$\begin{cases} \alpha = kE_x / u^2 \\ Pe = uB / E_x \end{cases} \tag{7-18}$$

当 $\alpha \leq 0.027$、$Pe \geq 1$ 时，适用对流降解模型：

$$C = C_0 \exp\left(-\dfrac{kx}{u}\right) \qquad x \geq 0 \tag{7-19}$$

当 $\alpha \leq 0.027$、$Pe < 1$ 时，适用对流扩散降解简化模型：

$$C = C_0 \exp\left(\frac{ux}{E_x}\right) \qquad x < 0 \tag{7-20}$$

$$C = C_0 \exp\left(-\frac{kx}{u}\right) \qquad x \geqslant 0 \tag{7-21}$$

$$C_0 = (C_P Q_P + C_h Q_h) / (Q_P + Q_h) \tag{7-22}$$

当 $0.027 < \alpha \leqslant 380$ 时，适用对流扩散降解模型：

$$C(x) = C_0 \exp\left[\frac{ux}{2E_x}(1 + \sqrt{1 + 4\alpha})\right] \qquad x < 0 \tag{7-23}$$

$$C(x) = C_0 \exp\left[\frac{ux}{2E_x}(1 - \sqrt{1 + 4\alpha})\right] \qquad x \geqslant 0 \tag{7-24}$$

$$C_0 = (C_P Q_P + C_h Q_h) / [(Q_P + Q_h)\sqrt{1 + 4\alpha}] \tag{7-25}$$

当 $\alpha > 380$ 时，适用扩散降解模型：

$$C = C_0 \exp\left(x\sqrt{\frac{k}{E_x}}\right) \qquad x < 0 \tag{7-26}$$

$$C = C_0 \exp\left(-\sqrt{\frac{k}{E_x}}\right) \qquad x \geqslant 0 \tag{7-27}$$

$$C_0 = (C_P Q_P + C_h Q_h) / (2A\sqrt{kE_x}) \tag{7-28}$$

式中：α 为 O'Connor 数，量纲一，表征物质离散降解通量与移流通量比值；Pe 为贝克来数，量纲一，表征物质移流通量与离散通量比值；C_0 为河流排放口初始断面混合质量浓度，mg/L；x 为河流沿程坐标，m（$x=0$ 指排放口处，$x>0$ 指排放口下游段，$x<0$ 指排放口上游段）。其余符号含义同式（7-8）～式（7-10）、式（7-15）。

对于瞬时排放源，河流一维对流扩散方程的浓度分布公式为

$$C(x,t) = \frac{M}{A\sqrt{4\pi E_x t}} \exp(-kt) \exp\left[-\frac{(x - ut)^2}{4E_x t}\right] \tag{7-29}$$

式中：$C(x,t)$ 为距离排放口 x 处 t 时刻的污染物质量浓度，mg/L；x 为离排放口的

距离，m；t 为排放发生后的扩散历时，s；M 为污染物的瞬时排放总质量，g。其余符号含义同式（7-8）、式（7-11）、式（7-15）、式（7-17）。

对于有限时段排放源，在持续排放时间内（$0 < t_j \leqslant t_0$），河流一维对流扩散方程的浓度分布公式为

$$C(x, t_j) = \frac{\Delta t}{A\sqrt{4\pi E_x}} \sum_{i=1}^{j} \frac{W_i}{\sqrt{t_j - t_{i-0.5}}} \exp[-k(t_j - t_{i-0.5})] \exp\left\{ -\frac{[x - u(t_j - t_{i-0.5})]^2}{4E_x(t_j - t_{i-0.5})} \right\}$$

（7-30）

在排放停止后（$t_j > t_0$），公式为

$$C(x, t_j) = \frac{\Delta t}{A\sqrt{4\pi E_x}} \sum_{i=1}^{n} \frac{W_i}{\sqrt{t_j - t_{i-0.5}}} \exp[-k(t_j - t_{i-0.5})] \exp\left\{ -\frac{[x - u(t_j - t_{i-0.5})]^2}{4E_x(t_j - t_{i-0.5})} \right\}$$

（7-31）

式中：$C(x, t_j)$ 为距离排放口 x 处 t_j 时刻的污染物质量浓度，mg/L；t_0 为污染源排放的持续时间，s；Δt 为计算时间步长，s；$t_{i-0.5}$ 为污染源排放的时间变量，$t_{i-0.5} = (i - 0.5)\Delta t < t_0$，s；$n$ 为计算分段数，$n = t_0/\Delta t$；i、j 均为自然数；W_i 为 t_{i-1} 到 t_i 的时间段内单位时间污染物的排放质量，g/s。其余符号含义同式（7-8）、式（7-11）、式（7-15）、式（7-17）、式（7-29）。

（4）河网模型

河网数学模型基于一维非恒定模型建立，并在汊口依据水量守恒连续条件、动量守恒连续条件和质量守恒连续条件，结合边界条件对基本方程进行求解。

1）汊口水量守恒连续条件，一般认为是进出各汊口流量的代数和为 0。如果汊口体积较大，则可采用进出汊点水量与汊口水量增减率相平衡作为控制条件。

2）汊口动量守恒连续条件，当汊口连接的各河段断面距汊口很近、出入汊口各河段的水位平缓时，在不考虑汊口阻力损失的情况下，可近似认为汊口处各河段断面水位相同。如果各河段过水面积相差悬殊，流速有较明显差别，则需略去汊口的局部损耗时，可采用伯努利方程。

3）汊口质量守恒连续条件，是指进出汊口的物质质量与汊口实际质量的增减率相平衡。

（5）垂向一维数学模型

适用于模拟预测水温在面积较小、水深较大的湖库水体中，除太阳辐射之外

没有其他热源交换时的状况。

水量平衡基本方程为

$$\frac{\partial(wA)}{\partial z} = (u_i - u_0)B \tag{7-32}$$

水温数学模型的基本方程为

$$\frac{\partial T}{\partial t} + \frac{1}{A}\frac{\partial}{\partial z}(wAT) = \frac{1}{A}\frac{\partial}{\partial z}\left(AE_{tz}\frac{\partial T}{\partial z}\right) + \frac{B}{A}(u_iT_i - u_0T) + \frac{1}{\rho C_p A}\frac{\partial(\varphi A)}{\partial z} \tag{7-33}$$

式中：T 为 t 时刻 z 深度处的水温，℃；w 为垂向流速，m/s；E_{tz} 为水温垂向扩散系数，m^2/s；u_i、u_0 分别为入流流速、出流流速，m/s；T_i 为入流水温，℃；ρ 为水的密度，kg/m^3；φ 为太阳热辐射通量，J/（$m^2 \cdot s$）；z 为笛卡儿坐标系 Z 向坐标，m。其余符号含义同式（7-8）、式（7-9）、式（7-15）。

（6）平面二维数学模型

适用于模拟预测物质在宽浅水体（大河、湖库、入海河口及近岸海域）中垂向上均匀混合的状况。

1）基本方程。水动力数学模型的基本方程为

$$\left\{ \begin{aligned} &\frac{\partial h}{\partial t} + \frac{\partial(uh)}{\partial x} + \frac{\partial(vh)}{\partial y} = hS \\ &\frac{\partial u}{\partial t} + u\frac{\partial u}{\partial x} + v\frac{\partial u}{\partial y} = -g\frac{\partial(h+z_b)}{\partial x} + fv - \frac{g}{C_z^2}\cdot\frac{\sqrt{u^2+v^2}}{h}u + \frac{\tau_{sx}}{\rho h} + A_m\left(\frac{\partial^2 u}{\partial x^2} + \frac{\partial^2 u}{\partial y^2}\right) \\ &\frac{\partial v}{\partial t} + u\frac{\partial v}{\partial x} + v\frac{\partial v}{\partial y} = -g\frac{\partial(h+z_b)}{\partial y} - fu - \frac{g}{C_z^2}\cdot\frac{\sqrt{u^2+v^2}}{h}v + \frac{\tau_{sy}}{\rho h} + A_m\left(\frac{\partial^2 v}{\partial x^2} + \frac{\partial^2 v}{\partial y^2}\right) \end{aligned} \right.$$

$$\tag{7-34}$$

式中：u、v 分别为 X 轴、Y 轴方向的平均流速分量，m/s；z_b 为河底高程，m；f 为科氏系数 [$f = 2\Omega\sin\phi$，其中 ϕ 为当地纬度（°）]，s^{-1}；C_z 为谢才系数，$m^{1/2}/s$；τ_{sx}、τ_{sy} 分别为 X 轴、Y 轴方向水面上的风应力分量 [$\tau_{sx} = r^2\rho_a w^2\sin\alpha$，$\tau_{sy} = r^2\rho_a w^2\cos\alpha$，其中 r^2 为风应力系数（量纲一），ρ_a 为空气密度（kg/m^3），w 为风速（水面以上 10 m 处风速，m/s），α 为风方向角（°）]；A_m 为水平涡动黏滞系数，m^2/s；x、y 分别为笛卡儿坐标系 X 向、Y 向的坐标，m；S 为源（汇）项，s^{-1}。其余符号含义同式（7-10）、式（7-15）、式（7-33）。

水温数学模型的基本方程为

$$\frac{\partial(hT)}{\partial t} + \frac{\partial(uhT)}{\partial x} + \frac{\partial(vhT)}{\partial y} = \frac{\partial}{\partial x}\left(E_{tx}h\frac{\partial T}{\partial x}\right) + \frac{\partial}{\partial y}\left(E_{ty}h\frac{\partial T}{\partial y}\right) + \frac{S_\phi}{\rho C_P} + hST_s \quad (7\text{-}35)$$

式中：E_{tx} 为水温纵向扩散系数，m^2/s；E_{ty} 为水温横向扩散系数，m^2/s；S_ϕ 为水流边界面净获得的热交换通量，即水流与外界（太阳、空气、河道边界）之间的热交换量，$J/（m^2·s）$。其余符号含义同前。

水质数学模型基本方程为

$$\frac{\partial(hC)}{\partial t} + \frac{\partial(uhC)}{\partial x} + \frac{\partial(vhC)}{\partial y} = \frac{\partial}{\partial x}\left(E_x h\frac{\partial C}{\partial x}\right) + \frac{\partial}{\partial y}\left(E_y h\frac{\partial C}{\partial y}\right) + hf(C) + hSC_s \quad (7\text{-}36)$$

式中：C_s 为源（汇）项污染物质量浓度，mg/L。其余符号含义同式（7-8）～式（7-10）、式（7-15）、式（7-17）、式（7-34）。

2）解析方法：

①对于连续排放，不考虑岸边反射影响的宽浅型平直恒定均匀河流，岸边点源稳定排放的浓度分布公式为

$$C(x,y) = C_h + \frac{m}{h\sqrt{\pi E_y ux}}\exp\left(-\frac{uy^2}{4E_y x}\right)\exp\left(-k\frac{x}{u}\right) \quad (7\text{-}37)$$

考虑岸边反射影响的宽浅型平直恒定均匀河流，岸边点源稳定排放的浓度分布公式为

$$C(x,y) = C_h + \frac{m}{h\sqrt{\pi E_y ux}}\exp\left(-k\frac{x}{u}\right)\sum_{n=-1}^{1}\exp\left[-\frac{u(y-2nB)^2}{4E_y x}\right] \quad (7\text{-}38)$$

宽浅型平直恒定均匀河流，离岸点源排放的浓度分布公式为

$$C(x,y) = C_h + \frac{m}{h\sqrt{4\pi E_y ux}}\exp\left(-k\frac{x}{u}\right)\sum_{n=-1}^{1}\left\{\exp\left[-\frac{u(y-2nB)^2}{4E_y x}\right] + \right.$$
$$\left. \exp\left[-\frac{u(y-2nB+2a)^2}{4E_y x}\right]\right\} \quad (7\text{-}39)$$

式中：$C_{(x,y)}$ 为纵向距离 x 点、横向距离 y 点的污染物质量浓度，mg/L；m 为污染物排放速率，g/s。其余符号含义同式（7-8）、式（7-9）、式（7-11）、式（7-15）、式（7-34）。

②对于瞬时排放，不考虑岸边反射影响的宽浅型平直恒定均匀河流，岸边点源排放的浓度分布公式为

$$C(x,y,t) = C_h + \frac{M}{2\pi ht\sqrt{E_x E_y}}\exp\left[-\frac{(x-ut)^2}{4E_x t} - \frac{y^2}{4E_y t}\right]\exp(-kt) \quad （7\text{-}40）$$

考虑岸边反射影响的宽浅型平直恒定均匀河流，岸边点源稳定排放的浓度分布公式为

$$C(x,y,t) = C_h + \frac{M}{2\pi ht\sqrt{E_x E_y}}\exp\left[-\frac{(x-ut)^2}{4E_x t} - kt\right]\sum_{n=-1}^{1}\exp\left[-\frac{(y-2nB)^2}{4E_y t}\right] \quad （7\text{-}41）$$

宽浅型平直恒定均匀河流，离岸点源排放的浓度分布公式为

$$C(x,y,t) = C_h + \frac{M}{4\pi ht\sqrt{E_x E_y}}\exp\left[-\frac{(x-ut)^2}{4E_x t} - kt\right]$$

$$\sum_{n=-1}^{1}\left\{\exp\left[-\frac{(y-2nB)^2}{4E_y t}\right] + \exp\left[-\frac{(y-2nB+2a)^2}{4E_y t}\right]\right\} \quad （7\text{-}42）$$

式中：符号含义同式（7-37）～式（7-38）。

③对于河流有限时段排放，可将有限时段源按时间步长划分为 n 个瞬时源，然后采用瞬时排放源二维对流扩散的浓度分布公式累计叠加即可。

（7）立面二维数学模型

水动力数学模型的基本方程为

$$\begin{cases} \dfrac{\partial(Bu)}{\partial x} + \dfrac{\partial(Bw)}{\partial z} = Bq \\[2mm] \dfrac{\partial(Bu)}{\partial t} + \dfrac{\partial(Bu^2)}{\partial x} + \dfrac{\partial(Bwu)}{\partial z} + \dfrac{B}{\rho}\dfrac{\partial P}{\partial x} = \dfrac{\partial}{\partial x}\left(BA_h\dfrac{\partial u}{\partial x}\right) + \dfrac{\partial}{\partial z}\left(BA_z\dfrac{\partial u}{\partial z}\right) - \dfrac{\tau_{wx}}{\rho} \\[2mm] \dfrac{\partial P}{\partial z} + \rho g = 0 \end{cases} \quad （7\text{-}43）$$

水温数学模型的基本方程为

$$\frac{\partial(BT)}{\partial t} + \frac{\partial}{\partial x}(BuT) + \frac{\partial}{\partial z}(BwT) = \frac{\partial}{\partial x}\left(BE_{tx}\frac{\partial T}{\partial x}\right) + \frac{\partial}{\partial z}\left(BE_{tz}\frac{\partial T}{\partial z}\right) + \frac{1}{\rho C_P}\frac{\partial(B\varphi)}{\partial z} + BqT_L$$

$$（7\text{-}44）$$

水质数学模型的基本方程为

$$\frac{\partial(BC)}{\partial t} + \frac{\partial}{\partial x}(BuC) + \frac{\partial}{\partial z}(BwC) = \frac{\partial}{\partial x}\left(BE_x\frac{\partial C}{\partial x}\right) + \frac{\partial}{\partial z}\left(BE_z\frac{\partial C}{\partial z}\right) + BqC_L + Bf(C)$$

(7-45)

式中：P 为压力，Pa；A_h、A_z 分别为水平、垂直方向上的涡黏性系数，$\mathrm{m^2/s}$；τ_{wx} 为边壁阻力，N；q 为旁侧出入流（源汇项），$\mathrm{s^{-1}}$。其他符号含义同式（7-8）、式（7-15）、式（7-32）～式（7-34）。

（8）三维数学模型

$$\begin{cases} \dfrac{\partial u}{\partial x} + \dfrac{\partial v}{\partial y} + \dfrac{\partial w}{\partial \sigma} = S \\[2mm] \dfrac{\partial u}{\partial t} + \dfrac{\partial(u^2)}{\partial x} + \dfrac{\partial(uv)}{\partial y} + \dfrac{\partial(uw)}{\partial z} + \dfrac{1}{\rho}\dfrac{\partial P}{\partial x} = \dfrac{\partial}{\partial x}\left(A_h\dfrac{\partial u}{\partial x}\right) + \dfrac{\partial}{\partial y}\left(A_h\dfrac{\partial u}{\partial y}\right) + \dfrac{\partial}{\partial z}\left(A_z\dfrac{\partial u}{\partial z}\right) + \\[2mm] \qquad 2\theta v\sin\phi + Su_s \\[2mm] \dfrac{\partial v}{\partial t} + \dfrac{\partial(uv)}{\partial x} + \dfrac{\partial(v^2)}{\partial y} + \dfrac{\partial(vw)}{\partial z} + \dfrac{1}{\rho}\dfrac{\partial P}{\partial y} = \dfrac{\partial}{\partial x}\left(A_h\dfrac{\partial v}{\partial x}\right) + \dfrac{\partial}{\partial y}\left(A_h\dfrac{\partial v}{\partial y}\right) + \dfrac{\partial}{\partial z}\left(A_z\dfrac{\partial v}{\partial z}\right) + \\[2mm] \qquad 2\theta u\sin\phi + Sv_s \\[2mm] \dfrac{\partial P}{\partial z} + \rho g = 0 \end{cases}$$

(7-46)

水温数学模型的基本方程为

$$\frac{\partial T}{\partial t} + \frac{\partial(uT)}{\partial x} + \frac{\partial(vT)}{\partial y} + \frac{\partial(wT)}{\partial z} = \frac{\partial}{\partial x}\left(E_{tx}\frac{\partial T}{\partial x}\right) + \frac{\partial}{\partial y}\left(E_{ty}\frac{\partial T}{\partial y}\right) + \frac{\partial}{\partial z}\left(E_{tz}\frac{\partial T}{\partial z}\right) + \frac{q_T}{\rho C_P} + ST_s$$

(7-47)

水质数学模型的基本方程为

$$\frac{\partial C}{\partial t} + \frac{\partial(uC)}{\partial x} + \frac{\partial(vC)}{\partial y} + \frac{\partial(wC)}{\partial z} = \frac{\partial}{\partial x}\left(E_x\frac{\partial C}{\partial x}\right) + \frac{\partial}{\partial y}\left(E_y\frac{\partial C}{\partial y}\right) + \frac{\partial}{\partial z}\left(E_z\frac{\partial C}{\partial z}\right) + SC_s + f(C)$$

(7-48)

式中：θ 为地球自转的角速度，ω/s；ϕ 为当地的纬度，（°）。其余符号含义同式（7-16）、式（7-34）、式（7-46）。

（9）常见污染物转化过程的数学描述

对于不同类型的污染物，在基本方程中相应生化反应项 $f(C)$ 的数学表达式有所不同，在评价过程中可根据评价水域的实际情况进行选择。需要注意的是，在应用过程中根据模型的空间维数适当调整相应的空间变量。

1）持久性污染物

$$f(C) = 0 \qquad (7\text{-}49)$$

2）化学需氧量（COD）

$$f(C) = -k_{\mathrm{COD}}C \qquad (7\text{-}50)$$

式中：C 为 COD 质量浓度，mg/L；k 为 COD 降解系数，s^{-1}。

3）五日生化需氧量（BOD_5）

$$f(C) = -k_1 C \qquad (7\text{-}51)$$

式中：C 为 BOD_5 质量浓度，mg/L；k_1 为耗氧系数，s^{-1}。

4）溶解氧（DO）

$$f(C) = -k_1 C_b + k_2(C_s - C) - \frac{S_0}{h} \qquad (7\text{-}52)$$

式中：C 为 DO 质量浓度，mg/L；k_1 为耗氧系数，s^{-1}；k_2 为复氧系数，s^{-1}；C_b 为 BOD 质量浓度，mg/L；C_s 为饱和溶解氧质量浓度，mg/L；S_0 为底泥耗氧系数，g/（$\mathrm{m}^2 \cdot \mathrm{s}$）。其他符号含义同式（7-15）。

5）氮循环。水体中的氮有氨氮、亚硝酸盐氮、硝酸盐氮 3 种形态，3 种形态之间的转换关系为

$$\begin{cases} f(N_{\mathrm{NH}}) = -b_1 N_{\mathrm{NH}} + \dfrac{S_{\mathrm{NH}}}{h} \\[2mm] f(N_{\mathrm{NO}_2}) = b_1 N_{\mathrm{NH}} - b_2 N_{\mathrm{NO}_2} \\[2mm] f(N_{\mathrm{NO}_3}) = b_2 N_{\mathrm{NO}_2} \end{cases} \qquad (7\text{-}53)$$

式中：N_{NH}、N_{NO_2}、N_{NO_3} 分别为氨氮、亚硝酸盐氮、硝酸盐氮质量浓度，mg/L；b_1、b_2 分别为氨氮氧化成亚硝酸盐氮、亚硝酸盐氮氧化成硝酸盐氮的反应速率，s^{-1}；S_{NH} 为氨氮的底泥释放（沉积）率，g/（$\mathrm{m}^2 \cdot \mathrm{s}$）。其他符号含义同式（7-15）。

6）总氮（TN）

$$f(C) = -k_{\mathrm{TN}}C + \frac{S_{\mathrm{TN}}}{h} \qquad (7\text{-}54)$$

式中：C 为 TN 质量浓度，mg/L；k_{TN} 为总氮的综合沉降系数，s^{-1}；S_{TN} 为总氮的底泥释放（沉积）系数，g/（$m^2 \cdot s$）。其他符号含义同式（7-15）。

7）磷循环

水体中的磷可以分为无机磷和有机磷两种形态，二者之间的转化关系为

$$\begin{cases} f(C_{PS}) = -G_P C_{PS} A_P + c_P C_{PD} + \dfrac{S_{PS}}{h} \\ f(C_{PD}) = D_P C_{PD} A_P - c_P C_{PD} + \dfrac{S_{PD}}{h} \end{cases} \tag{7-55}$$

式中：C_{PS}、C_{PD} 分别为无机磷质量浓度、有机磷质量浓度，mg/L；G_P 为浮游植物生长速率，s^{-1}；A_P 为浮游植物磷含量系数，量纲一；c_P 为有机磷氧化成无机磷的反应速率，s^{-1}；D_P 为浮游植物死亡速率，s^{-1}；S_{PS}、S_{PD} 分别为无机磷、有机磷的底泥释放（沉积）系数，g/（$m^2 \cdot s$）。其他符号含义同式（7-15）。

8）总磷（TP）

$$f(C) = -k_{TP} C + \frac{S_{TP}}{h} \tag{7-56}$$

式中：C 为 TP 质量浓度，mg/L；k_{TP} 为总磷的综合沉降系数，s^{-1}；S_{TP} 为总磷的底泥释放（沉积）系数，g/（$m^2 \cdot s$）。其他符号含义同式（7-15）。

9）叶绿素 a（Chl-a）

$$\begin{cases} f(C) = (G_P - D_P)C \\ G_P = \mu_{max} f(T) \cdot f(L) \cdot f(TP) \cdot f(TN) \end{cases} \tag{7-57}$$

式中：C 为叶绿素 a 质量浓度，mg/L；μ_{max} 为浮游植物最大生长速率，s^{-1}；$f(T)$、$f(L)$、$f(TP)$、$f(TN)$ 分别为水温、光照、TP、TN 的影响函数，根据评价水域的实际情况及基础资料条件选择适合的函数形式。其他符号含义同式（7-55）。

10）热排放

$$f(C) = -\frac{k_T C}{\rho C_P} + q T_0 \tag{7-58}$$

式中：C 为水体的温升，℃；k_T 为水面综合散热系数，J/（$S \cdot m^2 \cdot ℃$）；C_P 为水的比热，J/（$kg \cdot ℃$）；q 为温排水的源强，m/s；T_0 为温排水的温升，℃。其他符号含义同式（7-16）。

5. 模型概化

为了方便模型计算，通常会将预测水域的一个或者几个非主导因素，作近似

或简化处理，称为模型概化。地表水环境概化包括边界几何形状的规则化和水文、水力要素时空分布的简化等，这种简化应根据水文调查与水文测量的结果和评价等级进行。

（1）河流水域的概化

采用解析解预测时，河流可以概化为矩形平直河流、矩形弯曲河流。

1）预测河段及代表性断面宽深比≥20时，可视为矩形河段。

2）预测河段弯曲系数＞1.3时，可视为弯曲河段；否则可以概化为平直河段。

3）河流水文特征值或水质急剧变化的河段，或者河网，应分段概化，并分别进行水环境影响预测。

（2）湖库水域的概化

根据湖库的入流条件、水力停留时间、水质及水温分布等情况，分别概化为稳定分层型、混合型和不稳定分层型。

（3）入海河口、近岸海域的概化

1）河流感潮段是指受潮汐作用影响较明显的河段，可将潮区界作为感潮河段的边界。

2）采用解析解方法预测时，可按潮周平均、高潮平均和低潮平均3种情况，概化为稳态进行预测。

3）预测近岸海域可溶性物质或水质分布时，可只考虑潮汐作用，预测密度小于海水的不可溶物质时应考虑潮汐、波浪及风的作用。

4）注入近岸海域的小型河流可视为点源，且可忽略其对近岸海域流场的影响。

6．边界条件

（1）设计水文条件确定

1）河流不利枯水条件：宜采用90%保证率最枯月流量或近10年最枯月平均流量。流向不定的河网地区和潮汐河段，采用90%保证率流速为0时的低水位相应水量作为不利枯水水量。

2）湖库不利枯水条件：宜采用近10年最低月平均水位或90%保证率最枯月平均水位相应的蓄水量，水库也可采用死库容相应的蓄水量。

3）其他水期设计水量则根据预测需求而定。

4）受人工调控的河段，可采用最小下泄流量或河道内生态流量作为设计流量。

5）感潮河段、入海河口的水文边界条件：上游边界参照前述不利枯水条件的流量条件确定，下游应选择对应时段潮周期，采用保证率为10%、50%与90%的潮差，或上游计算流量条件下相应的实测潮位。

6）近岸水域的潮位边界条件：选择一个潮周期作为基本水文条件，选用历史实测潮位过程或人工构造潮型作为设计水文条件。

河流和湖库设计水位的计算，可根据设计流量，通过水位流量关系推求［参考《水利水电工程水文计算规范》（SL 278）］。

（2）污染负荷的确定

需要根据预测情景要求，确定各情景下建设项目排放的污染负荷量，包括建设项目所有排放口（涉及一类污染物的车间或车间处理设施排放口、企业总排放口、雨水排放口、温排水排放口等）的污染物源强。确定的污染负荷应对预测范围内所有与建设项目排放污染物相关的污染源达到全覆盖，或占总污染源负荷的比例超过 95%。

规划水平年的点源及面源污染源负荷预测，应包括已建、在建及拟建项目的污染物排放，综合考虑区域经济社会发展及水污染防治规划、区域（流域）环境质量改善目标要求，按照点源、面源分别确定预测范围内的污染物排放量与入河量。

规划水平年的内源负荷预测，可采用释放系数法，必要时可采用释放动力学模型方法。内源释放系数可采用静水、动水试验进行测定或参考类似工程资料确定，特别是水环境影响敏感且资料缺乏区域需开展静水、动水试验确定。

7. 模型参数确定与验证

水动力及水质模型参数包括水文及水力学参数、水质参数等。其中，水文及水力学参数包括流量、流速、坡度、糙率等；水质参数包括污染物衰减系数、扩散系数、耗氧系数、复氧系数、蒸发散热系数等。这些参数可以采用类比、经验公式、实验室或现场测定、物理模型试验、模型率定等方法确定。

确定模型参数之后，应通过模型计算与实测数据进行对比分析，验证模型的适用性与误差及精度，分析模拟结果与实测结果的拟合，阐明模型参数确定的合理性。

8. 预测结果的合理性分析

地表水环境影响预测要关注关键影响区域和重要影响时段，应对其流场、流速、水质（水温）等模拟结果进行分析。模型计算成果的内容、精度和深度应满足水环境影响评价的要求。采用数值解模型进行，需要说明模型时间步长、空间步长设定的合理性，必要时应对模拟结果开展质量或热量守恒分析，以检验模拟结果的合理性。

（二）地表水环境影响评价

地表水环境影响评价是建设项目环境影响评价的主要内容之一，它是在准确、全面的工程分析和充分的水环境状况调查的基础上，以法规、标准为依据，根据建设项目所排放的水污染物种类和强度，研究对水环境可能造成的损害和对水域功能的影响，判断项目建设的环境可行性，提出消除或者减轻损害和影响的措施。

1．评价内容与评价要求

评价等级和评价类型不同，地表水环境影响评价内容也有所区别，见表 7-7。

表 7-7　建设项目地表水环境影响评价内容

评价等级及评价类别	一级评价	二级评价	三级评价	
			水污染影响型三级 A/水文要素影响型三级	水污染影响型三级 B
评价内容	水污染控制和水环境影响减缓措施的有效性评价			
	水环境影响评价			依托污水处理设施的环境可行性评价

（1）水污染控制和水环境影响减缓措施有效性评价的要求

1）污染控制措施及各类排放口排放浓度限值等应满足国家和地方相关排放标准，并且符合有关标准规定的排水协议中关于水污染物排放的条款要求。

2）水动力影响、生态流量、水温影响减缓措施应满足水环境保护目标的要求。

3）涉及面源污染的，应满足国家和地方有关面源污染控制的治理要求。

4）对于受纳水体环境质量达标区的建设项目，选择废水处理措施或多方案比选时，应满足行业污染防治可行技术指南要求，确保废水稳定达标排放且环境影响可以接受；对于受纳水体环境不达标区的建设项目，则应满足区域（流域）水环境质量限期达标规划和替代源的削减方案要求、区域（流域）水环境质量改善目标要求及行业污染防治可行技术指南中最佳可行技术要求，确保废水污染物达到最低排放强度和排放浓度，环境影响可以接受。

（2）水环境影响评价的要求

1）排放口所在水域形成的混合区，应限制在达标控制（考核）断面以外的水域，不能与已有排放口形成的混合区叠加，混合区外水域应满足水环境功能区或水功能区的水质目标要求。

2）水环境功能区或水功能区、近岸海域环境功能区水质达标，同时应说明建设项目对评价范围内的水环境功能区或水功能区、近岸海域环境功能区的水质影响特征，并且分析其水质变化状况，在考虑叠加影响的情况下，评价建设项目建成以后各预测时期水环境功能区或水功能区、近岸海域环境功能区水质达标状况。涉及富营养化问题的，还要评价水温、水文要素、营养盐等变化特征和富营养化演变趋势。

3）满足水环境保护目标水域水环境质量要求，并评价目标水域各预测时期的水质（水温）变化特征、影响程度与达标状况。

4）水环境控制单元或断面水质达标，并说明建设项目污染排放或水文要素变化对所在控制单元各预测时期的水质影响特征，在考虑叠加影响的情况下，分析水质变化状况，评价项目建成后的水质达标状况。

5）满足重点水污染物排放总量控制指标要求，重点行业建设项目的主要污染物排放满足等量或减量替代要求。

6）满足区域（流域）水环境质量改善目标要求。

7）水文要素影响型建设项目同时应包括水文情势变化评价、主要水文特征值影响评价、生态流量符合性评价。其中，河流应根据水生生态需水、水环境需水、湿地需水、景观需水、河口压咸需水和其他需水等计算成果，考虑各项需水的外包关系和叠加关系，综合分析需水目标要求，确定生态流量；湖库应根据湖库生态环境需求确定最低生态水位及不同时段内的水位。

8）对于新设或调整入河（湖库、近岸海域）排放口的建设项目，应包括排放口设置的环境符合性评价。

9）满足"三线一单"（生态保护红线、水环境质量底线、资源利用上线，以及环境准入清单）管理要求。

（3）依托污水处理设施的环境可行性评价的要求

主要从污水处理设施的日处理能力、处理工艺、设计进水水质、处理后的废水稳定达标排放情况及排放标准是否涵盖建设项目排放的有毒有害的特征水污染物等方面开展评价，以满足环境可行性要求。

2．评价结论

（1）明确给出地表水环境影响是否可接受的结论

对于达标区的建设项目，要同时满足水污染控制和水环境影响减缓措施有效性评价、地表水环境影响评价的情况下，认为地表水环境影响可以接受，否则认为不可接受；对于不达标区的建设项目，要在考虑区域（流域）环境质量改善目标要求、削减替代源的基础上，同时满足水污染控制和水环境影响减缓措施有效性评价、地表水环境影响评价的情况下，认为地表水环境影响可以接受，否则认为不可接受。

（2）明确给出污染物排放量核算结果

新建项目的污染物排放指标需要等量替代或减量替代时，还应明确给出替代项目的基本信息，其中包括项目名称、排污许可证编号、污染物排放量等。有生态流量控制要求的，要明确给出生态流量控制节点及控制目标。

第二节　地下水环境影响预测与评价

凡是以地下水为供水水源或对地下水环境可能产生影响的建设项目，都应开展地下水环境影响评价工作。由于岩土空隙中赋存的地下水与江河湖海中的地表水在运动状态、环境敏感性、污染治理难易程度等方面均存在巨大差异，因此，进行地下水环境影响评价时，必须具备一定的地下水基本知识。

一、地下水的特性

（一）地下水的赋存类型

地下水赋存于岩石或沉积物的空隙中，空隙既是地下水的储容场所，又是地下水的运动通道，空隙的多少、大小、连通情况及分布规律，决定着地下水分布与运动的特点。根据岩石或沉积物空隙特点，可将地下水分为 3 类：松散沉积物中的孔隙水、坚硬岩石中的裂隙水、可溶岩石溶穴与溶蚀裂隙中的岩溶水。

孔隙水：松散沉积物由大大小小的颗粒组成，在颗粒或颗粒的集合体之间存在相互连通的空隙，因呈小孔状而称作孔隙，其中充填的液态地下水称为孔隙水，如第四系松散沉积物中的地下水。

裂隙水：固结的坚硬岩石中存在各种成因的裂隙，包括成岩裂隙、构造裂隙与风化裂隙，充填于其中的液态地下水称为裂隙水。裂隙水是非可溶岩中地下水的主要赋存形式。

岩溶水：易溶岩石如岩盐、石膏、石灰岩、白云岩，甚至是大理岩等，由于地下水对裂隙面的溶蚀而成溶蚀裂隙或空洞，进一步溶蚀形成空洞就是溶穴或称溶洞，其中赋存的液态地下水称为岩溶水。岩溶水是石灰岩地区地下水的主要赋存形式。

（二）岩石的水文地质性质

岩石的水文地质性质是指与地下水储存和运移有关的含水岩石性质，内容非常广泛，其中常用的有容水性、持水性、给水性和透水性。

容水性。容水性是指岩石能容纳一定水量的性能，用容水度表示。岩石中所容纳的水的体积与岩石体积之比，称为岩石的容水性。一般情况下，容水度与岩石的空隙度相当，但也有例外，如含有膨胀性黏土的岩石容水度要大于空隙度。

持水性。在重力作用下，岩石依靠分子力和毛管力在其空隙中保持一定水量的性质，称为持水性。饱水岩石在重力作用下释放出水后，岩石中还保持的那部分水的体积与岩石体积之比，称为岩石的持水度。岩石空隙比表面积越大，结合水含量就越大，持水度也越大。比表面积又与岩石的颗粒大小有关，细粒结构岩石的持水度高于粗粒结构岩石的。

给水性。在重力作用下，饱水岩石能够流出一定水量的性能，称为岩石的给水性。流出水的体积与储水岩石体积之比，称为给水度。给水度在数值上等于容水度减去持水度。与持水度相反，粗颗粒大空隙的岩石给水度接近容水度；黏性土及微细裂隙的岩石的给水度很小或等于零。

透水性。透水性是指岩石的透水性能。岩石空隙的大小、多少和空隙是否彼此连通，对透水性都有明显的影响。同一岩石在不同方向上的透水性能不一样。

根据岩层透水性大小可将其分为含水层和隔水层。能够透过并给出相当数量水的岩层称为含水层，如砂层、砾石层，以及裂隙或溶隙发育较好的岩层。不能透过和给出水，或透过和给出水的数量很小的岩层称为隔水层，如页岩、板岩、泥岩、黏土层。事实上，通常只有沉积岩土层中的孔隙水呈层状分布，而坚硬岩石中的裂隙水、溶隙水并不一定呈层状分布，但人们也常使用含水层的概念；同时，隔水层并非不含水，只是因为其空隙细小，所含的水流动滞缓而已。判断一个岩层能否起到隔水作用，不能单纯从岩性考虑，必须结合岩层厚度、分布、水头大小（地下水位高低）及其所处的地质构造部位、地层组合关系等综合考虑。岩性相同的隔水层厚度越大、分布越稳定、与周围地层水头差越小，则隔水性能就越好。有些岩层的水文地质特性有明显的相对性，如果它与强透水岩层组合在一起，就能起到一定的隔水作用；如果其周围是透水性更差的岩层，则可以将其看作含水层，如泥质粉砂层、砂质黏土层等。

（三）地下水的埋藏条件

重力水在重力作用下向下运动，聚积于不透水层之上，使一定深度范围内的岩土空隙充满液态水，这一深度范围被称为饱水带。饱水带以上的岩土空隙中，除存在吸着水、薄膜水、毛管水外，大部分充满空气，所以称包气带，具体如图 7-3 所示。

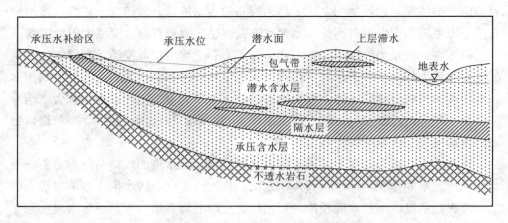

图 7-3　松散岩孔隙地下水的埋藏类型示意图

地下水按埋藏条件可分为包气带水、潜水和承压水 3 类。不同埋藏条件下的地下水的环境意义也有所不同。图 7-3 以孔隙地下水为例表示了不同类型地下水的相互关系。

1. 包气带水

包气带水泛指储存在包气带中的水，包括通称为土壤水的吸着水、薄膜水、毛细水、气态水、过路的重力渗入水，以及由特定条件所形成的属于重力水状态的上层滞水。上层滞水接近地表，补给区和分布区一致，可受当地大气降水及地表水的入渗补给，并以蒸发的形式排泄。在雨季可获得补给并储存一定的水量；而在旱季则逐渐消失，甚至干涸，其动态变化显著，且由于自地表至上层滞水的补给途径很短，极易受污染。

包气带处于地表水和地下水相互转化、交替的地带，包气带水是"三水"（降水、地表水、地下水）转化的重要环节，因此，研究包气带水的形成及运动规律，对剖析"三水"转化机制及浅层地下水运动、均衡和动态规律具有重要意义，而研究包气带的厚度、结构、岩性、渗透性及污染物在包气带中的吸附与解吸、沉淀与溶解、机械过滤、化学反应等作用，是研究污染物从地表转入地下水环境、评价预测建设工程对地下水环境影响的基础。

2．潜水

潜水是指地表以下、第一个稳定隔水层以上具有自由水面的地下水，这个自由水面称作潜水面。潜水没有隔水顶板，或只有局部的隔水顶板。潜水面到隔水底板的距离为潜水含水层厚度，潜水面到地面的距离为潜水埋藏深度。

潜水含水层上面一般不存在隔水层，因此直接与包气带相接，所以潜水在其全部分布范围内都可以通过包气带接受大气降水、地表水或灌溉回渗水的补给。潜水面不承压，在重力作用下，通常由位置高的地方向位置低的地方流动，形成地下径流。自然条件下潜水的排泄方式有两种：一种是通过地下径流，以泉、渗流等形式泄出地表或流入地表水体，称为径流排泄；另一种是通过包气带或植物蒸发进入大气，称为蒸发排泄。人类取用地下水时，人工开采便成为第三种排泄方式。

潜水通过包气带与大气圈及地表水圈发生联系。所以，气象、水文因素的变动对其影响显著，丰水季节或丰水年，潜水接受的补给量大于排泄量，潜水面上升，含水层厚度加大，埋藏深度变小。干旱季节排泄量大于补给量，潜水面下降，含水层变薄，埋藏深度加大。因此，潜水的动态有明显的季节变化。潜水积极参与循环，使其易于补给、恢复。

潜水的水质变化很大，主要取决于气候、地形及岩性条件：湿润气候及切割强烈的地形，有利于潜水的径流排泄而不利于蒸发排泄，往往形成淡水；干旱气候与低平地形下，潜水以蒸发排泄为主，常形成咸水。潜水容易受到污染，对潜水水源应注意保护环境。

一般情况下，潜水面不是水平的，而是一个向排泄区倾斜的曲面，起伏变化大体与地形一致，但常较地形起伏缓和。潜水面上各点的高程称作潜水位。相等水位点的连线称作等水位线。等水位线的法线方向是地下水的流向。

3．承压水

承压水是指充满上、下两个隔水层之间具有承压性质的地下水。承压水承受静水压力，在适宜的地形条件下，当钻孔打到含水层时，水便喷出地表，形成自喷水流，故又称自流水。承压水由于顶部有隔水层，其补给区小于分布区，主要通过含水层出露地表的补给区（该地段地下水已转变为潜水）获得补给，并通过范围有限的排泄区进行排泄。当顶底板为水平隔水层时，承压水还可以通过半隔水层，从上部或下部的含水层获得补给，或向相邻含水层排泄。无论是哪种情况，承压水参与水循环都不如潜水那样积极，因此，气候、水文因素的变化对承压水的影响较小，承压水动态比较稳定。

承压水与潜水主要来源于现代渗入水（大气降水、地表水）。但是，承压水含水层中可以保留很古老的水，有时甚至是与沉积物同时沉积下来的水（如在海相沉积物中保留的原始海水、在湖相沉积物中保留的原始湖水等）。承压水不像潜水那样容易获得补充、恢复，也因此其水质受外界环境影响较小，而且在含水层厚度较大时，承压水往往具有良好的多年调节作用。

承压水既有淡水也有咸水，甚至有含盐量高的卤水。承压水的补给、径流、排泄条件越好，水质就越接近入渗的大气降水及地表水；补给、径流、排泄条件越差，水循环越缓慢，水从岩层中滤出的盐分就越多，水的含盐量也就越高。

（四）地下水的运动

1. 渗透与渗流的基本概念

地下水受重力作用在空隙介质（孔隙、裂隙及溶隙）中的运动称为渗透。受岩土空隙的形状、大小和连通程度变化的影响，水质点在含水层中的运动速度与方向相当复杂。为了研究方便，人们对实际地下水运动进行了概化：一是不考虑岩土骨架的存在，认为岩土空隙和骨架所占的空间都被水充满；二是不考虑水质点实际运动特征，而是以地下水总的运动方向作为地下水流方向。由此引出渗流的概念，即对实际水流进行概化了的假想渗透水流。

使用渗流概念时，须满足以下条件，才能正确地反映实际地下水流的特征：一是通过任一过水断面的渗流量与通过该断面的实际流量相等；二是作用于任一断面上的渗流压强（压力）与作用于该面积上的实际水流渗透压强（压力）相等；三是渗流通过任一体积所受的阻力与实际水流通过该体积所受的阻力相等。为了满足上述条件，渗流场边界条件与实际水流的边界条件应该相同。

在渗流研究过程中，把垂直于地下水流向的含水层断面称为过水断面，即把由空隙与固体骨架构成的含水层断面看作统一的连续透水断面（虽然实际过水断面只是空隙中的透水部分）。如果把渗透流量平均到过水断面上，得到的地下水流速度称为渗流速度或渗透速度，那么渗流速度总是比地下水实际流速小。

地下水流动过程中，各个运动要素（水位、流速等）不随时间改变时，称为稳定流；否则称为非稳定流。严格来讲，自然界中地下水都属于非稳定流，但是为了便于分析和计算，也可以将某些运动要素变化比较小的渗流，近似地看作稳定流。

2. 线性渗透定律——达西定律

法国水利学家达西（Darcy）通过大量的模拟试验，得出了线性渗透定律，称为达西定律：

$$Q = K\omega \frac{\Delta h}{L} = K\omega I \tag{7-59}$$

式中：Q 为过水断面流量，m^3/d；ω 为过水断面面积，m^2；Δh 为水头损失，即上下游水头差，m；L 为渗透长度，m；K 为渗透系数，m/d；I 为水力梯度，$I = \Delta h / L$，量纲一。

地下水在空隙中运动时，为了克服阻力消耗机械能，会出现水头损失，所以水力梯度可以理解为当水流通过单位长度渗透途径时，为克服阻力所耗失的能量。从水力学知，通过某个断面的流量 Q 等于流速 V 与过水断面面积 ω 的乘积，据此，达西定律也可表达为

$$V=KI \tag{7-60}$$

式中：V 为渗透速度或渗流速度，m/d。其余符号含义同式（7-59）。

式（7-60）显示，渗流速度（V）与水力坡度（I）的一次方成正比，因此，称达西定律为线性渗透定律。线性渗透定律揭示了地下水径流运动时的基本规律。

渗透系数 K 具有重要的水文地质学意义，它相当于水力坡度 I 为 1 时的渗流速度。当 I 一定时，V 与 K 成正比；当 V 一定时，K 与 I 成反比，因此渗透系数 K 能定量地说明岩石的渗透性能。常见的松散沉积物渗透系数参考值见表 7-8。

表 7-8　常见的松散沉积物渗透系数参考值

松散沉积物名称	渗透系数/（m/d）	松散沉积物名称	渗透系数/（m/d）
亚黏土	0.001～0.1	中砂	5.0～20.0
亚砂土	0.1～0.5	粗砂	20.0～50.0
粉砂	0.5～1.0	砾石	50.0～150.0
细砂	1.0～5.0	卵石	100.0～500.0

实际上，渗透系数不仅与含水介质的空隙性质有关，还与流体的黏滞性有关。但是在研究地下水运动时通常忽略地下水黏滞性的影响，除非研究对象是卤水或温热水。

3．非线性渗透定律——哲才定律

地下水在较大的空隙中运动且流速很大时，则呈紊流运动。此时的地下水运动服从哲才定律：

$$V=KI^{1/2} \tag{7-61}$$

式中：各符号含义见式（7-59）、式（7-60）。

达西定律与哲才定律的区别仅在于水的流动状态，即层流还是紊流。地下水的流态主要取决于渗流速度，当流速较小时，地下水一般呈层流状态；当流速大于临界流速时，地下水呈紊流状态。自然界中的孔隙、裂隙及溶穴不太发育的岩层中，地下水运动基本上属层流运动，只有在溶洞和粗大卵砾石层中才会形成局部的紊流运动。因此，达西定律被广泛应用于自然界中的地下水计算，是研究地下水运动规律的最基本定律。

4．地下水的补给、排泄和径流

含水层从外界获得水量的过程称作补给，失去水量的过程称为排泄，地下水由补给处向排泄处的运移过程称作径流。地下水通过补给、排泄和径流，不断地参与地球表层水文循环并与外界进行着水分与盐分的交换，这种交换决定着含水层水质在空间和时间上的变化与分布规律。地下水的补给与排泄方式及其强度，决定着地下水径流、水量与水质的变化特征。

（1）地下水的补给

地下水的补给来源主要有大气降水、地表水、相邻含水层及其他等。近年来，人工补给方式也不可忽视。

1）大气降水的补给。大气降水到达地面后，要通过包气带才能到达地下水面。因此，包气带岩性及其含水状态对大气降水入渗补给含水层起着重要的控制作用。降雨初期雨量较小时，先在包气带中形成结合水、悬挂毛细水，并不能进入含水层形成补给作用。随着降水持续进行，结合水和悬挂毛细水达到极限，入渗雨水通过静水压力，就可以对地下水形成补给。

影响降水补给的因素主要有降水特征、包气带岩性与厚度、地形坡度、植被发育情况等，其中最主要的是降水量和包气带的岩性与厚度。降水特征包括降水量和降水强度（单位时间内的降水量，通常以 mm/h 为单位）。一个地区的地下水资源丰富与否，首先取决于年降水量的大小。在一定降水量条件下，入渗补给量主要受降水强度与入渗率的影响。如降水强度超过包气带的入渗率，在合适地形影响下部分降水便形成地表径流，如此一来补给地下水的部分所占比例相应减少。所以包气带的透水性越好，降水转为地下水的份额越大。此外，地表植被可以阻滞地表径流，有利于降水入渗。

通常采用降水入渗系数 α 来描述大气降水对地下水的补给条件。降水入渗系数是指一年内降水入渗值与年降水量的比值，以小数或百分数表示。

2）地表水的补给。各类地表水都可补给地下水。常见的如河流补给。河流对地下水的补给作用，取决于河流水位与地下水位的关系，这种关系沿着河流纵断面可能会有所变化：①山区河流深切，河水位常低于地下水位，河流起到排泄地下水的作用；②山前河流的堆积作用加强，河床抬高，地下水埋深增加，河水就会补给地下水；③冲积平原上游，河水位与地下水位接近，汛期河水补给地下水，非汛期地下水补给河水；④冲积平原中下游，由于强烈的堆积作用，多形成所谓"地上河"，因此经常是河水补给地下水。

河流补给地下水时，补给量的大小取决于以下因素：河床以下地层的透水性、河流与地下水有联系部分的长度及河床湿周（浸水周界）、河水位与地下水位高差，以及河床过水时间的长短。

我国北方许多河流是间歇性的，每年仅在汛期有水。汛期前，河床以下的包气带含水不足，河水与地下水并不相连；初汛来临，河水浸湿包气带，并垂直下渗，使地下水位凸起；随着地下水位提高，地表水与地下水连成一体，被抬高的地下水面向外扩展，河水渗漏量变小；汛期过后，河水断流，地下水位逐渐趋平，但一定范围内地下水位仍然向上凸起。

为了确定河水渗漏补给地下水的水量，可在河水渗漏河段上下游分别测定断面流量 Q_1、Q_2，则河水渗漏量等于 $(Q_1-Q_2)\cdot t$，其中 t 为河床过水时间。对于常年性河流，此渗漏量即河水补给地下水的水量；但是对于间歇性河流，有相当大的一部分渗漏量消耗于湿润河床附近的包气带，此时不能简单地把河水渗漏当作补给地下水的量。

地表水对地下水的补给与大气降水补给不同：后者是面状补给，普遍而均匀；前者则是线状（带状）补给，局限于地表水体的周边。地表水体附近的地下水，既接受降水补给，又接受地表水的补给，若地下水经开采后与地表水的水位差加大，则可使地下水得到更多的补给量。

潜水和承压含水层接受降水和地表水补给的条件不同。潜水在整个含水层分布面积上都能直接接受补给。承压水则仅在含水层出露处或与地表连通处（在此处已转化为潜水）方能获得补给。因此，含水层组合、分布与地形的配合关系，对承压含水层的补给影响极大。

3）相邻含水层的补给。相邻含水层之间的补给关系受二者之间的水位差控制，水位低者接受高者的补给，其补给方式主要有：含水层相互连通而产生直接补给，通过切穿隔水层的导水断层进行补给，因隔水层局部缺失使相邻含水层发生水力联系而补给，被弱透水层隔开的相邻含水层之间因水头差增加而发生渗透补给（称为越流补给），开采井止水不良造成多层含水层之间产生人为的水力联系。

越流补给是普遍发生的一种水文地质现象，特别是在人工开采的条件下。由于弱透水层的垂向渗透系数很小，越流强度通常不大，但是越流范围一般较广（与弱透水层的分布面积有关），因此，总的越流量可能很大，从而会对某个含水层的可开采量、地下水位预测等问题产生影响。

4）地下水的其他补给来源。其中包括：凝结水补给，即土壤孔隙中的水汽因温度降低而发生凝结形成的水，在高山、沙漠等昼夜温差大的地方，其补给作用不容忽视；地幔水补给，即上地幔软流圈中的水分，随岩浆侵入进入地壳上部，补给周围含水岩层，或因分异作用形成热液并沿断裂带进入地壳上部补给地下水，其对人类可利用的地下水的补给范围和数量有限，但可能会对局部地区地下水的物理化学性质产生重要影响；人工补给，即为了弥补地下水水位下降造成的环境地质问题或补充地下水资源，人类通过建造渠、池、坑、湿地等设施蓄水入渗或利用钻井灌注方式进行地下水的人工补给。此外，人类修筑水库、农业灌溉工程以及排放废水等活动，间接会使地下水获得补给。

（2）地下水的排泄

地下水的排泄方式是多样的，可通过"泉"作点状排泄，或通过向河水泄流作线状排泄，或通过蒸发消耗作面状排泄，也可由一个含水层（含水系统）向另一个含水层（含水系统）排泄，还可通过抽水井、排水渠道等形式进行人工排泄。

蒸发排泄仅消耗地下水量，盐分仍留在地下水中，故可能造成地下水矿化度升高。其他形式一般不直接引起水质变化。地下水的蒸发排泄有两种类型：一是土面蒸发，即当潜水位埋藏较浅时，在毛细作用下，潜水会源源不断地通过毛细作用上升补给，使蒸发不断地进行；二是叶面蒸发，即植物由根系吸收地下水分，并通过叶面蒸发而逸失水分，植被繁茂的土壤全年蒸发量在特殊情况下甚至可能超过露天的水面蒸发量。

（3）地下水的径流

地下水的径流是连接补给与排泄的中间环节。通过径流，含水层中的水分、盐分由补给区被输送到排泄区，从而影响含水层或含水系统水量与水质的时空分布，是环境影响评价工作应重点关注的一个地下水运动环节。

地下水径流方向相当复杂，以华北平原为例：在总的地形控制下，华北平原区域地下水自西向东、由山前向滨海流动；但局部情况则要具体分析，如在山前地下水通过垂直向下流动，在平原中某些部位可能会垂直向上游流动，在现代河道或古河道的沉积物（含水层）中，地下水可能会越流补给更深一层含水层，而在河间洼地，地下水则由下向上运动。在大规模人工排泄地下水（开采活动）的影响下，地下水位会重新分布，径流方向也随之改变，形成新的地下水流场，原先的补给区甚至可能变成排泄区，排泄区可能变成补给区。

（五）地下水的物理化学性质

地下水并非纯水，而是在自然地理、地质及人类活动长期相互作用下，形成的具有物理、化学、生物等性质的溶液，因此，其水质状况比地表水更为复杂。

1. 地下水的物理性质

（1）颜色与透明度

地下水一般是无色、透明的，但如果含有某特殊化学成分或含有悬浮杂质，则会呈现出多种颜色（表7-9）或透明度。常把水的透明度划为4个等级：透明、微浊、浑浊、极浊。

表 7-9　地下水的颜色与水中存在物质的关系

存在物质	硬水	低铁	高铁	硫化氢	锰的化合物	腐殖酸盐
颜色	浅蓝	淡灰	锈色	翠绿	暗红	暗黄或灰黑

（2）气味与味道

一般地下水是无嗅、无味的。但当其中含有某种气体成分和有机质时，就会产生一定的气味。如硫化氢气体有臭鸡蛋味、有机物质有鱼腥味等。地下水的味道取决于它的化学成分及溶解的气体（表7-10）。

表 7-10　地下水味道与水中存在物质的关系

存在物质	NaCl	Na_2SO_4	$MgCl_2$、$MgSO_4$	大量有机物	铁盐	腐殖质	H_2S、碳酸气	CO_2、$CaHCO_3$、$MgHCO_3$
味道	咸味	涩味	苦味	甜味	墨水味	沼泽味	酸味	可口

（3）温度

地下水的埋藏深度不同，温度变化规律也不同。在常温层以上，水温具有季节性变化特征；在常温层中，地下水温度变化幅度一般不超过 0.1℃；而在常温层以下，地下水温度则随深度的增加而逐渐升高，其变化规律取决于当地地热增温级（常温层以下，温度每升高 1.0℃所需增加的深度）。

2．地下水的化学性质

（1）地下水的化学成分

地下水中通常溶解有多种离子、化合物、分子及气体。目前所知，地下水中有组成地壳 87 种元素的 70 余种，其中常见的化学成分包括：

离子成分中的阳离子，如 H^+、K^+、Na^+、Mg^{2+}、Ca^{2+}、NH_4^+、Fe^{2+}、Fe^{3+}、Mn^{2+} 等；阴离子有 OH^-、Cl^-、SO_4^{2-}、NO_2^-、NO_3^-、HCO_3^-、CO_3^-、SiO_3^{2-} 及 PO_4^{3-} 等。

未离解的化合物分子，如 Fe_2O_3、Al_2O_3 及 H_2SiO_3 等。

溶解的气体，如 CO_2、O_2、N_2、CH_4、H_2S 及 Rn 等。

上述组分中以 Cl^-、SO_4^{2-}、HCO_3^-、K^+、Na^+、Ca^{2+}、Mg^{2+} 最常见、含量最多。除此之外，地下水中还可能出现各种微量元素（含量少于 10 mg/L 的元素，个别情况下可以高于此值），如溴（Br）、碘（I）、氟（F）、硼（B）、磷（P）、铅（Pb）、锌（Zn）、锂（Li）、铷（Rb）、锶（Sr）、钡（Ba）、砷（As）、钼（Mo）、铜（Cu）、钴（Co）、镍（Ni）、银（Ag）、铍（Be）、汞（Hg）、锑（Sb）、铋（Bi）、钨（W）、铬（Cr）等。在不同地区由于基岩成分、土壤成分和地下水动力条件的差异，微量元素的种类和数量分布不尽相同。天然地下水中微量元素一般含量很小，大部分迁移性能弱，分布不广。

对地下水水质影响较大的化学成分包括：

1）氯离子（Cl^-）。Cl^- 几乎存在于所有地下水中，其含量的变化范围很大，由每升水中数毫克至数百克不等。地下水中 Cl^- 主要有无机来源和有机来源两种途径，前者包括岩盐矿床和其他氯化沉积物的溶解以及海相沉积物中埋藏的海水，后者包括生活和工农业废水、动物及人类排泄物等。除此之外，Cl^-还可通过火山喷溢由深部带出，通过大气降水降落地表。

氯盐通常具有很大的溶解度，且 Cl^- 不被胶体吸附，也不被生物聚集，因此具有很强的迁移性能。高矿化度的地下水均以 Cl^- 为主。

2）硫酸根离子（SO_4^{2-}）。SO_4^{2-}的迁移性能仅次于 Cl^-，地表水和浅层地下水中均含有较丰富的 SO_4^{2-}，在中等矿化度的地下水中 SO_4^{2-}往往占主导地位。天然水中 SO_4^{2-}的含量由于 Ca^{2+} 的存在而受到限制，因为两者能形成溶解度很小的 $CaSO_4$沉淀。在缺氧条件下，不稳定的 SO_4^{2-}容易被还原成硫化氢。

地下水中 SO_4^{2-}的主要来源是石膏及含硫酸盐矿物的溶解，如干旱区潜水和地表水中因溶滤含盐岩、石膏和芒硝（$Na_2SO_4 \cdot 10H_2O$）的盐土而富含 SO_4^{2-}。其他来源还包括：地壳中广泛分布的硫化物和天然硫的氧化；地下水中有机物的分解，如居民点附近地下水中 SO_4^{2-}的存在常与污染有关；在火山喷出的硫化物和 H_2S气体的氧化及含 SO_4^{2-}的雨水降落等。

3）重碳酸根（HCO_3^-）和碳酸根离子（CO_3^{2-}）。HCO_3^- 和 CO_3^{2-}也是天然水中很常见的重要组分，在水中两者与碳酸之间存在一定数量的转换关系：

$$H_2CO_3 \longleftrightarrow H^+ + HCO_3^- \longleftrightarrow 2H^+ + CO_3^{2-}$$

平衡式中任何一项的变化，都会引起其他各项数量的变化。碳酸平衡要素之间的关系取决于水的 pH：酸性水中碳酸或 CO_2 占主导地位，实际上在 pH＜5 时 HCO_3^- 的浓度基本为零；在中性或碱性水中 HCO_3^- 占主导地位；在 pH＞8 时 CO_3^{2-} 才出现，在强碱性水中 CO_3^{2-}占优势。

地下水中的 HCO_3^- 和 CO_3^{2-} 主要来源于各种碳酸盐类（石灰岩、白云岩、大理岩等）的溶解。其溶解按下式进行：

$$CaCO_3 + CO_2 + H_2O \longleftrightarrow Ca^{2+} + 2HCO_3^-$$
$$MgCO_3 + CO_2 + H_2O \longleftrightarrow Mg^{2+} + 2HCO_3^-$$

虽然 HCO_3^- 广泛地存在于地下水中，但含量不高，一般在 1 000 mg/L 以内。在低矿化度的地下水中，阴离子成分通常主要为 HCO_3^-。

4）钠离子（Na^+）和钾离子（K^+）。两者均为碱金属元素，在地壳中含量相近，所形成的盐类均为易溶盐，但地下水中 K^+ 的含量要比 Na^+少得多，这是因为 K^+易为植物所摄取，参与形成较难溶的次生矿物（如水云母、蒙脱石、绢云母等），或者易被黏土矿物吸附。

钠盐具有很大的溶解度，Na^+迁移能力极强，因此，地下水中Na^+的分布很广，且含量变化范围很大。Na^+含量一般随地下水矿化度的增高而增加，其中高矿化度水中Na^+为主要的阳离子。

地下水中 Na^+的来源主要是含钠盐的海相沉积物和岩盐矿床的溶解，其次是火成岩的风化。此外，土壤吸附体中的 Na^+被水中的 Ca^{2+}、Mg^{2+}所换也是地下水中 Na^+富集的原因之一。

由于地下水中 K^+的含量少，且其性质与Na^+相近，在研究地下水化学成分时，常常将 K^+归于 Na^+ 之中（以 K^++Na^+表示）而不单独分析。

5）钙离子（Ca^{2+}）。Ca^{2+}是低矿化水中的主要阳离子之一，重碳酸钙型水是低矿化度水的普遍特征。随着矿化度的增高，地下水 Ca^{2+}的相对含量迅速减少，同时从溶液中不断析出 $CaSO_4$、$CaCO_3$。因此，在天然水中 Ca^{2+}的含量一般很少超过 1 000 mg/L。

地下水中 Ca^{2+}的来源主要是石灰岩的溶解，其次是阳离子交换和大气降水。

6）镁离子（Mg^{2+}）。虽然 Mg^{2+}在所有地下水中都存在，但是较少遇到镁占优势的水。这是由于地壳组成中 Mg^{2+}比较少且地下水中 Mg^{2+}易被岩土吸附及被植物摄取。地下水中 Mg^{2+}的来源主要为白云岩、泥灰岩和基性岩、超基性岩的风化、溶解。

（2）地下水的化学性质

1）pH。pH 为水中氢离子浓度的负对数值。在纯水中氢离子浓度与氢氧根离子浓度相等时，水呈中性。地下水可按 pH 分为强酸性水、弱酸性水、中性水、弱碱性水、强碱性水（表 7-11）。

表 7-11　地下水按 pH 分类

水的类别	pH	水的类别	pH	水的类别	pH
强酸性水	<5	中性水	7	强碱性水	>9
弱酸性水	5~7	弱碱性水	7~9		

2）矿化度。地下水的矿化度是指地下水中所含盐分的总量。习惯上以 105~110℃将水蒸干所得到的固体残余物总量来表征矿化度。也可以将分析得到的阴、阳离子含量相加求得其理论值。因为在蒸干时有一半的 HCO_3^-分解为 CO_2 和 H_2O

而逸出，因此在离子含量相加时，HCO_3^-仅取理论重量的一半。地下水可按矿化度分为淡水、微咸水（低矿化水）、咸水、盐水、卤水（表 7-12）。

表 7-12 地下水按矿化度分类

水的类别	矿化度/（g/L）	水的类别	矿化度/（g/L）
淡水	<1	盐水	10～50
微咸水（低矿化水）	1～3	卤水	>50
咸水	3～10		

与矿化度相近的概念是水的总溶解固体含量（TDS）。严格地说，两个概念存在区别，TDS 指溶解在水中的无机盐和有机物的总称（不包括悬浮物和溶解气体等非固体成分），所以总固体含量大于矿化度，其差值为有机物含量。但是，当水比较清净时，水中的有机物质含量比较少，所以人们有时用总溶解固体含量近似地表示矿化度。

3）硬度。水的硬度可分为总硬度、暂时硬度和永久硬度。总硬度是指水中所含钙盐、镁盐〔如 $Ca(HCO_3)_2$、$Mg(HCO_3)_2$、$CaSO_4$、$MgSO_4$、$CaCl_2$、$MgCl_2$ 等〕的总含量。暂时硬度是指当水煮沸时，重碳酸盐分解破坏而析出的 $Ca(HCO_3)_2$ 或 $Mg(HCO_3)_2$ 的含量，又称碳酸盐硬度。当水煮沸时，仍旧存在于水中的钙盐和镁盐（主要是硫酸盐和氯化物）的含量，称永久硬度，又称非碳酸盐硬度。地下水硬度一般比地表水高。

4）溶解氧。溶解于水中的氧称为溶解氧。氧的溶解度与水的矿化度、埋藏深度、温度、大气压力及空气中氧的分压有关。因为地下水在渗透过程中，溶解氧与土壤中的有机物发生氧化而被消耗，地下水中溶解氧通常较少。

5）化学耗氧量。水的化学耗氧量在一定程度上代表水中所含可被氧化的物质的数量，是水被污染的标志之一。

6）含氮化合物。含氮化合物是指水中氨氮、亚硝酸盐氮、硝酸盐氮的含量，是判断水体是否受到有机物污染的重要指标。饮用水中硝酸盐过高，进入人体后被还原为 NO_2^-，直接与血液中血红蛋白作用生成甲基球蛋白，引起血红蛋白变性。实验证明，亚硝酸盐在人体中与仲胺、酰胺等发生反应生成致癌的亚硝基化合物。

3．地下水运移过程中的物理、化学作用

地下水运移特别是地表水由包气带进入饱水带的过程中，会发生较为复杂的物理、化学作用，这些作用在一定程度上反映了包气带的环境功能，因此，环境影响评价工作中需要认真对待这些作用。

（1）溶滤作用

溶滤作用是指在水的作用下，岩石中某些组分进入水中的作用。某一地区溶滤作用形成的地下水化学成分特征与含水介质岩性关系密切。

（2）浓缩作用

浓缩作用是指由于水分蒸发使地下水中盐分浓度（矿化度）相对增大的作用。浓缩作用也可使地下水化学成分发生变化，比如以 HCO_3^- 为主要成分的低矿化度水，在浓缩后会变为 SO_4^{2-} 为主的水，进一步浓缩会变为以 Cl^- 为主的高矿化度水。浓缩作用主要发生在干旱、半干旱地区的潜水中，直接影响深度一般不超过常温层。

（3）混合作用

两种或两种以上性质的地下水相遇并混合，形成在化学成分或矿化度上都与混合前有所不同的地下水，这种作用称为混合作用。混合作用分为简单混合作用与反应混合作用两种，前者是指混合后其矿化度或化学组分按混合量呈简单的比例关系，后者则是指混合后发生化学元素之间的平衡反应，产生新的反应产物，混合前后化学成分发生明显变化。

（4）阳离子交换吸附作用

含水介质颗粒表面常带有负电荷，能吸附某些阳离子。在一定条件下，含水介质颗粒会吸附地下水中的某些阳离子，而将其原来吸附的阳离子替换入水，称为阳离子的交换吸附作用。含水介质对离子的吸附能力取决于其比表面积及吸附离子的理化性质：颗粒越细，比表面积越大，则吸附能力越强；阳离子的电价越高，则越易被吸附。此外，吸附能力与离子浓度成正比，即浓度大的离子更易被吸附。

（5）沉淀和溶解作用

溶解在水中的某种离子，由于外界物理或化学条件的变化，浓度超过其饱和浓度时，则该离子将以某种盐的形式沉淀下来。沉淀作用会导致地下水中离子含量大为减少。反之，若地下水中某种离子因浓度减小或条件变化，已沉淀的相关盐分也可以重新溶解，使该离子再次进入地下水。

（6）脱硫酸作用

在还原环境中，水中的硫酸根离子在有机物存在时，因微生物的作用而被还原成硫化氢，使水中的硫酸根离子减少甚至消失，而硫化氢和重碳酸根离子的含量增大，这种作用称为脱硫酸作用。脱硫酸作用一般发生在封闭缺氧并有有机物存在的地质构造环境中，如油田水中硫化氢含量较高，而硫酸根离子含量很少，就是脱硫酸作用所致。

（7）脱碳酸作用

碳酸盐类矿物在水中的溶解度取决于水中所含 CO_2 的数量。当温度升高或压力减小时，水中 CO_2 含量就会减少，这时水中的 HCO_3^- 便会与 Ca^{2+}、Mg^{2+}结合产生沉淀。这种使水中 HCO_3^- 含量减少的作用称为脱碳酸作用。岩溶地区溶洞内常见的石钟乳、石笋、泉华等现象都是这种作用的结果。

（8）机械过滤作用

水中某些物质（如悬浮物、细菌、病毒或有些沉淀物、絮凝物等）在地下水通过含水介质时，被介质截留的作用称为机械过滤作用。机械过滤效果取决于介质性质和被过滤物质颗粒大小。松散地层的颗粒越细，过滤效果越好；坚硬岩石裂隙地层的过滤效果一般不如松散地层好，且裂隙越大，过滤效果越差。例如，在松散地层里，悬浮物一般在 1 m 内就能去除，而有些裂隙地层则无法过滤悬浮物；砂土过滤对细菌的去除是无效的，黏土或粉土过滤却可以，但后者对病毒去除则无效或效果很差。不过，如果细菌和病毒附着在悬浮物上，这时对悬浮物的过滤也会达到去除细菌、病毒的效果。

（9）水动力弥散作用

多孔介质中，当存在两种或两种以上可混溶的流体时，在流体运动的作用下，流体间浓度过渡带不断加宽并逐渐趋向区域浓度平均化的现象。水动力弥散通过分子扩散和机械弥散两种方式来实现，前者是指溶质由浓度高的地方向浓度低的地方运动，后者是指由不同部位流速分布不均匀导致流体混合，两者都会使浓度趋向均匀。

可以用水动力弥散系数来表征含水介质对某种溶质（或污染物）的弥散能力，包括机械弥散系数与分子扩散系数。当地下水流速较大时可以忽略分子扩散系数。

近年来，由于地下水遭到不同程度的污染，因此，水动力弥散理论越来越受到人们关注。它不仅可以用来模拟地下水中污染物的运移过程，预测地下水污染的发展趋势，而且可以用来分析海水入侵、土壤盐碱化等问题。

（六）地下水污染

1. 污染源与污染物

工业及城市废水、废渣的不合理排放、处置，农业生产中农药、化肥的淋失等，造成很多地区的地下水水质恶化。对地下水污染的监测、预报和防护已成为地下水研究的重要课题。地下水污染源包括工业污染源、农业污染源、生活污染源、矿山污染源。

（1）工业污染源

不同工业、不同产品、不同工艺过程、不同原材料及不同管理方式排出废水的水质和水量差异很大。

1）废水。废水可通过污染地表水，间接污染地下水，也可直接下渗污染地下水。例如，工业废水通过排水沟渠进入地表纳污河流的过程中；工业废水处理建筑物（如沉淀池、曝气池、氧化塘、集水池等）的防渗效果不好时；工厂废水的无组织排放；煤矿开采中酸性矿坑水的排放；金属矿产开采中含有毒金属或放射性元素矿床废水的排放等现象。

2）废渣。废渣包括高炉渣、钢渣、粉煤灰渣、电石渣、洗煤泥、化工渣及其他废渣。这些废渣有的用坑池存放，有的则是直接堆放在地面，还有的深挖填埋。如果放置的位置选择不当，防水、防渗处理不善，污染物经雨水分解、淋滤而下渗，将造成地下水的污染。

3）废气。工业燃料的燃烧每天要排放大量废气，其中有害气体可能包括二氧化硫、氧化氰、二氧化碳、氯气等。这些有害气体进入大气后会随着降雨和降雪落至地面，渗入地下，污染土壤和地下水。

因工业废气形成的酸雨在北半球所有工业区已很普遍，成为全球重大环境问题之一。酸雨下渗影响地下水酸碱度，并对地下水中微量元素的变化产生重要影响。在酸雨的影响下某些地区地下水中的汞、锌、镉、铝、铜等元素含量有所升高。

（2）农业污染源

农业生产过程中施用的大量化肥、农药和除草剂等化学物质，以及利用污水灌溉农田，会造成污染物在土壤中积累，并在降雨入渗和灌溉回渗水的作用下，对地下水造成大面积污染。

与地下水污染有关的农药包括有机氯（滴滴涕和六六六）、有机磷（1605、1059、3911、敌百虫、乐果、4049、杀螟松、倍硫磷等）、有机汞（赛力散、雨力生）和除草剂。其中有机氯农药性质稳定，在土壤、水体和动植物体内降解慢，在人体内有一定积累，是一种重要的环境污染物，已被停止生产和使用；有机磷农药是含磷的有机化合物，有较强的杀虫效果，其化学性质不稳定，容易分解，大部分品种不易在人体和植物内积累；有机汞农药药效高、成本低，多年来被用作杀菌剂，但因其剧毒性、残留毒性和积累毒性，很多国家都限制或取消有机汞农药的生产和使用；利用除草剂除草是机械化大生产中被广泛采用的现代化农业技术之一，多数除草剂使用安全、低毒、易分解。

土壤肥料可分为有机肥料和无机肥料。有机肥料主要包括动物粪便、绿肥、垫草等。除非含有大量水分（如粪浆水、粪肥水），一般有机肥料的施用对地下水水质变化影响较小。无机肥料（化肥）包括氮肥、磷肥和钾肥，土壤中过剩的无机肥料可以随下渗水一起渗入地下水，引起地下水的污染。研究表明，化学氮肥施用后，作物的吸收利用率仅为 30%～40%，大部分氮素通过各种不同途径分散或消散于环境之中，从而成为地下水中氮污染的主要来源之一。

利用城市污水进行农田灌溉，虽然能够缓解当地水资源短缺问题，但也会对环境产生负面影响。特别是对于地下水位埋藏较浅的地区，对污灌的方式、方法、用时、用量要进行详细的研究和试验，否则会对地下水水质造成严重污染。

在农业活动对地下水质影响过程中，包气带的岩性特征扮演了重要角色。化肥、农药主要施用在地表或植物的茎和叶，残留的污染物或毒素会积累于包气带中。包气带与大气有较好的连通性，环境水文地球化学作用比饱水带更为强烈，因此一些污染物质随水通过包气带时，由于吸附、分解、沉淀、过滤、挥发等一系列作用，毒性或含量可能会被削弱。

（3）生活污染源

通常是指人口密度大的城镇居民的生活污染源，包括城镇居民生活污水，科教文卫、服务业等单位排放的污水，以及城镇生活垃圾。

生活污水中的污染物质主要为人的排泄物、洗涤水、腐烂的食物等，而从各种实验室排出的污水中成分复杂，常含有各种有毒物质，医疗卫生单位的污水中则含有大量细菌和病毒，是流行病和传染病的重要来源之一。生活污水通过地下管道排入河道，或者排入附近池塘、洼地，首先污染地表水，然后随地表水渗入地下，造成地下水污染。

城镇的生活垃圾，除小部分进行了处理以外，大部分运到城市郊区，或者经简单发酵处理后作为肥料使用，更多的是连同工业垃圾一起被用于填平市区边缘的坑塘洼地。废弃物成分较复杂，含有相当数量的有机生活废物，易腐败发臭，产生大量细菌，在降雨及地表水的作用下，部分转入地下，将造成地下水污染。

（4）矿山污染源

大量的废石是金属采矿、选矿过程中产生的一大污染源。如在选矿过程中，将矿石粉碎后加入的各种所需药剂，使尾矿中不仅含有大量有害的金属离子，而且含有氰化物、硫化物、重铬酸钾、硫酸、盐酸等有毒有害成分。矿渣（如煤矸石）和尾矿经风化和降雨淋滤作用，渗入地下污染地下水，可经地表水系的输送，再污染较远处的地下水。

矿山（如煤矿）排水有些是 pH 很低的酸性水，有的含有某些有害的金属元素和放射性元素（如钼矿、铅锌矿和放射性矿床的矿坑水），会通过下渗再次进入地下水；矿山的抽水疏干作用，会形成区域性地下水降落漏斗，改变地下水的天然流向或降低局部地下水位，使原来饱和的岩层成为非饱和带，均可能改变矿物可溶性和矿山地下水水质场。

2．导致地下水污染的地质条件

地下水的污染程度和范围受污染源特征、地质和水文地质条件控制。

潜水埋藏浅，常与大气降水及各类地表水体直接发生联系，因此易受污染，而承压水一般埋藏比较深，不易直接受到地表水体的影响。平原地区，地表常覆盖一定厚度能起隔水作用的黏土或亚黏土，地下水不易被降水下渗污染。

若承压水与潜水存在过渡现象，则山前潜水带向下游常逐渐过渡到承压水带，则山前潜水受到污染后，经过一定时间后会扩散影响到平原区承压水。当潜水与下部承压水之间隔水层较薄时，可能受到承压水的顶托补给，但是人工开采如果改变水动力条件，造成潜水越流下渗补给承压水，潜水污染后就会影响承压水。

在基岩裸露区或丘陵区，浅部含水层的污染条件主要取决于风化带或构造裂隙带的发育程度，而深层水则主要取决于地质构造条件（如断裂沟通作用等）及含水层补给区分布范围。

在碳酸盐岩分布地区，存在复杂的地下水暗河系统且往往与地表水沟通，极易受到地表废水的污染。

总之，由于地质条件的差异，同一条污染河流流经不同地段时，因地表保护层的情况不同，地下水的污染程度和扩散范围也存在很大差异。所以查明地质条件与水源污染的关系，对建设项目合理选址和制定防治污染、保护环境的工程措施具有重要意义。

二、地下水环境影响评价的工作程序

建设项目地下水环境影响评价工作可以大致分为准备、现状调查与评价、影响预测与评价、结论 4 个阶段，具体如图 7-4 所示。

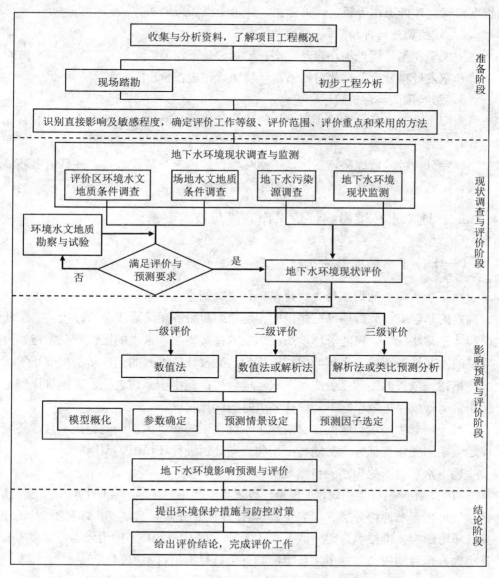

图 7-4 地下水环境影响评价的工作程序

1. 准备阶段

主要工作是收集和分析与地下水环境保护有关的国家和地方法律法规、政策、标准、规划等资料，了解建设项目工程概况，并通过现场踏勘及初步的工程分析，识别建设项目对地下水环境可能产生的直接影响，以及所在地地下水环境的敏感程度，确定评价工作等级、评价范围、评价重点和采用的方法。

2. 现状调查与评价阶段

主要工作是开展现场调查、勘察、勘探、地下水监测、取样、分析、室内外试验和室内资料分析，据此对地下水环境现状作出评价。

3. 影响预测与评价阶段

主要工作是选择合适的预测方法，评价建设项目对地下水环境的直接影响。

4. 结论阶段

综合分析各阶段成果，提出地下水环境保护措施与防控对策，并且给出环境影响评价结论，制订地下水环境影响跟踪监测计划。

三、地下水环境影响评价工作等级与技术要求

（一）地下水环境影响识别

地下水环境影响识别是在对建设项目进行初步工程分析、地下水环境保护目标确定的基础上，分析项目在建设期、运营期和服务期满后 3 个阶段内，正常状况和非正常状况下，可能对环境造成影响的直接影响。这里的正常状况是指建设项目的工艺设备和地下水环境保护措施均达到设计要求时的运行状况；非正常状况是指建设项目的工艺设备或地下水环境保护措施由于系统老化、腐蚀等原因不能正常运行或保护效果达不到设计要求时的运行状况。

对于随着生产运行时间推移对地下水环境影响有可能加剧的建设项目，还应按运营期的变化特征分为初期、中期和后期分别进行环境影响识别。

地下水环境影响识别的步骤如下。

首先，评价项目类别识别。根据建设项目对地下水环境的影响程度，结合《建设项目环境影响评价分类管理名录》，将建设项目分为 4 类（评价项目类别），详见《环境影响评价技术导则　地下水环境》（HJ 610—2016）的附录 A，其中 I ～ III 类建设项目均应开展地下水环境影响评价，VI 类则可不用。

其次，地下水环境敏感程度识别。建设项目地下水敏感程度按表 7-13 分为 3 级。

表 7-13 地下水环境敏感程度分级

分级	地下水环境敏感特征
敏感	集中式饮用水水源（包括已建成的在用、备用、应急水源，在建和规划的饮用水水源）准保护区；除集中式饮用水水源以外的国家或地方政府设定的与地下水环境相关的其他保护区，如热水、矿泉水、温泉等特殊地下水资源保护区
较敏感	集中式饮用水水源（包括已建成的在用、备用、应急水源，在建和规划的饮用水水源）准保护区以外的补给径流区；未划定准保护区的集中式饮用水水源保护区以外的补给径流区；分散式饮用水水源地；特殊地下水资源（如矿泉水、温泉等）保护区以外的分布区等其他未列入上述敏感分级的环境敏感区
不敏感	上述地区之外的其他地区

最后，建设项目的地下水环境影响识别。着重分析建设项目全过程中可能造成地下水污染的装置和设施、原料特征及生产过程、废水和废渣特征与去向等情况，从而掌握建设项目对地下水环境影响的各种途径，并根据污废水成分［参照《环境影响评价技术导则 地表水环境》(HJ 2.3—2018)］、液体物料成分、固体废物浸出液成分等确定特征污染因子。

（二）评价工作分级

建设项目地下水环境影响评价工作等级应依据建设项目的行业分类和地下水敏感程度来进行确定（表 7-14）。

表 7-14 建设项目环境影响评价工作等级划分

地下水环境敏感程度	项目类别		
	Ⅰ类项目	Ⅱ类项目	Ⅲ类项目
敏感	一级评价	一级评价	二级评价
较敏感	一级评价	二级评价	三级评价
不敏感	二级评价	三级评价	三级评价

需要说明的是：①对于利用废弃盐岩矿井洞穴或人工专制盐岩洞穴、废弃矿井巷道加水幕系统、人工硬岩洞库加水幕系统、地质条件较好的含水层储油、枯竭的油气层储油等形式的地下储油库、危险废物填埋场等项目，应进行一级评价，而不按表 7-14 确定评价工作等级；②当同一建设项目涉及两个以上场地时，各场地应分别确定评价等级，并按相应等级分别评价；③对于线状延伸的建设项目，应根据地下水敏感程度和项目特征进行分段定级，并分别评价。

（三）评价工作的技术要求

地下水环境影响评价应充分利用已有资料和数据，当已有资料和数据不能满足评价与要求时，应开展相应评价等级要求的补充调查，包括必要时进行勘察试验。

1. 一级评价要求

1）详细掌握调查评价区环境水文地质条件，主要包括含（隔）水层结构及分布特征、地下水补径排条件、地下水流场、地下水动态变化特征、各含水层之间以及地表水与地下水之间的水力联系等，详细掌握调查评价区内地下水开发利用现状和规划。评价区环境水文地质资料的调查精度一般不低于 1∶50 000 比例尺。

2）开展地下水环境现状监测，详细掌握调查评价区地下水环境质量现状和地下水动态监测信息，在此基础上进行地下水环境现状评价。

3）基本查清场地环境水文地质条件，有针对性地开展现场勘察试验，确定场地包气带特征及其防污性能。场地环境水文地质资料的调查精度不低于 1∶10 000 比例尺。

4）要采用数值法进行地下水环境影响预测。对于不宜概化为等效多孔介质的地区，可根据自身特点选择适宜的预测方法。

5）预测评价应结合相应的环保措施，针对可能的污染情景，预测污染物运移趋势，评价建设项目对地下水环境保护目标的影响。

6）根据预测评价结果和场地包气带特征及其防污性能，提出切实可行的地下水环境保护措施与地下水环境影响跟踪监测计划，制定应急预案。

2. 二级评价要求

1）基本掌握调查评价区环境水文地质条件，主要包括含（隔）水层结构及分布特征、地下水补径排条件、地下水流场等，了解调查评价区地下水开发利用现状与规划。环境水文地质资料的调查精度应根据建设项目特点与水文地质条件复杂程度确定，要求能清晰地反映建设项目与环境敏感区、地下水环境保护目标的位置关系，一般不低于 1∶50 000 比例尺。

2）开展地下水环境现状监测，基本掌握调查评价区地下水环境质量现状，进行地下水环境现状评价。

3）根据场地环境水文地质条件的掌握情况，有针对性地补充必要的现场勘察试验。

4）根据建设项目特征、水文地质条件及资料掌握情况，选择采用数值法或解析法，预测污染物运移趋势和对地下水环境保护目标的影响。

5）提出切实可行的环境保护措施和地下水环境影响跟踪监测计划。

3. 三级评价要求

1）了解调查评价区和场地环境水文地质条件。

2）基本掌握调查评价区的地下水补径排条件和地下水环境质量现状。

3）采用解析法或类比分析法进行地下水影响分析与评价。

4）提出切实可行的环境保护措施和地下水环境影响跟踪监测计划。

四、地下水环境现状调查与评价

（一）调查评价原则

地下水环境现状调查与评价工作手段与方法应遵循"三结合"的原则，即资料收集与现场调查相结合、项目所在场地调查（勘察）与类比考察相结合、现状监测与长期动态资料分析相结合。评价工作深度应满足相应评价工作等级的要求，当现有资料不能满足要求时，应开展现场监测或环境水文地质勘察与试验获取所需资料；对于一级、二级评价的改/扩建类项目，应开展现有工业场地的包气带污染现状调查获取；对于长输油品、化学品管线等线性工程，应重点针对场站、服务站等可能对地下水产生污染的场地展开调查与评价。

（二）调查评价范围

1. 基本要求

地下水环境现状调查评价范围以能说明地下水环境现状、反映调查评价区地下水基本流场特征、满足环境影响预测和评价的要求的基本状况为原则，并应包括与建设项目相关的地下水环境保护目标。污染场地修复工程可参照《建设用地土壤污染状况调查技术导则》（HJ 25.1—2019）执行。

2. 调查评价范围的确定

线性工程的建设项目以工程边界两侧向外延伸 200 m 作为调查评价范围。当建设项目穿越饮用水水源准保护区时，其范围应至少包括水源保护区。对于除线性工程之外的建设项目（或线性工程的站场），其范围可采用公式计算法、查表法和自定义法确定。当公式计算法或查表法结果超出所处水文地质单元边界时，以水文地质单元边界所围区域作为调查评价范围。

（1）公式计算法

当建设项目所在地水文地质条件相对简单，且掌握的资料能够满足计算的要求时，可采用公式计算法确定评价范围。

$$L = \alpha KIT / n_e \qquad (7\text{-}62)$$

式中：L 为下游迁移距离，m；α 为变化系数，$\alpha \geqslant 1$，一般取 2；K 为渗透系数，m/d；I 为水力坡度，量纲一；T 为质点迁移天数，$T \geqslant 5\,000$ d；n_e 为有效孔隙度，量纲一。

调查评价范围的长度是根据式（7-62）计算所得的污染物向下游迁移的距离，再加上适当向上游延伸的距离，其场地两侧的宽度不小于 $L/2$（图 7-5），而且评价范围内应覆盖重要的地下水环境保护目标。

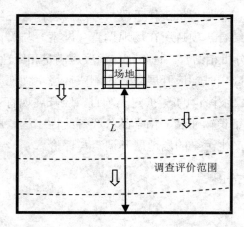

虚线—地下水等水位线；箭头—地下水流向。

图 7-5　调查评价范围示意图

（2）查表法

根据表 7-15 确定调查评价范围。

表 7-15　地下水环境现状调查评价范围参考表

评价工作等级	调查评价面积/km²	备注
一级评价	≥20	应包括重要的地下水环境保护目标，必要时适当扩大范围
二级评价	6~20	
三级评价	≤6	

（3）自定义法

自定义法是指根据建设项目所在地水文地质条件自行确定调查评价范围。一般当Ⅰ类建设项目位于基岩地区时，一级评价将以其所处水文地质单元为调查评价范围，二级评价原则上以其所处水文地质单元或地下水块段为调查评价范围，三级评价以能说明地下水环境的基本情况、满足环境影响预测和分析要求为原则确定调查评价范围。

（三）调查评价的内容

1．水文地质条件调查

在充分收集资料的基础上，根据建设项目的特点、水文地质条件复杂程度确定调查工作内容。调查内容主要包括以下几个方面：

1）气象、水文、土壤和植被状况。

2）地层岩性、地质构造、地貌特征与矿产资源。

3）包气带岩性、结构、厚度、分布及垂向渗透系数等，这是场地调查的重点内容。

4）含水层的岩性、分布、结构、厚度、埋藏条件、渗透性和富水性等，隔水层（弱透水层）的岩性、厚度、渗透性等。

5）地下水类型、地下水补径排条件。

6）地下水水位、水质、水温、化学类型。

7）泉的成因类型、出露位置、形成条件，泉水的流量、水质、水温及开发利用情况。

8）集中供水水源地和水源井的成井密度、水井结构、深度以及开采历史。

9）地下水现状监测井的深度、结构以及成井历史、使用功能，地下水环境现状值（或地下水污染对照值）。

2．地下水污染源调查与分析

调查对象是在评价区内具有与建设项目产生或排放同种特征因子的地下水污染源。对于一级、二级的改、扩建项目，应在可能造成地下水污染的主要装置或设施附近开展包气带污染现状调查，包括对包气带进行分层取样，一般在 0～20 cm 埋深范围内取一个样品；而其他深度的取样情况，应根据污染源特征和包气带岩性、结构特征等确定，同时要说明理由。

3．地下水环境现状监测

建设项目地下水环境现状监测主要任务是通过对地下水水位、水质的动态监测，查明地下水水流与地下水化学组分的空间分布现状和发展趋势，为地下水环境现状评价和环境影响预测提供基础资料。污染场地修复工程的地下水环境影响现状监测，按《建设用地土壤污染风险管控和修复监测技术导则》（HJ 25.2—2019）的要求执行。

（1）现状监测点的布设原则与要求

现状监测点布设采用控制性布点与功能性布点相结合的原则。监测点主要布设在建设项目场地、周围环境敏感点、地下水污染源以及对于确定边界条件有控制意义的地点。当现有监测井不能满足监测井点位置和监测深度要求时，要布设新的地下水现状监测井，现状监测井的布设应兼顾地下水环境影响跟踪监测计划。

现状监测点的布设要求如下：

1）监测层位应包括潜水含水层、可能受建设项目影响且具有饮用水开发利用价值的含水层。

2）地下水水位监测点数一般情况下应大于相应评价级别水质监测点数的 2 倍。

3）地下水水质监测点应尽可能靠近建设项目场地或主体工程，监测点数由评价工作等级和水文地质条件确定（表 7-16）。

表 7-16　地下水水质监测点数要求

评价工作等级	监测位置	监测点数/个
一级评价	潜水含水层	≥7
	可能受建设项目影响且具有饮用水开发利用价值的含水层	3～5
	建设项目场地上游和两侧	≥1
	建设项目场地及下游影响区	≥3
二级评价	潜水含水层	≥5
	可能受建设项目影响且具有饮用水开发利用价值的含水层	2～4
	建设项目场地的上游和两侧	≥1
	建设项目场地及其下游影响区	≥2
三级评价	潜水含水层	≥3
	可能受建设项目影响且具有饮用水开发利用价值的含水层	1～2
	建设项目场地的上游及下游影响区	≥1

4）管道型岩溶区等水文地质条件复杂的地区，地下水现状监测点应根据实际情况确定，但要说明布设理由。

5）在包气带厚度超过 100 m 的评价区或监测井较难布置的基岩山区，地下水水质监测点数无法满足第 3）条要求时，可视实际情况调整数量，并说明调整理由。一般情况下，该类地区一级、二级评价项目至少设置 3 个监测点，三级评价项目根据需要设置一定数量的监测点。

在布设监测点时，要特别注意调查水位埋深的情况。因为各含水层补给来源和开采情况不同，水位埋深有明显的差别，因此根据各监测点地下水位埋深数据，可以判定所取水样代表哪个含水层的水质。

（2）地下水水质监测点取样要求

地下水水质取样应根据特征因子在地下水中的迁移特性选取适当的取样方法，一般情况下只取一个水质样品，取样点深度宜在地下水位以下 1.0 m 左右。建设项目为改、扩建项目且特征因子为 DNAPLs（重质非水相液体）时，应至少在含水层底部取一个样品。

（3）地下水水质现状监测因子

地下水水质现状监测主要是掌握能够反映地下水正常的水质状况以及建设项目的特征性污染物，即水质现状监测因子一般分为两类：基本水质因子和特征因子。

基本水质因子以地下水环境质量标准为基础，特别是 pH、氨氮、硝酸盐、亚硝酸盐、挥发性酚类、氰化物、砷、汞、六价铬、总硬度、铅、氟、镉、铁、锰、溶解性总固体、高锰酸盐指数、硫酸盐、氯化物、总大肠菌群、细菌总数等及背景值超标的水质因子，也可以根据区域地下水水质状况、污染源状况做适当调整。

特征因子要根据地下水环境影响识别的结果来确定，同时根据地下水水质状况、污染源状况做适当调整。

（4）地下水环境现状监测频率要求

按照表 7-17 要求的频率开展地下水位监测，除非有以下几种情况：

1）一级评价时，若掌握近 3 年内至少一个连续水文年的枯、平、丰水期地下水位动态监测资料，则评价期内应至少开展一期地下水位监测。

2）二级评价时，若掌握近 3 年内至少一个连续水文年的枯、丰水期地下水位动态监测资料，则评价期内可不再开展地下水位监测。

3）三级评价时，若掌握了近 3 年内至少一期的地下水位监测资料，则评价期内可不再开展地下水位监测。

表 7-17　地下水环境现状频率参照表

分布区	水位监测频率			水质监测频率		
	一级评价	二级评价	三级评价	一级评价	二级评价	三级评价
山前冲（洪）积区	枯平丰	枯丰	一期	枯丰	枯	一期
滨海区（含填海区）	二期*	一期	一期	一期	一期	一期
其他平原区	枯丰	一期	一期	枯	一期	一期
黄土地区	枯平丰	一期	一期	二期*	一期	一期
沙漠地区	枯丰	一期	一期	一期	一期	一期
丘陵山区	枯丰	一期	一期	一期	一期	一期
岩溶裂隙区	枯丰	一期	一期	枯丰	一期	一期
岩溶管道区	二期*	一期	一期	二期*	一期	一期

注：*表示"二期"的间隔有明显的水位变化，其变化幅度接近年内变幅。

4）对于基本水质因子，若掌握近 3 年内至少一期的地下水水质监测资料，则可在评价期内补充开展一期基本水质因子现状监测。而对于特征因子，则应在评价期内至少开展一期现状监测。

5）在包气带厚度超过 100 m 的评价区或监测井较难布置的基岩山区，若掌握近 3 年内至少一期的监测资料，评价期内可不进行现状地下水水位、水质监测；否则，应至少开展一期现状地下水水位、水质监测。

（5）地下水水质样品采集与现场测定

地下水水质样品应采用自动式采样泵或人工活塞闭合式与敞口式定深采样器进行采集。样品采集前，应先测量井孔地下水水位（或地下水位埋深）并做好记录，然后采用潜水泵或离心泵对采样井（孔）进行全井孔清洗，抽汲的水量不得小于 3 倍的井筒水（量）体积。

地下水水质样品的管理、分析化验和质量控制按《地下水环境监测技术规范》（HJ/T 164—2020）执行，pH、溶解氧（DO）、水温等不稳定项目应在现场测定。

（四）环境水文地质勘察与试验

环境水文地质勘察与试验是在充分收集已有资料和地下水环境现状调查的基础上，为了进一步查明地下水含水层特征和获取预测评价中必要的水文地质参数而进行的工作。

在地下水环境影响评价中，一级评价应进行必要的环境水文地质勘察与试验；对于环境水文地质条件复杂而又缺少资料的地区，二级、三级评价也应在区域水文地质调查的基础上对评价区进行必要的水文地质勘察。

环境水文地质勘察可采用钻探、物探和水土化学分析，以及室内外测试、试验等手段。水文地质试验项目及勘察手段，具体应根据评价等级及现有资料掌握程度等实际情况选用，并参照相关标准与规范进行。常见的环境水文地质试验方法有抽水试验、注水试验、渗水试验等。

1．抽水试验

抽水试验是目前水文地质勘查中用来确定含水层水文地质参数（导水系数、渗透系数、给水度、影响半径等）、评价含水层的富水性、计算最大涌水量和单位涌水量、确定合理井距以及降落漏斗形态的一种重要手段，也可用来查明地下水与地表水之间以及不同含水层之间的水力联系、含水层边界性质等一些水文地质条件。抽水试验包括稳定流抽水试验和非稳定流抽水试验两类，可以通过单孔、多孔和群孔进行。潜水完整井（贯穿整个含水层且含水层全断面进水）的单井稳定流简易抽水试验方法如下：

1）材料与设备准备。根据水位埋深和预估的涌水量准备：潜水泵、离心泵或深井泵，用于观测抽水流量的出水管口接水量表，用于观测井内水位的电表、测绳，记录工具等。

2）试验落程。正式抽水试验一般进行 3 个落程。当精度要求不高或含水层水量不大时，可以进行两个落程或一次最大落程。

进行三次落程抽水试验时，最大降深应等于 1/3～1/2 潜水层厚度；若单纯为求取水文地质参数，宜采用小降深抽水，各次落程的差值应不小于 1 m。

3）稳定延续时间和稳定标准。抽水试验稳定时间的长短，直接关系到抽水试验质量和资料可用性。稳定时间的长短，应根据勘查目的的要求和水文地质复杂程度而定。按稳定流公式计算参数时，水位降深和流量需保持相对稳定数小时至数天。有观测孔时，最远观测孔水位稳定时间不小于 2～4 h。

通常，抽水试验的稳定标准如下：抽水过程中的水位和涌水量历时曲线要平稳，不能有逐渐增大或减小的趋势；在稳定时间段内，主孔水位波动值不超过水位降低值的 1%；当降深小于 10 m 时，水位波动值不应超过 3～5 cm，观测孔水位波动值不应超过 2～3 cm，但当涌水量波动值不超过正常流量的 5%，且涌水量很小时可适当放宽。主孔和观测孔的水位与区域地下水位变化趋势一致时，可以视为稳定。

4）水位、流量观测。静止水位观测：一般地区每小时观测一次，3 次所测数字相同或 4 h 内水位相差不超过 2 cm，即为静止水位；受潮汐影响地区需测出两个潮汐日周期（不小于 25 h）的最高水位、最低水位和平均水位资料。如高低水位变幅＜0.5 m 时，取最低水位平均值为静止水位。

动水位及水量观测：按稳定流公式计算参数时，抽水孔的观测时间间距视稳定情况而定。一般在开泵后水位和水量波动较大，应每 5～10 min 观测一次，之后视稳定程度，每 15 min 或 30 min 观测一次。按非稳定流计算参数时，抽水孔应保持出水量（或水位）为常量，若前后两次观测的流量变化超过 5%时，应及时调整。观测时间应满足各种曲线图的绘制，特别是对数关系曲线。要求在开泵的 10～20 min 内，尽可能准确记录较多数据。一般观测间距为 1 min、2 min、2 min、5 min、5 min、5 min、5 min、5 min、10 min、10 min、10 min、10 min、10 min、20 min、20 min、20 min、30 min、30 min……

水温、气温的观测：一般每小时观测一次，并记录地下水的其他物理性质有无变化。

恢复水位观测：在一般地区，抽水试验结束或因故停泵，应进行恢复水位观测，观测时间间距应按水位恢复速度决定，一般为 1 min、3 min、5 min、10 min、15 min、30 min……直至完全恢复。在受潮汐影响的地区，恢复水位观测不应少于一个潮汐变化周期（13 h），观测时间间距应根据潮汐变化规律而定，在潮汐上涨或下落过程中，每 30 min 观测一次，平潮时加密至 5～10 min，并与抽水前静止水位比较。

5）抽水试验中的排水要求。应根据地形坡度、含水层埋深、地下水流向和地表渗透性能等因素确定排水方向和排水距离。排水时应使水流畅通，防止抽出的水渗入抽水层。

6）试验资料的综合整理与参数计算。对于均质、各向同性、分布无限的含水层中的潜水完整井，利用单井稳定流抽水试验结果，可按式（7-63）计算含水层的渗透系数：

$$K = \frac{0.733 \times Q}{H^2 - h^2} \lg \frac{R}{r} \qquad (7\text{-}63)$$

式中：K 为含水层的渗透系数，m/d；Q 为钻孔稳定出水量，m³/d；H 为抽水前的含水层厚度，m；h 为抽水后的含水层厚度，m；R 为抽水影响半径，m；r 为抽水井半径，m。

2．注水试验

在地下水位埋深较大，含水层富水性较差时，可以采用注水试验近似确定含水层的渗透系数。注水试验从原理上可以看作抽水试验的反过程，只是以注水代替抽水。利用恒定给水的注水方法，可用式（7-64）计算潜水含水层的渗透系数：

$$K = \frac{Q_1}{\pi(h_0^2 - H^2)} \lg \frac{R}{r} \qquad (7\text{-}64)$$

式中：Q_1 为恒定注水量，m^3/d；h_0 为注水稳定后的水位，m；H 为注水前的潜水水位，m；R 为注水影响半径，m；r 为井孔的有效半径，m。

3．渗水试验

渗水试验是测定非饱和带（包气带）松散岩层饱和渗透系数的一种方法。目前，野外现场进行渗水试验的方法是试坑渗水试验，包括试坑法、单环法、双环法等。

1）试坑法。试坑法是在表层干土中挖一个试坑，坑底要距潜水水位 3～5 m 以上，向试坑内注水，必须使试坑中的水位始终高出坑底约 10 cm。为便于观测坑内水位，在坑底要设置一个标尺。求出单位时间内从坑底渗入的水量 Q，除以坑底面积 F，即得出平均渗流速度。当坑内水柱高度不大（等于 10 cm）时，可以认为水头梯度近于 1，因而 K=V。

2）单环法。单环法是在试坑底部嵌入一个高为 20 cm、直径为 35.75 cm 的铁环，该铁环圈定的面积 F 为 100 cm²。在试验开始时，用马里奥特瓶控制环内水柱，使其保持 10 cm 的高度。试验一直进行到渗入水量 Q 固定不变为止，就可计算出渗透速度 V。

3）双环法。双环法是在试坑底嵌入两个铁环，外环直径可采取 0.5 m，内环直径可采取 0.25 m。试验时向铁环内注水，用马里奥特瓶控制外环和内环的水柱都保持在 `cm 高度。根据内环所取得的资料按上述方法确定岩层的渗透系数。由于内环中的水只产生垂向深入，排除了侧向渗流带的误差，因此双环法比试坑法和单环法精确度高。

根据双环法试验结果，当渗流量达到稳定时可用式（7-65）计算非饱和带的饱和渗透系数：

$$K_s = \frac{QH_3}{A_1(H_1 + H_2 + H_3)} \qquad (7\text{-}65)$$

式中：K_s 为非饱和带的饱和渗透系数，m/d；Q 为稳定渗透流量，m^3/d；A_1 为内环面积，m^2；H_1 为内环中水层厚度，m；H_2 为毛细压力，一般等于岩石毛细上升高度的一半，m；H_3 为试验结束时水的渗透深度，由试验后开挖确定，m。

以上 3 种简易水文地质试验，均是在理论设定的理想条件下才适用。当含水层不满足均质、各向同性，或试验点邻近河流、邻近隔水边界，或抽水井为非完整井，或渗水试验的渗水量不能稳定等情况，均应参考《水文地质手册》选择适合的计算方法。

（五）地下水水质现状评价

地下水水质现状评价的基本依据是国家标准《地下水质量标准》（GB/T 14848—2017）和当地环保要求的相关法规、标准。如果评价因子属于 GB/T 14848—2017 水质指标，则按规定的水质分类标准进行评价，如果评价因子不属于 GB/T 14848—2017 水质指标，则可参照国家（行业、地方）相关标准进行评价，如《生活饮用水卫生标准》（GB 5749—2022）、《地表水环境质量标准》（GB 3838—2002）、《地下水水质标准》（DZ/T 0290—2015）等。

类似于地表水水质评价，地下水水质现状评价也通常采用标准指数法，见式（7-2）～式（7-6）；也可采用多项水质参数评价法、内梅罗指数法等方法。各种方法的评价目标、适用范围不同，所满足的评价目的要求也不同，监测因子数量要求也有很大区别，应根据实际情况和评价要求具体选用。

下面介绍 3 种其他评价方法：

1. 综合评分法

将水质各单项组分（不包括细菌学指标）按《地下水质量标准》（GB/T 14848—2017）划分所属质量类别，对各类别按表 7-18 确定单项组分评分值 F_i，不同类别标准相同时取优不取劣。例如，挥发酚 I、II 类标准均为≤0.001 mg/L，若水质监测结果≤0.001 mg/L，应定为 I 类而不是 II 类。

表 7-18 地下水环境质量单项组分评分表

类别	I	II	III	IV	V
F_i	0	1	3	6	10

综合评价分值：

$$F = \sqrt{\frac{\overline{F}^2 + F_{max}^2}{2}} \qquad (7\text{-}66)$$

$$\overline{F} = \frac{1}{n}\sum_{i=1}^{n}F_i \qquad (7\text{-}67)$$

式中：$\overline{F}$ 为各单项组分评分值 F_i 的平均值；F_{max} 为单项组分评分值 F_i 中最大值；n 为项目数（标准规定的监测项目，不少于 20 项）。

根据计算的 F 值，按表 7-19 划分地下水质量级别，再将细菌学指标评价类别注在级别定名之后。

表 7-19　地下水环境质量分级表

级别	优良	良好	较好	较差	极差
F	<0.8	0.8~2.5	2.5~4.25	4.25~7.2	>7.2

2. 修正的内梅罗指数法

内梅罗指数法是选取最大值和平均值的平方和、强调最大值作用的一种评价方法。但是，考虑所选择评价项目对人体健康的危害性不同，仅对其作最高限量（评价标准）尚不足以显示出各项组分对地下水整体质量状态的影响，因此，引入人体健康效应系数 ε_i，反映各评价因子在饮用水质量中所起的作用强弱。

$$\varepsilon_i = \lg\frac{\sum_{i=1}^{n}S_i}{S_i} \qquad (7\text{-}68)$$

据此系数对内梅罗公式作修正：

$$PI_n = \sqrt{\frac{\left(\varepsilon_i\frac{C_i}{S_i}\right)_{max}^2 + \left(\varepsilon_i\frac{C_i}{S_i}\right)_{ave}^2}{2}} = \sqrt{\frac{\varepsilon_i I_{i,max}^2 + \varepsilon_i I_{i,ave}^2}{2}} \qquad (7\text{-}69)$$

根据监测计算结果，按指数大小进行分级（如较好、一般、较差），不同地区分级标准可能不同。

3．模糊数学方法

由于水质的优劣是渐变的、过渡的，其界线具有模糊性，因此用隶属程度来描述地下水质量，可使本来模糊的问题清晰化，也更符合实际情况。方法如下。

设水环境监测参数集合为 $u = \{u_1, u_2, \cdots, u_n\}$，其中 $u_1, u_2, \cdots, u_n$ 为评价因子，水环境评价分级标准集合为

$$C = \begin{bmatrix} C_{11}, C_{12}, \cdots, C_{1j}, \cdots, C_{1k} \\ C_{21}, C_{22}, \cdots, C_{2j}, \cdots, C_{2k} \\ \vdots \quad \vdots \qquad \vdots \qquad \vdots \\ C_{i1}, C_{i2}, \cdots, C_{ij}, \cdots, C_{ik} \end{bmatrix} \tag{7-70}$$

式中：C_{ij} 为单因子分级标准（$i=1, 2, \cdots, n$ 为评价因子序数；$j=1, 2, \cdots, k$ 为分级序列数）。

单因子隶属度由隶属函数确定，构造正确的隶属函数是迄今为止模糊数学方法中较难解决的问题。一般以如下线性函数代替：

$$r_{i,1} = \begin{cases} 1 & (u_i \leqslant c_{i,1}) \\ (u_i - c_{i,1})/(c_{i,2} - c_{i,1}) & (c_{i,1} < u_i < c_{i,2}) \\ 0 & (u_i \geqslant c_{i,2}) \end{cases} \tag{7-71}$$

$$r_{i,j} = \begin{cases} (u_i - c_{i,j-1})/(c_{i,j} - c_{i,j-1}) & (c_{i,j-1} < u_i < c_{i,j}) \\ (c_{i,j+1} - u_i)/(c_{i,j+1} - c_{i,j}) & (c_{i,j} \leqslant u_i < c_{i,j+1}) \\ 0 & (u_i \leqslant c_{i,j-1}, u_i \geqslant c_{i,j+1}) \end{cases} \tag{7-72}$$

$$r_{i,n} = \begin{cases} 0 & (u_i \leqslant c_{i,n-1}) \\ (u_i - c_{i,n-1})/(c_{i,n} - c_{i,n-1}) & (c_{i,n-1} < u_i < c_{i,n}) \\ 1 & (u_i \geqslant c_{i,n}) \end{cases} \tag{7-73}$$

式中：u_i 为实测浓度；$c_{i,j}$ 为分级标准。

通过上述运算得出隶属度矩阵或称模糊矩阵 $\boldsymbol{R}_{mn}$：

$$\boldsymbol{R}_{mn} = \begin{bmatrix} r_{11}, r_{12}, \cdots, r_{1k} \\ r_{21}, r_{22}, \cdots, r_{2k} \\ \vdots \quad \vdots \qquad \vdots \\ r_{n1}, r_{n2}, \cdots, r_{ik} \end{bmatrix} \tag{7-74}$$

将域 u 上每一因子予以权重值（也可不予以），并归一化，构成权重向量 $\boldsymbol{A} =$

$\{a_1,\ a_2,\ \cdots,\ a_n\}$。则水环境评价模型为

$$I = A \text{※} R_{mn} \tag{7-75}$$

式中：I 为综合评价结果向量；※为矩阵复合运算符号。向量 I 为一个一行 k 列矩阵，其中最大值对应的级别为分级结果，以隶属度相近原则进行分类。

该方法进行水质分级比较客观、合理，使各指标在总体污染程度中清晰化、定量化，因此越来越为更多的环境、水文地质工作者所采用。

五、地下水环境影响预测

地下水环境影响预测是通过设计不同的情景，利用合适的方法预测地下水水质的发展趋势，对比各种情景的不同影响效果，为建设项目的地下水环境影响评价提供支持，并且为预期的环境影响采取相应的对策提供依据，有效地控制地下水污染过程。因此，地下水环境影响预测是地下水环境影响评价的重要基础。

（一）预测原则

建设项目地下水环境影响预测首先应遵循《环境影响评价技术导则　总纲》（HJ 2.1—2016）中确定的"依法评价、早期介入、完整性评价、广泛参与"原则。不过，考虑到地下水环境污染的复杂性、隐蔽性和难恢复性，还应遵循保护优先、预防为主的原则，即预测工作应为评价各方案的环境安全和环境保护措施的合理性提供依据。

地下水环境影响预测的范围、时段、内容和方法均应根据评价工作等级、工程特征与环境特征，结合当地环境功能和环保要求确定，应预测建设项目对地下水水质产生的直接影响，重点预测对地下水环境保护目标的影响，还要对工程设计方案或可行性研究报告推荐的选址（选线）方案可能引起的地下水环境影响进行预测。

（二）预测范围

地下水环境影响预测的范围可与现状调查范围相同；预测层位应以潜水含水层或污染物直接进入的含水层为主，兼顾与其水力联系密切具有饮用水开发利用价值的含水层。当建设项目场地天然包气带垂向渗透系数小于 1×10^{-6} cm/s 或厚度超过 100 m 时，预测范围应扩展至包气带。

（三）预测时段

地下水环境影响预测时段应选取可能产生地下水污染的关键时段，至少包括污染发生后 100 天、1 000 天，以及服务年限或能反映特征因子迁移规律的其他重要时间节点。

（四）情景设置

建设项目地下水环境影响预测须针对正常状况和非正常状况两种情景分别进行，但是如果该建设项目已经按照《生活垃圾填埋场污染控制标准》（GB 16889—2008）、《危险废物贮存污染控制标准》（GB 18597—2023）、《危险废物填埋污染控制标准》（GB 18598—2019）、《一般工业固体废物贮存和填埋污染控制标准》（GB 18599—2020）或《石油化工工程防渗技术规范》（GB/T 50934—2013）进行了地下水污染防渗设计，则可不进行非常状况情景下的预测。

（五）预测因子

地下水环境影响预测因子应包括以下内容：

1）通过之前地下水环境影响识别出的特征因子，包括污染场地已查明的主要污染物等，按照重金属、持久性有机污染物和其他类别进行分类，并对每一类别中的同因子采用标准指数法进行排序，分别取标准指数最大的因子作为预测因子。

2）改扩建工程中，现有工程已经产生的且改扩建后将继续产生的特征因子，以及改扩建后新增加的特征因子。

3）国家或地方要求控制的污染物。

（六）预测源强

在正常状况下，地下水环境影响预测源强应充分结合工程分析和相关设计规范来确定，如《给水排水构筑物工程施工及验收规范》（GB 50141—2008）、《给水排水管道工程施工及验收规范》（GB 50268—2008）等。在非正常状况下，地下水环境影响预测源强可根据工艺设备或地下水环境保护措施因系统老化或腐蚀程度等来确定。

（七）预测方法

1. 预测方法的选择

建设项目地下水环境影响预测方法包括类比分析法和数学模型法。其中，数学模型法包括数值法、解析法、均衡法、回归分析、趋势外推、时序分析等方法。环境影响评价工作中的预测方法应根据建设项目工程特征、水文地质条件及资料掌握程度来选择。一般地，一级评价应采用数值法，不宜概化为等效多孔介质的地区除外；二级评价中当水文地质条件复杂并适宜采用数值法时，优先采用数值法，水文地质条件简单时可采用解析法；三级评价可采用解析法或类比分析法。

如果在地下水环境影响预测中采用的不是《环境影响评价技术导则　地下水环境》（HJ 610—2016）规范推荐模型方法，则需要明确指出所用模式的适用条件、模型各参数的物理意义和参数取值等，并尽可能采用《环境影响评价技术导则　地下水环境》（HJ 610—2016）规范中的相关模式进行验证。

2. 常用地下水预测方法介绍

（1）类比分析法

当评价工作等级不高且水文地质资料详细程度不能满足地下水影响预测分析时，可利用与评价区条件相似地区进行对比预测。

采用类比预测分析法时，应给出具体的类比条件。类比分析对象与拟预测对象之间应满足以下要求：二者的环境水文地质条件、水动力场条件相似，工程类型、规模及特征因子对地下水环境的影响具有相似性。

（2）数学模型法

采用解析法求得的是精确解，只要给定自变量，就可算得相应的函数值。解析法的特点是计算简便，模拟过程各环节的意义清楚，所以在工程实际中很受欢迎，但其弱点是对于复杂对象的数学模型则无能为力。

地下水溶质运移问题多靠数值方法求解，但可以用解析解对数值解法进行检验、比较，或者拟合观测资料以求得水动力弥散系数。而采用解析模型预测污染物在含水层中的扩散时，一般应满足以下条件：污染物排放对地下水流场没有明显影响，评价区内含水层的基本参数（如渗透系数、有效孔隙度等）不变或变化很小。

在研究地下水溶质运移问题中，水动力弥散系数是一个很重要的参数。水动力弥散系数是表征在一定流速下，多孔介质对某种污染物质弥散能力的参数，它在宏观上反映了多孔介质中地下水流动过程和空隙结构特征对溶质运移过程的影响。水动力弥散系数与流速及多孔介质有关，而且具有方向性，即使在各向同性介质中，沿水流方向的纵向弥散和与水流方向垂直的横向弥散不同。

1）一维稳定流动一维水动力弥散问题。假设一维无限长多孔介质柱体，示踪剂瞬时注入的情况下，可用下列模型计算：

$$C(x,t) = \frac{m/A}{2n_e\sqrt{\pi D_L t}}\,\mathrm{e}^{\frac{(x-ut)^2}{4D_L t}} \tag{7-76}$$

式中：x 为距注入点的距离，m；t 为时间，d；$C(x,t)$ 为 t 时刻 x 处的示踪剂质量浓度，g/L；m 为注入的示踪剂质量，kg；A 为柱体横截面面积，m^2；u 为水流速度，m/d；n_e 为有效孔隙度，量纲一；D_L 为纵向弥散系数，m^2/d。

假设一端为定浓度边界的一维半无限长多孔介质柱体，则其浓度分布模型为

$$\frac{C}{C_0} = \frac{1}{2}\mathrm{erfc}\left(\frac{x-ut}{2\sqrt{D_L t}}\right) + \frac{1}{2}\mathrm{e}^{\frac{ux}{D_L}}\mathrm{erfc}\left(\frac{x+ut}{2\sqrt{D_L t}}\right) \tag{7-77}$$

式中：C_0 为注入的示踪剂质量浓度，g/L；erfc( ) 为余误差函数，可通过查《水文地质手册》获得。其余符号含义同式（7-76）。

2）一维稳定流动二维水动力弥散问题。对于地下水动力场为一维、水动力弥散为二维、示踪剂瞬时注入的情况（平面瞬时点源），可用下列模型计算：

$$C(x,y,t) = \frac{m_M\big/M}{4\pi n_e t\sqrt{D_L D_T}}\,\mathrm{e}^{-\left[\frac{(x-ut)^2}{4D_L t}+\frac{y^2}{4D_L t}\right]} \tag{7-78}$$

式中：x、y 为计算点处的位置坐标；$C(x,y,t)$ 为 t 时刻点（x，y）处的示踪剂质量浓度，g/L；M 为承压含水层的厚度，m；m_M 为长度 M 的线源瞬时注入的示踪剂质量，kg；DT 为横向 y 方向的弥散系数，m^2/d。其余符号含义同式（7-76）。

对于地下水动力场为一维、水动力弥散为二维、示踪剂连续注入的情况（平面连续点源），可用下列模型计算：

$$C(x,y,t) = \frac{m_t}{4\pi M n_e\sqrt{D_L D_T}}\,\mathrm{e}^{\frac{xu}{2D_L}}\left[2K_0(\beta) - W\left(\frac{u^2 t}{4D_L},\beta\right)\right] \tag{7-79}$$

$$\beta = \sqrt{\frac{u^2 x^2}{4 D_L^2} + \frac{u^2 y^2}{4 D_L D_T}}$$ （7-80）

式中：m_t 为单位时间注入示踪剂的质量，kg/d；$K_0(\beta)$ 为第二类零阶修正贝塞尔函数，可通过《地下水动力学》查得；$W\left(\dfrac{u^2 t}{4 D_L}, \beta\right)$ 为第一类越流系统井函数，可通过《地下水动力学》查得。其余符号含义同式（7-76）、式（7-78）。

（3）数值法

数值法以离散化方法求解数学模型，即将研究区域和计算时段分割成若干个小区域（单元）与小时段（静态模型则不必分割时段），根据各单元离散点（特征点）物理量之间关系的代数方程，按单元、按时段顺次求解由这些代数方程组成的方程组，从而最终得出全区域变量值的集合。采用数值法预测前，要进行参数识别与模型验证。

数值法可以解决许多复杂水文地质条件和地下水开发利用条件下的地下水资源评价问题，并可以预测各种开采方案下地下水位的变化，以及预测地下水溶质运移问题，但数值法不适用于管道流（如岩溶暗河系统等）的模拟评价。

1）地下水流模型

①概念模型的建立。地下水系统的结构一般比较复杂，建立正确的数学模型，首先要建立全面、准确的概念模型，即通过水文地质调查成果对地下水流系统进行概化。概念模型包含的内容主要有以下几个方面：

固性结构及其空间分布：含水层、隔水层或越流层的成分、结构、规模、产状及其组合关系与空间分布。

含水层性质：单层或复层、各向同性或异性、均质或非均质等。

边界条件：模拟区域四周的边界性质，包括上下左右边界的性质。

代谢条件：地下水补径排条件，包括人工补给与排泄。

地下水流特性：承压或无压、层流或紊流、稳定流或非稳定流、平面流或空间流、有无越流等。

时序条件：物理量的时序变化，如初始条件。

计算区的水文地质条件必须经过系统概括和合理简化。概化应贴近实际，可靠程度应符合计算要求。具体要求参照《水文地质概念模型概化导则》（GWI-D8）执行。

②地下水流的基本微分方程（控制方程）。根据地下水均衡原理达西定律，非物质、各向异性、空间三维结构、非稳定地下水的基本微分方程为

$$\frac{\partial}{\partial x}\left(K_x \frac{\partial H}{\partial x}\right) + \frac{\partial}{\partial y}\left(K_y \frac{\partial H}{\partial y}\right) + \frac{\partial}{\partial z}\left(K_z \frac{\partial H}{\partial z}\right) + W = \mu_s \frac{\partial H}{\partial t} \qquad (7-81)$$

式中：μ_s 为含水介质的贮水率，1/m；H 为地下水位，m；K_x、K_y、K_z 分别为含水层在 x、y、z 方向上的渗透系数，m/d；t 为时间，d；W 为源汇项，m/d。

③初始条件。初始条件是指研究时段初始时刻（$t = 0$）时渗流区 Ω（模型模拟区域）内各点的水头分布 $H_0(x,y,z)$。因此初始条件可以表示为

$$H(x, y, z, t) = H_0(x, y, z) \qquad (x, y, z) \in \Omega, \ t = 0 \qquad (7-82)$$

④边界条件。要使一个微分方程有确定解，必须给定能使方程得出唯一解的条件，这个条件称为定解条件，一般指边界条件和初始条件。

地下水流数学模型通过取地下水系统的自然边界为模拟边界。边界条件就是边界的空间分布及边界上的水头、水量的时序分布。数学模型要求边界条件是已知的。按已知函数性质，边界条件可以分为以下几类。

A．定水头边界（第一类边界）。即边界上的水头时序变化是已知的，可以用已知函数表示：

$$H(x, y, z, t)\big|_{\Gamma_1} = H(x, y, z, t) \qquad (x, y, z) \in \Gamma_1, \ t \geqslant 0 \qquad (7-83)$$

式中：Γ_1 为一类边界；$H(x,y,z,t)$ 为一类边界上的已知水位函数。

B．定水量边界（第二类边界）。即边界上的单宽流量是已知的，如渠道漏水段、地下水排水渠等。其边界函数可表示为

$$k \frac{\partial H}{\partial \vec{n}}\bigg|_{\Gamma_2} = q(x, y, z, t) \qquad (x, y, z) \in \Gamma_2, \ t > 0 \qquad (7-84)$$

式中：Γ_2 为二类边界；k 为三维空间上的渗透系数张量，m/d；$\vec{n}$ 为边界 Γ_2 的外法线方向；$q(x,y,z,t)$ 为二类边界上的已知流量函数。

C．混合边界（三类边界）。只能以 H 和 $\dfrac{\partial H}{\partial \vec{n}}$ 的线性组合来给定单宽流量的边界，相对少见。其边界函数可表达为

$$k\left[(H-z)\frac{\partial H}{\partial \vec{n}}+\alpha H)\right]\bigg|_{\Gamma_3}=q(x,y,z) \qquad (7\text{-}85)$$

式中：α 为已知函数；Γ_3 为三类边界；k 为三维空间上的渗透系数张量，m/d；$\vec{n}$ 为边界 Γ_3 的外法线方向；$q(x,y,z)$ 为三类边界上的已知流量函数。

⑤模型求解。建立好数值模型后，即可利用有限差分法或有限元法对微分方程进行求解。目前，有大量地下水流或溶质移模拟软件可以用来求解模型，应用较广泛的如 MODFLOW、GMS、FEFLOW 等，在此不再介绍。

⑥模型的检验与调整。将各观测孔的计算水位值与实测的水位值之差的平方求和作为目标函数，当目标函数极小时就称模拟结果较优。要达到模拟结果较优，需要对参数进行反复调整（但必须符合水文地质的约束条件），最终得到一个能够代表该区域实际情况的数值模型。

为了提高模型的仿真性与可靠性，可用其他时段的观测资料对已模拟的参数和边界条件进行检验。

⑦模型应用。经过反复校正或检验后可获得一个仿真的地下水流模型。结合所研究问题的具体任务与目标，可运用该模型，设计不同的预案预测地下水流的变化趋势。

2）地下水水质模型

地下水水质模拟的过程与地下水流相似，只是其控制方程和边界条件有所差异。

①控制方程

$$R\theta\frac{\partial C}{\partial t}=\frac{\partial}{\partial x_i}\left(\theta D_{ij}\frac{\partial C}{\partial x_i}\right)-\frac{\partial}{\partial x_i}(\theta v_i C)-WC_s-WC-\lambda_1\theta C-\lambda_2\rho_b\overline{C} \qquad (7\text{-}86)$$

式中：R 为迟滞系数，量纲一，$R=1+\dfrac{\rho_b}{\theta}\cdot\dfrac{\partial \overline{C}}{\partial C}$；$\rho_b$ 为介质密度，kg/L；θ 为介质孔隙度，量纲一；C 为组分的质量浓度，g/L；$\overline{C}$ 为介质骨架吸附的溶质质量分数，g/kg；t 为时间，d；x、y、z 为空间位置坐标，m；D_{ij} 为水动力弥散系数张量，m^2/d；v_i 为地下水渗流速度张量，m/d；W 为水流的源和汇，d^{-1}；C_s 为组分的浓度，g/L；λ_1 为溶解相一级反应速率，d^{-1}；λ_2 为吸附相的反应速率，d^{-1}。

②初始条件

$$C(x,y,z,t)=C_0(x,y,z) \qquad (x,y,z)\in\Omega,\ t=0 \qquad (7\text{-}87)$$

式中：$C_0(x,y,z)$ 为已知浓度分布；Ω 为模型的模拟区域。

③边界条件

A．定浓度边界（第一类边界）

$$C(x,y,z,t)\big|_{\Gamma_1} = C(x,y,z) \qquad (x,y,z) \in \Gamma_1, \ t \geqslant 0 \qquad (7\text{-}88)$$

式中：Γ_1 为定浓度边界；$C(x,y,z,t)$ 为边界上的已知浓度分布。

B．定弥散通量边界（第二类边界）

$$\theta D_{ij} \frac{\partial C}{\partial x_j}\bigg|_{\Gamma_2} = f_i(x,y,z,t) \qquad (x,y,z) \in \Gamma_2, \ t \geqslant 0 \qquad (7\text{-}89)$$

式中：Γ_2 为二类边界；$f_i(x,y,z,t)$ 为边界 Γ_2 上已知的弥散通量函数。

C．定溶质通量边界（混合边界，三类边界）

$$\left(\theta D_{ij} \frac{\partial C}{\partial x_j} - q_i C\right)\bigg|_{\Gamma_3} = g_i(x,y,z,t) \qquad (x,y,z) \in \Gamma_3, \ t \geqslant 0 \qquad (7\text{-}90)$$

式中：Γ_3 为混合边界；$g_i(x,y,z)$ 为边界 Γ_3 对流—弥散总的通量函数。

（八）地下水环境影响预测内容

地下水环境影响预测需要解答的问题主要是特征因子不同时段的影响范围、影响程度和最大迁移距离。特别是场地边界或地下水环境保护目标处的特征因子随时间的变化规律。当建设项目场地天然包气带垂向渗透系数小于 1×10^{-6} cm/s 或厚度超过 100 m 时，须考虑包气带阻滞作用，预测特征因子在包气带中迁移。对于污染场地修复治理工程项目，地下水环境影响预测应给出污染物变化趋势或需要进行污染控制的范围。

（九）地下水环境影响预测应注意的问题

1．模型概化

应根据评价等级选用的预测方法结合评价区和场地的环境水文地质条件，对边界性质、含水介质结构特征、地下水流特征和补径排条件来进行概化。

污染源概化包括排放形式与排放规律的概化。根据污染源的具体情况，排放形式可以概化为点源、线源、面源，排放规律可概化为连续恒定排放、非连续恒定排放或瞬时排放。

2．水文地质参数初始值的确定

地下水水量（水位）、水质预测所需要的包气带垂向渗透系数、含水层渗透系数、给水度等参数初始值的获取，应以收集评价范围内已有水文地质资料为主，不满足预测要求时需要通过现场试验获取。

3．污染问题的识别

地下水是一种溶液，在渗流过程中形成区域性的、复杂的水化学类型，自然条件下可形成高氟区、高硬度区及硫酸盐、氯化物的高浓度区。因此，地下水中某些组分的超标，并不一定意味着建设项目的污染，必须在掌握本地区的地下水化学背景、其他工矿企业状况的基础上才能得出结论。例如，应调查了解建设项目所在地的矿产分布情况：石膏矿可溶出硫酸盐；某些非金属矿中可溶出砷、硫、磷等；铁矿中可溶出铁、锰等；金、汞、铅矿有共生性，可溶出重金属离子；含煤地层中地下的硫酸盐、总硬度、氟化物等含量偏高。

确认建设项目的特征污染物后，可将其作为一种污染物指示剂进行重点分析和评价。尤其应注意上下游及距污染源不同距离各监测点的特征污染物的浓度变化，据此可以分析研究污染物的扩散方向、影响范围、污染程度及对保护目标的影响程度等。

六、地下水环境影响评价

（一）评价原则

1．全过程评价

评价应以地下水环境现状调查和地下水环境影响预测结果为依据，对建设项目各实施阶段（建设、生产运行和服务期满后）不同环节及不同污染防控措施下的地下水环境影响进行评价。

2．现状叠加

地下水环境影响评价采用的预测值未包括环境质量现状值时，应叠加环境质量现状值后再进行评价。

3．目标明确

应评价建设项目对地下水水质的直接影响，重点评价建设项目对地下水环境保护目标的影响。

（二）评价范围

地下水环境影响评价范围与调查评价范围一致。

（三）评价方法

地下水环境影响评价方法与地下水环境现状评价、地表水水质评价方法一致，采用标准指数法进行评价，见式（7-2）～式（7-6）。

对于属于《地下水质量标准》（GB/T 14848—2017）水质指标的评价因子，应按其规定的水质分类标准值进行评价；不属于，可参照国家或行业、地方相关标准的水质标准值［如《地表水环境质量标准》（GB 3838—2002）、《生活饮用水卫生标准》（GB 5749—2022）、《地下水水质标准》（DZ/T 0290—2015）等］进行评价。

（四）评价结论

1. 可以得出满足地下水环境质量标准要求这一结论的情况

1）在建设项目各个不同阶段，除场界小范围以外地区，均能满足《地下水质量标准》（GB/T 14848—2017）或国家（行业、地方）相关标准的水质要求的。

2）在建设项目实施的某个阶段，有个别水质因子在较大范围内出现超标现象，但采取环保措施后，可满足《地下水质量标准》（GB/T 14848—2017）或国家（行业、地方）相关标准的水质要求的。

2. 可以得出不能满足地下水环境质量标准要求这一结论的情况

1）新建项目排放的主要污染物或改扩建项目已经排放的和将要排放的主要污染物在评价范围内的地下水中已经超标的。

2）环保措施在技术上不可行，或在经济上明显不合理的。

七、地下水环境保护措施与对策

（一）基本要求

环境影响评价工作不仅要对建设项目地下水环境影响作出评价结论，而且要根据建设项目特点、调查评价区和场地的环境水文地质条件，在建设项目可行性研究提出的污染防控对策的基础上，根据环境影响预测与评价结果提出需要增加或完善地下水环境保护措施和对策。地下水环境保护措施与对策应符合《中华人民共和国水污染防治法》和《中华人民共和国环境影响评价法》的相关规定，按照"源头控制、分区防控、污染监控、应急响应"和重点突出饮用水水质安全的原则确定。

改、扩建项目应针对现有工程引起的地下水污染问题，提出"以新带老"的对策和措施，即对与建设项目有关的原有污染，在经济合理的条件下同时进行治理，有效减轻污染程度或控制污染范围，防止地下水污染加剧。

在提出地下水环境保护措施与对策的同时，还要给出措施与对策的实施效果，列表估算各措施的投资概算，并分析其技术、经济可行性，而且要提出合理、可行、操作性强的有关地下水污染防控的环境管理体系，包括地下水环境跟踪监测方案和定期信息公开等。

（二）建设项目环境影响防治对策

1. 源头控制措施

源头控制措施主要包括：可使各类废物循环利用、减少污染物排放量的措施；可将污染物"跑冒滴漏"降到最低限度的对工艺、管道、设备、污水储存及处理构筑物采取的污染控制措施。

2. 分区防控措施

分区防控是指根据天然包气带防污性能、污染控制难易程度和污染物特性，对建设项目场地进行分区（表7-20），再结合地下水环境影响评价结果，对工程设计或可行性研究报告中提出的地下水污染防控方案提出优化调整的建议，给出不同分区的具体防渗技术要求。

一般情况下应以水平防渗为主，防控措施应满足以下要求。

1）已颁布污染控制国家标准或防渗技术规范的行业，水平防渗技术要求按照相应的标准或规范执行，如《生活垃圾填埋场污染控制标准》（GB 16889—2008）、《危险废物贮存污染控制标准》（GB 18597—2023）、《危险废物填埋污染控制标准》（GB 18598—2019）、《一般工业固体废物贮存和填埋污染控制标准》（GB 18599—2020）或《石油化工工程防渗技术规范》（GB/T 50934—2013）等。

2）未颁布相关标准的行业，要根据预测结果和场地包气带特征及其防污性能，提出防渗技术要求，或根据防渗分区，参照表7-20提出防渗技术要求执行。其中，天然包气带防渗性能分级参照表7-21进行相关等级的确定。

表 7-20　地下水污染防渗分区参照表

防渗分区	天然包气带防渗性能	污染控制难易程度*	污染物类型	防渗技术要求
重点防渗区	弱	易～难	重金属、持久性有机物污染物	等效黏土防渗层 Mb≥6.0 m，K≤1×10^{-7} cm/s；或参照 GB 18598—2019 执行
	中～强	难		
一般防渗区	弱	易～难	其他类型	等效黏土防渗层 Mb≥1.5 m，K≤1×10^{-7} cm/s；或参照 GB 16889—2008 执行
	中～强	难		
	中～强	易	重金属、持久性有机物污染物	
简单防渗区	中～强	易	其他类型	一般地面硬化

注：*表示对地下水环境有污染的物料或污染物泄漏后，能及时发现和处理的，其污染控制难易程度为"易"；不能及时发现和处理的，其污染控制难易程度为"难"。

表 7-21　天然包气带防污性能分级参照表

防污性能分级	包气带岩土的渗透性能
强	岩（土）层单层厚度 M_b≥1.0 m，渗透系数 K≤1×10^{-6} cm/s，且分布连续、稳定
中	岩（土）层单层厚度 0.5 m≤M_b<1.0 m，渗透系数 K≤1×10^{-6} cm/s，且分布连续、稳定；或者岩（土）层单层厚度 M_b≥1.0 m，渗透系数 1×10^{-6} cm/s<K≤1×10^{-4} cm/s，且分布连续、稳定
弱	岩（土）层不满足上述"强"和"中"的条件

对于难以采取水平防渗措施的场地，可采用垂向防渗为主，局部水平防渗为辅的防控措施。根据非正常状况的情景预测结果，在建设项目服务年限内个别评价因子超标范围超出厂界时，应提出优化总图布置的建议或地基处理方案。

3．地下水分层开采

开采多层地下水时，各含水层水质差异较大的，应当分层开采；在地下水已受污染地区，禁止已污染含水层和未被污染的含水层的混合开采；进行勘探等活动时，须采取防护性措施，防止串层，造成地下水污染。

4．污染物的清除与阻隔措施

对于地表泄漏的污染物，一般采用地面挖去的清除措施。对于已经进入地下水的污染物，既可采取抽水方式抽出污染物，然后再处理，也可采取地下帷幕灌浆等物理屏蔽方式阻隔地下水污染物。对于可以修复的地下水污染，可采用地下反应墙修复。具体处理方法如下：

（1）屏蔽法

通过建立各种物理屏蔽，将受污染的地下水体圈闭起来，防止污染物进一步扩散蔓延。常用的是灰浆帷幕法，即用压力将灰浆灌注，在受污染的水体周围形成一道帷幕，从而将受污染的水体圈闭起来。

（2）抽出处理法

抽出处理法是治理石油类污染的常规方法，抽取含水层中地下水面附近的水，带到地面，用地表水处理技术净化处理抽取后的水，再注入地下水中。

（3）地下反应墙

沿垂直地下水流方向人工构筑一面具有还原性的墙，当地下水流通过反应墙时，墙中还原性物质与污染水流中的有机污染物发生反应，达到降解污染物的目的。

（三）地下水环境监测与管理

1. 建立地下水环境监测与管理体系

地下水环境监测与管理体系包括地下水环境影响跟踪监测计划、跟踪监测制度，以及相关的监测仪器、设备和机构、人员、装备等。

跟踪监测计划应根据环境水文地质条件和建设项目特点设置跟踪监测点，这些跟踪监测点要有明确的点位、坐标、井深、井结构、监测层位、监测因子、监测频率等相关参数，并且与建设项目的位置关系也应明确。对于一级、二级评价的建设项目，其跟踪监测点的数量一般不少于 3 个，而且至少在建设项目的场地内、上游、下游各布设 1 个，其中一级评价的建设项目还应在项目总布置图基础上结合预测评价结果和应急响应时间要求，在重点污染风险源处增设监测点；对于三级评价的建设项目，其跟踪监测点的数量一般不少于 1 个，且至少在建设项目场地下游布置 1 个。

跟踪监测点的功能必须明确，如背景值监测点、地下水环境影响跟踪监测点、污染扩散监测点等，必要时还须明确跟踪监测点兼具的污染控制功能。

机构、人员和装备的配备情况应视监测工作需要而定。

2. 制订地下水跟踪监测报告与信息公开计划

须落实地下水环境跟踪监测报告编制的责任主体。监测报告的内容一般应包括：建设项目所在场地及其影响区地下水环境跟踪监测数据，如排放污染物的种类、数量、浓度；生产设备、管廊或管线、贮存与运输装置、污染物储存与处理装置、事故应急装置等设施的运行状况、"跑冒滴漏"记录、维护记录。

信息公开计划应至少包括建设项目特征因子的地下水环境监测值。

（四）应急响应

应制定地下水污染应急响应预案，明确污染事故状态下应采取的封闭控制污染源、切断或截流污染途径等措施，提出防止受污染的地下水扩散和对受污染的地下水进行治理的具体方案。

八、地下水环境影响评价的最终结论

地下水环境影响评价的最终结论一般应包括环境水文地质现状（现状调查与评价成果）、地下水环境影响（影响预测与评价成果）、地下水环境污染防控措施、综合评价结论 4 部分内容，其中综合评价需要明确给出建设项目地下水环境影响是否可接受的结论。

【课后习题与训练】

1. 一拟建项目，污水排放量为 5 800 m^3/d，经类比调查得知污水中含有 COD、BOD、Cd、Hg，pH 为酸性，受纳水体为一河流，多年平均流量为 90 m^3/s，水质要求为Ⅳ类。问此地表水环境影响评价工作应按几级进行评价？

2. 某监测断面 3 天水质监测得到一组 COD 数据：21 mg/L、28 mg/L、23 mg/L、24 mg/L、18 mg/L、23 mg/L，试评价该水体的 COD 污染状况。

3. 岸边有一个连续稳定的排污口，污水流量为 19 440 m^3/d，BOD_5 质量浓度为 81.4 mg/L；河流宽 50 m，流量为 6 m^3/s，平均水深 1.2 m，平均流速为 0.1 m/s，平均坡降为 0.9‰，河水 BOD_5 质量浓度为 6.16 mg/L，经实验得到耗氧系数 K_1 为 0.3/d。请计算混合过程段长度；如果忽略 BOD 在该段的降解，请预测距完全混合段下游 10 km 处的 BOD_5 浓度。

4. 不同地下水环境影响评价工作等级应采用的预测方法有什么不同？

5. 地下水环境保护措施有哪些？

第八章　声环境影响预测与评价

建设项目在建设及运行阶段会产生不同程度的噪声，进而影响周围人的学习、工作和正常生活。声环境影响评价是在对噪声源、声环境敏感目标，以及声环境现状调查的基础上，预测建设项目产生的噪声影响，对照相应标准评价其影响程度，并提出防治噪声对策的过程。

第一节　声及声环境概述

一、基本概念

1. 声

在物理学上，声有双重含义，一方面，指弹性介质传播的压力、应力、质点位移和质点速度等变化（客观存在的能量波）；另一方面，指上述变化作用于人耳所引起的感觉（主观听觉）。前者称为声波，后者称为声音。

2. 噪声与噪声源

在工业生产、建筑施工、交通运输和社会生活中产生的干扰周围生活环境的声音（频率在 20～20 000 Hz 的可听声范围内），都属于噪声。

发出噪声的物体即噪声源。产生噪声的声源很多，常见的有以下两种分类方式。

（1）按噪声辐射特性

噪声源可分为点声源、线声源和面声源 3 种。以球面波形式辐射声波的声源，辐射声波的声压幅值与声波传播距离成反比。任何形状的声源，只要声波波长远大于声源几何尺寸，该声源可视为点声源。以柱面波形式辐射声波的声源，辐射声波的声压幅值与声波传播距离的平方根成反比，此类声源可以视作线声源；

面声源是指以平面波形式辐射声波的声源。辐射声波的声压幅值不随传播距离改变。

（2）按噪声产生的机理

噪声源可分为机械噪声源、空气动力性噪声源和电磁性噪声源三大类。由于机械设备运转时各零部件之间相互撞击、摩擦产生的交变机械作用力使设备金属板、轴承、齿轮或其他运动部位发生振动而辐射出噪声的声源称为机械噪声源；由于机械零件和周围及封闭媒质（空气）交互作用而辐射出噪声的声源称为空气动力性噪声源；由于机械构件受到电场或磁场力的作用，导致磁质伸缩和电磁感应的发生，铁磁性物质或构件发生振动而辐射噪声的声源称为电磁性噪声源。

3．声环境

人类听觉的频率为 20～20 000 Hz，其中包括语言、音乐等，也包括杂乱无章的声音，它们共同构成了人类生存的声环境。

4．噪声污染

噪声污染是指噪声超过国家规定的排放标准，并干扰他人正常生活、工作和学习的现象。

5．声环境影响评价

声环境影响评价就是针对建设项目所引起的声环境的变化进行评价，并提出各种噪声防治对策，把噪声污染降低到现行标准允许的水平，为建设项目优化选址、合理布局以及城市规划提供科学依据。

二、环境噪声的主要特征

1．环境噪声是感觉公害

评价环境噪声对人的影响不仅取决于噪声强度的大小，而且取决于受影响人当时的行为状态，与本人的生理（感觉）与心理（感觉）因素有关。不同的人，或同一个人在不同的行为状态下对同一噪声会有不同的反应。因此，声环境影响评价有明显的特殊性。

2．噪声污染具有局限性和分散性

任何一个环境噪声源，由于距离、发散、衰减等因素，只能影响一定的范围，因此，环境噪声影响是有局限性的。同时，环境噪声源往往不是单一的，而是无处不在，呈分散状。

3．噪声污染具有暂时性

噪声源停止发声，噪声影响即消失，声环境恢复原来状态，不会积累影响或二次污染。

三、主要评价量

（一）声音的基本物理量

1．声波、声速、波长、频率

（1）声波

声音是由物体振动而产生的。物体振动引起周围媒质的质点位移，媒质密度产生疏密变化，这种变化的传播就是声波。它属于弹性介质中传播的一种机械波。

（2）声速

声波在弹性媒质中的传播速度，也就是振动在媒质中的传递速度，称为声速，单位为 m/s。

（3）波长

声波相邻的两个压缩层（或稀疏层）之间的距离称为波长，单位为 m。

（4）频率

频率是指每秒媒质质点振动的次数，单位为 Hz。人耳能感觉到的声波频率为 20～20 000 Hz，低于 20 Hz 的声波称为次声波，高于 20 000 Hz 的声波称为超声波。波行经一个波长的距离需要的时间，即质点每重复一次振动所需要时间称为周期，单位为 s。

2．声压、声强、声功率

（1）声压

单位面积上由声波引起的压力增量称为声压，声压是衡量声音大小的尺度，单位为 Pa。

声压分为瞬时声压和有效声压。瞬时声压是指某瞬时媒质中内部压强受到声波作用后的改变量，即单位面积的压力变化为瞬时声压。瞬时声压的均方根值称为有效声压。

（2）声强

声强是描述声音强弱的客观物理量，符号为 I，以通过每单位面积的声功率来计量，单位为 W/m^2。能引起人的听觉的最低声强是 10^{-12} W/m^2，该值也称为基准声强。

（3）声功率

声功率是指声源在单位时间内向外辐射的声能。当表示某个频率的声功率时，需要注明所指的频率范围。在噪声检测中，声功率是指声源总声功率。

3．声压级、声强级和声功率级

（1）描述声压级、声强级和声功率级的单位——分贝（dB）

人耳对 1 000 Hz 的听阈声压为 $2×10^{-5}$ Pa，痛阈声压为 20 Pa，两者声压值相差 100 万倍。为了计算方便，同时也符合人耳听觉分辨能力的灵敏度要求，人们将最弱的声音（$2×10^{-5}$ Pa）到最强的声音（20 Pa），按对数方式分成等级，以此作为衡量声音大小的常用单位，称为分贝。

分贝是一个相对单位。两个相同的物理量（如 A_1 和 A_0，其中 A_0 为基准量，A_1 为被量度的量）之比取以 10 为底的对数称为级，级的单位为贝尔（B）。贝尔分为 10 档，每档的单位为分贝，1B=10 dB。

常见声音的分贝如下：基准声强级为 0 dB；微风轻轻吹动树叶的声音约 14 dB；在房间中高声谈话声（相距 1.5 m 处）为 68～74 dB；交响乐队演奏声（相距 5 m 处）约 64 dB；飞机强力发动机的声音（相距 5 m 处）约 140 dB；人耳对声音强弱的分辨能力约 0.5 dB。

（2）声压级

声压级就是声压的平方与一个基准的声压平方比值的对数值。

$$L_p = 10\lg\frac{P^2}{P_0^2} = 20\lg\frac{P}{P_0} \qquad (8\text{-}1)$$

式中：L_p 为对应声压 P 的声压级，dB；P 为声压，Pa；P_0 为基准声压，等于 $2×10^{-5}$ Pa，它是 1 000 Hz 的听阈声压。

（3）声强级

任一声强 I 与基准量 I_0 之比的常用对数乘 10，称为声强级，即

$$L_I = 10\lg\frac{I}{I_0} \qquad (8\text{-}2)$$

式中：L_I 为对应声强 I 的声强级，dB；I 为声强，W/m²；I_0 为基准声强，10^{-12} W/m²。

（4）声功率级

$$L_w = 10\lg\frac{w}{w_0} \qquad (8\text{-}3)$$

式中：L_w 为对应声功率 w 的声功率级，dB；w 为声功率，W；w_0 为基准声功率，10^{-12} W。

（二）噪声的评价量

根据噪声源的特点和应用需要，常用 A 计权声级、等效连续 A 声级、瞬时噪声级、噪声污染级、昼夜等效声级、统计噪声级等对噪声源进行评价。

1. A 计权声级

为了能用仪器直接反映人的主观响度感觉的评价量，人们在噪声测量仪器（声级计）中设计了一种特殊滤波器，叫作计权网络。通过计权网络测得的声压级，已不再是客观物理量的声压级，而是计权声压级或计权声级，简称声级，用 L_A 表示，单位为 dB（A）。目前有四个计权声级：A 计权声级是模拟人耳对 55 dB 以下低强度噪声的频率特性；B 计权声级是模拟 55～85 dB 的中等强度噪声的频率特性；C 计权声级是模拟高强度噪声的频率特性；D 计权声级是对噪声参量的模拟，专用于飞机噪声的测量。

2. 等效连续 A 声级

计权声级能够较好地反映人耳对噪声的强度与频率的主观感觉，因此适合对一个连续的稳态噪声进行评价，但并不适合评价一个起伏或不连续的噪声。因此，人们提出了一个用噪声能量按时间平均的方法来评价噪声对人的影响，即等效连续声级（L_{eq} 或 $L_{Aeq,T}$）。

在声环境影响评价中，常用的是等效连续 A 声级，它是用一个相同时间内声能与之相等的连续稳定的 A 声级来表示该段时间内噪声的大小。

$$L_{Aeq,T} = 10 \lg \left(\frac{\int_0^T 10^{0.1 L_{pA}} \, dt}{T} \right) \tag{8-4}$$

式中：$L_{Aeq,T}$ 为 T 时间内的等效连续 A 声级，dB；L_{PA} 为 t 时刻的瞬时 A 声级，dB；T 为规定的测量时间段，s。

在实际测量时，往往是非连续离散采样且采样的时间间隔一定，因此式（8-4）可表示为

$$L_{Aeq,T} = 10 \lg \left[\frac{1}{n} \sum_{i=1}^{n} 10^{0.1 L_{Ai}} \right] = 10 \lg \left[\sum_{i=1}^{n} 10^{0.1 L_{Ai}} \right] - 10 \lg n \tag{8-5}$$

式中：n 为规定的时间 T 内采样的总数，$n = T/\Delta t$；L_{Ai} 为第 i 次测得的 A 声级，dB。

一般测定 100 个数据，噪声涨落较大时取 200 个数据。利用"积分式声级计"可以自动测量某一时间段内的等效连续 A 声级，无须进行人工的统计和计算。

3．瞬时噪声级

声场中某一瞬时的声压值称为瞬时噪声级，也可以说是在产生噪声时，某瞬时的空气压强相对于无声波时的空气压强的改变量。通常用 L_{PA} 表示某时刻的瞬时 A 声级。

4．噪声污染级

许多非稳态噪声实验表明，涨落的噪声所引起人的烦恼程度比等能量的稳态噪声要大，并且与噪声暴露的变化率和平均强度有关。在等效连续声级的基础上加上一项表示噪声变化幅度的量，更能反映实际污染程度。用这种噪声污染级评价航空或道路的交通噪声比较恰当。

$$L_{NP} = L_{eq} + K\sigma \tag{8-6}$$

式中：L_{NP} 为噪声污染级；K 为常数，对交通和飞机噪声取 2.56；σ 为测定过程中瞬时声级的标准偏差。

5．昼夜等效声级

昼夜等效声级表示社会噪声昼夜间的变化情况，也称日夜平均声级，符号为 L_{dn}。

$$L_{dn} = 10\lg\left\{[16\times10^{0.1L_d} + 8\times10^{0.1(L_n+10)}]/24\right\} \tag{8-7}$$

式中：L_d 为白天的等效声级，时间为 6:00—22:00，共 16 h；L_n 为夜间的等效声级，时间为 22:00—次日 6:00，共 8 h。

为表明夜间噪声对人的烦扰更大，计算夜间等效声级这一项时应加上 10 dB 的计权。

6．统计噪声级

对于随机起伏的噪声，如道路交通噪声，也可以用概率统计的方法来处理，即在一段时间内进行随机采样，获得一组测量值，将它分级统计（表 8-1），声级取样值按 5 dB 或 2 dB 档级归并，并从小到大或从大到小排列，统计各档级的出现百分数以及累积出现百分数。

表 8-1　**噪声级统计表及计算方法**

取样值（可分级）	出现次数	出现百分数	累计百分数
L_1	n_1	$C_1 = n_1 \Big/ \sum_1^m n_i$	$S_1 = n_1 \Big/ \sum_1^m n_i$
L_2	n_2	$C_2 = n_2 \Big/ \sum_1^m n_i$	$S_2 = (n_1 + n_2) \Big/ \sum_1^m n_i$
……	……	……	……
L_i	n_i	$C_2 = n_i \Big/ \sum_1^m n_i$	$S_i = \sum_1^i n_i \Big/ \sum_1^m n_i$
……	……	……	……
L_m	n_m	$C_m = n_m \Big/ \sum_1^m n_i$	$S_m = \sum_1^i n_m \Big/ \sum_1^m n_i = 100\%$

将声级 L_i 及其出现百分数 C_i 绘图，得到如图 8-1 所示的频率分布图。

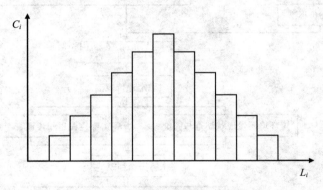

图 8-1　**声级出现的频率分布图**

如果这一段时间内噪声大小的出现概率符合高斯分布（正态分布）规律，则直方图的包络接近于"钟形"分布，中心是最大概率的声级值，也是全部声级数据的平均值。声级分布函数为

$$f(L_i) = \frac{1}{\sqrt{2\pi}\sigma} \exp\left[-\frac{\left(L_i - \overline{L_i}\right)^2}{2\sigma^2} \right] \tag{8-8}$$

式中：σ 为平均值的标准偏差。

　　实际应用中，当数据量较大并较好地符合正态分布时，可以使用累计分布声级来处理数据，计算等效 A 声级。

$$L_{eq} \approx L_{50} + \frac{d^2}{60} \tag{8-9}$$

四、声环境影响评价概述

（一）评价程序

声环境影响评价的工作程序见图 8-2。

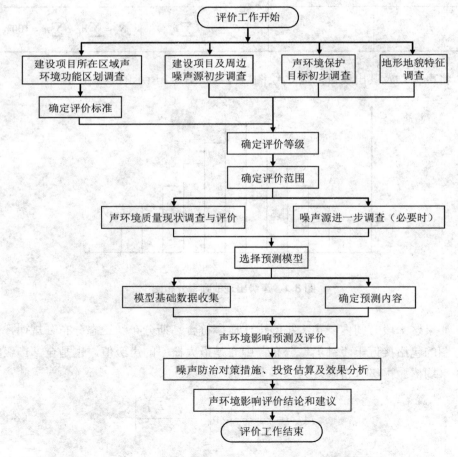

图 8-2　声环境影响评价工作程序

（二）评价等级

声环境影响评价工作等级一般分为三级，一级为详细评价，二级为一般性评价，三级为简要评价。

1）评价范围内有适用于 GB 3096—2008 规定的 0 类声环境功能区域，或建设项目建设前后评价范围内声环境保护目标噪声级增量达 5 dB（A）以上［不含 5 dB（A）］，或受影响人口数量显著增加时，按一级评价。

2）建设项目所处的声环境功能区为 GB 3096—2008 规定的 1 类、2 类地区，或建设项目建设前后评价范围内声环境保护目标噪声级增量达 3～5 dB（A），或受噪声影响人口数量增加较多时，按二级评价。

3）建设项目所处的声环境功能区为 GB 3096—2008 规定的 3 类、4 类地区，或建设项目建设前后评价范围内声环境保护目标噪声级增量在 3 dB（A）以下［不含 3 dB（A）］且受影响人口数量变化不大时，按三级评价。

需要注意的是，在确定评价等级时，如果建设项目符合两个等级的划分原则，按较高等级评价。机场建设项目航空器噪声影响评价等级为一级。

（三）评价范围

1）对于以固定声源为主的建设项目（如工厂、码头、站场等）满足一级评价的要求，一般以建设项目边界向外 200 m 为评价范围；二级、三级评价范围可根据建设项目所在区域和相邻区域的声环境功能区类别及声环境保护目标等实际情况适当缩小；如依据建设项目声源计算得到的贡献值到 200 m 处，仍不能满足相应功能区标准值时，应将评价范围扩大到满足标准值的距离。

2）对于以移动声源为主的建设项目（如公路、城市道路、铁路、城市轨道交通等地面交通）满足一级评价的要求，一般以线路中心线外两侧 200 m 以内为评价范围；二级、三级评价范围可根据建设项目所在区域和相邻区域的声环境功能区类别及声环境保护目标等实际情况适当缩小；如依据建设项目声源计算得到的贡献值到 200 m 处，仍不能满足相应功能区标准值时，应将评价范围扩大到满足标准值的距离。

3）机场项目噪声评价范围按以下方法确定。

①机场项目按照每条跑道承担飞行量进行评价范围划分：对于单跑道项目，以机场整体的吞吐量及起降架次判定机场噪声评价范围；对于多跑道机场，根据

各条跑道分别承担的飞行量情况各自划定机场噪声评价范围并取合集。

A. 单跑道机场，机场噪声评价范围应是以机场跑道两端、两侧外扩一定距离形成的矩形范围。

B. 对于全部跑道均为平行构型的多跑道机场，机场噪声评价范围应是各条跑道外扩一定距离后的最远范围形成的矩形范围。

C. 对于存在交叉构型的多跑道机场，机场噪声评价范围应为平行跑道（组）与交叉跑道的合集范围。

②对于增加跑道项目或变更跑道位置项目（如现有跑道变为滑行道或新建一条跑道），在现状机场噪声影响评价和扩建机场噪声影响评价工作中，可分别划定机场噪声评价范围。

③机场噪声评价范围应不小于计权等效连续感觉噪声级 70 dB 等声级线范围。

④不同飞行量机场推荐噪声评价范围见表 8-2。

表 8-2　机场项目噪声评价范围

机场类别	起降架次 N（单条跑道承担量）	跑道两端推荐评价范围	跑道两侧推荐评价范围
运输机场	$N \geq 15$ 万架次/a	两端各 12 km 以上	两侧各 3 km
	10 万架次/a$\leq N<$15 万架次/a	两端各 10～12 km	两侧各 2 km
	5 万架次/a$\leq N<$10 万架次/a	两端各 8～10 km	两侧各 1.5 km
	3 万架次/a$\leq N<$5 万架次/a	两端各 6～8 km	两侧各 1 km
	1 万架次/a$\leq N<$3 万架次/a	两端各 3～6 km	两侧各 1 km
	$N<1$ 万架次/a	两端各 3 km	两侧各 0.5 km
通用机场	无直升飞机	两端各 3 km	两侧各 0.5 km
	有直升飞机	两端各 3 km	两侧各 1 km

第二节　声环境现状调查与评价

一、声环境评价依据的标准

（一）噪声环境质量标准

1. 声环境质量标准

《声环境质量标准》（GB 3096—2008）规定了 5 类声环境功能区的环境噪声

限值及测量方法，对声环境质量进行评价与管理，见表8-3。

表8-3　声环境功能区环境噪声限值

声环境功能区类别			噪声限值/dB	
类别		典型区域	昼间	夜间
0 类		康复疗养区等特别需要安静的区域	50	40
1 类		以居民住宅、医疗卫生、文化体育、科研设计、行政办公为主要功能，需要保持安静的区域	55	45
2 类		以商业金融、集市贸易为主要功能，或者居住、商业、工业混杂，需要维护住宅安静的区域	60	50
3 类		以工业生产、仓储物流为主要功能，需要防止工业噪声对周围环境产生严重影响的区域	65	55
4 类	4a 类	高速公路、一级公路、二级公路、城市快速路、城市主干路、城市次干路、城市轨道交通（地面段）、内河航道两侧区域	70	55
	4b 类	铁路干线两侧区域	70	60

2. 机场周围飞机噪声环境标准

《机场周围飞机噪声环境标准》（GB 9660—88）规定了机场周围区域不同土地利用类型飞机噪声的环境标准。采用一昼夜的计权等效连续感觉噪声级作为评价量，用 L_{WECPN} 表示，单位为 dB。机场周围飞机噪声环境标准值和适用区域见表8-4。

表8-4　机场周围飞机噪声环境标准值和适用区域

适用区域	最高允许标准值/dB	适用区域说明
一类区域	70	特殊住宅区；居住、文教区
二类区域	75	除一类区域以外的生活区

（二）噪声排放标准

1. 工业企业厂界环境噪声排放标准

《工业企业厂界环境噪声排放标准》（GB 12348—2008）规定了工业企业和固定设备厂界环境噪声排放限值及其测量方法，适用于工业企业噪声排放的管理、评价及控制。机关、事业单位、团体等对外环境排放噪声的单位也按本标准执行，见表 8-5。

表 8-5　工业企业厂界环境噪声排放限值

厂界外声环境功能区类别	噪声排放限值/dB	
	昼间	夜间
0	50	40
1	55	45
2	60	50
3	65	55
4	70	55

2．建筑施工场界环境噪声排放标准

《建筑施工场界环境噪声排放标准》（GB 12523—2011）规定了建筑施工场界环境噪声排放限值昼间为 70 dB（A）、夜间为 55 dB（A），适用于周围有噪声敏感建筑物的建筑施工噪声排放的管理、评价及控制。

3．铁路边界噪声限值及其测量方法

《铁路边界噪声限值及其测量方法》（GB 12525—90）规定了城市铁路边界处铁路噪声限值及其测量方法，其中新建铁路（含新开廊道的增建铁路）边界铁路噪声限值昼间为 70 dB（A）、夜间为 60 dB（A）。新建铁路是指自 2011 年 1 月 1 日起环境影响评价文件通过审批的铁路建设项目（不包括改扩建既有铁路建设项目）。

4．社会生活环境噪声排放标准

《社会生活环境噪声排放标准》（GB 22337—2008）规定了营业性文化娱乐场所和商业经营活动中可能产生环境噪声污染的设备、设施边界噪声排放限值（表 8-6）。

表 8-6　社会生活噪声排放源边界噪声排放限值

边界外声环境功能区类别	噪声限值/dB（A）	
	昼间	夜间
0	50	40
1	55	45
2	60	50
3	65	55
4	70	55

二、声环境现状调查与评价

（一）调查内容与要求

1．一级、二级评价
1）调查评价范围内声环境保护目标的名称、地理位置、行政区划、所在声环境功能区、不同声环境功能区内人口分布情况、与建设项目的空间位置关系、建筑情况等。

2）评价范围内具有代表性的声环境保护目标的声环境质量现状需要现场监测，其余声环境保护目标的声环境质量现状可通过类比或现场监测结合模型计算给出。

3）调查评价范围内有明显影响的现状声源的名称、类型、数量、位置、源等。评价范围内现状声源的源强调查应采用现场监测法或收集资料法确定。分析现状声源的构成及其影响，对现状调查结果进行评价。

2．三级评价
1）调查评价范围内声环境保护目标的名称、地理位置、行政区划、所在声环境功能区、不同声环境功能区内人口分布情况、与建设项目的空间位置关系、建筑情况等。

2）对评价范围内具有代表性的声环境保护目标的声环境质量现状进行调查，可利用已有的监测资料，无监测资料时可选择有代表性的声环境保护目标进行现场监测，并分析现状声源的构成。

（二）调查方法

环境噪声的测量，应严格按现行有关的国家环境噪声标准测量方法进行。环境噪声现状调查的基本方法是现场监测法、现场监测结合模型计算法、收集资料法。调查时，应根据评价等级的要求和现状噪声源情况，确定需采用的具体方法。

（三）环境噪声现状监测与评价

1．监测因子
一般项目环境噪声测量量为等效连续 A 声级；频发、偶发噪声，非稳态噪声还需要测量最大 A 声级（$L_{A\,max}$）及其持续时间，而脉冲噪声应同时测量 A 声级和脉冲周期；机场飞机噪声的测量量为等效感觉噪声级（L_{EPN}），然后根据飞机起飞次数，计算出计权等效连续感觉噪声级（L_{WECPN}）。

声源的测量量为 A 声功率级（L_{Aw}）或中心频率为 63～8 000 Hz 的 8 个倍频带的声功率级（L_{W}）、距离声源 r 处的 A 声级（L_{Ar}）或中心频率为 63～8 000 Hz 的 8 个倍频带的声功率级（L_{Pr}）、等效感觉噪声级（L_{EPN}）。

2．监测时段及频率

1）应在声源正常运行的工况条件下选择适当时段测量。

2）每一测点，应分别进行昼间、夜间时段的测量，以便与相应标准对照。

具体分为昼间（6:00—22:00）和夜间（22:00—6:00）两个时段，一般采用短时间的取样方法来测量，昼间测量一般选在（8:00—12:00）或（14:00—18:00）时，夜间测量一般选在（22:00—5:00）时，随着地区和季节的不同，时间可稍变更。

3．监测布点

布点应覆盖整个评价范围，包括厂界（场界、边界）和敏感目标。当敏感目标高于（含）三层建筑时，还应选取有代表性的不同楼层设置测点。

评价范围内无明显的声源（如工业噪声、交通运输噪声、建设施工噪声、社会生活噪声等），且声级较低时，可选择有代表性的区域布设测点。

评价范围内有明显的声源，并对敏感目标的声环境质量有影响，或建设项目为改扩建工程，应根据声源种类采取不同的监测布点原则。

1）当声源为固定声源时，现状测点应重点布设在可能既受到现有声源影响，又受到建设项目声源影响的敏感目标处，以及有代表性的敏感目标处；为满足预测需要，也可在距离现有声源不同距离处设衰减测点。

2）当声源为移动声源，且呈现线声源特点时，现状测点位置选取应兼顾敏感目标的分布状况、工程特点及线声源噪声影响随距离衰减的特点，布设在具有代表性的敏感目标处。为满足预测需要，也可选取若干线声源的垂线，在垂线上距声源不同距离处布设衰减测点。

3）对于改扩建机场工程，测点一般布设在主要敏感目标处，测点数量可根据机场飞行量及周围敏感目标情况确定，现有单条跑道、两条跑道或三条跑道的机场可分别布设 3～9 个、9～14 个或 12～18 个噪声测点，跑道增多可进一步增加测点。其余敏感目标的现状飞机噪声声级可通过测点噪声声级的验证和计算求得。

4.现状评价

环境噪声现状评价方法：对照相关标准评价达标或超标情况，分析其受到既有主要声源的影响状况。

环境噪声现状评价内容包括以下几个方面：

1）分析评价范围内既有主要声源种类、数量及相应的噪声级、噪声特性等，明确主要声源分布。

2）分别评价厂界（场界、边界）和各声环境保护目标的超标和达标情况，分析其受到既有主要声源的影响状况。

三、声环境现状评价案例

项目名称：某矿井建设项目声环境现状评价。

（一）拟建工业场地周围声环境概况

此工业场地周围为农业生态区，无工业污染源，声环境质量较好，与工业场地最近的村庄距离约 200 m。

（二）声环境质量现状监测与评价

1.监测布点

噪声监测布点分别在工业场地厂界周围及附近村庄布设 5 个监测点，监测昼间噪声和夜间噪声。其中，工业场地东、南、西、北厂界共布设 4 个监测点；另外，在厂区最近的声敏感点——村庄布设一个监测点。监测布点见图 8-3、表 8-7。

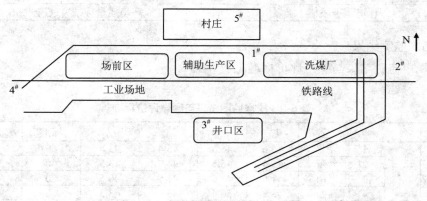

图 8-3　监测布点

表 8-7　声环境现状监测布点

序号	区域	监测点位置	布点理由
1#		拟建工业场地厂界北	工业场地厂界噪声本底值
2#	工业场地	拟建工业场地厂界东	工业场地厂界噪声本底值
3#		拟建工业场地厂界南	工业场地厂界噪声本底值
4#		拟建工业场地厂界西	工业场地厂界噪声本底值
5#	村庄	拟建工业场地北部	工业场地周围敏感点

2．监测时间及频率

从 12 月 28 日开始，分别对各监测点进行昼间（6:00—22:00）、夜间（22:00—6:00）两个时段的监测，各点监测 2 天。

3．监测方法

本次噪声测量采用 HS6288D 型噪声自动测量仪，监测方法按照《声环境质量标准》（GB 3096—2008）的规定进行。噪声测量值为 A 声级，用等效连续 A 声级 L_{eq} 作为评价量。

4．采用标准

根据某省生态环境局对环评执行标准的复函，厂界 1#~4# 监测点噪声执行《声环境质量标准》（GB 3096—2008）环境噪声限值 2 类标准，村庄环境现状噪声执行《声环境质量标准》（GB 3096—2008）环境噪声限值 1 类标准，见表 8-8。

表 8-8　声环境评价标准

监测点	类别	昼间/dB（A）	夜间/dB（A）	标准
厂界监测点	环境噪声限值 2 类	60	50	《声环境质量标准》（GB 3096—2008）
村庄	环境噪声限值 1 类	55	45	《声环境质量标准》（GB 3096—2008）

5．监测结果

噪声监测结果与噪声评价标准见表 8-9。

表 8-9　噪声监测结果与噪声评价标准

时段	点号		L_{eq}	L_{10}	L_{50}	L_{90}	标准	超标情况
昼间	厂界	1# 厂界北	45.6	46.5	45.4	43.8	60	—
		2# 厂界东	45.4	46.5	44.9	43.5	60	—
		3# 厂界南	41.6	42.6	41.5	40.5	60	—
		4# 厂界西	48.9	50.4	45.6	43.3	60	—
	村庄	村庄	45.1	46.4	44.4	42.9	55	

时段		点号	L_{eq}	L_{10}	L_{50}	L_{90}	标准	超标情况
夜间	厂界	1# 厂界北	44.0	46.3	37.1	30.3	50	—
		2# 厂界东	45.4	47.5	39.5	33.3	50	—
		3# 厂界南	38.7	39.4	33.1	29.6	50	—
		4# 厂界西	47.7	50.4	44.9	42.8	50	—
	村庄	村庄	43.4	46.5	36.9	30.8	45	—

6. 声环境质量现状评价

根据监测统计结果，采用比标法对评价范围内声环境质量现状进行评价。拟建工业场地厂界噪声监测点监测结果为昼间 41.6～48.9 dB（A）、夜间 38.7～47.7 dB（A），满足《声环境质量标准》（GB 3096—2008）环境噪声限值 2 类昼间 60 dB（A）和夜间 50 dB（A）的限值；敏感点村庄的环境噪声监测结果为昼间 45.1 dB（A）、夜间 43.4 dB（A），满足《声环境质量标准》（GB 3096—2008）环境噪声限值 1 类标准昼间 55 dB（A）和夜间 45 dB（A）的限值。说明项目区周围地区的声环境质量较好。

第三节 声环境影响评价

一、声环境影响预测

（一）预测的基础资料

建设项目噪声预测应掌握的基础资料包括建设项目的声源资料和建筑布局、室外声波传播条件及有关资料等。

建设项目的声源资料是指声源种类（包括设备型号）与数量、各声源的噪声级与发声持续时间、声源的空间位置、声级、声源的作用时间段。声源种类与数量、各声源的发声持续时间及空间位置由设计单位提供或从工程设计书中获得。

影响声波传播的各种参量包括预测范围内声波传播的遮挡物（如建筑物、围墙等，若声源位于室内还包括门或窗）的位置（坐标）及长、宽、高数据；树林、灌木等分布情况、地面覆盖情况（如草地等）；风向、风速、温度、湿度等。这些参量一般通过资料收集和现场调查获得。

（二）预测范围和预测点布置原则

1. 预测范围

噪声预测范围应与评价范围相同。

2. 预测点布置原则

建设项目评价范围内声环境保护目标和建设项目厂界（场界、边界）应作为预测点和评价点。

（三）预测基础数据规范与要求

建设项目的声源资料主要包括声源种类、数量、空间位置、声级、发声持续时间和对声环境保护目标的作用时间等，环境影响评价文件中应标明噪声源数据的来源。工业企业等建设项目声源置于室内时，应给出建筑物门、窗、墙等围护结构的隔声量和室内平均吸声系数等参数。

影响声波传播的各类参数应通过资料收集和现场调查取得，各类数据如下：

1）建设项目所处区域的年平均风速和主导风向、年平均气温、年平均相对湿度、大气压强；

2）声源和预测点间的地形、高差；

3）声源和预测点间障碍物（如建筑物、围墙等）的几何参数；

4）声源和预测点间树林、灌木等的分布情况以及地面覆盖情况（如草地、水面、水泥地面、土质地面等）。

（四）预测方法

声环境影响可采用参数模型、经验模型、半经验模型进行预测，也可采用比例预测法、类比预测法进行预测。一般采用《环境影响评价技术导则　声环境》（HJ 2.4—2021）中附录 A 和附录 B 推荐的预测方法，如采用其他预测模型，须注明来源并对所用的预测模型进行验证，并说明验证结果。

（五）预测和评价内容

1）预测建设项目在施工期和运营期所有声环境保护目标处的噪声贡献值和预测值，评价其超标和达标情况。

2）预测和评价建设项目在施工期和运营期厂界（场界、边界）噪声贡献值，评价其超标和达标情况。

3）铁路、城市轨道交通、机场等建设项目，还需预测列车通过时段内声环境保护目标处的等效连续 A 声级（$L_{Aeq,T}$）、单架航空器通过时在声环境保护目标处的最大 A 声级（$L_{A\,max}$）。

4）一级评价应绘制运行期代表性评价水平年噪声贡献值等声级线图，二级评价根据需要绘制等声级线图。

5）对工程设计文件给出的代表性评价水平年噪声级可能发生变化的建设项目，应分别预测。

6）典型建设项目噪声影响预测要求可参照《环境影响评价技术导则 声环境》（HJ 2.4—2021）附录 C。

（六）预测评价结果图表要求

1）列表给出建设项目厂界（场界、边界）噪声贡献值和各声环境保护目标处的背景噪声值、噪声贡献值、噪声预测值、超标和达标情况等。分析超标原因，明确引起超标的主要声源。机场项目还应给出评价范围内不同声级范围覆盖下的面积。

2）判定为一级评价的工业企业建设项目应给出等声级线图；判定为一级评价的地面交通建设项目应结合现有或规划保护目标给出典型路段的噪声贡献值等声级线图；工业企业和地面交通建设项目预测评价结果图制图比例尺一般不应小于工程设计文件对其相关图件要求的比例尺；机场项目应给出飞机噪声等声级线图及超标声环境保护目标与等声级线关系局部放大图，飞机噪声等声级线图比例尺应和环境现状评价图一致，局部放大图底图应采用近 3 年内空间分辨率一般不低于 1.5 m 的卫星影像或航拍图，比例尺不应小于 1∶5 000。

（七）户外声传播衰减计算

1. 基本公式

户外声传播衰减包括几何发散、大气吸收、地面效应、屏障屏蔽、其他多方面效应引起的衰减。在环境影响评价中，应根据声源声功率级或靠近声源某一参考位置处的已知声级（如实测得到的）、户外声传播衰减，计算距离声源较远处的预测点的声级。在已知距离无指向性点声源参考点 r_0 处的倍频带（用 $63\sim$ 8 000 Hz 的 8 个标称倍频带中心频率）声压级和计算出参考点（r_0）和预测点（r）

处之间的户外声传播衰减后，预测点 8 个倍频带声压级可用式（8-10）计算。

$$L_p(r) = L_p(r_0) + D_C - (A_{\mathrm{div}} + A_{\mathrm{bar}} + A_{\mathrm{atm}} + A_{\mathrm{gr}} + A_{\mathrm{misc}}) \qquad (8\text{-}10)$$

式中：$L_p(r)$ 为预测点处声压级，dB；$L_p(r_0)$ 为参考位置 r_0 处的声压级，dB；D_C 为指向性校正，它描述点声源的等效连续声压级与产生声功率级 L_w 的全向点声源在规定方向的声级的偏差程度，dB；A_{div} 为几何发散引起的衰减，dB；A_{atm} 为大气吸收引起的衰减，dB；A_{gr} 为地面效应引起的衰减，dB；A_{bar} 为障碍物屏蔽引起的衰减，dB；A_{misc} 其他多方面效应引起的衰减，dB。

预测点的 A 声级可按式（8-11）计算，即将 8 个倍频带声压级合成，计算出预测点的 A 声级 $L_A(r)$。

$$L_A(r) = 10\lg\left(\sum_{i=1}^{8} 10^{0.1[L_{pi}(r) - \Delta L_i]}\right) \qquad (8\text{-}11)$$

式中：$L_A(r)$ 为距声源 r 处的 A 声级，dB（A）；$L_{pi}(r)$ 为预测点 r 处第 i 倍频带声压级，dB；ΔL_i 为第 i 倍频带的 A 计权网络修正值（见 HJ 2.4—2021），dB。

2. 几何发散引起的衰减（A_{div}）

（1）点声源的几何发散衰减

1）无指向性点声源几何发散衰减的基本公式为

$$L_p(r) = L_p(r_0) - 20\lg(r/r_0) \qquad (8\text{-}12)$$

式中：$L(r)$、$L(r_0)$ 分别为 r、r_0 处的声级。

如果已知 r_0 处的 A 声级，则式（8-12）和式（8-13）等效：

$$L_A(r) = L_A(r_0) - 20\lg(r/r_0) \qquad (8\text{-}13)$$

式（8-12）和式（8-13）中第二项代表点声源的几何发散衰减，即

$$A_{\mathrm{div}} = 20\lg(r/r_0) \qquad (8\text{-}14)$$

如果已知点声源的 A 声功率级 L_{Aw}，且声源处于自由空间，则式（8-13）等效为式（8-15）：

$$L_A(r) = L_{Aw} - 20\lg r - 11 \qquad (8\text{-}15)$$

如果声源处于半自由空间，则式（8-13）等效为式（8-16）：

$$L_A(r) = L_{Aw} - 20\lg r - 8 \qquad (8\text{-}16)$$

2）具有指向性声源的几何发散衰减。声源在自由空间中辐射声波时，其强度分布的一个主要特性是指向性。例如，喇叭发声，其喇叭正前方声音大，而侧面或背面就小。自由空间的点声源在某一 θ 方向上距离 r 处的倍频带声压级 $[L_p(r)_\theta]$ 为

$$L_p(r)_\theta = L_w - 20\lg r + D_{I\theta} - 11 \qquad (8\text{-}17)$$

式中：L_w 为倍频带声功率级；$D_{I\theta}$ 为 θ 方向上的指向性指数，$D_{I\theta}=10\lg R_\theta$（$R_\theta$ 为指向性因数，$R_\theta=I_\theta/I$；I 为所有方向上的平均声强，W/m^2；I_θ 为某一 θ 方向上的声强，W/m^2）。

按式（8-12）、式（8-13）计算具有指向性点声源几何发散衰减时，其中的 $L(r)$ 与 $L(r_0)$、$L_A(r)$ 与 $L_A(r_0)$ 必须是在同一方向上的声级。

3）反射体引起的修正（ΔL_r）。当点声源与预测点处在反射体同侧附近时，到达预测点的声级是直达声与反射声叠加的结果，从而使预测点声级增高。当满足下列条件时，需考虑反射体引起的声级增高：反射体表面是平整、光滑、坚硬的，反射体尺寸远大于所有声波的波长，入射角 $\theta < 85°$。

在实际情况下，声源辐射的声波是宽频带的且满足条件 "$r_r - r_d$ 远大于 λ"，反射引起的声级增高量 ΔL_r 与 r_r/r_d 有关；当 $r_r/r_d \approx 1$ 时，$\Delta L_r = 3$ dB；当 $r_r/r_d \approx 1.4$ 时，$\Delta L_r = 2$ dB；当 $r_r/r_d \approx 2$ 时，$\Delta L_r = 1$ dB；当 $r_r/r_d > 2.5$ 时，$\Delta L_r = 0$ dB。

（2）线状声源的几何发散衰减

1）无限长线声源。无限长线声源几何发散衰减的基本公式为

$$L_p(r) = L_p(r_0) - 10\lg(r/r_0) \qquad (8\text{-}18)$$

如果已知 r_0 处的 A 声级，则式（8-18）与式（8-19）等效：

$$L_A(r) = L_A(r_0) - 10\lg(r/r_0) \qquad (8\text{-}19)$$

式（8-18）与式（8-19）中第二项表示无限长线声源的几何发散衰减，即

$$A_{\text{div}} = 20\lg(r/r_0) \qquad (8\text{-}20)$$

2）有限长线声源。如图 8-4 所示，设线状声源长为 l_0，单位长度线声源辐射

的声功率级为 L_w。在线声源垂直平分线上距声源 r 处的声级为

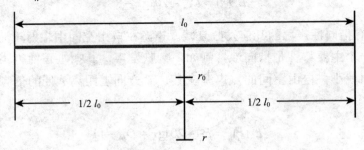

图 8-4　有限长线声源示意图

$$L_p(r) = L_w + 10\lg\left[\frac{1}{r}\arctg\left(\frac{l_0}{2r}\right)\right] - 8 \tag{8-21}$$

或

$$L_p(r) = L_p(r_0) + 10\lg\left[\frac{\dfrac{1}{r}\arctg\left(\dfrac{l_0}{2r}\right)}{\dfrac{1}{r_0}\arctg\left(\dfrac{l_0}{2r_0}\right)}\right] \tag{8-22}$$

当 $r > l_0$ 且 $r_0 > l_0$ 时，式（8-22）可近似简化为

$$L_p(r) = L_p(r_0) - 20\lg(r / r_0) \tag{8-23}$$

即在有限长线声源的远场，有限长线声源可当作点声源处理。

当 $r < l_0/3$ 且 $r_0 < l_0/3$ 时，式（8-23）可近似简化为

$$L_p(r) = L_p(r_0) - 10\lg(r / r_0) \tag{8-24}$$

即在近场区，有限长线声源可当作无限使线声源处理。

当 $l_0/3 < r < l_0$ 且 $l_0/3 < r_0 < l_0$ 时，可以作如下近似计算：

$$L_p(r) = L_p(r_0) - 15\lg(r / r_0) \tag{8-25}$$

（3）面声源的几何发散衰减

一个大型机器设备的振动表面，车间透声的墙壁，均可以认为是面声源。如果已知面声源单位面积的声功率为 W，各面积元噪声的位相是随机的，面声源可

看作由无数点声源连续分布组合而成，其合成声级可按能量叠加法求出。

当预测点和面声源中心距离 $r < a/\pi$ 时，几乎不衰减（$A_{div} \approx 0$）；当 $a/\pi < r < b/\pi$ 时，距离加倍衰减 3 dB 左右，类似线声源衰减特性 $A_{div} \approx 10\lg(r/r_0)$；当 $r > b/\pi$ 时，距离加倍衰减趋近于 6 dB，类似点声源衰减特性 $A_{div} \approx 20\lg(r/r_0)$。

3．空气吸收引起的衰减（A_{atm}）

空气吸收引起的衰减量按式（8-26）计算：

$$A_{atm} = \frac{a(r - r_0)}{1\,000} \tag{8-26}$$

式中：r 为预测点距声源的距离，m；r_0 为参考位置距离，m；a 为空气吸收衰减系数，dB/km。

a 为温度、湿度和声波频率的函数，预测计算中一般根据当地常年平均气温和湿度选择相应的空气吸收系数（表 8-10）。

表 8-10　倍频带噪声的空气吸收衰减系数

温度/ ℃	相对湿度/ %	空气吸收衰减系数 a/（dB/km）							
		倍频带中心频率/Hz							
		63	125	250	500	1 000	2 000	4 000	8 000
10	70	0.1	0.4	1.0	1.9	3.7	9.7	32.8	117.0
20	70	0.1	0.3	1.1	2.8	5.0	9.0	22.9	76.6
30	70	0.1	0.3	1.0	3.1	7.4	12.7	23.1	59.3
15	20	0.3	0.6	1.2	2.7	8.2	28.2	28.8	202.0
15	50	0.1	0.5	1.2	2.2	4.2	10.8	36.2	129.0
15	80	0.1	0.3	1.1	2.4	4.1	8.3	23.7	82.8

4．地面效应衰减（A_{gr}）

地面类型可分为坚实地面（铺筑过的路面、水面、冰面以及夯实地面）、疏松地面（被草或其他植物覆盖的地面，以及农田等适合于植物生长的地面）、混合地面。

声波越过疏松地面传播时，或大部分为疏松地面的混合地面，在预测点仅计算 A 声级前提下，地面效应引起的倍频带衰减可用式（8-27）计算：

$$A_{gr} = 4.8 - \frac{2h_m}{r}\left[17 + \frac{300}{r}\right] \tag{8-27}$$

式中：r 为预测点距声源的距离，m；h_m 为传播路径的平均离地高度，m。

若 A_{gr} 计算出负值，则 A_{gr} 可用 "0" 代替。

5. 遮挡物引起的衰减（A_{bar}）

位于声源和预测点之间的实体障碍物，如围墙、建筑物、土坡或地堑等都起声屏障作用。声屏障的存在使声波不能直达某些预测点，从而引起声能量的较大衰减。在环境影响评价中，一般可将各种形式的屏障简化为具有一定高度的薄屏障。

如图 8-5 所示，S、O、P 三点在同一平面内且垂直于地面。定义 $\delta = SO + OP - SP$ 为声程差，$N = 2\delta/\lambda$ 为菲涅尔数，其中 λ 为声波波长。

声屏障插入损失的计算方法很多，大多是半理论半经验的，有一定的局限性。在噪声预测中，需要根据实际情况做简化处理。

（1）有限长薄屏障在点声源声场中引起的声衰减计算

如图 8-6 所示，首先，计算 3 个传播途径的声程差 δ_1、δ_2、δ_3 和相应的菲涅尔数 N_1、N_2、N_3；其次，声屏障引起的衰减量按式（8-28）计算。

$$A_{bar} = -10\lg\left[\frac{1}{3+20N_1} + \frac{1}{3+20N_2} + \frac{1}{3+20N_3}\right] \tag{8-28}$$

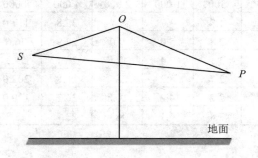

图 8-5　声屏障示意图

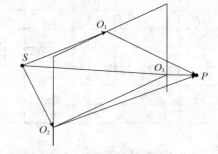

图 8-6　有限长薄屏障、点声源

当屏障很长（作无限处理）时，则

$$A_{bar} = 10\lg\left[\frac{1}{3+20N_1}\right] \tag{8-29}$$

（2）无限长薄屏障在无限长线源声场中引起的衰减

首先计算菲涅尔数 N；其次，如图 8-7 所示的曲线，由 N 值查出相应的衰减量。

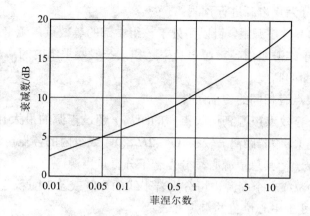

图 8-7　无限长屏障、无限长线声源的声衰减

说明：对铁路列车、公路上的汽车流，在近场条件下，可作无限长声源处理；当预测点与声屏障的距离远小于屏障长度时，屏障可做无限长处理。当计算出的衰减量超过 25 dB 时，实际所用的衰减量应取其上限衰减量 25 dB。

（3）绿化林带的影响

绿化林带并不是有效的声屏障。密集的林带对宽带噪声典型的附加衰减量是每 10 m 衰减 1～2 dB（A）；取值的大小与树种、林带结构和密度等因素相关。密集的绿化林带对噪声的最大附加衰减量一般不超过 10 dB（A）。

6．其他多方面原因引起的衰减（A_{misc}）

其他衰减包括通过工业场所的衰减；通过房屋群的衰减等。在声环境影响评价中，一般情况下，不考虑自然条件（如风、温度梯度、雾）变化引起的附加修正。

工业场所的衰减、房屋群的衰减等可参照《声学　户外声传播的衰减　第 2 部分：一般计算方法》（GB/T 17247.2—1998）进行计算。

（八）常见的几种预测模式

1．工业噪声预测模式

工业噪声源有室外和室内两种声源，应分别计算。在环境影响评价中，可根据预测点和声源之间的距离 r，根据声源发出声波的波阵面，将声源划分为点声源、线声源、面声源后进行预测。在环境影响评价中遇到的实际声源一般可用以下方法将其划分为点声源进行预测：

1）实际的室外声源组，可以用处于该组中部的等效点声源来描述，等效点声源的声功率等于声源组内各声源声功率之和。一般要求组内的声源具有大致相同的强度和离地面的高度。

2）到接收点有相同的传播条件。

3）从单一等效点声源到接收点间的距离 r 超过声源的最大几何尺寸 H_{max} 的 2 倍（$r>2H_{max}$）。假若距离 r 较小（$r \leqslant 2H_{max}$），或组内的各点声源传播条件不同时（如加入屏蔽），其总声源必须分为若干分量点声源。

4）一个线源或一个面源也可分为若干线的分区或若干面积分区，而每个线或面的分区可用处于中心位置的点声源表示。

（1）室外点声源在预测点产生的声级计算

如已知声源的倍频带声功率级（从 63～8 000 Hz 标称频带中心频率的 8 个倍频带），预测点位置的倍频带声压级可按式（8-30）计算：

$$L_p(r) = L_w + D_c - (A_{div} + A_{bar} + A_{atm} + A_{gr} + A_{misc}) \qquad (8-30)$$

式中：$L_p(r)$ 为预测点处的倍频带声压级；L_w 为预测点位置的倍频带声功率级，dB；A_{div} 为几何发散引起的倍频带衰减，dB；A_{atm} 为大气吸收引起的倍频带衰减，dB；A_{gr} 为地面效应引起的倍频带衰减，dB；A_{bar} 为声屏障引起的倍频带衰减，dB；A_{misc} 为其他多个方面效应引起的倍频带衰减，dB；D_c 为指向性校正，反映点声源的等效连续声压级与产生声功率级的全向点声源在规定方向的级的偏差程度，dB。指向性校正等于点声源的指向性指数 D_I 加上计到小于 4π 球面度（sr）立体角内的声传播指数 D_Ω；对辐射到自由空间的全向点声源，$D_c=0$ dB。

衰减项计算按式（8-12）～式（8-29）计算。

如已知靠近声源处某点的倍频带声压级 $L_p(r_0)$ 时，相同方向预测点位置的倍频带声压级 $L_p(r)$ 可按式（8-10）计算，预测点的 A 声级可利用 8 个倍频带的声压级按式（8-11）计算。

（2）室内声源等效室外声源声功率级计算

如图 8-8 所示，声源位于室内，室内声源可采用等效室外声源声功率级法进行计算。设靠近开口处（或窗户）室内、室外某倍频带的声压级分别为 L_{p1} 和 L_{p2}。

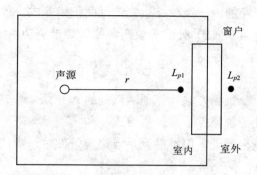

图 8-8　室内声源等效为室外声源示意图

首先，计算出某个室内靠近围护结构处的倍频带声压级。

$$L_{p1} = L_w + 10\lg\left(\frac{Q}{4\pi r^2} + \frac{4}{R}\right) \qquad (8\text{-}31)$$

式中：L_w 为某个声源的倍频带声功率级，dB；r 为室内某个声源与靠近围护结构处的距离，m；R 为房间常数，$R=S\alpha$（$1-\alpha$），S 为间内表面积，α 为平均吸声系数；Q 为方向性因子。Q 通常对无指向性声源，当声源放在房间中心时，$Q=1$；当放在一面墙的中心时，$Q=2$；当放在两面墙夹角处时，$Q=4$；当放在三面墙夹角处时，$Q=8$。

然后，按式（8-32）计算出所有室内声源在围护结构处产生的 i 倍频带叠加声压级。

$$L_{p1i}(T) = 10\lg\left[\sum_{j=1}^{N} 10^{0.1L_{p1ij}}\right] \qquad (8\text{-}32)$$

式中：$L_{p1i}(T)$ 为靠近围护结构处室内 N 个声源 i 倍频带的叠加声压级，dB；L_{p1ij} 为室内 j 声源 i 倍频带的声压级，dB；N 为室内声源总数。

若声源所在室内声场为近似扩散声场，则室外的倍频带声压级可按式（8-33）近似求出。

$$L_{p2i}(T) = L_{p1i}(T) - (TL_i + 6) \qquad (8\text{-}33)$$

式中：$L_{p2i}(T)$ 为靠近围护结构处室外 N 个声源 i 倍频带的叠加声压级，dB；TL_i 为隔墙（或窗户）i 倍频带的隔声量，dB。

然后，将室外声源的声压级和 $L_{p2}(T)$ 透过面积换算成等效的室外声源，计算出中心位置位于透声面积（S）处的等效声源的倍频带声功率级。

$$L_w = L_{p2}(T) + 10 \lg S \tag{8-34}$$

最后，按室外声源预测方法计算预测点处的 A 声级。

（3）靠近声源处的预测点噪声预测模式

如预测点在靠近声源处，但不能满足点声源条件时，需按线声源或面声源模式计算。

（4）噪声贡献值计算

设第 i 个室外声源在预测点产生的 A 声级为 L_{Ai}，在 T 时间内该声源工作时间为 t_i；第 j 个等效室外声源在预测点产生的 A 声级为 L_{Aj}，在 T 时间内该声源工作时间为 t_j，则声源在预测点产生的噪声贡献值（L_{eqg}）为

$$L_{eqg} = 10 \lg \left[\frac{1}{T} \left(\sum_{i=1}^{N} t_i 10^{0.1 L_{Ai}} + \sum_{j=1}^{M} t_j 10^{0.1 L_{Aj}} \right) \right] \tag{8-35}$$

式中：T 为计算等效声级的时间，s；N 为室外声源个数；M 为等效室外声源个数。

（5）预测值计算

预测点的预测等效声级按式（8-36）计算：

$$L_{eq} = 10 \lg (10^{0.1 L_{eqg}} + 10^{0.1 L_{eqb}}) \tag{8-36}$$

式中：L_{eqg} 为声源在预测点的等效声级贡献值，dB（A）；L_{eqb} 为预测点的背景值，dB（A）。

2. 公路噪声预测模式

可用美国联邦公路管理局（FHWA）公路噪声预测模式来预测公路交通噪声。

（1）基本模式

将公路上汽车流按照车种分类（如大、中、小型车），先求出第 i 类车辆的等效声级：

$$L_{eq}(h)_i = (\overline{L_{0E}})_i + 10 \lg \left(\frac{N_i}{V_i T} \right) + 10 \lg \left(\frac{7.5}{r} \right) + 10 \lg \left(\frac{\psi_1 + \psi_2}{\pi} \right) + \Delta L - 16 \tag{8-37}$$

式中：$L_{eq}(h)_i$ 为第 i 类车的小时等效声级，dB（A）；$(\overline{L_{0E}})_i$ 为第 i 类车速度为

V_i（km/h）、水平距离为 7.5 m 处的能量平均 A 声级，dB（A）；N_i 为昼间、夜间通过某个预测点的第 i 类车平均小时车流量，辆/h；r 为车道中心线到预测点的距离，m；V_i 为第 i 类车的平均车速，km/h；T 为计算等效声级的时间，1 h；ψ_1、ψ_2 分别为预测点到有限长路段两端的张角，弧度，如图 8-9 所示；ΔL 为由其他因素引起的修正量，dB（A）。

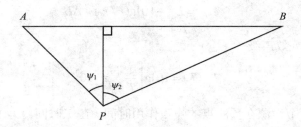

图 8-9　有限路段的修正函数（$A \sim B$ 为路段，P 为预测点）

（2）总车流等效声级

混合车流模式的等效声级是将各类车流等效声级叠加求得的。如果将车流分成大、中、小 3 类，那么总车流等效声级为

$$L_{eq}(T) = 10\lg[10^{0.1L_{eq}(h)_{大}} + 10^{0.1L_{eq}(h)_{中}} + 10^{0.1L_{eq}(h)_{小}}] \qquad （8-38）$$

应用式（8-38）时，需注意：预测点与车道中心的距离 r 必须大于 15 m；模式的预测误差一般在±2.5 dB 范围；该模式未考虑道路坡度和路面粗糙度引起的修正；某类车的参考能量平均辐射声级数据必须经过严格测试获得；模式既适用于大车流量，也适用于小车流量。

如某个预测点受多条线路交通噪声影响（如高架桥周边预测点受桥上和桥下多条车道的影响，路边高层建筑预测点受地面多条车道的影响），应分别计算每条车道对该预测点的声级后，经叠加得到贡献值。

3．铁路噪声预测模式

把铁路各类声源简化为点声源和线声源，分别进行计算。

（1）点声源

$$L_p = L_{p0} - 20\lg(r / r_0) - \Delta L \qquad （8-39）$$

式中：L_p 为预测点的声级（可以是倍频带声压级或 A 声级），dB；L_{p0} 为参考位置 r_0 处的声级（可以是倍频带声压级或 A 声级），dB；R 为预测点与点声源之间的距离，m；r_0 为测量参考声级处与点声源之间的距离，m；ΔL 为各种衰减量，包括空气吸收、声屏障或遮挡物、地面效应等引起的衰减量，dB。

（2）线声源

$$L_p = L_{p_0} - 10\lg(r/r_0) - \Delta L \tag{8-40}$$

（3）总的等效声级

$$L_{eq}(T) = 10\lg\left[\frac{1}{T}\sum_{i=1}^{n}t_i \cdot 10^{0.1L_{P_i}}\right] \tag{8-41}$$

式中：t_i 为第 i 个声源在预测点的噪声作用时间（在 T 时间内），s；L_{P_i} 为第 i 个声源在预测点产生的 A 声级，dB（A）；T 为计算等效声级的时间，s。

4．飞机噪声预测模式

机场飞机噪声预测根据下列基本步骤进行：

1）计算斜距。以飞机起飞或降落点为原点、跑道中心线为 x 轴、垂直地面为 z 轴、垂直于跑道中心线为 y 轴建立坐标系。设预测点的坐标为（X，Y，Z），飞机起飞、爬升、降落时与地面所成角度为 d，则飞机与预测点之间的斜距为

$$R = \sqrt{y^2 + (x\tan\theta\cos\theta)^2} \tag{8-42}$$

如果可以查得离起飞或降落点不同位置飞机距地面的高度 H，则斜距为

$$R = \sqrt{y^2 + (H\cos\theta)^2} \tag{8-43}$$

2）查出各次飞机飞行的有效感觉噪声级数据。根据飞机机型、起飞或降落、斜距可以查出飞机飞过预测点时在预测点产生的有效感觉噪声级 L_{EPN}。

3）查出一天中所有飞行事件的 L_{EPN}。

4）计算出平均有效感觉噪声级：

$$\overline{L_{EPN}} = 10\lg\left(\frac{1}{N_1 + N_2 + N_3}\sum_i\sum_j 10^{0.1L_{EPNij}}\right) \tag{8-44}$$

式中：N_1、N_2、N_3 分别为白天（7:00—19:00）、晚上（19:00—22:00）和夜间（22:00—次日 7:00）通过该点的飞行次数；L_{EPNij} 为 j 航路第 i 架次飞机对某预测

点引起的有效感觉噪声级，dB。

5）计算出计权等效连续感觉噪声级：

$$L_{WECPN} = \overline{L_{EPN}} + 10\lg(N_1 + 3N_2 + 10N_3) - 39.4 \tag{8-45}$$

二、噪声防控措施

（一）规划防治对策

主要是指从建设项目的选址（选线）、规划布局、总图布置（跑道方位布设）和设备布局等方面进行调整，提出降低噪声影响的建议。如根据"以人为本""闹静分开""合理布局"的原则，提出高噪声设备尽可能远离声环境保护目标、优化建设项目选址（选线）、调整规划用地布局等建议。

（二）技术防治措施

声源上降低噪声的措施主要包括：选用低噪声设备、低噪声工艺；采取声学控制措施，如对声源采用吸声、消声、隔声、减振等措施；改进工艺、设施结构和操作方法等；将声源设置于地下室、半地下室内；优先选用低噪声车辆、低噪声基础设施、低噪声路面等。

噪声传播途径上降低噪声措施主要包括设置声屏障等措施，其中有直立式、折板式、半封闭、全封闭等类型声屏障。声屏障的具体型式根据声环境保护目标处超标程度、噪声源与声环境保护目标的距离、敏感建筑物高度等因素综合考虑来确定；利用自然地形物（如利用位于声源和声环境保护目标之间的山丘、土坡、地堑、围墙等）降低噪声。

声环境保护目标自身防护措施主要包括：声环境保护目标自身增设吸声、隔声等措施；优化调整建筑物平面布局、建筑物功能布局；声环境保护目标功能置换或拆迁。

（三）管理措施

主要包括提出环境噪声管理方案（如制定合理的施工方案、优化飞行程序等），制定噪声监测方案，提出降噪减噪设施的运行、使用、维护和保养等方面的管理要求，提出跟踪评价要求等。

三、案例

（一）项目名称

20 万 t/a 离心球墨铸管生产项目声环境影响评价。

（二）噪声源分析

拟建工程噪声主要来自各类除尘器风机、清整线设备及泵类设备等运转产生的噪声，噪声源强为 85～105 dB（A）。噪声源强状况见表 8-11。

表 8-11　噪声源强状况

名称	源强/dB（A）	数量/个	排放规律
混铁炉除尘风机	105	1	连续
中频电炉除尘风机	100	2	连续
球化除尘风机	103	2	连续
连续式退火炉风机	98	1	连续
台式退火炉风机	95	1	连续
承口清理机	95	4	连续
六工位内壁清理机	95	4	连续
切环机	91	4	连续
倒角机	91	4	连续
抛丸清理机	100	1	连续
喷锌机除尘风机	95	2	连续
锅炉引风机	100	1	连续
锅炉鼓风机	95	4	连续
煤气压缩机	95	4	连续
泵类设备	85	5	连续

拟建工程通过降噪处理后车间内主要噪声源强及位置情况见表 8-12。

表 8-12　拟建工程降噪处理后主要噪声源强及位置

名称	设备源强/dB（A）	数量/个	排放规律	距厂界及敏感目标距离/m				
				西厂界	南厂界	东厂界	北厂界	村庄
混铁炉除尘风机	105	1	连续	150	100	100	50	270
中频电炉除尘风机	100	2	连续	130	80	120	70	250
球化除尘风机	103	2	连续	100	80	150	70	220
连续式退火炉风机	98	1	连续	60	40	190	110	180
台式退火炉风机	95	1	连续	60	100	200	50	180
承口清理机	95	4	连续	50	80	210	70	170
六工位内壁清理机	95	4	连续	50	80	210	70	170
切环机	91	4	连续	50	80	210	70	170
倒角机	91	4	连续	50	80	210	70	170
抛丸清理机	100	1	连续	50	80	210	70	170
喷锌机除尘风机	95	2	连续	60	100	200	50	180
锅炉引风机	100	1	连续	100	30	150	120	220
锅炉鼓风机	95	4	连续	100	30	150	120	220
泵类设备	85	5	连续	140	30	110	120	260

（三）评价等级判断

拟建工程所处的声环境功能区为《声环境质量标准》（GB 3096—2008）规定的 3 类地区，受影响人口数量不大，周围无敏感目标，因此该项目的声环境影响评价等级为三级。

（四）拟建工程噪声影响预测与评价

1. 预测点的选择

选择拟建工程东南西北厂界 4 个监测点作为预测点。

2. 预测模式的选择

根据噪声的衰减和叠加特征，计算预测点新增噪声源的污染水平，步骤如下。

（1）室外声源在预测点的 A 声级计算

$$L_A(r) = L_A(r_0)(A_{div} + A_{bar} + A_{atm} + A_{misc}) \qquad （8-46）$$

式中：$L_A(r)$为距声源 r 处的 A 声级，dB（A）；$L_A(r_0)$为参考位置 r_0 处的 A 声级，

dB（A）；A_{div} 为声波几何发散引起的 A 声级衰减量，dB（A）；A_{bar} 为遮挡物引起的 A 声级衰减量，dB（A）；A_{atm} 为空气吸收衰减量，dB（A）；A_{misc} 为附加衰减量，dB（A）。

（2）室内声源在预测点的 A 声级计算

首先计算某个室内声源在靠近围护结构处的 A 声级：

$$L_{\text{A}i}(r) = L_{wi} + 10\lg\left(\frac{Q}{4\pi r_i^2} + \frac{4}{R}\right) \qquad (8\text{-}47)$$

式中：$L_{\text{A}i}(r)$ 为 i 个室内声源在靠近围护结构处产生的 A 声级，dB（A）；L_{wi} 为 i 个声源的声功率级，dB（A）；r_i 为 i 个声源与靠近围护结构处的距离，m；R 为房间常数；Q 为方向性因子。

计算所有室内声源在靠近围护结构处产生的总有效声级：

$$L_{\text{A}1}(T) = 10\lg\left[\sum_{i=1}^{N} 10^{0.1L_{\text{A}i}}\right] \qquad (8\text{-}48)$$

计算室外靠近围护结构处的 A 声级：

$$L_{\text{A}2}(T) = L_{\text{A}1}(T)(\text{TL} + 6) \qquad (8\text{-}49)$$

式中：TL 为窗户平均隔声量，dB（A）。

将室外声级 $L_{\text{A}2}(T)$ 和透声面积换算成等效的室外声源，计算出等效声源的声功率级 L_w。

$$L_w = L_{\text{A}2}(T) + 10\lg S \qquad (8\text{-}50)$$

式中：S 为透声面积，m^2。

等效室外声源的位置为围护结构的位置，其声功率级为 L_w，由此计算等效声源在预测点产生的声级。

（3）总声级的计算

设第 i 个室外声源在预测点产生的 A 声级为 $L_{\text{A}i}$，在 T 时间内该声源工作时间为 t_i；设第 j 个等效室外声源在预测点产生的 A 声级为 $L_{\text{A}j}$，在 T 时间内该声源工作时间为 t_j，则预测点的总有效声级为

$$L_{\text{eq}}(T) = 10\lg\frac{1}{T}\left[\sum_{i=1}^{N} t_i 10^{0.1L_{\text{A}i}} + \sum_{j=1}^{M} t_j 10^{0.1L_{\text{A}j}}\right] \qquad (8\text{-}51)$$

式中：T 为计算等效声级的时间；N 为室外声源的个数；M 为等效室外声源的个数。

3. 参数的确定

1）窗户的平均隔声量 TL 取经验值，15 dB（A）。

2）声波几何发散引起的 A 声级衰减量。

点声源：

$$A_{\mathrm{div}} = 20 \lg\left(\frac{r}{r_0}\right) \tag{8-52}$$

有限长（长度 L_0，m）的线声源 A_{div}：

当 $r > L_0$ 且 $r_0 > L_0$ 时：

$$A_{\mathrm{div}} = 20 \lg\left(\frac{r}{r_0}\right) \tag{8-53}$$

当 $r < L_0/3$ 且 $r_0 < L_0/3$ 时：

$$A_{\mathrm{div}} = 10 \lg\left(\frac{r}{r_0}\right) \tag{8-54}$$

当 $L_0/3 < r < L_0$ 且 $L_0/3 < r_0 < L_0$ 时：

$$A_{\mathrm{div}} = 15 \lg\left(\frac{r}{r_0}\right) \tag{8-55}$$

3）空气吸收衰减量 A_{atm}。

$$A_{\mathrm{atm}} = \frac{a(r - r_0)}{1\,000} \tag{8-56}$$

式中：r 为预测点到声源的距离，m；r_0 为参考点到声源的距离，m；a 为空气吸收系数，它随着频率和距离的增大而增大，本次预测空气吸收性衰减很小，可忽略不计。

4）遮挡物引起的衰减量 A_{bar}。噪声在向外传播过程中将受到厂房或其他车间的阻挡影响，从而引起声能量的衰减，具体衰减根据不同声级的传播途径而定，一般取 8 dB（A）。

5）附加衰减量 A_{misc}。主要考虑地面效应引起的附加衰减量，根据现有厂区布置和噪声源强及外环境状况，可以忽略本项附加衰减量。

（五）预测结果

根据生产设备正常状态下的噪声预测结果，与现状值叠加得到预测结果，预测结果见表 8-13，评价结果见表 8-14。可以看出，拟建工程建成投产后，各测点昼间噪声叠加值均不超标，夜间东厂界、北厂界噪声叠加值均超标，其他厂界噪声叠加值均不超标。

表 8-13　拟建工程噪声预测结果　　　　　单位：dB（A）

测点编号	昼间				夜间			
	现状值	预测值	叠加值	增加值	现状值	预测值	叠加值	增加值
1#	52.3	42.0	52.7	+0.4	45.2	42.0	46.9	+1.7
2#	51.6	47.2	53.0	+1.4	44.1	47.2	48.9	+1.7
3#	52.4	34.4	52.8	+0.1	43.9	34.4	44.4	+0.5
4#	53.7	43.1	54.1	+0.4	44.6	43.1	46.9	+2.3

表 8-14　拟建工程噪声评价结果　　　　　单位：dB（A）

测点编号	昼间			夜间		
	叠加值	标准值	超标值	叠加值	标准值	超标值
1#	52.7	60	−7.3	46.9	50	−3.1
2#	53.0	60	−7.0	48.9	50	−1.1
3#	52.8	60	−7.2	44.4	50	−5.6
4#	54.1	60	−5.9	46.9	50	−4.1

（六）噪声影响评价

由预测和评价结果可知，拟建工程建成投产后昼夜间厂界噪声均符合《声环境质量标准》（GB 3096—2008）中的 3 类标准。另外该区属于 3 类声功能区，项目建设增加的噪声值不会改变该区域的声环境功能，所以拟建工程投产后对周围声环境质量影响较小。

（七）噪声控制措施

1）对鼓风机采取基础减震，在设备选型上选用低噪音设备，并采取适当的降噪措施，在机组基础设置衬垫，使之与建筑结构隔开，风机的进出口安装消音器，管道外壁敷设阻尼吸声材料等。风机噪声经降噪处理后车间内噪声值小于90 dB（A）。

2）对大功率设备采用隔离布置，并采取隔声、消音等降噪措施，如厂房墙壁设吸声材料、设备安装隔声罩、门窗设置隔声帘等。

3）在布置有大型噪声设备的厂房为操作工设置隔声的值班室。为操作工配备个人防噪用品。设备布置时远离行政办公室和生活区；设置隔声机房；工人不设固定岗；只做巡回检查；操作间做吸声、隔声处理；厂区周围及高噪声车间周围种植降噪植物。

4）对距离厂界较近的噪声源重点进行防治。对源强较高的噪声源设置室内，在基础减震的基础上室内墙壁装饰吸声材料。

采取上述降噪措施后，拟建工程能够实现厂界噪声达标。

【课后习题与训练】

1. 主要的噪声评价量有哪些？
2. 噪声环境敏感点如何确定？
3. 简述噪声环境影响评价工作的基本内容。
4. 对属于规划区内的大型、中型建设工程，建成后其周围环境噪声级将显著升高，试问该工程评价工作的基本要求是什么？
5. 编写噪声环境影响专题报告应包括哪些内容？
6. 提出噪声防控措施的一般原则是什么？如何从声源上减少噪声？

第九章 土壤环境影响预测与评价

土壤环境影响评价是指根据污染物积累趋势对土壤环境质量的变化进行预测的调查评估工作。多根据污染物的迁移、积累规律，运用数学手段进行。考察开发建设项目、区域发展，以及制定的政策法规对土壤环境变化产生的影响进行预测的调查评估工作，是环境影响评价的重要组成部分。

第一节 土壤环境影响概述

一、土壤概述

土壤环境影响评价应在建设项目建设期、运营期和服务期满后（可根据项目情况选择）对土壤环境理化特性可能造成的影响进行分析、预测和评估，提出预防或者减轻不良影响的措施和对策，为建设项目土壤环境保护提供科学依据。

1. 土壤环境

土壤环境是指受到自然因素或人为因素作用的，由矿物质、有机质、水、空气、生物有机体等组成的陆地表面疏松综合体，包括陆地表层能够生长植物的土壤层和污染物能够影响的松散层等。

2. 土壤环境生态影响

土壤环境生态影响是指由于人为因素引起土壤环境特征变化导致其生态功能变化的过程或状态。

3. 土壤环境污染影响

土壤环境污染影响是指因人为因素导致某种物质进入土壤环境，引起土壤物理、化学、生物等方面特性的改变，导致土壤质量恶化的过程或状态。

4．土壤环境敏感目标

土壤环境敏感目标是指可能受到人为活动影响的、与土壤环境相关的敏感区或对象。

二、土壤环境影响评价程序

土壤环境影响评价工作可划分为准备阶段、现状调查与评价阶段、预测分析与评价阶段和结论阶段。土壤环境影响评价工作程序见图 9-1。

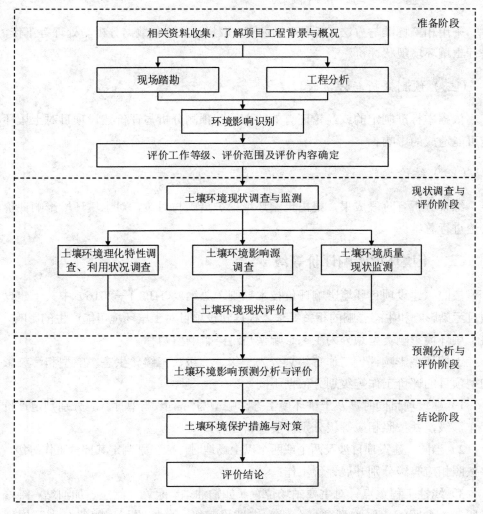

图 9-1 土壤环境影响评价工作程序

（一）准备阶段

收集分析国家和地方土壤环境相关的法律、法规、政策、标准及规划等资料；了解建设项目工程概况，结合工程分析，识别建设项目对土壤环境可能造成的影响类型，分析可能造成土壤环境影响的主要途径；开展现场踏勘工作，识别土壤环境敏感目标；确定评价等级、范围与内容。

（二）现状调查与评价阶段

采用相应标准与方法，开展现场调查、取样、监测和数据分析与处理等工作，进行土壤环境现状评价。

（三）预测分析与评价阶段

依据本标准制定的或经论证有效的方法，预测分析与评价建设项目对土壤环境可能造成的影响。

（四）结论阶段

综合分析各阶段成果，提出土壤环境保护措施与对策，对土壤环境影响评价结论进行总结。

三、土壤环境影响评价等级

按照《建设项目环境影响评价技术导则 总纲》（HJ 2.1—2016）中关于建设项目污染影响和生态影响的相关要求，根据建设项目对土壤环境可能产生的影响，将土壤环境影响类型划分为生态影响型与污染影响型两种。

土壤环境影响评价工作等级划分为一级、二级、三级。生态影响型和污染影响型项目的评价工作等级划分依据不同。

1）建设项目同时涉及土壤环境生态影响型与污染影响型时，应分别判定评价工作等级，并按照相应等级分别开展评价工作；

2）当同一建设项目涉及两个或两个以上场地时，应分别判定其评价工作等级，并按照相应等级分别开展评价工作；

3）线性工程重点针对主要站场位置（如输油站、泵站、阀室、加油站、维修场所等）参照污染影响型项目分段判定评价等级，并按照相应等级分别开展评价工作。

（一）生态影响型

建设项目所在地土壤环境敏感程度分为敏感、较敏感、不敏感，判别依据见表 9-1；同一建设项目涉及两个或两个以上场地或地区，应分别判定其敏感程度；产生两种或两种以上生态影响后果的，敏感程度按照最高级别判定。

表 9-1　生态影响型敏感程度分级

敏感程度	判别依据		
	盐化	酸化	碱化
敏感	建设项目所在地干燥度[a]＞2.5 且常年地下水位平均埋深＜1.5 m 的地势平坦区域；或土壤含盐量＞4 g/kg 的区域	pH≤4.5	pH≥9.0
较敏感	建设项目所在地干燥度[a]＞2.5 且常年地下水位平均埋深≥1.5 m 的，或 1.8＜干燥度≤2.5 且常年地下水位平均埋深＜1.8 m 的地势平坦区域；建设项目所在地干燥度＞2.5 或常年地下水位平均埋深＜1.5 m 的平原区；或 2 g/kg＜土壤含盐量≤4 g/kg 的区域	4.5＜pH≤5.5	8.5≤pH＜9.0
不敏感	其他	5.5＜pH＜8.5	

注：[a] 表示采用 E601 观测的多年平均水面蒸发量与降水量的比值，即蒸降比值。

根据《环境影响评价技术导则　土壤环境（试行）》（HJ 964—2018）的附录 A 识别的土壤环境影响评价项目类别与表 9-1 敏感程度分级结果划分评价工作等级，见表 9-2。

表 9-2　生态影响型评价工作等级划分

敏感程度	项目类别		
	Ⅰ 类	Ⅱ 类	Ⅲ 类
敏感	一级	二级	三级
较敏感	二级	二级	三级
不敏感	二级	三级	—

注："—"表示可不开展土壤环境影响评价工作。

（二）污染影响型

将建设项目占地规模分为大型（≥50 hm²）、中型（5～50 hm²）、小型（≤5 hm²），建设项目占地主要为永久占地。建设项目所在地周边的土壤环境敏感程度分为敏感、较敏感、不敏感，判别依据见表9-3。根据土壤环境影响评价项目类别、占地规模与敏感程度划分评价工作等级，见表9-4。

表9-3　污染影响型敏感程度分级

敏感程度	判别依据
敏感	建设项目周边存在耕地、园地、牧草地、饮用水水源地或居民区、学校、医院、疗养院、养老院等土壤环境敏感目标的
较敏感	建设项目周边存在其他土壤环境敏感目标的
不敏感	其他情况

表9-4　污染影响型评价工作等级划分

敏感程度	占地规模								
	I 类			II 类			III 类		
	大	中	小	大	中	小	大	中	小
敏感	一级	一级	一级	二级	二级	二级	三级	三级	三级
较敏感	一级	一级	二级	二级	二级	三级	三级	三级	—
不敏感	一级	二级	二级	二级	三级	三级	三级	—	—

注："—"表示可不开展土壤环境影响评价工作。

第二节　土壤环境现状调查与评价

一、基本原则与要求

1）土壤环境现状调查与评价工作应遵循资料收集与现场调查相结合、资料分析与现状监测相结合的原则。

2）土壤环境现状调查与评价工作的深度应满足相应的工作级别要求，当现有资料不能满足要求时，应通过组织现场调查、监测等方法获取。

3）建设项目同时涉及土壤环境生态影响型与污染影响型时，应分别按照相应评价工作等级要求开展土壤环境现状调查，可根据建设项目特征适当调整、优化调查内容。

4）工业园区内的建设项目，应重点在建设项目占地范围内开展现状调查工作，并兼顾其可能影响到的园区外围土壤环境敏感目标。

二、调查评价范围

调查评价范围应包括建设项目可能影响的范围，能满足土壤环境影响预测和评价要求；改扩建类建设项目的现状调查评价范围还应兼顾现有工程可能影响的范围。

建设项目（除线性工程外）土壤环境影响现状调查评价范围可根据建设项目影响类型、污染途径、气象条件、地形地貌、水文地质条件等确定并说明，或参考表 9-5 来确定。

表 9-5　现状调查范围

评价工作等级	影响类型	调查范围 [a]	
		占地 [b] 范围内	占地范围外
一级	生态影响型	全部	5 km 范围内
	污染影响型		1 km 范围内
二级	生态影响型		2 km 范围内
	污染影响型		0.2 km 范围内
三级	生态影响型		1 km 范围内
	污染影响型		0.05 km 范围内

注： [a] 表示涉及大气沉降途径影响的，可根据主导风向下风向的最大落地浓度点适当调整； [b] 表示矿山类项目是指开采区与各场地的占地，而改扩建类项目是指现有工程与拟建工程的占地。

建设项目同时涉及土壤环境生态影响与污染影响时，应各自确定调查评价范围。危险品、化学品或石油等输送管线应以工程边界两侧向外延伸 0.2 km 作为调查评价范围。

三、调查内容与要求

1. 资料收集

根据建设项目特点、可能产生的环境影响和当地环境特征，有针对性地收集调查评价范围内的相关资料，主要包括以下内容：

1）土地利用现状图、土地利用规划图、土壤类型分布图；

2）气象资料、地形地貌特征资料、水文及水文地质资料等；

3）土地利用历史情况；

4）建设项目土壤环境影响评价相关的其他资料。

2．理化特性调查内容

1）在充分收集资料的基础上，根据土壤环境影响类型、建设项目特征与评价需要，可有针对性地选择土壤理化特性调查内容，主要包括土体构型、土壤结构、土壤质地、阳离子交换量、氧化还原电位、饱和导水率、土壤容重、孔隙度等，土壤环境生态影响型建设项目还应调查植被、地下水位埋深、地下水溶解性总固体等。

2）评价工作等级为一级的建设项目应填写土壤剖面调查表。

3．影响源调查

1）应调查与建设项目产生同种特征因子或造成相同土壤环境影响后果的影响源。

2）改扩建的污染影响型建设项目，其评价工作等级为一级、二级的，应对现有工程的土壤环境保护措施情况进行调查，并重点调查主要装置或者设施附近的土壤污染现状。

四、现状监测

1．基本要求

建设项目土壤环境现状监测应根据建设项目的影响类型、影响途径，有针对性地开展监测工作，了解或者掌握调查评价范围内土壤环境现状。

2．布点原则

1）土壤环境现状监测点布设应根据建设项目土壤环境影响类型、评价工作等级、土地利用类型确定，采用均布性与代表性相结合的原则，充分反映出建设项目调查评价范围内的土壤环境现状，可以根据实际情况优化调整。

2）调查评价范围内的每种土壤类型应至少设置 1 个表层样监测点，尽量设置在未受人为污染或相对未受污染的区域。

3）生态影响型建设项目应根据建设项目所在地的地形特征、地面径流方向设置表层样监测点。

4）涉及入渗途径影响的，主要产污装置区应设置柱状样监测点，采样深度须至装置底部与土壤接触面以下，根据可能影响的深度适当调整。

5）涉及大气沉降影响的，应在占地范围外主导风向的上、下风向各设置1个表层样监测点，可在最大落地浓度点增设表层样监测点。

6）涉及地面漫流途径影响的，应结合地形地貌，在占地范围外的上下游各设置1个表层样监测点。

7）线性工程应重点在站场位置（如输油站、泵站、阀室、加油站及维修场所等）设置监测点，涉及危险品、化学品或石油等输送管线的应根据评价范围内土壤环境敏感目标或厂区内的平面布局情况确定监测点以布设位置。

8）评价工作等级为一级、二级的改扩建项目，应在现有工程厂界外可能产生影响的土壤环境敏感目标处设置监测点。

9）涉及大气沉降影响的改扩建项目，可在主导风向下风向适当处增加监测点位，以反映降尘对土壤环境的影响。

10）建设项目占地范围及其可能影响区域的土壤环境已存在污染风险的，应结合用地历史资料和现状调查情况，在可能受影响最严重的区域布设监测点；取样深度根据其可能影响的情况确定。

11）建设项目现状监测点设置应兼顾土壤环境影响跟踪监测计划。

3. 现状监测点数量要求

建设项目各评价工作等级的监测点数不少于表 9-6 的要求，生态影响型建设项目可优化调整占地范围内、外监测点数量，保持总数不变；占地范围超过 5 000 hm^2 的，每增加 1 000 hm^2 则增加 1 个监测点。污染影响型建设项目占地范围超过 100 hm^2，每增加 20 hm^2 则增加 1 个监测点。

表 9-6　现状监测布点类型与数量

评价工作等级		占地范围内	占地范围外
一级	生态影响型	5 个表层样点 [a]	6 个表层样点
	污染影响型	5 个柱状样点 [b]，2 个表层样点	4 个表层样点
二级	生态影响型	3 个表层样点	4 个表层样点
	污染影响型	3 个柱状样点，1 个表层样点	2 个表层样点
三级	生态影响型	1 个表层样点	2 个表层样点
	污染影响型	3 个表层样点	—

注："—"表示无现状监测布点类型与数量的要求；[a] 表示表层样应在 0～0.2 m 取样；[b] 表示柱状样通常在 0～0.5 m、0.5～1.5 m、1.5～3 m 分别取样，3 m 以下每 3 m 取 1 个样，可根据基础埋深、土体构型进行适当调整。

4．现状监测取样方法

表层样监测点及土壤剖面的土壤监测取样方法一般参照《土壤环境监测技术规范》（HJ/T 166—2004）执行，柱状样监测点和污染影响型改扩建项目的土壤监测取样方法还可以参照《建设用地土壤污染状况调查技术导则》（HJ 25.1—2019）、《建设用地土壤污染风险管控和修复监测技术导则》（HJ 25.2—2019）执行。

5．现状监测因子

土壤环境现状监测因子分为基本因子和特征因子。

1）基本因子为《土壤环境质量　农用地土壤污染风险管控标准（试行）》（GB 15618—2018）、《土壤环境质量　建设用地土壤污染风险管控标准（试行）》（GB 36600—2018）中规定的基本项目，分别根据调查评价范围内的土地利用类型选取。

2）特征因子为建设项目产生的特有因子，根据附录 B 确定；既是特征因子又是基本因子的，按照特征因子对待。

3）布点原则 2）与 10）中规定的点位须监测基本因子与特征因子；其他监测点位可仅监测特征因子。

6．现状监测频次要求

1）基本因子：评价工作等级为一级的建设项目，应至少开展 1 次现状监测；评价工作等级为二级、三级的建设项目，若掌握近 3 年至少 1 次的监测数据，可不再进行现状监测；引用监测数据应满足上文"布点原则"和"现状监测点数量要求"的相关要求，并说明数据有效性。

2）特征因子：应至少开展 1 次现状监测。

五、现状评价

1．评价因子
同上文"现状监测因子"。

2．评价标准

可根据调查范围内的土地利用类型，分别选取《土壤环境质量　农用地土壤污染风险管控标准（试行）》（GB 15618—2018）、《土壤环境质量　建设用地土壤污染风险管控标准（试行）》（GB 36600—2018）等标准中的风险筛选值进行评价，土地利用类型无相应标准的可只给出现状监测值。其中，农用地是指耕地、园地和草地；建设用地是指建造建筑物、构筑物的土地，其中包括城乡住宅和公共设施用地、工矿用地、交通水利设施用地、旅游用地、军事设施用地等。其他建设用地可参照城市建设用地分类划分，分类依据为：第一类用地主要为儿童和成人均存在长期暴露风险；第二类用地主要为成人存在长期暴露风险。评价因子在《土壤环境质量　农用地土壤污染风险管控标准（试行）》（GB 15618—2018）、《土壤环境质量　建设用地土壤污染风险管控标准（试行）》（GB 36600—2018）等标准中未规定的，可参照行业、地方或国外相关标准进行评价，无可参照标准的可只给出现状监测值土壤盐化和酸化、碱化的分级标准分别见表 9-7 和表 9-8。

表 9-7　土壤盐化分级标准

分级	土壤含盐量（SSC）/（g/kg）	
	滨海、半湿润和半干旱地区	干旱、半荒漠和荒漠地区
未盐化	SSC<1	SSC<2
轻度盐化	1≤SSC<2	2≤SSC<3
盐化	2≤SSC<4	3≤SSC<5
重度盐化	4≤SSC<6	5≤SSC<10
极重度盐化	SSC≥6	SSC≥10

表 9-8　土壤酸化、碱化分级标准

土壤 pH	土壤酸化、碱化强度	土壤 pH	土壤酸化、碱化强度
pH<3.5	极重度酸化	8.5≤pH<9.0	轻度碱化
3.5≤pH<4.0	重度酸化	9.0≤pH<9.5	中度碱化
4.0≤pH<4.5	中度酸化	9.5≤pH<10.0	重度碱化
4.5≤pH<5.5	轻度酸化	pH≥10.0	极重度碱化
5.5≤pH<8.5	无酸化或碱化		

3．现状评价方法

对生态影响型建设项目的土壤环境质量现状评价，应对照表 9-7 和表 9-8 给出各监测点位土壤盐化、酸化碱化的级别，统计样本数量、最大值、最小值和平均值，并评价平均值对应的级别。

对污染影响型建设项目的土壤环境质量现状评价应采用标准指数法评价，并进行统计分析，给出样本数量、最大值、最小值、平均值、标准差、检出率、超标率和最大超标倍数等。当区域内土壤环境质量作为一个整体与外区域进行比较，或者与历史资料进行比较时，常采用累积指数法评价，以土壤环境背景值为评价标准，可客观反映区域土壤的实际质量状况。

（1）标准指数法

污染物标准指数是指污染物实测浓度与标准限值的比值，能比较客观、简明地反映土壤受某污染物（现状评价因子）的影响程度。标准指数小则污染轻，标准指数大则污染重，标准指数大于 1 为超标。其计算方法见式（9-1）：

$$P_i = C_i / C_s \qquad (9\text{-}1)$$

式中：P_i 为第 i 个现状评价因子标准指数；C_i 为第 i 个现状评价因子实测值，mg/kg；C_s 为第 i 个现状评价因子标准限值，mg/kg。

（2）累积指数法

污染物累积指数是污染物实测浓度与该污染物土壤环境背景值的比值，能更好地反映土壤人为污染程度。例如，地区土壤环境背景值差异较大，尤其是矿藏丰富的地区，在矿藏裸露的区域，通常土壤环境背景值都比较高。累积指数的计算见式（9-2）：

$$P_i = C_i / b_0 \qquad (9\text{-}2)$$

式中：P_i 为污染物 i 的累积指数；C_i 为污染物 i 的实测值，mg/kg；b_0 为污染物 i 的土壤环境背景值，mg/kg。

4. 评价结论

生态影响型建设项目应给出土壤盐化、酸化、碱化的现状。污染影响型建设项目应给出评价因子是否满足"2. 评价标准"中相关标准要求的结论；当评价因子存在超标时，应分析超标原因。

第三节　土壤环境影响预测与评价

一、基本原则与要求

1）根据影响识别结果与评价工作等级，结合当地土地利用规划确定影响预测的范围、时段、内容和方法。

2）选择适宜的预测方法，预测评价建设项目各实施阶段的不同环节与不同环境影响防控措施下的土壤环境影响，给出预测因子的影响范围与程度，明确建设项目对土壤环境的影响结果。

3）应重点预测评价建设项目对占地范围外土壤环境敏感目标的累积影响，并根据建设项目特征兼顾对占地范围内的影响预测。

4）土壤环境影响分析可定性或半定量地说明建设项目对土壤环境产生的影响及趋势。

5）建设项目导致土壤潜育化、沼泽化、潴育化和土地沙漠化等影响，可根据土壤环境特征结合建设项目特点，分析土壤环境可能受到影响的范围和程度。

二、预测评价范围、评价时段

土壤环境影响预测评价范围一般与现状调查评价范围一致。根据建设项目土壤环境影响识别的结果，确定重点预测时段。并在影响识别的基础上，根据建设项目特征设定预测情景。

三、预测与评价因子和标准

污染影响型建设项目应根据环境影响识别出的特征因子选取关键预测因子，可能造成土壤盐化、酸化、碱化影响的建设项目，分别选取土壤盐分含量、pH 等作为预测因子。

预测评价标准参照 GB 15618—2018、GB 36600—2018 或 HJ 964—2018 附录 D、附录 F 中的表 F.2。

四、预测与评价方法

1）土壤环境影响预测与评价方法应根据建设项目土壤环境影响类型与评价工作的等级确定。

2）可能引起土壤盐化、酸化、碱化等影响的生态影响型建设项目，其评价工作等级为一级、二级的，采用面源污染、点源污染影响和土壤盐化综合评分 3 种预测方法进行预测或进行类比分析。

3）污染影响型建设项目，其评价工作等级为一级、二级的，采用面源污染和点源污染影响预测方法进行预测或进行类比分析；占地范围内还应根据土体构型、土壤质地、饱和导水率等分析其可能影响的深度。

4）评价工作等级为三级的建设项目，可采用定性描述或类比分析法进行预测。

（一）面源污染影响预测方法

本方法适用于可概化为以面源形式进入土壤环境的某种物质的影响预测，其中包括大气沉降、地面漫流，以及盐、酸、碱类等物质进入土壤环境引起的土壤盐化、酸化、碱化等。

（1）一般方法和步骤

1）通过工程分析计算土壤中某种物质的输入量；涉及大气沉降影响的，可参照《环境影响评价技术导则　大气环境》（HJ 2.2—2018）相关技术方法给出。

2）土壤中某种物质的输出量主要包括淋溶或径流排出、土壤缓冲消耗两部分（植物吸收量通常较小，不予考虑；涉及大气沉降影响的，可不考虑输出量）。

3）分析比较输入量和输出量，计算土壤中某种物质的增量。

4）将土壤中某种物质的增量与土壤现状值进行叠加后，进行土壤环境影响预测。

（2）预测方法

1）单位质量土壤中某种物质的增加量可用式（9-3）计算：

$$\Delta S = \frac{n(I_s - L_s - R_s)}{\rho_b D A} \tag{9-3}$$

式中：ΔS 为单位质量表层土壤中某种物质的增加量，g/kg，若为表层土壤中游离酸或游离碱浓度增加量，mmol/kg；I_s、L_s、R_s 分别为预测范围内单位年份表层土壤中某种物质的输入量、经淋溶排出的量、经径流排出的量，g，若输入、经淋溶排出、经径流排出的物质为游离酸或游离碱，mmol；ρ_b 为表层土壤容重，kg/m³；A 为预测范围，m²；D 为表层土壤深度，一般取 0.2 m，可根据实际情况适当调整；n 为持续年份，a。

2）单位质量土壤中某种物质的预测值可根据其增量叠加现状值进行计算，见式（9-4）：

$$S = S_b + \Delta S \tag{9-4}$$

式中：S 为单位质量土壤中某种物质的预测值，g/kg；S_b 为单位质量土壤中某种物质的现状值，g/kg。

3）酸性物质或碱性物质排放后表层土壤 pH 预测值，可根据表层土壤游离酸或游离碱浓度的增加量进行计算，见式（9-5）：

$$\text{pH} = \text{pH}_\text{b} \pm \Delta S / BC_\text{pH} \tag{9-5}$$

式中：pH 为土壤 pH 预测值；pH_b，为土壤 pH 现状值；BC_pH 为缓冲容量，mmol/（kg·pH）。

缓冲容量（BC_pH）测定方法：采集项目区土壤样品，加入不同量游离酸或游离碱后分别进行 pH 测定，绘制游离酸或游离碱浓度和 pH 间的曲线，曲线斜率为缓冲容量。

（二）点源污染影响预测方法

本方法适用于某种污染物以点源形式垂直进入土壤环境的影响预测，重点预测污染物可能影响到的深度。

（1）一维非饱和溶质垂向运移控制方程

$$\frac{\partial(\theta c)}{\partial t} = \frac{\partial}{\partial z}\left(\theta D \frac{\partial c}{\partial z}\right) - \frac{\partial}{\partial z}(qc) \tag{9-6}$$

式中：c 为介质中污染物质量浓度，mg/L；D 为弥散系数，m^2/d；q 为渗流速率，m^2/d；z 为沿 Z 轴的距离，m；t 为时间变量，d；θ 为土壤含水率，%。

（2）初始条件

$$c(z,t) = 0, \quad t = 0, \quad L \leqslant z < 0 \tag{9-7}$$

（3）边界条件

1）第一类 Dirichlet 边界条件，式（9-8）适用于连续点源情景，式（9-9）适用于非连续点源情景。

$$c(z,t) = c_0, \quad t > 0, \quad z = 0 \tag{9-8}$$

$$(z,t) = \begin{cases} c_0 & 0 < t \leqslant t_0 \\ 0 & t \geqslant t_0 \end{cases} \tag{9-9}$$

2）第二类 Neumann 零梯度边界，见式（9-10）：

$$-\theta D \frac{\partial c}{\partial z} = 0 \quad t > 0, \quad z = L \tag{9-10}$$

（三）土壤盐化综合评分预测方法

根据表 9-9 选取各项影响因素的分值与权重，采用式（9-11）计算土壤盐化综合评分值（S_a），对照表 9-10 得出土壤盐化综合评分预测结果。

$$S_a = \sum_{i=1}^{n} W_{x_i} \times I_{x_i} \qquad (9\text{-}11)$$

式中：n 为影响因素指标数目；W_{x_i} 为影响因素 i 指标权重；I_{x_i} 为影响因素 i 指标评分。

表 9-9　土壤盐化影响因素赋值

影响因素	分值				权重
	0 分	2 分	4 分	6 分	
地下水水位埋深（GWD）/m	GWD≥2.5	1.5≤GWD<2.5	1.0≤GwD<1.5	GWD<1.0	0.35
干燥度（蒸降比值）（EPR）	EPR<1.2	1.2≤EPR<2.5	2.5≤EPR<6	EPR≥6	0.25
土壤本底含盐量（SSC）/（g/kg）	SSC<1	1≤SSC<2	2≤SSC<4	SSC≥4	0.15
地下水溶解性总固体（TDS）/（g/L）	TDS<1	1≤TDS<2	2≤TDS<5	TDS≥5	0.15
土壤质地	黏土	砂土	壤土	砂壤、粉土、砂粉土	0.10

表 9-10　土壤盐化预测

土壤盐化综合评分值（S_a）	$S_a<1$	$1\leq S_a<2$	$2\leq S_a<3$	$3\leq S_a<4.5$	$S_a\geq4.5$
土壤盐化综合评分预测结果	未盐化	轻度盐化	中度盐化	重度盐化	极重度盐化

五、预测评价结论

（1）以下情况可得出建设项目土壤环境影响可接受的结论

1）建设项目各不同阶段，土壤环境敏感目标处且占地范围内各评价因子均满足"预测评价标准"中相关标准要求的；

2）生态影响型建设项目各个不同阶段中出现或加重土壤盐化、酸化、碱化等问题，但采取防控措施后，可满足相关标准要求的；

3）污染影响型建设项目各个不同阶段中土壤环境敏感目标处或占地范围内

有个别点位、层位或评价因子出现超标，但采取必要措施后，可满足 GB 15618、GB 36600 或其他土壤污染防治相关管理规定的。

（2）以下情况不能得出建设项目土壤环境影响可接受的结论

1）生态影响型建设项目：土壤盐化、酸化、碱化等对预测评价范围内土壤原有生态功能造成重大不可逆影响的。

2）污染影响型建设项目各个不同阶段中土壤环境敏感目标处或占地范围内多个点位、层位或评价因子出现超标，但采取必要措施后，仍无法满足 GB 15618、GB 36600 或其他土壤污染防治相关管理规定的。

六、案例

（一）项目介绍

某矿业集团矿山建设项目，开采矿种为铁矿；开采方式为露天开采；生产规模为 4.50 万 t/a；矿区面积为 1.402 5 km²；开采深度为 760～450 m。环评验收内容包括采矿生产系统、选矿厂、尾矿库，年产铁精粉 3.5 万 t/a。

（二）评价因子分析

项目建设施工期主要为井硐开拓，地表土建施工等，矿区地表建筑施工建设对土壤环境产生了一定程度的影响。根据环境因素的识别，确定本次评价因子包括污染源评价因子、环境质量评价因子和影响分析因子，评价因子见表 9-11。

表 9-11　土壤环境评价因子分析

环境要素	评价类别		评价因子
土壤环境	污染影响	现状评价	砷、镉、铬（六价）、铅、汞、镍、铜、四氯化碳、氯仿、氯甲烷、1,1-二氯乙烷、1,2-二氯乙烷、1,1-二氯乙烯、顺-1,2-二氯乙烯、反-1,2-二氯乙烯、二氯甲烷、1,2-二氯丙烷、1,1,1,2-四氯乙烷、1,1,2,2-四氯乙烷、四氯乙烯、1,1,1-三氯乙烷、1,1,2-三氯乙烷、三氯乙烯、1,2,3-三氯丙烷、氯乙烯、苯、氯苯、1,2-二氯苯、1,4-二氯苯、乙苯、苯乙烯、甲苯、间二甲苯+对二甲苯、邻二甲苯、硝基苯、苯胺、2-氯酚、苯并[a]蒽、苯并[a]芘、苯并[b]荧蒽、苯并[k]荧蒽、䓛、二苯并[a,h]蒽、茚并[1,2,3-cd]芘、萘、石油烃、pH、阳离子交换量、含盐量
		污染源评价	汞、砷、氟化物

（三）评价等级判断

1. 土壤环境影响类型识别

根据《环境影响评价技术导则　土壤环境（试行）》（HJ 964—2018），矿山类项目占地是指开采区与各工业场地的占地。

2. 土壤环境影响类型及途径

（1）土壤环境影响类型

本项目涉及地下开采（采区）与地面工业场地两部分，对照 HJ 964—2018 中附录 B，建设项目土壤环境影响类型与影响途径见表 9-12。

表 9-12　建设项目土壤环境影响类型与影响途径

位置	时段	污染影响型				生态影响型			
		大气沉降	地面径流	垂直入渗	其他	盐化	碱化	酸化	其他
地下开采	建设期	—	—	—	—	—	—	—	—
	运行期	—	—	—	—	+	—	—	—
	闭矿期	—	—	—	—	—	—	—	—
工业场地	建设期	—	—	—	—	—	—	—	—
	运行期	+	—	+	—	—	—	—	—
	闭矿期	—	—	—	—	—	—	—	—

综上所述，本项目大气沉降、垂直入渗可能对土壤造成影响，本项目矿石开采可能导致土壤性质发生变化，本项目既属于"生态影响型"建设项目，又属于"污染影响型"建设项目。其中，项目地下开采属于生态影响型，工业场地属于污染影响型。

（2）影响源及影响因子

项目土壤环境影响源及影响因子识别结果见表 9-13 和表 9-14。

表 9-13　污染影响型建设项目土壤环境影响源及影响因子识别

污染源	工艺流程/排污节点	污染途径	全部污染物指标	特征因子
工业场地	废石/废石临时堆场	大气沉降	—	—
		地面漫流	—	—
		垂直入渗	氟化物、砷	氟化物
		其他	—	—

表 9-14 生态影响型建设项目土壤环境影响途径识别

影响结果	影响途径	具体指标	土壤环境敏感目标
其他	物质输入/运移	—	—
	水位变化	水位	周边农田

3. 污染影响型土壤环境影响评价等级确定

根据 HJ 964—2018，土壤环境评价工作等级划分为一级、二级、三级。根据建设项目土壤环境影响评价项目类别、占地规模与敏感程度，以确定项目污染影响型土壤影响评价的工作等级。

（1）项目类别

对照 HJ 964—2018 中附录 A，采矿业-金属矿开采属于 I 类项目，见表 9-15。

表 9-15 土壤环境影响评价项目类别

行业类别	项目类别			
	I 类	II 类	III 类	IV 类
采矿业	金属矿、石油、页岩油开采	化学矿采选；石棉矿采选；煤矿采选、天然气开采、页岩气开采、砂岩气开采、煤层气开采（含净化、液化）	其他	

（2）占地规模

根据 HJ 964—2018，建设项目永久占地分为大型（≥50 hm²）、中型（5～50 hm²）、小型（≤5 hm²）。

本项目地表工程主要包括工业广场、平硐 4-1 硐口场地、斜井 3-1 井口场地，占地面积分别为 1.178 4 hm²、0.038 5 hm²、0.058 6 hm²，均属于小型占地规模。

（3）土壤环境敏感程度

建设项目所在地土壤环境敏感程度分为敏感、较敏感和不敏感，判别依据见表 9-16。

表 9-16 污染影响型敏感程度分级

敏感程度	判别依据
敏感	建设项目周边存在耕地、园地、牧草地、饮用水水源地或居民区、学校、医院、疗养院、养老院等土壤环境敏感目标
较敏感	建设项目周边存在其他土壤环境敏感目标
不敏感	其他情况

项目采区工业场地周边为空地，不存在耕地、居民等土壤环境敏感目标，土壤环境敏感程度属于不敏感，见表 9-17。

表 9-17　污染影响型评价工作等级划分

	Ⅰ类			Ⅱ类			Ⅲ类		
	大	中	小	大	中	小	大	中	小
敏感	一级	一级	一级	二级	二级	三级	三级	三级	三级
较敏感	一级	一级	二级	二级	二级	三级	三级	三级	—
不敏感	一级	二级	二级	二级	三级	三级	三级	—	—

注："—"表示可不开展土壤环境影响评价工作。

评价工作等级的划分应依据建设项目行业分类、占地规模和土壤环境敏感程度分级进行判定。本项目属于Ⅰ类项目，占地均属于小型规模，采区工业场地土壤环境敏感程度属于不敏感，因此，确定项目采区工业场地土壤评价工作等级为二级。

4．生态影响型土壤评价等级及评价范围

根据建设项目土壤环境影响评价项目类别与敏感程度，确定项目生态影响型土壤影响评价的工作等级。

（1）项目类别

参照表 9-15，采矿业-金属矿开采属于Ⅰ类项目。

（2）生态影响型敏感程度

根据监测结果可知，项目区地下水水位埋深大于 1.5 m，干燥度为 1.0～1.3（参见刘剑锋等，发表于《地理与地理信息科学》第 23 卷第 2 期的论文"河北省气候干湿状况变化特征分析"），项目采区土壤含盐量小于 2 g/kg，pH 为 7.76～8.33；对照表 9-18，本项目属于生态不敏感型。

表 9-18　生态影响型敏感程度分级

敏感程度	判别依据		
	盐化	酸化	碱化
敏感	建设项目所在地干燥度＞2.5 且常年地下水水位平均埋深＜1.5 m 的地势平坦区域；或土壤含盐量＞4 g/kg 的区域	pH≤4.5	pH≥9.0

敏感程度	判别依据		
	盐化	酸化	碱化
较敏感	建设项目所在地干燥度＞2.5 且常年地下水水位平均埋深≥1.5 m 的，或 1.8＜干燥度≤2.5 且常年地下水水位平均埋深＜1.8 m 的地势平坦区域；建设项目所在地干燥度＞2.5 且常年地下水水位平均埋深＜1.5 的平原区域；或 2 g/kg＜土壤含盐量≤4 g/kg 的区域	4.5＜pH≤5.5	8.5≤pH＜9.0
不敏感	其他	5.5＜pH＜8.5	

（3）评价等级

综上所述，根据表 9-19，确定项目采区土壤环境评价工作等级为二级。

表 9-19 生态影响型评价工作等级划分

项目	Ⅰ类	Ⅱ类	Ⅲ类
敏感	一级	二级	三级
较敏感	二级	二级	三级
不敏感	二级	三级	—

注："—"表示可不开展土壤环境影响评价工作。

（四）评价范围

生态影响型矿区边界外扩 2 000 m 的区域；污染影响型矿区边界外扩 200 m 的区域。

（五）环境功能区划及影响评价标准

矿区内工业场地土壤环境执行《土壤环境质量 建设用地土壤污染风险管控标准（试行）》（GB 36600—2018）二类用地筛选值标准和河北省地方标准《建设用地土壤污染风险筛选值》（DB 13/T 5216—2020）；矿区周边耕地土壤环境执行《土壤环境质量 农用地土壤污染风险管控标准（试行）》（GB 15618—2018）风险筛选值标准中的相关要求。

（六）土壤环境现状评价

1. 现状监测

（1）监测点位

根据建设项目土壤环境影响类型、土地利用类型、评价工作等级、土壤类型等，采用均布性与代表性相结合的原则，使监测点充分反映建设项目调查评价范围内的土壤环境现状，项目矿区土壤类型共一种（为棕壤），共布设 28 个土壤监测点位。

本项目既属于"生态影响型"建设项目，又属于"污染影响型"建设项目，现状监测分别按照生态影响型和污染影响型进行布点监测。

1）生态影响型

监测布点：设置 9 个监测点，在采区范围内设置 5 个监测点位：3#平硐 22 东北 1、10#废石场东北、14#平硐 19、23#3 号矿体 6#、24#4 号矿体 3#；在采区范围外设置 4 个监测点位：11#废石场西南、13#矿区西、12#3 号矿体东、15#4 号矿体北，见表 9-20。

表 9-20　生态影响型土壤监测点位布设

监测点位	布点原则	监测布点	监测因子
采区范围内：3#平硐 22 东北 1、10#废石场东北、14#平硐 19、23#3 号矿体 6#、24#4 号矿体 3#	背景点	每个点位 1 个表层样	pH、阳离子交换量、氧化还原电位、饱和导水率、土壤容重、空隙度、含盐量
采区范围外：11#废石场西南、13#矿区西、12#3 号矿体东、15#4 号矿体北	背景点	每个点位 1 个表层样	pH、阳离子交换量、氧化还原电位、饱和导水率、土壤容重、空隙度、含盐量

监测频次：监测 1 天，各采样点采样 1 次。

监测方法：按照《土壤环境监测技术规范》（HJ/T 166—2004）采样、分析。

监测结果：土壤理化性质监测结果数据略。监测结果表明，土壤含盐量 SSC 小于 2 g/kg，项目处于干旱、半荒漠和荒漠地区，属于未盐化；7.3<pH<8.33，无酸化或碱化。

2）污染影响型

①监测布点。本项目共包含 3 个主要工业场地，分别为工业广场、平硐 4-1

硐口场地、斜井 3-1 井口场地，按照 HJ 964—2018 的要求，同一建设项目涉及 2 个以上场地的，分别进行评价。

工业广场：设置 9 个土壤监测点位，在占地范围内 4 个监测点位，1#油库（现为库房，原废弃油库房；可能产生污染影响点）、3#平硐 22 东北 1、5#竖井 2、6#废石场西北（地面漫流上游）；占地范围外 5 个监测点位，2#平硐 22 东北 2、4#平硐 22 西南、8#废石场东南（地面漫流下游）、7#废石场东北（下风向）、9#废石场西南（上风向）。

平硐 4-1 硐口场地：设置 5 个土壤监测点位，占地范围内 3 个监测点位，21#4 号矿体 1#、22#4 号矿体 2#、24#4 号矿体 3#；占地范围外 2 个监测点位，2#平硐 22 东北 2、4#平硐 22 西南。

斜井 3-1 井口场地：设置 5 个土壤监测点位，占地范围内 3 个监测点位，16#3 号矿体 1#、18#3 号矿体 3#、19#3 号矿体 4#、25#3 号矿体 6#；占地范围外 2 个监测点位，17#3 号矿体 2#、20#3 号矿体 5#。

现有工程厂界外可能产生影响的敏感目标监测点：设置 2 个监测点位，选厂尾矿库下游农田 27#（TR5）、太平庄村 28#（TR6）。监测数据引用《滦平县鑫利源矿业集团有限公司选厂及破碎段技术改建项目检测报告》（辽鹏环测字 PY 1910225-001 号）数据，该监测报告于 2019 年 11 月 12 日进行，为 3 年内有效数据，引用符合导则要求。

柱状样分取 3 个土样：表层样（0～0.5 m）、中层样（0.5～1.5 m）和深层样（1.5～3 m）。由于当地土壤层厚度不足，约 20 cm 便能见到基岩，不能取得柱状样，各个点位最终均只取得表层样。

②监测频次。监测 1 天，各采样点采样 1 次。

③监测方法。按照《土壤环境监测技术规范》（HJ/T 166—2004）采样、分析。

④监测时间。监测时间：2020 年 6 月 19 日。补充监测时间：2021 年 6 月 19 日。

⑤评价标准。建设用地执行《土壤环境质量　建设用地土壤污染风险管控标准（试行）》（GB 36600—2018）第二类用地风险筛选值要求。

⑥评价方法。单因子标准指数法。

⑦监测结果（土壤环境质量监测及评价结果略）。

根据监测结果，各监测点位均能够满足《土壤环境质量　建设用地土壤污染风险管控标准（试行）》（GB 36600—2018）中表 1 第二类用地标准，区域土壤质量状况良好。同时，引用以往检测数据，表明 TR6 监测点位中各监测因子均满足《土壤环境质量　建设用地土壤污染风险管控标准（试行）》（GB 36600—2018）中表 1 第二类用地标准，TR5 监测点位中各监测因子均满足《土壤环境质量　农用地土壤污染风险管控标准（试行）》（GB 15618—2018）中表 1 第二类用地标准。

2．现状评价

根据现状监测结果可知，TR5 监测点位中各监测因子均满足《土壤环境质量　农用地土壤污染风险管控标准（试行）》（GB 15618—2018）表 1 第二类用地标准，其余点位各项监测因子满足《土壤环境质量　建设用地土壤污染风险管控标准（试行）》（GB 36600—2018）中表 1 第二类用地标准。

监测结果表明，土壤含盐量 SSC 小于 2 g/kg，项目处于干旱、半荒漠和荒漠地区，属于未盐化；7.3＜pH＜8.33，无酸化或碱化。

【课后习题与训练】

1．名词解释：土壤环境；土壤环境生态影响；土壤环境污染影响；土壤环境敏感目标。

2．土壤环境影响评价因子有哪些？

3．简述土壤环境影响评价工作的基本内容。

4．简述土壤环境影响评价的划分依据。

第十章 生态环境影响预测与评价

生态环境与人类的生产生活密切相关，因此，建设项目的生态环境影响评价必不可少。生态环境影响评价范围较大，需要在生态背景，水土流失、土地荒漠化、物种多样性等生态问题，关键敏感种与生态完整性等现状调查的基础上，预测对生态环境的影响，根据其影响程度，提出可行的防治对策。

第一节 概 述

生态环境影响是指生态系统受到外来作用时所发生的响应与变化。科学地分析和预估这种响应和变化的趋势，称为影响预测。对预测结果进行显著性分析，并判别可否接受的过程，称为影响评价。

一、生态环境影响的特点

（一）累积性

生态环境影响通常是一个从量变到质变的过程，显示累积性影响特点。生态系统在某种外力的作用下，其变化起初是不显著的，或者不为人们所觉察与认识的，但当这种变化发生到一定程度时，就突然地、显著地和以出人预料的结果显示出来。例如，草原退化是渐进的、缓慢的，但当退化达到一定程度时，就以沙漠化甚至沙尘暴的形式表现出来；森林砍伐也是一个逐步推进的过程，其环境服务功能的削弱也是渐进的，直到一场大雨降临，山洪突然汹涌而下，人们才会感受到森林砍伐造成的生态环境影响。

（二）区域性

生态环境影响也常具有区域性或流域性特点，一个地区发生的生态恶化会殃及其他相关地区。例如，四川西部高山峡谷区的森林砍伐，引发的洪水影响直达长江中下游；河流上一座小水坝，湖泊口一座拦门闸，其影响往往是全流域的，不仅洄游性水生生物会受到影响，其他水生生物也因流态规律改变而受到影响。

（三）相关性

生态环境影响具有高度相关性特点。这与生态因子间的复杂联系密切相关。例如，在河流上修水库，不仅对水库外环境具有重要影响，而且外环境对水库也具有重要影响。上游的污染源会使水库水质恶化，上游流域的水土流失会增加水库的淤积，而水土流失又与植被覆盖紧密联系，所以水库区的森林与水、陆地与河流是高度相关的。此外，生态环境动态与自然资源的开发利用息息相关，所以生态环境影响不仅涉及自然问题，还涉及社会问题和经济问题。

（四）整体性

生态环境影响具有整体性特点。由于生态环境具有系统性，生命体与生境之间的联系密切、复杂，因此，不管生态环境变化涉及生态系统的什么生命体，其影响都是整体性的。

二、生态影响评价中涉及的生态学基本概念

（一）外来种

外来种是指某地以前没有而由人类活动引入的物种，也叫作引进种或非土著种。如在美国，自哥伦布踏上美洲大陆以后，估计有超过 30 000 种非本土物种被引进。

将外来种引入水体生态系统的原因包括：为游钓渔业引进适合的种类（如鲑鳟和太阳鱼科种类）；为养殖引进种类；为生态操纵和改良野生种群，期望填充空的生态位，或替代商业或休闲价值较差的种类；控制有害物种（如湖、渠中的水生植物和藻类）；作为水族观赏种类引进；不慎引入的，包括混入有意引进的种类中的、从水族或养殖场逃出或被放出的、随压舱水进入的、运河渠道修建或调水

工程引起的扩散。陆地生态系统外来种有很多，如加拿大飞蓬、一年蓬等，以及作为牧草、蔬菜、药用或观赏等有意识引进的如苜蓿、马铃薯、番茄、穿心莲等都是外来种。

一些外来种已经造成严重的经济损失和环境危害，而大多数外来种的影响尚不清楚。一方面，外来种对生态系统造成改变生境，竞争，捕食，引入病原体、寄生虫和遗传效应等危害的机制；另一方面，在自然生态系统中，入侵种通常与本地种竞争，取代本地种。但并非所有外来种都有害。事实上，有些种可以完成以前由已经稀有或灭绝的土著种所担当的作用，这种情况下，清除它们的理由不足；一些外来种引进了几个世纪，已完成归化。另外一些种类在全新世时期因为对气候的反应而迁入或迁出某地区时，不能被认为是外来种。

（二）特有种

某物种因历史、生态或生理因素等原因造成其分布仅局限于某一特定的地理区域或大陆，而未在其他地方出现，则该物种称为该地区的特有种。有些特有种起源于该地区，则可以称为该地区的固有种或土著种。例如，无尾熊和红袋鼠仅产于澳洲，因此，二者都是澳洲的固有种动物；南美洲的驼马起源于北美洲，是北美洲的固有种，但后来却在原产地灭绝了，现在的驼马只分布在南美洲，成为南美洲的特有种。

特有种通常是发生在地理上相对隔绝的地区，如岛屿；也有可能发生在一个很小的区域里，如高山顶。

（三）珍稀物种

在全世界总数量很少，很珍贵，但现尚不属于濒危种、易危种的珍贵类群，这些类群常分布在有限的地理区或栖息地，或者稀疏地分布在更为广阔的范围。我国幅员辽阔，自然环境多样，野生动物资源丰富，是世界上拥有野生动物种类最多的国家，占世界种类总数的10%以上。对我国的珍稀物种在生态环境保护中应加以特别关注，尤其生境的完整性是保护的重点。

（四）国家保护物种

国家对境内的物种制定了完整的保护名录，并且定期根据其种群数量及变化情况进行调整。国家重点保护的植物分为一级保护植物和二级保护植物。其中，国家一级保护植物有玉龙蕨、革苞菊、长蕊木兰、长白松、银杏、银杉、苏铁属、红豆杉属等 30 种；国家二级保护植物有矮琼棕、矮沙冬青、巴东木莲、白豆杉、白皮云、柄翅果、伯乐树、长柄双花木等。

国家重点保护的野生动物分为一级保护野生动物和二级保护野生动物。国家重点保护的野生动物名录及其调整由国务院野生动物行政主管部门制定，报国务院批准公布。其中，国家一级保护陆生野生动物有大熊猫、金丝猴、长臂猿、丹顶鹤等 90 多种；国家二级保护陆生野生动物有小熊猫、穿山甲、黑熊、天鹅、鹦鹉等 230 多种。

（五）植被类型

植被是对覆盖在地表的植物及其群落的泛称。生态现状调查与影响评价中经常要用到植被类型的概念。

1．植被类型的划分

1）按地理环境特征分为高山植被、中山植被、平原植被、温带植被、热带植被等。

2）按地域分为天山植被、秦岭植被、长白山植被等。

3）按植物群落类型分为草甸植被、森林植被、水塘植被等。

4）按形成过程分为自然植被和人工植被。自然植被是一个地区的植物长期发展的产物，包括原生植被、次生植被和潜在植被；人工植被包括农田、果园、草场、人造林和城市绿地等。

5）按气候条件分为热带雨林植被、热带季雨林植被、热带稀树草原植被、热带亚热带荒漠植被、亚热带硬叶常绿阔叶林植被、亚热带常绿阔叶林植被、温带夏绿阔叶林植被、温带针阔叶混交林植被、温带草原植被、温带荒漠植被、寒温性针叶林植被、冻原植被、极地荒漠植被、高山植被，共 14 种类型。

2．我国主要的植被类型

2001 年，由侯学煜主编的《中国植被图集 1：1 000 000》反映了我国 11 个植被类型组、54 个植被型的 796 个群系和亚群系植被单位的分布状况、水平地带性和垂直地带性分布规律，同时反映了我国 2 000 多个植物优势种、主要农作物和经济作物的实际分布状况及优势种与土壤和地质地貌的密切关系。

（六）生境

生境一般是指物种（也可以是种群或群落）存在的环境域，即生物生存的空间和其中全部生态因子的总和。植物生长的土壤及各种条件（植物生长地）、动物的栖息地、食源地、庇护所、繁殖地等，在林业上常称为立地条件。实际上也就是生物生存的环境。

生境包括结构性因素、资源性因素以及物种之间的相互作用等。生境结构可以分为水平结构（空间异质性）、垂直结构（垂直分化或分层现象）和时间结构（周期性变化）。

野生动物的生境有三大基本要素：食物、隐蔽条件和水。随着作为对象的生物的大小、生活方式等不同，作为生境来研究的空间的大小也有所不同。微小生物栖息地、具有特殊环境条件的微小场所或某一群落的内部小场所，通常称为小生境；不仅涉及内部环境，还包括外部环境的大范围区域，则称为大生境。

（七）生态系统类型

生态系统类型一般应该依据"气候、地形及植被"三者相结合来划分，如寒温带山地针叶林生态系统。但在实际工作中首先根据植被类型（地表生长的是什么植物）确定生态系统类型，然后再结合地形地貌与气候进一步确定。地球上的生态系统可分为以下几类。

1. 陆地生态系统

陆地生态系统可分为荒漠生态系统、冻原生态系统、极地生态系统、高山生态系统、草地生态系统、稀树干草原生态系统、亚热带常绿阔叶林生态系统、热带雨林生态系统、农田生态系统、城市生态系统。各类型生态系统还可以进一步细分。

2. 水域生态系统

（1）淡水生态系统

淡水生态系统可分为静水生态系统和流水生态系统两种类型。前者指淡水湖泊、沼泽、池塘和水库等生态系统；后者指河流、溪流和水渠等生态系统。具有易被破坏、难以恢复的特征。

（2）海洋生态系统

海洋生态系统可分为远洋生态系统、珊瑚礁生态系统、上涌水流区生态系统、浅海（大陆架）生态系统、河口生态系统、海岸带生态系统。

3．复合生态系统

复合生态系统是由人类社会、经济活动和自然条件共同组合而成的生态功能统一体。1984 年，马世骏、王如松在《生态学报》刊登的《社会-经济-自然复合生态系统》中，在总结了以整体、协调、循环、自生为核心的生态控制论原理的基础上，针对社会经济发展与生态系统的关系，提出了社会-自然-经济复合生态系统这一观点。它包含时（代际、世际）、空（地域、流域、区域）、量（各种物质、能量代谢过程）、构（产业、体制、景观）、序（竞争、共生与自生序）等复杂的生态关联和调控方法。

（八）优势种、建群种、关键种与冗余种

1．优势种

优势种是指群落中起主导和控制作用的物种，可利用重要值评价方法来表征，常被用来划分群落的类型。一般而言，群落中常有一个或几个生物种群大量控制能流，其数量、大小，以及在食物链中的地位强烈影响着其他物种的栖境，因此，群落各层中的优势种可以不止一个种，也称共优种。在我国热带森林里，乔木层的优势种往往是由多种植物组成的共优种。

2．建群种

建群种是群落的创造者、建设者，它在个体数量上不一定占绝对优势，但决定着群落内容、结构和特殊的环境条件，如油松是燕山油松林内的主要层（乔木层）的优势种，也是建群种。

3．关键种

物种在群落中的地位不同，一些珍稀、特有、庞大的对其他物种具有不成比例影响的物种，它们在维护生物多样性和生态系统稳定方面起着重要作用。如果它们消失或削弱，整个生态系统可能要发生根本性的变化，这样的物种称为关键种。

4．冗余种

在一些群落中，有些物种是多余的，这些物种的去除不会引起群落内其他种的丢失，同时不会对整个系统的结构和功能造成太大的影响，这类物种称为冗余种。如果开发建设项目征占地区物种属于冗余种，则项目建设对生态环境的影响一般是可以接受的。

（九）景观生态

1．尺度

景观生态学十分强调"尺度"的重要性，认为结构、功能和过程必须在相应的尺度上加以考虑。

2．异质性

在传统生态学中，无论植物群落或生态系统都假定它们是均一的，而实际情况很少是这样的。在景观生态学中，空间异质性是考虑问题的出发点，其对系统的结构和功能有着十分重要的影响。

3．过程

景观由斑块、廊道和基质组成，在一个景观中即使个别斑块可能处于多种状态或随时间改变它的状态，但整个景观仍可能处于动态平衡之中。传统生态学关心的焦点是生态过程和相互作用所导致的结果，即端点。例如，群落演替所达到的顶极状态，认为所涉及的过程必然导致那一状态，而对这一状态的偏离很少加以注意。但经验证明：在自然群落的动态过程中，常有多种持续状态，局部的顶极通常达不到，因此，过程比端点更为重要。

（十）样方与样地

一般在进行自然植被调查中，可设置样方进行调查。在设置样方之前，首先应选定样地，样地的选择是根据工作的需要和植被类型及分布而定的（对于开发建设项目的环境影响评价而言，样地可依据评价范围内需调查的不同类型的植被分布情况而确定）。在选定的样地内设置一定数量的样方进行调查。也就是说，样地一般是大于样方的。

自然植被经常需进行现场的样方调查，在选定的样地内设置一定数量的样方进行调查，调查时首先要做到随机取样，不能在分布较密集或稀疏的地区取样，常用的取样方法有五点取样法和等距离取样法，其中五点取样法适用于调查地块的长与宽相差不大的地块。用样方法调查植物的种群密度时，应随机取样，调查不同的植物类型时，样方面积应不同，样方大小根据调查的对象来确定，一般草本的样方在 $1 m^2$ 以上，灌木林样方在 $10 m^2$ 以上，乔木林样方在 $100 m^2$ 以上；在样方中统计植物数目时，只计算样方内的个体数目和样方相邻的两条边上的个体。抽样时相邻样方的中心距离应该按长条形地块的长度除以样方的数量计算，相邻样方的中心距离为 10 m，调查种群的密度为各样方中数量的平均值。

（十一）生物量

在某一时间内，一个单位面积或体积内所含的一个或一个以上生物种，或一个生物群落中所有生物种的个体总量。生物量计算方法见本章第二节。

（十二）植物生活型与生态型

生活型：不同生物物种的生态分类单位。依据不同种植物外貌（形态）的趋同适应性划分植物生活型。按越冬休眠芽位置与适应特性，将高等植物划分为高位芽植物、地下芽植物、地面芽植物、隐芽和一年生植物五大生活型类群。

生态型：同一生物物种的种群生态分类最小单位。生态型是种群在自然或人为选择下对不同生境或栽培条件长期适应分化的产物，即某个种的基因型对特定生境反应的产物。

（十三）生态整体性

生态整体性是一定区域生态系统维持该区域各生态因子相互关系，并达到最佳状态的自然特性。任何一个生态系统都是多要素结合而成的统一体，是系统要素与结构的集中体现。生态整体性一般包括面积和体系内在关系两个方面的因素。生态整体性不同于自然等级体系，它是由体系的生产能力和稳定状况来度量的。当体系未处在高亚稳定平衡状态，生产能力衰退到一定的阈值，则会由高一级的自然体系降低为低一级的自然体系，如由绿洲变为荒漠。群落的结构特征也可被用作判别生态整体性的指标。生态整体性体现在以下 3 个方面：

1）整体大于各部分之和。各要素按照一定的规律组织起来就具有综合性的功能，尤其是出现新质，这是各要素独立存在时所没有的。

2）一旦形成了系统，各要素不能再分解成独立要素存在。

3）各个要素的性质和行为会对系统的整体性产生作用。

三、生态影响识别

（一）工程分析

1）采用工程设计文件的数据和资料，以及类比工程的资料，明确建设项目地

理位置、建设规模、总平面及施工布置、施工方式、施工时序、建设周期和运行
方式，各种工程行为及其发生的地点、时间、方式和持续时间，以及设计方案中
的生态保护措施等。

2）结合建设项目特点和区域生态环境状况，分析项目在施工期、运行期，以
及服务期满后（可根据项目情况选择）可能产生生态影响的工程行为及其影响方
式，判断生态影响性质和影响程度。重点关注影响强度大、范围广、历时长或涉
及重要物种、生态敏感区的工程行为。

3）工程设计文件中包括工程位置、工程规模、平面布局、工程施工及工程运
行等不同比选方案的，应对不同方案进行工程分析。现有方案均占用生态敏感区，
或明显可能对生态保护目标产生显著不利影响，还应补充提出基于减缓生态影响
考虑的比选方案。

（二）评价因子筛选

在工程分析的基础上筛选评价因子。生态影响评价因子筛选见表 10-1。评价
标准可参照国家、行业、地方或国外相关标准，无参照标准的可采用所在地区
及相似区域生态背景值或本底值、生态阈值或引用具有时效性的相关权威文献
数据等。

表 10-1 生态影响评价因子筛选

受影响对象	评价因子	工程内容及影响方式	影响性质	影响程度
物种	分布范围、种群数量、种群结构、行为等			
生境	生境面积、质量、连通性等			
生物群落	物种组成、群落结构等			
生态系统	植被覆盖度、生产力、生物量、生态系统功能等			
生物多样性	物种丰富度、均匀度、优势度等			
生态敏感区	主要保护对象、生态功能等			
自然景观	景观多样性、完整性等			
自然遗迹	遗迹多样性、完整性等			
……	……			

对于表 10-1，需要说明如下：

1）应按施工期、运行期以及服务期满后（可根据项目情况选择）等不同阶段进行工程分析和评价因子筛选。

2）影响性质主要包括长期与短期、可逆与不可逆生态影响。

3）影响方式可分为直接、间接、累积生态影响，可依据以下内容进行判断。

①直接生态影响：临时、永久占地导致生境直接破坏或丧失；工程施工、运行导致个体直接死亡；物种迁徙（或洄游）、扩散、种群交流受到阻隔；施工活动，以及运行期噪声、振动、灯光等对野生动物行为产生干扰；工程建设改变河流、湖泊等水体天然状态等。

②间接生态影响：水文情势变化导致生境条件、水生生态系统发生变化；地下水水位、土壤理化特性变化导致植物群落发生变化；生境面积和质量下降导致个体死亡、种群数量下降或种群生存能力降低；资源减少及分布变化导致种群结构或种群动态发生变化；因阻隔影响造成种群间基因交流减少，导致小种群灭绝风险增加；滞后效应（由于关键种的消失使捕食者和被捕食者的关系发生变化）等。

③累积生态影响：整个区域生境的逐渐丧失和破碎化；在景观尺度上生境的多样性减少；不可逆转的生物多样性下降；生态系统持续退化等。

4）影响程度可分为强、中、弱、无 4 个等级，可依据以下原则进行初步判断。

①强。生境受到严重破坏，水系开放连通性受到显著影响；野生动植物难以栖息繁衍（或生长繁殖），物种种类明显减少，种群数量显著下降，种群结构明显改变；生物多样性显著下降，生态系统结构和功能受到严重损害，生态系统稳定性难以维持；自然景观、自然遗迹受到永久性破坏；生态修复难度较大。

②中。生境受到一定程度破坏，水系开放连通性受到一定程度影响；野生动植物栖息繁衍（或生长繁殖）受到一定程度干扰，物种种类减少，种群数量下降，种群结构改变；生物多样性有所下降，生态系统结构和功能受到一定程度的破坏，生态系统稳定性受到一定程度的干扰；自然景观、自然遗迹受到暂时性影响；通过采取一定措施使上述不利影响可以得到减缓和控制，生态修复难度一般。

③弱。生境受到暂时性破坏，水系开放连通性变化不大；野生动植物栖息繁衍（或生长繁殖）受到暂时性干扰，物种种类、种群数量、种群结构变化不大；生物多样性、生态系统结构、功能以及生态系统稳定性基本维持现状；自然景观、自然遗迹基本未受到破坏；在干扰消失后可以修复或自然恢复。

④无。生境未受到破坏，水系开放连通性未受到影响；野生动植物栖息繁衍（或生长繁殖）未受到影响；生物多样性、生态系统结构、功能以及生态系统稳定性维持现状；自然景观、自然遗迹未受到破坏。

四、生态影响评价等级和范围

（一）生态影响评价工作等级的划分

1. 划分的原则和依据

依据建设项目影响区域的生态敏感性和影响程度，评价等级划分为一级、二级和三级。按照以下原则确定评价等级：

1）涉及国家公园、自然保护区、世界自然遗产、重要生境时，评价等级为一级。

2）涉及自然公园时，评价等级为二级。

3）涉及生态保护红线时，评价等级不低于二级。

4）根据第七章判断属于水文要素影响型且地表水评价等级不低于二级的建设项目，生态影响评价等级不低于二级。

5）根据第七章判断地下水水位或土壤影响范围内分布有天然林、公益林、湿地等生态保护目标的建设项目，生态影响评价等级不低于二级。

6）当工程占地规模大于 $20\ km^2$ 时（包括永久和临时占用陆域和水域），评价等级不低于二级；改扩建项目的占地范围以新增占地（包括陆域和水域）确定。

7）除上述以外的情况，评价等级为三级；当评价等级判定同时符合上述多种情况时，应采用其中最高的评价等级。

2. 工作等级的调整

1）建设项目涉及经论证对保护生物多样性具有重要意义的区域时，可适当上调评价等级。

2）建设项目同时涉及陆生生态、水生生态影响时，可针对陆生生态、水生生态分别判定评价等级。

3）在矿山开采可能导致矿区土地利用类型明显改变，或拦河闸坝建设可能明显改变水文情势等情况下，评价等级应上调一级。

4）线性工程可分段确定评价等级。线性工程地下穿越或地表跨越生态敏感区，在生态敏感区范围内无永久、临时占地时，评价等级可下调一级。

5）符合生态环境分区管控要求且位于原厂界（或永久用地）范围内的污染影响类改扩建项目，位于已批准规划环评的产业园区内且符合规划环评要求、不涉及生态敏感区的污染影响类建设项目，可不确定评价等级，直接进行生态影响简单分析。

（二）评价范围的确定

1）生态影响评价应能够充分体现生态完整性和生物多样性保护要求，涵盖评价项目全部活动的直接影响区域和间接影响区域。评价范围应依据评价项目对生态因子的影响方式、影响程度和生态因子之间的相互影响和相互依存关系来确定。可综合考虑评价项目与项目区的气候过程、水文过程、生物过程等生物地球化学循环过程的相互作用关系，以评价项目影响区域所涉及的完整气候单元、水文单元、生态单元、地理单元界限为参照边界。

2）涉及占用或穿（跨）越生态敏感区时，应考虑生态敏感区的结构、功能及主要保护对象合理确定评价范围。

3）矿山开采项目评价范围应涵盖开采区及其影响范围、各类场地及运输系统占地，以及施工临时占地范围等。

4）水利水电项目评价范围应涵盖枢纽工程建筑物、水库淹没、移民安置等永久占地、施工临时占地以及库区坝上、坝下地表地下、水文水质影响河段及区域、受水区、退水影响区、输水沿线影响区等。

5）线性工程穿越生态敏感区时，以线路穿越段向两端外延 1 km、线路中心线向两侧外延 1 km 为参考评价范围，实际确定时应结合生态敏感区主要保护对象的分布、生态学特征、项目的穿越方式、周边地形地貌等适当调整，主要保护对象为野生动物及其栖息地时，应进一步扩大评价范围，涉及迁徙、洄游物种的，其评价范围应涵盖工程影响的迁徙洄游通道范围；穿越非生态敏感区时，以线路中心线向两侧外延 300 m 为参考评价范围。

6）陆上机场项目以占地边界外延 3～5 km 为参考评价范围，实际确定时应结合机场类型、规模、占地类型、周边地形地貌等进行适当调整。涉及有净空处理的，应涵盖净空处理区域。航空器爬升或进近航线下方区域内有以鸟类为重点保护对象的自然保护地和鸟类重要生境的，评价范围应涵盖受影响的自然保护地和重要生境范围。

7）污染影响类建设项目评价范围应涵盖直接占用区域以及污染物排放产生的

间接生态影响区域。

第二节　生态现状调查与评价

一、生态现状调查

（一）生态现状调查内容

1）陆生生态现状调查内容主要包括：评价范围内的植物区系、植被类型，植物群落结构及演替规律，群落中的关键种、建群种、优势种；动物区系、物种组成及分布特征；生态系统的类型、面积及空间分布；重要物种的分布、生态学特征、种群现状，迁徙物种的主要迁徙路线、迁徙时间，重要生境的分布及现状。

2）水生生态现状调查内容主要包括：评价范围内的水生生物、水生生境和渔业现状；重要物种的分布、生态学特征、种群现状及生境状况；鱼类等重要水生动物调查包括种类组成、种群结构、资源时空分布，产卵场、索饵场、越冬场等重要生境的分布、环境条件以及洄游路线、洄游时间等行为习性。

3）收集生态敏感区的相关规划资料、图件、数据，调查评价范围内生态敏感区内的主要保护对象、功能区划、保护要求等。

4）对于改扩建、分期实施的建设项目，调查既有工程、前期已实施工程的实际生态影响及采取的生态保护措施。

5）调查区域存在的主要生态问题，如水土流失、沙漠化、石漠化、盐渍化、生物入侵和污染危害等。调查已经存在的对生态保护目标产生不利影响的干扰因素。以下仅就水土流失、土地荒漠化和生物多样性问题作简要说明。

1. 水土流失调查

（1）水力侵蚀调查

水力侵蚀面积分布范围广、面积大，水力侵蚀基本上涉及农、林、牧等各种用地。水力侵蚀分溅蚀、面蚀、沟蚀、山洪侵蚀。溅蚀是面蚀的初期形式，溅蚀的发生主要是由于地表处于裸露状态，溅蚀的进一步发展必然是面蚀，因此，在进行调查时溅蚀不单独作为一种土壤侵蚀形式，而将它归入面蚀之内。

1）面蚀。溅蚀和面蚀是我国山区丘陵区土壤侵蚀形式中分布最广、面积最大的两种形式。面蚀发生的地质条件、土地利用现状和发展的阶段不同。

面蚀程度调查：农耕地面蚀程度调查主要以年平均土壤流失量作为判别指标，当实际的土壤流失量在允许土壤流失量范围之内时，就可以认为没有面蚀发生。目前，尚未制定不同的土壤侵蚀类型区允许土壤流失量的国家标准，表 10-2 中的数据可作为实际应用参考。

表 10-2　不同水土流失类型区允许土壤流失量

土坡侵蚀类型区	允许土壤流失量/［l/（km²·a）］
西北黄土高原区	1 000
东北黑土区	200
北方土石山区	200
南方红壤丘陵区	500
西南土石山区	500

一般根据表土流失的厚度，将面蚀程度分为 4 级，各级的耕作土壤情况及其程度划分标准见表 10-3。

表 10-3　农耕地面蚀程度与土壤流失量关系

面蚀程度		土壤流失相对数量
1 级	无面蚀	耕作层在淋溶层进行，土壤熟化程度良好，表土具有团粒结构，腐殖质损失较少
2 级	弱度面蚀	耕作层仍在淋溶层进行，但腐殖质有一定损失，表土熟化程度仍属良好，具有一定团粒结构，土壤流失量小于淋溶层的 1/3
3 级	中度面蚀	耕作层已涉及淀积层，腐殖质损失较多，表土层颜色明显转淡。在黄土区通体有不同程度的碳酸钙反应，在土石山区耕作层已涉及下层的风化土沙，土坡流失量占淋溶层的 1/3～1/2
4 级	强度面蚀	耕作层大部分在淀积层进行，有时也涉及母质层，表上层颜色变得更淡。在黄土区通体有不同明显的碳酸钙反应，在土石山区已开始发生土沙流泻山腹现象，土坡流失量大于淋溶层的 1/2

鳞片状面蚀程度调查，主要参照地表植物的生长状况、分布情况和其覆盖率的高低来确定。有植物生长部分（鳞片间部分），地表鳞片状面蚀没有或较轻微；无植物生长部分（鳞片状部分），地表有鳞片状面蚀或较严重。一般常将鳞片状面蚀程度划分为 4 级，各级植物生长状况描述见表 10-4。

表 10-4 地表植物生长状况与鳞片状面蚀程度划分标准

鳞片状面蚀程度		地表植物生长状况
1 级	无鳞片状面蚀	地面植物生长良好，分布均匀，一般覆盖率大于 70%
2 级	弱度鳞片状面蚀	地面植物生长一般，分布不均匀，可以看出"羊道"，但土壤尚能连接成片，鳞片部分土壤较为坚实，覆盖率为 50%～70%
3 级	中度鳞片状面蚀	地面植物生长较差，分布不均匀，鳞片部分因面蚀已明显凹下，鳞片间部分植被尚好，覆盖率为 30%～50%
4 级	强度鳞片状面蚀	地面植物生长极差，分布不均匀，鳞片状部分已扩大连成片，而鳞片间土地反而缩小成斑点状，覆盖率小于 30%

2）沟蚀。沟蚀的发生致使土地资源彻底破坏，也是形成山洪、泥石流中固体物质的主要来源。对侵蚀沟道调查，了解沟蚀发展阶段及其发展趋势，对控制沟蚀发展具有重要意义。通过对沟蚀发展阶段的调查，确定沟蚀的发生程度及其发展强度。

沟蚀调查多以沟系为单位进行，一般情况下规模较大的沟系，其发展程度较为严重，但其今后的发展趋势将会逐渐减缓下来。反之，规模较小的沟系，其发展程度尽管较轻微，但如果不进行防治的话，未来的发展趋势将会是非常剧烈的。因此，沟蚀调查的主要调查内容为集水区面积、集水区长度、侵蚀沟面积及其长度、沟道内的塌土情况（包括重力侵蚀形式、数量及其发生位置等）、沟底纵坡比降、基岩或母质种类、集水区范围内的植物种类及其生长状况等，并根据以上调查内容确定沟蚀的发生程度和发展强度，见表 10-5。

表 10-5 沟蚀强度分级指标

强度分级	沟壑占坡面面积比/%	沟壑密度/（km/km²）
轻微	<10	1～2
中度	10～25	2～3
强度	25～35	3～5
极强	35～50	5～7
剧烈	>50	7

3）山洪侵蚀。山洪是山区常见的一种土壤侵蚀形式，一旦发生将对下游造成冲掏或沙压等危害。对山洪侵蚀进行调查：一是查清以往发生山洪的条件、发生规模、发生频率、造成的危害范围及危害程度；二是判定今后发生山洪危害可能

性的大小。

对以前发生山洪情况的调查：调查以前发生的山洪常用的方法有洪痕调查法、访问当地群众和山洪资料查询等方法。实际中具体采用的方法视可供调查的条件而定，有时也会将几种方法结合使用并相互印证其结果。调查的主要内容为集水面积，发生山洪时的降雨情况，集水范围内的植被、地质、地形、土壤和土地利用状况等，并分析山洪形成的原因、山洪历时、洪峰流量、淹没范围及其危害等。了解山洪对沟岸、河岸及沟（河）床的侵蚀情况、在山洪沟道下游及沟口开阔处，调查泥沙淤积量及淤积物组成等。

通过对历史上发生过的洪水灾害进行调查，预测当地可能发生山洪的气象条件、地质地形条件、植被条件及山洪灾害范围等，并提出相应的防治措施。

（2）重力侵蚀调查

通过野外实测或遥感资料室内判读解译，调查重力侵蚀形式、发生的地貌部位和发生规模，调查不同重力侵蚀形式发生的气象（包括降水量、降水历时、降水强度等）、地质（包括岩石种类、风化特性、透水性、硬度、层理等）、地形（包括坡度、坡型、坡长等）、水文条件（包括被面水源和入渗情况、地下水埋深及储水结构等）、土壤（包括种类、土壤厚度、土壤质地、孔隙度、含水量、内聚力等）、植被等条件和人为活动对重力侵蚀的影响，同时调查重力侵蚀导致的危害及危害程度等。

可参照表 10-6 进行重力侵蚀程度的划分。

表 10-6　重力侵蚀程度分级指标

强度分级	重力侵蚀面积占坡面面积比/%
轻微	<10
中度	10～15
强度	15～20
极强度	20～30
剧烈	>30

根据重力侵蚀发生形式、发生条件的调查，分析坡面土石体的稳定性和今后发生重力侵蚀的可能性，并提出相应的防治措施。

（3）风力侵蚀调查

风力侵蚀调查包括封山发展历史与现状、风力侵蚀发生的程度并判定其发展强度、风蚀危害和造成风蚀的原因。风力侵蚀调查可通过野外定位、半定位测量来进行，或者采用不同时期的航片和卫片判读解译来完成。

2．土地荒漠化

土地荒漠化分为风蚀荒漠化、水蚀荒漠化和盐碱化 3 种类型，在此基础上，根据荒漠化的程度，进一步分为微度、轻度、中度、重度 4 级。

从生态学角度划分荒漠化程度，由于抓住了荒漠化是土地生产力退化过程的这个实质，因此较为科学，表 10-7 就是从生态学角度半定量地描述荒漠化的发展程度。

表 10-7　荒漠化程度的生态学指征

程度	植被覆盖度/%	土地滋生力/%	农田系统的能量产投比/%	生物生产量/[t/（hm²·a）]
微度的（潜在的）	60 以上	80 以上	80 以上	3～4.5
轻度的（正在发展中）	59～30	79～50	79～60	1.5～2.9
中度的（强烈发展中）	29～10	49～20	59～30	1.0～1.4
重度的（严重的）	9～0	19～0	29～0	0～0.9

3．生物多样性调查

生物多样性调查包括生态系统多样性、动物多样性和植物多样性调查 3 个方面。

（1）生态系统多样性调查

生态系统类型分为森林、草原、荒漠、农田、湿地和海岸生态系统。主要调查研究区的生态系统类型的数量、面积与分布。植物类型按照《中国植被》中的植被分类系统确定到群系一级。列出所拥有的植被型组、植被型、植被亚型、群系组和群系，分别说明其分布区域、面积及保护状况，并说明其植被的特性。

（2）动物多样性调查

调查的主要内容为动物种类、数量、分布、习性及生境状况；影响动物生存的主要因素；全国或全省重点保护、特有、珍稀、濒危的动物物种、数量及分布面积；目的物种的数量及分布。对于兽类、鸟类、两栖和爬行类动物主要采用直接计数法和抽样调查法。

（3）植物多样性调查

调查的主要内容为植被面积与分布；植物种类、数量、分布和生境状况；全国或全省重点保护、特有、珍稀、濒危的植物物种及分布面积；群落的优势种、建群种的植物种类、分布和群落结构特点；植被利用和破坏情况。植被面积与分布调查可利用卫星影像、航空相片、地形图等资料，结合野外勘察，确定各类植被的面积和分布情况。

（二）生态现状调查要求

1）引用的生态现状资料，其调查时间宜在 5 年以内，用于回顾性评价或变化趋势分析的资料可不受调查时间限制。

2）当已有调查资料不能满足评价要求时，应通过现场调查获取现状资料，现场调查遵循全面性、代表性和典型性原则。项目涉及生态敏感区时，应开展专题调查。

3）工程永久占用或施工临时占用区域应在收集资料基础上开展详细调查，查明占用区域是否分布有重要物种及重要生境。

4）陆生生态一级、二级评价应结合调查范围、调查对象、地形地貌和实际情况来选择合适的调查方法。开展样线、样方调查的，应合理确定样线、样方的数量、长度或面积，涵盖评价范围内不同的植被类型及生境类型，山地区域还应结合海拔段、坡位、坡向进行布设。根据植物群落类型（宜以群系及以下分类单元为调查单元）设置调查样地，一级评价每种群落类型设置的样方数量不少于 5 个，二级评价不少于 3 个，调查时间宜选择植物生长旺盛季节；一级评价每种生境类型设置的野生动物调查样线数量不少于 5 条，二级评价不少于 3 条，除收集历史资料外，一级评价还应获得 1～2 个完整年度不同季节的现状资料，二级评价尽量获得野生动物繁殖期、越冬期、迁徙期等关键活动期的现状资料。

5）水生生态一级、二级评价的调查点位、断面等应涵盖评价范围内的干流、支流、河口、湖库等不同水域类型。一级评价至少开展丰水期、枯水期（河流、湖库）或春季、秋季（入海河口、海域）两个时期（季）调查，二级评价至少获得一期（季）调查资料，涉及显著改变水文情势的项目应增加调查强度。鱼类调查时间应包括主要繁殖期，水生生境调查内容应包括水域形态结构、水文情势、水体理化性状和底质等。

6）三级评价现状调查以收集有效资料为主，可开展必要的遥感调查或现场校核。

7）生态现状调查中还应充分考虑生物多样性保护的要求。

（三）生态现状评价内容及要求

1）一级、二级评价应根据现状调查结果选择以下全部或部分内容开展评价：①根据植被和植物群落调查结果，编制植被类型图，统计评价范围内的植被类型及面积，可采用植被覆盖度等指标分析植被现状，图示植被覆盖度空间分布特点。②根据土地利用调查结果，编制土地利用现状图，统计评价范围内的土地利用类型及面积。③根据物种及生境调查结果，分析评价范围内的物种分布特点、重要物种的种群现状以及生境的质量、连通性、破碎化程度等，编制重要物种、重要生境分布图，迁徙、洄游物种的迁徙、洄游路线图；涉及国家重点保护野生动植物、极危、濒危物种的，可通过模型模拟物种适宜生境分布，图示工程与物种生境分布的空间关系。④根据生态系统调查结果，编制生态系统类型分布图，统计评价范围内的生态系统类型及面积；结合区域生态问题调查结果，分析评价范围内的生态系统结构与功能状况及总体变化趋势；涉及陆地生态系统的，可采用生物量、生产力、生态系统服务功能等指标开展评价；涉及河流、湖泊、湿地生态系统的，可采用生物完整性指数等指标开展评价。⑤涉及生态敏感区的，分析其生态现状、保护现状和存在的问题；明确并图示生态敏感区及其主要保护对象、功能分区与工程的位置关系。⑥可采用物种丰富度、香农-威纳多样性指数、Pielou 均匀度指数、Simpson 优势度指数等对评价范围内的物种多样性进行评价。

2）三级评价可采用定性描述或面积、比例等定量指标，重点对评价范围内的土地利用现状、植被现状、野生动植物现状等进行分析，编制土地利用现状图、植被类型图、生态保护目标分布图等。

3）对于改扩建、分期实施的建设项目，应对既有工程、前期已实施工程的实际生态影响、已采取的生态保护措施的有效性和存在问题进行评价。

二、生态调查的步骤和方法

（一）生态调查的步骤

生态环境调查的步骤可分为准备阶段、外业调查及内业整理，调查步骤如图 10-1 所示。

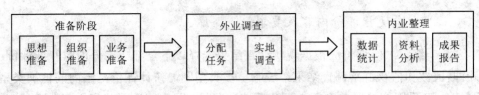

图 10-1　生态调查步骤

（二）常规调查

1. 资料收集法

资料收集法是环境调查中普遍应用的方法，这种方法应用范围广，收效较大，比较节省人力、物力和时间。使用资料收集法时，应保证资料的时效性，引用资料必须建立在现场校验的基础上。能反映出生态现状或生态背景的资料，从表现形式上分为文字资料和图形资料，从时间上可分为历史资料和现状资料，从收集行业类别上可分为农、林、牧、渔和生态环境主管部门，从资料性质上可分为环境影响报告书、污染源调查、生态保护规划、生态功能区划、生态敏感目标的基本情况及其他生态调查材料等。

由于这种调查所得资料内容有限，不能完全满足调查工作的需要，所以采用其他调查方法加以完善和补充，获取充足的调查资料是非常必要的。

2. 现场勘查法

现场勘查时应遵循整体与重点相结合的原则，在综合考虑主导生态因子结构与功能完整性的同时，突出重点区域和关键时段的调查，并通过对影响区域的实际踏勘，核实收集资料的准确性，以获取实际资料和数据。

现场勘查法可以针对调查者的主观要求，在调查的时间和空间范围内直接获得第一手的数据和资料，以弥补收集资料法的不足。但这种调查方法工作量大，需要占用较多的人力、物力、财力和时间，且调查组织工作异常复杂艰巨。除此之外，现场调查方法有时还受到季节、仪器设备等客观条件的制约。

现场调查前应根据收集资料的情况确定调查路线及调查指标。调查路线的选择要在不产生遗漏的前提下，选择路线最短、时间最省、穿过类型最多、工作量最小的调查线路。

野外填图、填表，按地形底图的编排分幅作图，调查填图工作沿预定线路边调查、边观察、边勾画行政界和地块界、边编号。地块内的土地利用现状、地貌部位、岩石、土壤、坡度、植被和土壤侵蚀情况应基本相同。地块图斑最小面积一般要求森林 $0.8 \sim 1.0$ mm^2，灌木丛 15 mm^2，疏林和芦苇 2.0 mm^2，盐碱地 3.0 mm^2。在流域调查中一般要求最小图斑面积不小于 10 mm^2；小于 10 mm^2 的地块，可并入相邻地块中，但应单独编写顺序号，填入调查记录表，以便统计到相应地类中。

在地块内做生态环境综合因子调查，并将调查情况填入有关调查表格中，为减轻外业工作量，可利用已有的地质图、土壤图、植被图等资料来确定或验证，或做补充修正。

填图填表时，可使用规定的图例、标记符号、编号等。底图上的地形、地物有差错的要修正，没有的要补充，必要的可进行局部补测。

3．专家和公众咨询法

专家和公众咨询法是对现场勘查的有益补充。通过咨询有关专家，收集评价工作范围内的公众、社会团体和相关管理部门对项目影响的意见，发现现场踏勘中遗漏的生态问题。专家和公众咨询应与资料收集和现场勘查同步开展。

4．生态监测法

当资料收集、现场勘查、专家和公众咨询提供的数据无法满足评价的定量需要，或项目可能产生潜在的或长期累积效应时，可考虑选用生态监测法。生态监测应根据监测因子的生态学特点和干扰活动的特点确定监测位置和频次，并进行有代表性的布点。生态监测方法与技术要求须符合国家现行的有关生态监测规范和监测标准分析方法；对于生态系统生产力的调查，在必要时需现场采样、实验室测定。

5．遥感调查法

当涉及区域范围较大或主导生态因子的空间等级尺度较大，通过人力踏勘较为困难或难以完成评价时，可采用遥感调查法。遥感调查过程中必须辅助必要的现场勘查工作。遥感调查详细调查方法见第十五章。

6．标准样地（样方）调查

（1）植物

1）植物群落。首先确定样地大小和形状，一般草本样地在 1 m^2 以上；灌木林样地在 10 m^2 以上；乔木林样地在 100 m^2 以上。样方大小依据植株大小和密度确定，一般为方形或长方形。然后用物种与面积关系曲线以确定样地数目。在生态学上，物种-面积曲线或种数-面积曲线是在某地区内物种数量与栖息地（或部分栖息地）面积的关系。

2）生物量。生态系统的生物量，又称现存量，是指一定地段面积内（单位面积或体积内）某个时期生存着的活的有机体的数量，是衡量环境质量变化的主要标志。生物量的测定，采用样地调查收割法。样地面积一般是森林选用 1 000 m²；疏林及灌木林选用 500 m²；草本群落选用 100 m²。生物量调查方法主要有以下 3 种：

一是皆伐实测法。为了精确测定生物量，或当作标准来检查其他测定方法的精确度，采用皆伐实测法。林木伐倒之后，测定其各部分的材积，并根据比重或烘干重换算成干重。各株林木干重之和为林木的植物生物量。

二是平均木法。采伐并测定具有林分平均断面积的树木的生物量，再乘以总株数。为了保证测定的精度，将研究地段的林木按其大小分级，在各级内取平均木。采伐多株具有平均断面积的样木，测定其生物量，再计算单位面积的干重。

三是随机抽样法。研究地段上随机选择多株样木，伐倒并测定其生物量。将样木生物量之和乘以研究地段总胸高断面积与样木胸高断面积之和之比，即可得到全林的生物量。

3）土壤剖面。根据调查目的沿垂直地带或水平地带挖土壤剖面，测定土壤理化性质，采用剖面对比法、标志法（水准基点测量法）、坡面细沟体积测量法调查野外坡面侵蚀量。

（2）动物

1）鸟类。在生物、气象、水文和土壤要素长期观测的主要观测场内或其附近相似群落内进行；一年中在鸟类活动高峰期内选择数月进行观测，在每个观察月份中，确定数天进行观察，观察时段在鸟类活动高峰期（早晨 6:00—9:00，傍晚 4:00—7:00）。

2）大中型兽类。大中型兽类的调查均采用样线调查法，在所围样方的对角线上进行。根据不同兽类的活动习性，分别在黄昏、中午、傍晚沿样地线按一定速度前进，控制在 2～3 km/h，统计和记录所遇到的动物、尸体、毛发及粪便，记录其距离样线的距离及数量，连续调查 3 天，整理分析后得到种类名录。

3）小型兽类。小型兽类的调查采用样线调查法，在所围样方的对角线上进行。每日傍晚沿样线放置木板夹 50 个，间隔为 5 m，于次日检查捕获情况。对捕获动物解剖登记，同一样线连捕 2～3 天。整理分析得到种类名录。

注意事项：首先是对大型兽类和鸟类进行调查，原因是其比较容易受其他调查的影响；其次是森林昆虫和小型兽类。调查完毕后应将布置在样方及其对角线延伸线上的所有夹板全部取回，以免发生意外。另外，要避免重复计数。

第三节　生态影响预测与评价

一、生态影响预测与评价的目的和评价指标

生态影响预测就是以科学的方法推断生态在某种外来作用下所发生的响应过程、发展趋势和最终结果。生态影响评价（或称评估）是指对某种生态的影响是否显著、严重，以及可否为社会和生态所接受进行的判断。

（一）生态影响评价的目的

1）评价影响的性质和影响程度、影响的显著性，以决定行止。

2）评价生态影响的敏感性和主要受影响的保护目标，以决定保护的优先性。

3）评价资源和社会价值的得失，以决定取舍。

（二）生态影响评价的指标

对生态影响进行评价时，可采用下述指标和基准。

1. 生态学评估指标与基准

这是从生态学角度判断所发生的影响可否为生态所接受。在生态学评估中，避免物种濒危和灭绝是一条基本原则，相应地可形成灭绝风险、种群活力、最小可存活种群、有效种群、最小生境区（面积）等评估指标和技术，也可评估出最重要生境区、最重要生态系统等，以及需要优先保护的生态系统、生境和生物种群。生态学评估是一种客观科学的评估，反映影响的真实性，也是最重要的评估指标。

2. 可持续发展评估指标与基准

这是从可持续发展战略来判断所发生的影响是否为战略所接受，或是否影响区域（流域）的可持续发展。在可持续发展战略中，谋求经济与社会、环境、生态的协调（不使任何一个方面遭受不可挽回的严重损失），谋求社会公平（不使社会贫富差距扩大，保障受影响弱势群体的基本环境和资源权益），谋求长期稳定和代际间的利益平衡（不损害后代的生存与发展权益）等都是基本原则。相应地，评估资源的可持续利用性、生态的可持续性等，都是重要的评估基准。

3．以环境保护法规和资源保护法规作为评估基准

法规有世界级、国家级和区域级之分。依据法律和规划进行评估，主要需注意法定的保护目标和保护级别，注意法规禁止的行为和活动、法律规定的重要界限等。

4．以经济价值损益和得失作为评估指标和标准

经济学评估不仅评估价值的大小与得失，还有经济重要度评价问题，如稀缺性、唯一性以及基本生存资源等，都具有较高的重要值。

5．社会文化评估基准

以社会文化价值和公众可接受程度为基本依据。社会公众关注程度、敏感人群特殊要求、社会损益的公平性等，都是社会影响评估中需要特别注意的。文化影响评估则以历史性、文化价值、稀缺性和可否替代等，以及法定保护级别为依据进行评估。

二、生态影响预测与评价

（一）总体要求

1）生态影响预测和评价内容应与现状评价内容相对应，根据建设项目特点、区域生物多样性保护要求，以及生态系统功能等选择评价预测指标。

2）生态影响预测与评价尽量采用定量方法进行描述和分析。

（二）生态影响预测与评价内容及要求

1．一级、二级评价

应根据现状评价内容选择以下全部或部分内容开展预测评价：

1）采用图形叠置法分析工程占用的植被类型、面积及比例；通过引起地表沉陷或改变地表径流、地下水水位、土壤理化性质等方式对植被产生影响的，采用生态机理分析法、类比分析法等方法分析植物群落的物种组成、群落结构等变化情况。

2）结合工程的影响方式预测分析重要物种的分布、种群数量、生境状况等变化情况；分析施工活动和运行产生的噪声、灯光等对重要物种的影响；涉及迁徙、洄游物种的，分析工程施工和运行对迁徙、洄游行为的阻隔影响；涉及国家重点保护野生动植物、极危、濒危物种的，可采用生境评价方法预测分析物种适宜生

境的分布及面积变化、生境破碎化程度等，图示建设项目实施后的物种适宜生境分布情况。

3）结合水文情势、水动力和冲淤、水质（包括水温）等影响预测结果，预测分析水生生境质量、连通性以及产卵场、索饵场、越冬场等重要生境的变化情况，图示建设项目实施后的重要水生生境分布情况；结合生境变化预测分析鱼类等重要水生生物的种类组成、种群结构、资源时空分布等变化情况。

4）采用图形叠置法分析工程占用的生态系统类型、面积及比例，结合生物量、生产力、生态系统功能等变化情况预测分析建设项目对生态系统的影响。

5）结合工程施工和运行引入外来物种的主要途径、物种生物学特性，以及区域生态环境特点，分析建设项目实施可能导致外来物种造成生态危害的风险。

6）结合物种、生境及生态系统变化情况，分析建设项目对所在区域生物多样性的影响；分析建设项目通过时间或空间的累积作用方式产生的生态影响，如生境丧失、退化及破碎化、生态系统退化、生物多样性下降等。

7）涉及生态敏感区的，结合主要保护对象开展预测评价；涉及以自然景观、自然遗迹为主要保护对象的生态敏感区时，分析工程施工对景观、遗迹完整性的影响，结合工程建筑物、构筑物或其他设施的布局及设计，分析与景观、遗迹的协调性。

2．三级评价

可采用图形叠置法、生态机理分析法、类比分析法等预测分析工程对土地利用、植被、野生动植物等的影响。

3．不同行业评价

应结合项目规模、影响方式、影响对象等确定评价重点：

1）矿产资源开发项目应对开采造成的植物群落与植被覆盖度变化、重要物种的活动与分布、重要生境变化，以及生态系统结构和功能变化、生物多样性变化等开展重点预测与评价。

2）水利水电项目应对河流、湖泊等水体天然状态改变引起的水生生境变化、鱼类等重要水生生物的分布及种类组成、种群结构变化，水库淹没、工程占地引起的植物群落、重要物种的活动与分布及重要生境变化、调水引起的生物入侵风险，以及生态系统结构和功能变化、生物多样性变化等开展重点预测与评价。

3）公路、铁路、管线等线性工程应对植物群落及植被覆盖度变化、重要物种的活动与分布、重要生境变化、生境连通性及破碎化程度变化、生物多样性变化等开展重点预测与评价。

4）农业、林业、渔业等建设项目应对土地利用类型或功能改变引起的重要物种的活动与分布、重要生境变化、生态系统结构和功能变化、生物多样性变化，以及生物入侵风险等开展重点预测与评价。

5）涉海工程海洋生态影响评价，对重要物种的活动与分布、重要生境变化、海洋生物资源变化、生物入侵风险，以及典型海洋生态系统的结构和功能变化、生物多样性变化等开展重点预测与评价。

（三）预测与评价方法

1．列表清单法

列表清单法是一种定性分析方法。该方法的特点是简单明了、针对性强。将拟实施的开发建设活动的影响因素与可能受影响的环境因子分别列在同一张表格的行与列内，逐点进行分析，并逐条阐明影响的性质、强度等，由此分析开发建设活动的生态影响。

2．图形叠置法

图形叠置法是把两个以上的生态信息叠合到一张图上，构成复合图，用以表示生态变化的方向和程度。本方法的特点是直观、形象，简单明了。图形叠置法有指标法和"3S"叠图法两种基本制作手段。

（1）指标法

该方法的步骤：确定评价区域范围；开展生态调查，收集评价范围及周边地区自然环境、动植物等信息；识别影响并筛选评价因子，包括识别和分析主要生态问题；建立表征评价因子特性的指标体系，通过定性分析或定量方法对指标赋值或分级，依据指标值进行区域划分；最后将上述区划信息绘制在生态图上。

（2）"3S"叠图法

该方法的步骤：选用符合要求的工作底图，底图范围应大于评价范围；在底图上描绘主要生态因子信息，如植被覆盖、动植物分布、河流水系、土地利用、生态敏感区等；进行影响识别与筛选评价因子；运用"3S"技术，分析影响性质、方式和程度；将影响因子图和底图叠加，得到生态影响评价图。

3．生态机理分析法

生态机理分析法是根据建设项目的特点和受其影响的动植物的生物学特征，依照生态学原理分析、预测工程生态影响的方法，其工作步骤如下。

调查环境背景现状，搜集工程组成和建设等有关资料；调查植物和动物分布，动物栖息地和迁徙路线；根据调查结果分别对植物种类或动物种群、群落和生态系统进行分析，描述其分布特点、结构特征和演化等级；识别有无珍稀濒危物种及重要经济、历史、景观和科研价值的物种；预测项目建成后该地区动植物生长生存环境的变化；根据项目建成后的环境变化，对照无开发项目条件下动植物或生态系统演替（变化）趋势，预测建设项目对个体、种群和群落的影响，并预测生态系统演替方向。

评价过程中有时要根据实际情况进行相应的生物模拟试验，如环境条件与生物习性模拟试验、生物毒理学试验、实地种植或放养试验等；或进行数学模拟，如种群增长模型的应用。该方法需与生物学、地理学、水文学、数学及其他多学科合作评价，才能得出客观的结果。

4．指数法与综合指数法

指数法是利用同度量因素的相对值来表明因素变化状况的方法。指数法的难点在于需要建立表征生态环境质量的标准体系并进行赋权和准确定量。综合指数法是从确定同度量因素出发，把不能直接对比的事物变成能够进行同度量的方法。

（1）单因子指数法

选定合适的评价标准，可进行生态因子现状或预测评价。例如，以同类型立地条件的森林植被覆盖率为标准，可评价项目建设区的植被覆盖现状情况；以评价区现状植被盖度为标准，可评价项目建成后植被盖度的变化率。

（2）综合指数法

分析各生态因子的性质及变化规律；建立表征各生态因子特性的指标体系；确定评价标准；建立评价函数曲线，将生态因子的现状值（开发建设活动前）与预测值（开发建设活动后）转换为统一的无量纲的生态环境质量指标，用 1～0 表示优劣（"1"表示最佳的、顶极的、原始或人类干预甚少的生态状况，"0"表示最差的、极度破坏的、几乎无生物性的生态状况），计算开发建设活动前后各因子质量的变化值；根据各因子的相对重要性赋予权重；将各因子的变化值综合，提出综合影响评价值。

$$\Delta E = \sum (E_{hi} - E_{qi}) \times W_i \qquad (10\text{-}1)$$

式中：ΔE 为开发建设活动日前后生态质量变化值；E_{hi} 为开发建设活动后 i 因子的

质量指标；E_{qi} 为开发建设活动前 i 因子的质量指标；W_i 为 i 因子的权值。

建立评价函数曲线需要根据标准规定的指标值确定曲线的上、下限。对于大气、水环境等已有明确质量标准的因子，可直接采用不同级别的标准值作为上、下限；对于无明确标准的生态因子，可根据评价目的、评价要求和环境特点等选择相应的指标值，再确定上、下限。

5. 类比分析法

类比分析法是一种比较常用的定性和半定量评价方法，一般有生态整体类比、生态因子类比和生态问题类比等。根据已有的建设项目的生态影响，分析或预测拟建项目可能产生的影响。选择好类比对象（类比项目）是进行类比分析或预测评价的基础，也是该方法成败的关键。类比对象的选择条件：工程性质、工艺和规模与拟建项目基本相当，生态因子（地理、地质、气候、生物因素等）相似，项目建成已有一定时间，所产生的影响已基本全部显现。类比对象确定后，需选择和确定类比因子及指标，并对类比对象开展调查与评价，再分析拟建项目与类比对象的差异。根据类比对象与拟建项目的比较，作出类比分析结论。

6. 系统分析法

系统分析法是指把要解决的问题作为一个系统，对系统要素进行综合分析，找出解决问题的可行方案的咨询方法。具体步骤包括限定问题、确定目标、调查研究、收集数据、提出备选方案与评价标准，以及提出最可行方案。系统分析法因其能妥善解决一些多目标动态性问题，已广泛应用于各行各业，尤其在进行区域开发或解决优化方案选择问题时，系统分析法显示出其他方法所不能达到的效果。在生态系统质量评价中使用系统分析的具体方法有专家咨询法、层次分析法、模糊综合评判法、综合排序法和系统动力学、灰色关联等方法。

7. 生物多样性评价方法

生物多样性是生物（动物、植物、微生物）与环境形成的生态复合体，以及与此相关的各种生态过程的总和，包括生态系统、物种和基因 3 个层次。生态系统多样性是指生态系统的多样化程度，包括生态系统的类型、结构、组成、功能和生态过程的多样性等。物种多样性是指物种水平的多样化程度，包括物种丰富度和物种多度。基因多样性（或遗传多样性）是指一个物种的基因组成中遗传特征的多样性，包括种内不同种群之间或同一种群内不同个体的遗传变异性。物种多样性常用的评价指标包括物种丰富度、香农-威纳多样性指数、Pielou 均匀度指数、Simpson 优势度指数等。物种丰富度是指调查区域内物种种数之和。香农-威

纳多样性指数（Shannon-Wiener diversity index）计算公式为

$$H = -\sum_{i=1}^{S} P_i \ln P_i \qquad (10\text{-}2)$$

式中：H 为香农-威纳多样性指数；S 为调查区域内物种种类总数；P_i 为调查区域内属于第 i 种的个体比例，如样品总个体数为 N，第 i 种个体数为 n_i，则 $P_i = n_i/N$。

Pielou 均匀度指数是反映调查区域各物种个体数目分配均匀程度的指数，计算公式为

$$J = (-\sum_{i=1}^{S} P_i \ln P_i) / \ln s \qquad (10\text{-}3)$$

式中：J 为 Pielou 均匀度指数；其余符号含义同式（10-2）。

Simpson 优势度指数与均匀度指数相对应，计算公式为

$$D = 1 - \sum_{i=1}^{S} P_i^2 \qquad (10\text{-}4)$$

式中：D 为 Simpson 优势度指数；其余符号含义同式（10-2）。

8．生态系统评价方法

（1）植被覆盖度

植被覆盖度可用于定量分析评价范围内的植被现状。基于遥感估算植被覆盖度可根据区域特点和数据基础采用不同的方法，如植被指数法、回归模型、机器学习法等。植被指数法主要是通过对各像元中植被类型及分布特征的分析，建立植被指数与植被覆盖度的转换关系。采用归一化植被指数（NDVI）估算植被覆盖度的方法如下：

$$\text{FVC} = (\text{NDVI} - \text{NDVI}_s) / (\text{NDVI}_v - \text{NDVI}_s) \qquad (10\text{-}5)$$

式中：FVC 为所计算像元的植被覆盖度；NDVI 为所计算像元的 NDVI 值；NDVI_v 为纯植物像元的 NDVI 值；NDVI_s 为完全无植被覆盖像元的 NDVI 值。

（2）生物量

生物量是指一定地段面积内某个时期生存着的活有机体的重量。不同生态系统的生物量测定方法不同，可采用实测与估算相结合的方法进行测定。地上生物量估算可采用植被指数法、异速生长方程法等方法进行计算。植被指数的生物量统计法通过实地测量的生物量数据和遥感植被指数建立统计模型，在遥感数据的基础上反演得到评价区域的生物量。

（3）生产力

生产力是生态系统的生物生产能力，反映生产有机质或积累能量的速率。群落（或生态系统）初级生产力是单位面积、单位时间群落（或生态系统）中植物利用太阳能固定的能量或生产的有机质的量。净初级生产力（NPP）是从固定的总能量或产生的有机质总量中减去植物呼吸所消耗的量，直接反映了植被群落在自然环境条件下的生产能力，表征陆地生态系统的质量状况。NPP 可利用统计模型（如 Miami 模型）、过程模型（如 BIOME-BGC 模型、BEPS 模型）和光能利用率模型（如 CASA 模型）进行计算。根据区域植被特点和数据基础确定具体方法。通过 CASA 模型计算净初级生产力的公式如下：

$$NPP(x,t) = APAR(x,t) \times \varepsilon(x,t) \tag{10-6}$$

式中：NPP 为净初级生产力；APAR 为植被所吸收的光合有效辐射；ε 为光能转化率；t 为时间；x 为空间位置。

（4）生物完整性指数

生物完整性指数（index of biotic integrity，IBI）已被广泛应用于河流、湖泊、沼泽、海岸滩涂、水库等生态系统健康状况评价，指示生物类群也由最初的鱼类扩展到底栖动物、着生藻类、维管植物、两栖动物和鸟类等。生物完整性指数评价的工作步骤如下：①结合工程影响特点和所在区域水生态系统特征，选择指示物种；②根据指示物种种群特征，在指标库中确定指示物种状况参数指标；③选择参考点（未开发建设、未受干扰的点或受干扰极小的点）和干扰点（已开发建设、受干扰的点），采集参数指标数据，通过对参数指标值的分布范围分析、判别能力分析（敏感性分析）和相关关系分析，建立评价指标体系；④确定每种参数指标值及生物完整性指数的计算方法，分别计算参考点和干扰点的指数值；⑤建立生物完整性指数的评分标准；⑥评价项目建设前所在区域的水生态系统状况，预测分析项目建设后水生态系统的变化情况。

（5）生态系统功能评价

根据生态系统类型选择适用指标。

9. 景观生态学评价方法

景观生态学主要研究宏观尺度上景观类型的空间格局和生态过程的相互作用及其动态变化特征。景观格局是指大小和形状不一的景观斑块在空间上的排列，是各种生态过程在不同尺度上综合作用的结果。景观格局变化对生物多样性产生直接而强烈的影响，其主要原因是生境丧失和破碎化。景观变化的分析方法主要有 3 种：定性描述法、景观生态图叠置法和景观动态的定量化分析法。目前较常用的方法是景观动态的定量化分析法，主要是对收集的景观数据进行解译或数字化处理，建立景观类型图，通过计算景观格局指数或建立动态模型对景观面积变化和景观类型转化等进行分析，揭示景观的空间配置及格局动态变化趋势。景观指数是能够反映景观格局特征的定量化指标，分为 3 个级别，代表 3 种不同的应用尺度，即斑块级别指数、斑块类型级别指数和景观级别指数，可根据需要选取相应的指标，采用 FRAGSTATS 等景观格局分析软件进行计算分析。涉及显著改变土地利用类型的矿山开采、大规模的农林业开发，以及大中型的水利水电建设项目等可采用该方法对景观格局的现状及变化进行评价，公路、铁路等线性工程造成的生境破碎化等累积生态影响也可采用该方法进行评价。

10. 生境评价方法

物种分布模型（species distribution models，SDMs）是基于物种分布信息和对应的环境变量数据对物种潜在分布区进行预测的模型，广泛应用于濒危物种保护、保护区规划、入侵物种控制及气候变化对生物分布区影响预测等领域。目前已发展了多种的预测模型，每种模型因其原理、算法不同而各有优势和局限，预测表现也存在差异。其中，基于最大熵理论建立的最大熵模型（maximum entropy model，MaxEnt），可以在分布点相对较少的情况下获得较好的预测结果，是目前使用频率最多的物种分布模型之一。基于 MaxEnt 模型开展生境评价的工作步骤如下：①通过近年文献记录、现场调查收集物种分布点数据，并进行数据筛选；将分布点的经纬度数据在 Excel 表格中汇总，统一为十进制的格式，保存用于 MaxEnt 模型计算。②选取环境变量数据以表现栖息生境的生物气候特征、地形特征、植被特征和人为影响程度，在 ArcGIS 软件中将环境变量统一边界和坐标系，并重采样为同一分辨率。③使用 MaxEnt 软件建立物种分布模型，以受试者工作特征曲线下面积（area under the receiving operator curve，AUC）评价模型优劣；采用刀切法检验各个环境变量的相对贡献。根据模型标准及图层栅格出现概率重分类，确定生境适宜性分级指数范围。④将结果文件导入 ArcGIS，获得物种适宜生境分布图，叠加建设项目，分析对物种分布的影响。

（四）生态环境影响评价图件规范与要求

生态环境影响评价图件是指以图形、图像的形式对生态环境影响评价有关空间内容的描述、表达或定量分析。生态影响评价图件是生态影响评价报告的必要组成内容，是评价的主要依据和成果的重要表示形式，也是指导生态保护措施设计的重要依据。

1. 一般原则

根据评价等级中对应的要求进行生态环境影响评价图件的绘制。表达地理空间信息的地图应遵循有效、实用、规范的原则，根据评价工作等级和成图范围，以及所表达的主题内容选择适当的成图精度和图件构成，充分反映出评价项目、生态因子构成、空间分布，以及评价项目与影响区域生态系统的空间作用关系、途径或规模。

2. 数据来源与要求

生态影响评价图件的基础数据来源包括已有的图件资料、采样、实验、地面勘测和遥感信息等。图件基础数据应满足生态影响评价的时效性要求，选择与评价基准时段相匹配的数据源。当图件主题内容无显著变化时，制图数据源的时效性要求可在无显著变化期内适当放宽，但必须经过现场勘验校核。

3. 制图与成图精度要求

生态影响评价制图应采用标准地形图作为工作底图，精度不低于工程设计的制图精度，比例尺一般在 1：50 000 以上。调查样方、样线、点位、断面等布设图、生态监测布点图、生态保护措施平面布置图、生态保护措施设计图等应结合实际情况选择适宜的比例尺，一般为 1：10 000～1：2 000。当工作底图的精度不满足评价要求时，应开展针对性的测绘工作。生态影响评价成图应能准确、清晰地反映评价主题内容，满足生态影响判别和生态保护措施的实施。当成图范围过大时，可采用点线面相结合的方式，分幅成图；涉及生态敏感区时，应分幅单独成图。生态影响评价图件内容要求如表 10-8 所示。

表 10-8　生态影响评价图件内容要求

图件名称	图件内容要求
项目地理位置图	项目位于区域或流域的相对位置
地表水系图	项目涉及的地表水系分布情况，标明干流及主要支流
项目总平面布置图及施工总布置图	各工程内容的平面布置及施工布置情况
线性工程平纵断面图	线路走向、工程形式等
土地利用现状图	评价范围内的土地利用类型及分布情况，采用土地利用分类体系，以二级类型作为基础制图单位

图件名称	图件内容要求
植被类型图	评价范围内的植被类型及分布情况，以植物群落调查成果作为基础制图单位。植被遥感制图应结合工作底图精度选择适宜分辨率的遥感数据，必要时应采用高分辨率遥感数据。山地植被还应完成典型剖面植被示意图
植被覆盖度空间分布图	评价范围内的植被状况，基于遥感数据并采用归一化植被指数（NDVI）估算得到的植被覆盖度空间分布情况
生态系统类型图	评价范围内的生态系统类型分布情况，采用《全国生态状况调查评估技术规范——生态系统遥感解译与野外核查》（HJ 1166—2021）生态系统分类体系，以Ⅱ级类型作为基础制图单位
生态保护目标空间分布图	项目与生态保护目标的空间位置关系。针对重要物种、生态敏感区等不同的生态保护目标，生态保护目标空间分布图应分别成图，生态敏感区分布图应在行政主管部门公布的功能分区图上叠加工程要素，当不同生态敏感区重叠时，应通过不同边界线型加以区分
物种迁徙、洄游路线图	物种迁徙、洄游的路线、方向以及时间
物种适宜生境分布图	通过模型预测得到的物种分布图，以不同色彩表示不同适宜性等级的生境空间分布范围
调查样方、样线、点位、断面等布设图	调查样方、样线、点位、断面等布设位置，在不同海拔布设的样方、样线等，应说明其海拔
生态监测布点图	生态监测点位布置情况
生态保护措施平面布置图	主要生态保护措施的空间位置
生态保护措施设计图	典型生态保护措施的设计方案及主要设计参数等信息

4. 图件编制规范要求

生态影响评价图件应符合专题地图制图的规范要求，图面内容包括主图以及图名、图例、比例尺、方向标、注记、制图数据源（调查数据、实验数据、遥感信息数据、预测数据或其他）、成图时间等辅助要素。图面配置应在科学性、美观性、清晰性等方面相互协调。良好的图面配置总体效果包括符号及图形的清晰与易读、整体图面的视觉对比度强、图形突出于背景、图形的视觉平衡效果好、图面设计的层次结构合理。

三、环境保护目标的确定

（一）敏感保护区的确定

在环境影响评价中，敏感保护目标常作为评价的重点，也是衡量评价工作是否深入或是否完成任务的标志。敏感保护目标概括一切重要的、值得保护或需要保护的目标，其中最主要的是法规已明确其保护地位的目标（表 10-9）。建设项目所处环境的敏感性质和敏感程度，是确定建设项目环境影响评价类别的重要依据。

表 10-9　我国法律确定的保护目标

保护目标	法律依据
具有代表性的各种类型的自然生态系统区域	《中华人民共和国环境保护法》
珍稀、濒危的野生动植物自然分布区域	《中华人民共和国环境保护法》
重要的水源涵养区域	《中华人民共和国环境保护法》
具有重大科学文化价值的地质构造、著名溶洞和化石分布区、冰川、火山、温泉等自然遗迹	《中华人民共和国环境保护法》
人文遗迹、古树名木	《中华人民共和国环境保护法》
风景名胜区、自然保护区等	《中华人民共和国环境保护法》
自然景观	《中华人民共和国环境保护法》
海洋特别保护区、海上自然保护区、滨海风景游览区	《中华人民共和国海洋环境保护法》
水产资源、水产养殖场、鱼蟹洄游通道	《中华人民共和国海洋环境保护法》
海涂、海岸防护林、风景林、风景石、红树林、珊瑚礁	《中华人民共和国海洋环境保护法》
水土资源、植被、荒（坡）地	《中华人民共和国水土保持法》
崩塌滑坡危险区、泥石流易发区	《中华人民共和国水土保持法》
耕地、基本农田保护区	《中华人民共和国土地管理法》

涉及环境敏感区的建设项目，应当严格按照本名录确定其环境影响评价类别，不得擅自提高或者降低环境影响评价类别。环境影响评价文件应当就该项目对环境敏感区的影响作重点分析。2021 年 1 月 1 日起施行的《建设项目环境影响评价分类管理名录（2021 年版）》明确指出应将一些地区确定为环境敏感区，并作为建设项目环境保护管理级别分类的重要依据。环境敏感区包括以下区域：

1）国家公园、自然保护区、风景名胜区、世界文化和自然遗产地、海洋特别保护区、饮用水水源保护区。

2）除 1）外的生态保护红线管控范围、永久基本农田、基本草原、自然公园（森林公园、地质公园、海洋公园等）、重要湿地、天然林、重点保护野生动物栖息地、重点保护野生植物生长繁殖地、重要水生生物的自然产卵场、索饵场、越冬场和洄游通道、天然渔场、水土流失重点预防区和重点治理区、沙化土地封禁保护区、封闭及半封闭海域。

3）以居住、医疗卫生、文化教育、科研、行政办公等为主要功能的区域和文物保护单位。

（二）一般敏感保护目标的确定

环境影响评价中，除进行依法评价，贯彻执行法规规定之外，很重要的一个评价任务是进行科学性评价，即评价建设项目的布局或生产建设行为的环境合理性。从"以人为本"和可持续发展出发，保护那些对人类长远的生存与发展具有重大意义的环境事物（敏感保护目标），是评价中最应关注的问题。一般敏感保护目标是根据下述指标判别的。

1）具有生态学意义的保护目标。主要有具有代表性的生态系统，如湿地、海涂、红树林、珊瑚礁、原始森林、天然林、热带雨林、荒野地等生物多样较高的和具有区域代表性的生态系统；重要保护生物及其生境，包括列入国家级和省级一级、二级保护名录的动植物及其生境；列入红皮书的珍稀濒危动植物及其生境，地方特有的和土著的动植物及其生境，以及具有重要经济价值和社会价值的动植物及其生境；重要渔场及鱼类产卵场、索饵场，越冬地及洄游通道等；自然保护区、自然保护地、种质资源保护地等。

2）具有美学意义的保护目标。主要有风景名胜区、森林公园及旅游度假区；具有特色的自然景观、人文景观、古树名木、风景林、风景石等。

3）具有科学文化意义的保护目标。主要有具有科学文化价值的地质构造、著名溶洞和化石分布区，以及冰川、火山和温泉等自然遗迹，贝壳堤等罕见自然事物；具有地理和社会意义的地貌地物，如分水岭、省、市界等地理标志物。

4）具有经济价值的保护目标。如水资源和水源涵养区，耕地和基本农田保护区，水产资源、养殖场及其他具有经济学意义自然资源。

5）重要生态功能区和具有社会安全意义的保护目标。主要有重要生态功能区，如江河源头区、洪水蓄泄区，水源涵养区、防风固沙保护区、水土保持重点区、重要渔业水域等；灾害易发区，如崩塌、滑坡、泥石流区（地质灾害易发区）高山、峡谷陡坡区等。

6）生态脆弱区。主要包括处于剧烈退化中的生态系统，如沙尘暴源区、严重和剧烈沙漠化区，强烈和剧烈水土流失区和石漠化地区；处于交界地带的区域，如水陆交界之海岸、河岸、湖岸、岸区，处于山地平原交界处之山麓地带等；处于过渡的区域，如农牧交错带、绿洲外围带等。生态脆弱区具有容易破坏又不容易恢复的特点，因而应作为环境影响评价中特别关注的保护目标。

7）人类建立的各种具有生态环境保护意义的对象。如植物园、动物园、珍稀濒危生物保护繁殖基地、种子基地、森林公园、城市公园与绿地、生态示范区、天然林保护区等。

8）环境质量急剧退化或环境质量已达不到环境功能区划要求的地域、水域。

9）人类社会特别关注的保护对象。如学校（关注青少年）、医院（关注体弱多病的脆弱人群）、科研文教区，以及集中居民区等。

四、生态保护对策措施

（一）总体要求

1）应针对生态影响的对象、范围、时段、程度，提出避让、减缓、修复、补偿、管理、监测、科研等对策措施，分析措施的技术可行性、经济合理性、运行稳定性、生态保护和修复效果的可达性，选择技术先进、经济合理、便于实施、运行稳定、长期有效的措施，明确措施的内容、设施的规模及工艺、实施位置和时间、责任主体、实施保障、实施效果等，编制生态保护措施平面布置图、生态保护措施设计图，并估算（概算）生态保护投资量。

2）优先采取避让方案，在源头上防止生态破坏，包括通过选址选线调整或局部方案优化避让生态敏感区，施工作业避让重要物种的繁殖期、越冬期、迁徙洄游期等关键活动期和特别保护期，取消或调整产生显著不利影响的工程内容和施工方式等，以及优先采用生态友好的工程建设技术、工艺及材料等。

3）坚持"山水林田湖草沙"一体化保护和系统治理的思路，提出生态保护对策措施。必要时开展专题研究和设计，确保生态保护措施有效。坚持尊重自然、顺应自然、保护自然的理念，采取自然的恢复措施或绿色修复工艺，避免生态保护措施自身的不利影响。不应采取违背自然规律的措施，切实保护生物多样性。

（二）生态保护措施

1）项目施工前应对工程占用区域可利用的表土进行剥离，单独堆存，加强表土堆存防护及管理，确保有效回用。施工过程中，采取绿色施工工艺，减少地表开挖，合理设计高陡边坡支挡、加固措施，减少对脆弱生态的扰动。

2）项目建设造成地表植被破坏的，应提出生态修复措施，充分考虑自然生态条件，因地制宜，制定生态修复方案，优先使用原生表土和选用乡土物种，防止外来生物入侵，构建与周边生态环境相协调的植物群落，最终形成可自我维持的生态系统。生态修复的目标主要包括：恢复植被和土壤，保证一定的植被覆盖度和土壤肥力；维持物种种类和组成，保护生物多样性；实现生物群落的恢复，提高生态系统的生产力和自我维持力；维持生境的连通性等。生态修复应综合考虑物理（非生物）方法、生物方法和管理措施，结合项目施工工期、扰动范围，有条件的可提出"边施工、边修复"的措施要求。

3）尽量减少对动植物的伤害和对生境的占用。项目建设对重点保护野生植物、特有植物、古树名木等造成不利影响的，应提出优化工程布置或设计、就地或迁地保护、加强观测等措施，具备移栽条件、长势较好的尽量全部移栽。项目建设对重点保护野生动物、特有动物及其生境造成不利影响的，应提出优化工程施工方案、运行方式，实施物种救护，划定生境保护区域，开展生境保护和修复，构建活动廊道或建设食源地等措施。采取增殖放流、人工繁育等措施恢复受损的重要生物资源。项目建设产生阻隔影响的，应提出减缓阻隔、恢复生境连通的措施，如野生动物通道、过鱼设施等。项目建设和运行噪声、灯光等对动物造成不利影响的，应提出优化工程施工方案、设计方案或降噪遮光等防护措施。

4）矿山开采项目还应采取保护性开采技术或其他措施控制沉陷深度和保护地下水的生态功能。水利水电项目还应结合工程实施前后的水文情势变化情况、已批复的所在河流生态流量（水量）管理与调度方案等相关要求，确定合适的生态流量，具备调蓄能力且有生态需求的，应提出生态调度方案。涉及河流、湖泊或海域治理的，应尽量塑造近自然水域形态、底质、亲水岸线，尽量避免采取完全硬化措施。

（三）生态监测和环境管理

1）结合项目规模、生态影响特点及所在区域的生态敏感性，应有针对性地提出全生命周期、长期跟踪或常规的生态监测计划，以及必要的科技支撑方案。大中型水利水电项目、采掘类项目、新建 100 km 以上的高速公路及铁路项目、大型海上机场项目等应开展全生命周期生态监测；新建 50～100 km 的高速公路及铁路项目、新建码头项目、高等级航道项目、围填海项目，以及占用或穿（跨）越生态敏感区的其他项目应开展长期跟踪生态监测（自施工期开始并延续至正式投运后的 5～10 年），其他项目可根据情况开展常规生态监测。

2）生态监测计划应明确监测因子、方法、频次、点位等。开展全生命周期和长期跟踪生态监测的项目，其监测点位以代表性为原则，在生态敏感区可适当增加调查密度、频次。

3）施工期重点监测施工活动干扰下生态保护目标的受影响状况，如植物群落变化、重要物种的活动、分布变化、生境质量变化等，运行期重点监测对生态保护目标的实际影响、生态保护对策措施的有效性及生态修复效果等。有条件或有必要的，可开展生物多样性监测。

4）明确施工期和运行期环境管理原则与技术要求。可提出开展施工期工程环境监理、环境影响后评价等环境管理和技术要求。

五、生态影响评价结论

对生态现状、生态影响预测与评价结果、生态保护对策措施等内容进行概括总结，从生态影响角度明确建设项目是否可行。

六、生态影响评价自查表

生态影响评价完成后，应对生态影响评价主要内容与结论进行自查。

七、案例

（一）项目名称

某铁矿采矿工程项目生态影响评价。

（二）工程概况

1．现有采区概况

矿山为有证矿山，矿区中心地理坐标：×××。矿区范围由 1～6 号 6 个拐点圈定。开采深度 870～450 m 标高。矿区内共圈定 6 条铁矿体，编号分别为 Fe1 号、Fe2 号、Fe3 号、Fe1-1 号、Fe1-2 号和 Fe4 号，其中 Fe1-2 号矿体已采空；Fe4 号矿体没有进行过开采。根据现状调查，采空区目前较为稳定，未发生采空塌陷等地质灾害。

依据矿山资源储量核实报告，截至 2018 年 6 月 30 日，矿山累计动用储量 3 959 kt，其中采出量 3 563 kt，损失量 396 kt，平均品位 TFe 33.28%，MFe 25.14%。采矿回采率 90%，损失率 10%，贫化率 10%。

2．现有工程基本情况

某铁矿现有工程项目组成如表 10-10 所示。

表 10-10　现有工程项目组成表

名称			组成情况
企业名称			×××铁矿
建设地点			×××
矿区范围			矿区面积为 2.143 km²；开采深度 870～450 m
建设规模			20×10⁴ t/a
生产工艺			地下开采
主体工程	Fe1 号、Fe2 号矿体开采系统	开拓方案	Fe1 号、Fe2 号矿体采用联合开拓。采用平硐及平硐—斜坡道联合开拓方式
		开采中段	Fe1 号矿体利用巷道 799 m、752 m、729 m、708 m、690 m、671 m、656 m、641 m、617 m、605 m、593 m、580 m、568 m、555 m、542 m、488 m 中段进行开采。截至×××1～4 号勘查线间和 5 线至矿界间 542 m 水平以上已采空。动用储量 1 591.08 kt。 Fe1-2 号矿体利用巷道 630 m、595 m 中段进行开采。截至×××该矿体已采空。动用储量 320.87 kt。 Fe2 号矿体利用巷道 820 m、757 m、739 m、710 m、675 m、659 m、641 m、617 m、593 m、580 m、568 m、555 m、542 m、488 m 中段进行开采。截至××× 1～4 号勘查线间的 542 m 水平以上和 3～7 号勘查线间的 710 m 水平以上已采空。动用储量 257.14 kt。 Fe3 号矿体利用巷道 559 m、542 m 中段进行开采。截至××× 8～10 号勘查线间的 559 m 水平以上已采空，542 m 水平以上 10 线两侧已采空。该矿体 2008 年以前为民采，核实报告未统计动用储量
		井硐设置	矿区现状形成 2 个竖井、4 个斜坡道、26 个平硐及中段巷道。竖井 SJ1 已不再使用，予以封闭，竖井 SJ2 设计在 Fe1、Fe2 号矿体 542 m 水平以下资源开采时予以利用。斜坡道 2 设计不再使用，予以封闭；斜坡道 1、斜坡道 3、斜坡道 4 设计予以利用。原有平硐 1～平硐 18 已废弃并进行封闭；631 m 水平平硐（平硐 21）设计不再使用，予以封闭。690 m 水平平硐（平硐 19）、677 m 水平平硐（平硐 20）、542 m 水平平硐（平硐 22、平硐 23）设计予以利用。平硐 31、平硐 32、平硐 33，均不再利用，予以封闭
		项目场地	目前共形成 3 处工业场地，SJ1 井口场地、PD20 硐口场地和工业广场
辅助工程	矿区道路		矿区范围内现有道路约 4 700 m
	办公室		形成生活办公区两处，办公Ⅰ区位于矿区范围内，平硐 23 北部，布置有矿山生产职工宿舍及办公室。办公Ⅱ区为公司所在地，位于矿区范围外，设有职工活动中心、职工宿舍、职工餐厅、车库、办公室等

3．现有工程井硐设置

矿山目前形成的井巷及地表工程如下。

Fe1 号、Fe2 号矿体开拓方式采用平硐—斜坡道—盲竖井开拓，形成 1 个竖井（竖井 SJ1）、4 个斜坡道、23 个平硐（平硐 1～平硐 23）及中段巷道。原有平硐 1～平硐 18 已废弃并进行封闭；631 m 水平平硐（平硐 21）设计不再使用，予以封闭。690 m 水平平硐（平硐 19）、677 m 水平平硐（平硐 20）、542 m 水平平硐（平硐 22、平硐 23）设计予以利用。Fe3 号矿体采用平硐开采，形成 3 个平硐（平硐 31、平硐 32、平硐 33）和 559 m、542 m、527 m 水平沿脉巷道。平硐 31、平硐 32 和 559 m、542 m、527 m 水平沿脉巷道均不再利用，予以封闭，平硐 33 予以利用。

Fe4 号矿体没有进行开采。矿山现有井硐及处置措施情况如表 10-11 所示。

表 10-11　矿山现有井硐及处置措施一览表

序号	所属系统	名称	位置	处置措施
1		平硐 1～平硐 4、平硐 6～平硐 15、平硐 17～平硐 18	位于露天采场 Ⅰ 内	封闭
2		平硐 19～平硐 20	位于露天采场 Ⅰ 内	利用
3	Fe1 号、Fe2 号矿体	平硐 21	位于露天采场 Ⅰ 内	封闭
4		平硐 22～平硐 23	工业广场	利用
5		竖井 SJ1	位于露天采场 Ⅰ 内	封闭
6		斜坡道 1、斜坡道 3、斜坡道 4		利用
7		斜坡道 2	位于露天采场 Ⅰ 内	封闭
8		平硐 31	位于露天采场 Ⅲ 内	封闭
9	Fe3 号矿体	平硐 32	位于露天采场 Ⅲ 内	封闭
10		平硐 33	位于露天采场 Ⅲ 内	利旧

（三）环境影响要素识别及评价因子筛选

1．环境影响要素识别

根据建设项目的性质，结合当地的社会经济和生态环境特点，以及建设地区的环境状况，采用矩阵法对可能受该项目影响的环境因素进行识别，其结果如表 10-12 所示。

表 10-12 生态影响因素识别表

时段	类别	生态环境			
		土地利用	动植物	水土流失	景观
建设期	井下基建施工				
	地表土建施工	−2C	−1C	−1C	−2C
	道路建设	−2C	−1C	−1C	−2C
运营期	井下开采			−1C	
	矿石运输		−1C		−2C
	矿石、废石暂存		−1C	−1C	−2C
闭矿期	生态恢复	+2C	+1C	+1C	+2C

注：1. 表中"+"表示正面影响，"−"表示负面影响；
  2. 表中数字表示影响的相对程度，"1"表示影响较小，"2"表示影响中等；
  3. 表中"C"表示长期影响。

项目建设对环境的影响是多方面的，既存在短期、局部及可恢复的负影响，也存在长期的或正或负的影响。

施工期主要为井硐开拓，地表土建施工等，矿区地表建筑施工建设对自然环境要素及生态环境产生一定程度的负面影响，主要环境影响因素为土地利用、植被、水土流失和景观等生态环境，施工建设对环境空气环境、声环境和土壤环境影响是局部的、短期的，且影响较小。

运营期井下开采、废石或矿石临时堆存、转运等将对环境空气、地下水、声环境、生态环境产生不同程度负面影响，但通过采取有效的污染控制措施，可以减轻项目实施对矿区范围内及周边自然环境和生态环境的影响。

闭矿期通过对矿区生态环境进行治理及恢复，使区域受影响的生态环境得到一定的补偿和恢复。

2．评价因子筛选

根据拟建公路工程及公路沿线环境特征，筛选出的各环境要素的主要评价因子生态环境影响，即公路建设对土地利用、泄洪、水土流失、动物、农作物等人工植被和自然植被的影响（表 10-13）。

表 10-13 评价因子一览表

环境要素	评价类别		评价因子
生态环境	施工期	影响分析	物种分布范围、种群数量、种群结构、行为 物种组成、群落结构 和植被覆盖度、生物量、生态系统功能 生物多样性
	运营期	现状调查与评价	植被类型、群落结构、动物物种组成、生态系统类型、重要物种；主要生态问题
		运营期影响评价	植被类型、物种组成、群落结构、生境面积、植被覆盖度、生态系统功能
	闭矿期	影响评价	生境面积、生态系统功能

（四）评价范围、评价预测年限及评价工作等级

1. 评价范围

矿山开采项目评价范围应涵盖开采区及其影响范围、各类场地及运输系统占地，以及施工临时占地范围等。本次评价综合考虑开采区范围、采空塌陷区范围（根据矿山地质环境保护与恢复治理方案中范围确定），涵盖各工业场地、矿石外运道路占地等，确定评价范围为矿区外扩 1 000 m 范围及外运道路中心线向两侧外延 300 m 范围，总面积约 1 212.45 hm^2。

2. 评价工作等级

本项目不涉及国家公园、自然保护区、世界自然遗产、重要生境、自然公园、生态保护红线；地表水影响不属于水文因素影响型且评价等级为三级；地下水水位或土壤影响范围不涉及天然林、公益林、湿地等生态保护目标；工程占地规模为 0.06 km^2，小于 20 km^2。根据《环境影响评价技术导则 生态影响》（HJ 19—2022）相关判定要求，本项目的生态评价等级为三级。同时，本项目为矿山开采项目，工业场地及运输系统占地可能导致矿区土地利用类型明显改变，评价工作等级应上调一级，因此，综合判定本项目生态环境影响评价工作等级为二级。

3. 环境保护目标

根据工程性质及周围环境特征，保护目标及保护级别（表略），项目不侵占自然保护地、生态保护红线、世界自然遗产等法定生态敏感区；有省重点保护野生动物红嘴蓝鹊、喜鹊、灰喜鹊。有《国家重点保护野生动物名录（2021 年版）》

中国家二级重点保护野生动物长耳鸮、红脚隼。重要物种生境影响情况：生境不丧失，动物繁殖、栖息不受明显影响。生态空间情况：评价区内林地、草地等自然资源不会遭到明显破坏和减少。

（五）生态现状调查与评价

1. 项目所在区域现状

项目矿区东、南、北三面环山，矿区西部为某铁矿加马石采区，边界最近距离为 13 m。评价区域内无国家及省级自然保护区，无世界文化和自然遗产地，无饮用水水源保护区。

项目所在区域地处华北地区北缘冀北山地，燕山东段燕中地区，属于内蒙古东部高原、丘陵与华北地区北缘冀北山地衔接交汇地带，也是南部山区沉陷带与北部侵蚀陆隆、堆积陆相地层的过渡带。地貌呈中山、低山、丘陵、河谷平地相间分布，山岭重重，高低起伏，沟谷纵横交错的特征。地形四周高、中间低，地势由西北向东南倾斜。山地地貌可划分为中山区、中低山区、低山区、丘陵区和河谷川地区 5 种，以河谷川地和低山丘陵为主。本项目周围地形地貌类型主要为中低山丘陵区。

项目区属于中温带向暖温带过渡、半干旱间半湿润大陆性季风型燕山山地气候，四季分明、冬长夏短。滦平县属华北植物区系，植被类型属中国东部湿润森林区温湿带半旱生落叶、阔叶林和灌丛草原亚带、冀北山地栎林油松和亚高山针叶林。林木类有松、杨、柳、榆、槐、桦、枫等 30 余种；灌木类有山杏、山枣等 10 余种；药用植物类 236 种；其他植物 50 多科、百余种。动物地理区划属于古北界华北区，并与东北区、蒙新区邻近。小型兽类动物有十几种，大型食草动物有狍子及稀少的斑羚（青羊），食肉动物有狐、山狸子等。禽类 60 余种，野生鱼类 9 种，两栖动物 6 种，爬行动物 15 种，节肢动物、软体动物和环节动物 30 余种。

2. 生态敏感区调查

项目周边的生态敏感区包括×××生态保护红线（燕山水源涵养、生物多样性维护生态保护红线）和×××省级自然保护区。

（1）×××生态保护红线

评价区涉及×××生态保护红线（燕山水源涵养、生物多样性维护生态保护红线）。

1）分布范围

生态保护红线主要分布于×××。生态保护红线面积为 22 579 km^2，占全省陆域面积的 11.97%。

2）生态系统类型及生态功能

区域内以森林生态系统为主，植被覆盖率高，降水条件好，河流水系发达，是×××三大水系的主要发源地，有×××等水库，是×××三大城市重要水源地，具有重要的水源涵养功能。区域内物种丰富，植被保护良好，为大量生物提供了栖息地，保护了物种的完整性，具有较强的生物多样性维护功能。

3）保护重点

主要保护森林生态系统，以及珍稀野生动植物栖息地与集中分布区。

4）项目与生态保护红线区位关系

经与×××生态保护红线对比，矿区范围不侵占生态保护红线。矿区边界距离生态保护红线最近处 40 m，矿区采空区边界距离生态保护红线最近处 240 m，矿区工业场地距离保护红线最近处 1 200 m。

（2）×××省级自然保护区

×××省级自然保护区是 2007 年 10 月 25 日省政府批准正式建立的，位于×××，分为核心区、缓冲区、实验区 3 个功能区。×××自然保护区属于暖温带落叶阔叶林地带，以落叶阔叶林植被类型为主，主要植被类型包括华北落叶松林、油松林、白桦林、山杨林、蒙古栎林、核桃楸林、山杏灌丛、绣线菊灌丛、平榛灌丛、照山白灌丛和杂类草草甸等。本项目距离河北省白草洼自然保护区 20 km。

3. 生态现状调查与评价

（1）现状调查内容及方法

1）基础资料收集

收集整理项目区域及邻近地区的相关自然地理资料如气候、地形地貌、土壤、动植物资源及现有生物多样性资料，在综合分析现有资料的基础上，确定生态调查范围、生态调查路线、生态监测布点。

2）"3S"制图

生态环境现状遥感信息提取将以 2019 年高分辨率卫星影像作为主要数据源进行评价范围内土地利用/土地覆被现状解析（包括数据几何校正、地表覆盖分类判读等）。根据评价区生态环境特征，结合遥感手段的优势，对构成生态环境的某一专题要素进行信息提取，分析其现状、变化及趋势。结合地面的 GPS 样点和等高线、坡度、坡向等信息，对植被图进行目视解译校正，得到符合精度要求的植被图。在植被图的基础上，进一步合并有关地面类型，得到土地利用现状类型图。通过实地勘察、遥感图像解译、室内分析，并结合收集的资料进行综合分析，得到评价区内生态环境研究所需的相关数据和生态图件。

3）现场调查

根据项目特点，本次生态环境现状调查路线和生态调查对象以评价区内工业场地及周边地区尤其是新增工业场地为重点。

①植被和陆生植物调查

在对评价区陆生生物资源历年资料检索分析的基础上，根据工程方案确定调查路线及调查时间，进行现场调查。实地调查采取样线调查与样方调查相结合的方法，确定评价区的植物种类、植被类型等，对珍稀濒危植物调查采取野外调查、民间访问和市场调查相结合的方法进行。对有疑问的植物和经济植物采集凭证标本并拍摄照片。

调查采用典型样方法进行，乔木林样方面积为 20 m×20 m，灌丛样方面积为 5 m×5 m，草丛样方面积为 1 m×1 m。调查时记录样方内的所有植物种类，并利用 GPS 确定样方位置。调查点位分布在工程不同区域，重点设置在工程直接影响区及新增工业场地周边。本次植物样方调查分别在 2021 年 6 月 5—7 日和 2022 年 7 月 11—12 日开展，共选择了 12 个样方进行重点调查，所选取群系均为评价区内分布较普遍、较典型的类型，样方调查点位设置兼具代表性和重要性的原则（样点详细信息略）。

GPS 样点是卫星遥感影像判读各种景观类型的基础，根据室内判读的植被与土地利用类型初图，现场踏勘核实正误率。每个 GPS 取样点作如下记录：海拔表读出测点的海拔值和经纬度；记录样点植被类型，以群系为单位，同时记录坡向、坡度、土壤类型；记录样点优势植物；拍摄典型植被外貌与结构特征。

调查各植物群落的物种组成、结构、盖度、高度、多样性指数等群落特征及评价范围内重点保护和珍稀野生动植物种的种类数量、分布位置等。

②动物调查

依据评价区近期野生动植物调查成果资料，采取样线法和走访调查相结合的方法，分别于 2020 年 6 月 5—7 日、2020 年 9 月 1—3 日、2020 年 12 月 8—10 日、2021 年 3 月 29—30 日，对评价范围内动物展开调查。

样线法：根据项目特点，随机布设一定数量的样线，调查一定宽度内的动物种类、数量、分布，进而推算评价范围内的动物情况。

走访调查：在较短时间内用常规调查方法很难发现动物实体时，通过访问居民、林草部门人员等知情人，向其出示动物图片或说明主要鉴别特征、生活习性等，了解近几年区域内发现的动物种类、地点及相关数量，并根据近几年的目击次数、只数，发现的足迹、粪便、食迹等情况，估计动物种类、数量。

根据资料可知，评价区生境类型大致分为乔木林、灌草丛两种，兼顾植被调查点位，每种生境设置调查样线 3 条，共设置 6 条样线（样线布设信息略）。

4）生态系统类型调查

本次评价采取遥感调查与现场调查相结合的方法。根据生态系统等级性、植被气候的一致性和河北的实际情况，参考《全国生态状况调查评估技术规范——生态系统服务功能评估》（HJ 1173—2021）中生态系统分类系统，通过调查可知评价区生态系统包括森林生态系统、草地生态系统、城镇生态系统（表 10-14）。

表 10-14　评价区生态系统类型

序号	生态系统类型	分布区域	面积/hm²	比例/%
1	森林生态系统	评价区广泛分布	882.42	72.78
2	草地生态系统	评价区零散分布	273.85	22.59
3	城镇生态系统	主要分布在评价区中部矿区范围和东南小部分区域	56.18	4.63
		合计	1 212.45	100

矿区所处区域生态系统类型主要为森林生态系统，森林生态系统是评价区最主要的生态系统类型，占评价区总面积的 72.78%，分布广，呈片状连续地分布在评价区内，连通程度高，对评价区区域环境质量起主要动态控制作用。城镇生态系统主要为居住地、工矿交通组成的生态系统，占评价区总面积的 4.63%。

5）土地利用现状调查

①评价区土地利用现状

评价区土地利用现状分类系统按照全国土地利用分类系统标准，采用卫星影像数据，通过 GPS 定位，建立地面解译标志和线路调查等方法，解译遥感影像，按照《土地利用现状分类》（GB/T 21010—2017）中分类系统进行分类编绘土地利用现状图，在 ArcGIS10.2 软件的支持下，进行数据采集、编辑、分析、编绘成图。

在此基础上，分析评价区土地利用现状。

评价区内土地利用类型如表 10-15 所示。

表 10-15 评价区内土地利用类型

土地利用类型		面积/hm²	比例/%
一级类	二级类		
林地	乔木林地	844.32	69.64
	灌木林地	38.10	3.14
草地	其他草地	273.85	22.59
工矿仓储用地	采矿用地	51.20	4.22
住宅用地	农村宅基地	1.78	0.15
交通运输用地	公路用地	3.20	0.26
合计		1 212.45	100

由表 10-15 可知，评价区内土地利用以林地（乔木林地、灌木林地）为主，其次是草地，面积分别为 882.42 hm²、273.85 hm²，占评价区面积比例分别为 72.78%、22.59%。除林地、草地外，评价区土地利用现状类型还包括工矿用地、住宅用地和交通运输用地。

②项目建设区土地利用现状

本项目建设区总占地面积为 61 281 m²。其中，工业广场占地总面积为 11 784 m²，占用 558 m² 灌木林地、4 053 m² 风平硐 1 硐口场地占地总面积为 400 m²，占地类型为有林地；遗留废石堆占地总面积为 5 757 m²，占用 5 144 m² 灌木林地、613 m² 其他林地；道路占地总面积为 43 700 m²，用地类型为农村道路。

6）景观类型调查

评价范围内有山地和山谷地形，包括森林景观、草地景观、聚落景观等（表 10-16）。

表 10-16 评价区景观类型一览表

序号	景观类型	占地面积/hm²	比例/%
1	森林景观	882.42	72.78
2	草地景观	273.85	22.59
3	聚落景观	56.18	4.63
合计		1 212.45	100

7）生产力与生物量调查

①生产力

植被是生态环境中最重要、最敏感的自然要素，对生态系统的变化及稳定起着决定性作用，植被净生产力是指绿色植物在单位面积、单位时间内所累积的有机物数量，单位 $gC/(m^2 \cdot a)$ 表示每年每平方米所生产的有机物质干重，是由光合作用所产生的有机质总量中扣除自养呼吸后的剩余部分，它直接反映植物群落在自然环境条件下的生产能力，也是生态现状质量评价的重要参数。在生态评价范围进行自然体系生产力评价中，数据主要来源于实地勘察、收集的现状资料，并采用了国内关于自然生态系统生产力的研究成果进行分析。

根据调查结合生态评价范围地表植被覆盖现状和植被立地情况，乔木林、草丛是本区天然植被的主要植被类型。其中，针叶林平均净生产力为 382.45 $gC/(m^2 \cdot a)$，阔叶林平均净生产力为 402.56 $gC/(m^2 \cdot a)$，灌木林平均净生产力为 298.47 $gC/(m^2 \cdot a)$，草地平均净生产力为 14.26 $gC/(m^2 \cdot a)$。

各植被类型自然净生产力情况如表 10-17 所示。

表 10-17　评价区植被类型自然净生产力情况

植被类型	面积/hm²	占评价区/%	平均净生产力/ [gC/ (m²·a)]
针叶林	6.53	0.54	382.45
阔叶林	837.79	69.10	402.56
灌丛	38.10	3.14	298.47
草地	273.85	22.59	14.26

注：表中未包括建筑用地面积。

②生物量

根据样方调查和遥感实测相结合，采用模型回归分析估测评价范围不同植被类型生物量。各分量生物量之和即林木生物量的估计值。该方法已成为森林生态系统生物量研究中广泛使用的方法。

本次评价根据样方调查和遥感实测进行分析，评价范围植物的生物量如表 10-18 所示。

表 10-18　评价区生物量、净生产量和植物固碳量

	生态系统	面积/hm²	生物量/(t/hm²)	区域生物量/t	固碳量/[t/(hm²·a)]	区域固碳量/(t/a)	折合成 CO₂ 量/(t/a)
1	针叶林	6.53	20.12	131.38	7.147	46.67	171.12
2	阔叶林	837.79	22.54	18 883.79	2.063	1 728.36	6 337.31
3	灌丛	38.10	15.46	589.03	2.207	84.09	308.33
4	草地	273.85	2.45	670.93	8.079 5	2 212.57	8 112.74
5	合计	1 126.27	—	20 275.13	—	4 071.69	14 929.50

注：表中未包括建筑用地面积。

8）植被和植物多样性调查

①植被类型

项目所在区域在《中国植被》的区划是属于泛北极植物区（1），中国—日本森林植物亚区（1E），华北地区（1En），华北平原地区、山地亚区［1E11（6）］。

区域位于冀东北山区，该地区属于华北植物区系，植被在分区上属于暖温带落叶林区，地带性植被类型为暖温带落叶和针叶林。现有植被类型主要有以下种类。

阔叶落叶林：主要分布在海拔 1 200～1 500 m 以上的山地，山坡阴坡、半阴坡以栎树、槲树、辽东栎、山杨、桦木为主，阳坡、半阳坡以蒙古栎为主。其他植物有榆树、五角枫、蒙椴、糠椴等。成纯林或混交林成片分布，大部分为次生林，作用材和薪炭、涵养水源用。

针叶林：主要分布在海拔 800～1 200 m 的低、中山丘陵的阴坡，在稍湿润、土层较厚的阳坡也有分布，以油松、侧柏、华北落叶松为主，大部分为次生林或人工林。油松分布的面积最广，油松一般高 12～13 m，胸径 9～13 cm，在阴坡生长较好，每 100 m² 约 17 株，郁闭度为 0.3～0.4，林下有油松幼苗，层次明显，灌木层以荆条为主，还有胡枝子、鼠李等，水分较好的阴坡种类较多，有绣线菊、虎榛子、毛榛。

落叶灌丛：大多分布在海拔 500 m 以下的低山丘陵，土壤为淋溶褐土或褐色性土壤，土层浅薄，干旱、砾石多，土壤含水量为 7%～8%，养分中等，主要植物为荆条、酸枣、胡枝子、三桠绣线菊、绒毛绣线菊、榛子、山杏等，覆盖度为 35%～45%，种类为 8～15 种。

灌草丛：分布在海拔 500 m 以下的丘陵、低山地带，土壤为褐色土，土层浅

薄、干旱、含水量为 6%～8%，养分含量较低，植物主要为黄背草、白草、萎陵菜、翻白草、菌陈蒿、酸枣、胡枝子等，覆盖度为 20%～25%，种类为 14～15 种，是荆条、酸枣群落被破坏后演变的阶段，伴生了一些荆条、酸枣、铁杆嵩等。

矿区所处区域生态系统类型主要为森林生态系统。植被主要以油松、荆条、荒草为主，分布在阴坡，海拔为 530～550 m；其次是灌草，分布在坡脚、山腰，以阳坡为主。区内人工林以油松、杨树为主，生态环境较好，植被覆盖率约 80%。

评价区植被类型及面积如表 10-19 所示。

表 10-19　评价区植被类型调查结果统计表

植被类型	分布区域及特点	工程占用情况	
		面积/hm²	比例/%
针叶林	低、中山丘陵的阴坡，以油松、侧柏、华北落叶松为主	6.53	0.54
阔叶林	山坡阴坡、半阴坡以栎树、槲树、辽东栎、山杨、桦木为主，阳坡、半阳坡以蒙古栎为主	837.79	69.10
落叶灌丛	低山丘陵，以酸枣、荆条为主	38.10	3.14
灌草丛	丘陵、低山地带	273.85	22.59
无植被	工矿用地、住宅用地及交通运输用地	56.18	4.63
合计		1 212.45	100

②植被覆盖度

评价范围内的植被覆盖度最低的区间小于 10%，占比为 0.69%；中到高覆盖度植被占比达 93.11%；较低植被覆盖度范围约 75.14 hm²，占比约为 6.2%。可见，评价区植被覆盖情况以中高植度植被覆盖为主，整体植被覆盖度较高。

③植物多样性

为了解评价区植被种类、数量及分布情况，以及影响范围内是否有重点保护植物，项目组于 2021 年 6 月对评价区范围进行植物多样性调查。按照不同群落类型，设置了 12 个样方，其中乔木样方 6 个，灌丛 3 个，草丛 3 个。根据实地踏勘，评价区乔木以蒙古栎、侧柏、山杏、山杨、白榆等为主，灌木以荆条、绣线菊等为主，草本以北方常见菊科蒿类和禾本科杂草为主（样方调查详细情况略）。

④重要物种

根据评价区及周边科考资料，评价区可能存在黄檗、紫椴等国家二级重点保护野生植物，但在实地调查中，项目工业场地占地范围内未发现上述重点保护野生植物。

9）动物多样性调查

评价区动物以机动灵活鸟类、小型哺乳类及少量北方常见两栖爬行类为主，无大型哺乳动物。动物调查采用样线法，开展植被调查时一并记录沿途发现的动物种类、数量情况。过程一共设置 6 条样线，涵盖了评价区不同的植被群落类型。

①两栖爬行类

评价区共有两栖动物 1 目 2 科 2 属 4 种，即无尾目（Salientia）蟾蜍科（Bufonidae）蟾蜍属（*Bufo*）的花背蟾蜍（*Bufo raddei*）和中华蟾蜍（*Bufo gargarizans*）；蛙科（Ranidae）蛙属（*Rana*）的中国林蛙（*Rana chensinensis*）和黑斑蛙（*Rana nigromaculata*）。

评价区共有爬行动物 2 目 6 科 9 属 15 种，即龟鳖目（Testudoformes）鳖科（Trionychidae）鳖属（*Trionyx*）的鳖（*Trionyx sinensis*）；有鳞目（Squamata）壁虎科（Gekkonidae）壁虎属（*Gekko*）的无蹼壁虎（*Gekko swinhonis*）；石龙子科（Scincidae）石龙子属（*Eumeces*）的黄纹石龙子（*Eumeces capito*）和蓝尾石龙子（*Eumeces elegans*）；蜥蜴科（Lacertidae）中麻蜥属（*Eremias*）的丽斑麻蜥（*Eremias argus*）和山地麻蜥（*Eremias bremchleyi*）；游蛇科（Colubridae）游蛇属（*Coluber*）的黄脊游蛇（*Coluber spinalis*），链蛇属（*Dinodon*）的赤链蛇（*Dinodon rufozonatum*），锦蛇属（*Elaphe*）的黑眉锦蛇（*Elaphe taeniurus*）、红点锦蛇（*Elaphe rufodorsata*）、双斑锦蛇（*Elaphe bimaculata*）、白条锦蛇（*Elaphe dione*）、赤峰锦蛇（*Elaphe anomala*），颈槽蛇属（*Rhabdophis*）的虎斑颈槽蛇（*Rhabdophis tigrius*）；蝰科（Viperidae）亚洲蝮蛇属（*Gloydius*）的中介蝮（*Gloydius intermedius*）。

②哺乳类

评价区有分布的哺乳动物共 6 目 13 科 27 属 34 种。包括食虫目（Insectivora）2 科 3 属 3 种，兔形目（Lagomorpha）1 科 1 属 1 种，食肉目（Carnivora）4 科 9 属 11 种，偶蹄目（Artiodactyla）2 科 2 属 2 种等。

项目工业场地分布的哺乳类动物主要包括刺猬、蝙蝠、伏翼、大仓鼠等小型哺乳动物。

③鸟类

根据实地调查情况，评价区常见鸟类包括麻雀、山麻雀、家燕、喜鹊、白鹡鸰、灰喜鹊、北红尾鸲、红嘴蓝鹊、雉鸡。另外，根据走访调查，评价区内常见鸟类还有山斑鸠、金腰燕、大山雀，偶尔可见长耳鸮、红脚隼飞过。长耳鸮、红脚隼属于《国家重点保护野生动物名录（2021年版）》中国家二级重点保护野生动物。红嘴蓝鹊、喜鹊、灰喜鹊为河北省重点保护野生动物。红嘴蓝鹊、喜鹊、灰喜鹊为北方常见鸟类，在评价区内较为常见。

10）主要生态问题

①区域生态问题

根据查阅资料，项目评价位于××省生态功能区划中Ⅱ1-3，即燕山山地中部生物多样性、水资源保护服务功能区和×××市生态功能区划中的×××流域水源涵养、水资源保护功能区。

②生态功能区主要生态问题

项目所在区域为低山丘陵地区，地势相对较低，河谷宽阔，人口较多，工农业生产能力较强，人类活动影响较大。生态系统结构单一，生态功能脆弱；森林资源过度开发、天然草原过度放牧等行为导致植被破坏，北部部分区域沙漠化和土壤侵蚀现象严重，水土流失严重，生态系统保护措施有待进一步加强。本区铁、磷等矿产开采，生态系统破坏严重，造成新的水土流失。

③项目区存在的生态问题

历史无序开采阶段评价区内无崩塌、滑坡、采空塌陷及地裂缝地质灾害发生。工业场地、采坑采场、办公区及矿区道路对区域景观产生了不良影响。区域植被覆盖率较好，生态环境现状一般。企业在自然恢复的基础上，严格落实《矿山地质环境保护与恢复治理方案》中环境治理和生态恢复方案。

矿区地处交通不便的山区，因铁矿开采，容易造成采区面积的地表植被破坏，大量矿渣堆弃地表，造成水土流失。临时占地现已平整，自然恢复情况较好，区内未发现大的水土流失情况。目前矿区道路两侧自然恢复良好，当地先锋草本植物和灌木已粗具规模，且正逐步向乔木群落演变，植被覆盖度约80%。

矿区内原有散乱堆存的废石就近平整或填埋低洼处，并整理、覆土恢复地表植被，目前废石堆已经进行了覆土平整，并进行了绿化。

工业场地依山坡较平坦的荒地而建，使原有地形和植被遭到一定破坏，对矿山地形地貌景观有所影响。场地上已自然生长植被（杨、槐、荆条及杂草），自然恢复较好。

项目区属北方土石山区，根据《土壤侵蚀分类分级标准》，水土流失容许值为

200 t/（km^2·a）。该区土壤侵蚀类型以水力侵蚀为主，主要发生在坡耕地和干旱阳坡，侵蚀形式表现为坡耕地的层状面蚀、沙砾化面蚀、细沟状面蚀，以及荒山阳坡的鳞片状面蚀和沟蚀。

项目区所处区域属 21 世纪初期首都水资源可持续利用规划项目重点治理区。项目区内的水土流失防治工作已有数十年的历史，早期的水土保持工作，主要体现在植树造林、农田基本建设等方面。20 世纪 80 年代以后，开始以小流域为单元进行综合治理为主。虽然随着人口的增长、经济和社会的不断发展，各种人为活动尤其是生产建设性活动造成新的土壤侵蚀不断加剧，但该区域的水土流失防治工作一直受到各级政府的重视，"三北"防护林体系建设、21 世纪初期首都水资源项目、防沙治沙等国家重点工程，以及近几年的农田水利建设等，都对该地区的生态环境改善和水土保持工作的开展起到了重要作用。

（2）生态现状调查小结

项目生态评价范围内不涉及生态保护红线，不在城镇开发边界内，不在国家公园、自然保护区、风景名胜区、世界文化和自然遗产地、饮用水水源保护区、地质遗迹保护区、自然公园、重要湿地、文物保护单位的保护范围内，且不在铁路、高速公路、国道两侧各 1 000 m 范围内，占地不涉及国家公益林等重点林区，不涉及特殊及重要生态敏感区，调查范围内未发现珍稀野生动植物和重点保护野生动植物。矿区所在区域属于燕山国家级水土流失重点预防区，建设单位已经对历史形成的露天采场、废弃工业场地、废石堆进行了生态恢复，矿区内未发现大的水土流失情况，水土流失防治情况较好。矿区所处区域生态系统类型主要为森林生态系统，区域植被覆盖率较好。

（六）生态影响预测与评价

1. 施工期生态影响分析

（1）对土地利用的影响

项目施工对土壤的影响主要为临时占地和施工过程的影响。永久占地将使土地失去原有的生物生产功能和生态功能，改变原有土地的利用类型，临时占地只是临时改变土地结构，短期影响临时占用土地的原有功能。

本项目为已建矿山，地表建筑物建设基本已经完成，施工期工程主要是井巷工程完善，施工期产生的废石送至配套选厂加工石子。本项目新建地表工程总占地面积为 3 566 m^2，包括硐口场地和井口场地 971 m^2，4～6 m 宽连接道路 2 595 m^2

（共计 519 m）。施工期间工程占地区域内土地利用类型发生明显改变，由其他林地和荒草地为主改变为构建筑物为主的工矿用地。对于整个矿区而言，项目地表工程占地面积比例较小，项目施工不会导致区域土地利用面积变小。

（2）对植被的影响

经调查了解，项目占地区域内无珍稀濒危植物分布，地表植被以林地、灌草丛为主。

1）植被占用

项目新增占地面积 3 566 m²，针对工程的具体布置和占地情况，结合实地调查，工程建设影响面积最大的为灌木林地和草地（表 10-20）。

表 10-20　工程直接占地区植被现状及影响

工程内容	影响方式	影响面积	影响植被	影响植物	影响程度
工业场地	直接侵占	971 m²	荆条酸枣灌丛+马唐草丛	荆条、酸枣、马唐、狗尾草、蒙古蒿等	较小
连接道路	直接侵占	2 595 hm²	马唐草丛	马唐、狗尾草、蒙古蒿等	较小

项目施工期对地表植被的破坏主要表现在工业场地建（构）筑物、永久占地等将原有地表植被铲除，开挖土石施工坑和弃土临时堆放场地对地表植被造成挖占和埋压，设备、车辆、施工机械及施工人员在施工期不可避免地碾压、践踏植被等。

由于工程直接占地区大部分为灌丛和草丛，以北方山地常见植物种类为主。工业场地等建（构）筑在矿区运营期间占地是永久的，大部分地面的植被不能恢复，但场地内其他区域地面可以绿化，在一定程度上弥补植被损失。临时占地处由于碾压、压埋而造成的地表植被破坏，可依靠自然恢复或人工绿化恢复。施工期内，施工车辆严格按规定在临时施工道路及场所内活动，减少对地表植被的破坏。本项目对地表植被的破坏为短期行为，随着施工结束后采取的一系列地表植被恢复措施，影响将逐渐消失。

2）生物量损失

项目区占用灌丛和草丛，其中灌丛面积约 521 m²，草丛面积约 3 045 m²，损失生物量如表 10-21 所示。

表 10-21　新增占地生物量损失量

序号	植被类型	单位面积生物量/（t/hm²）	面积/hm²	生物量/t
1	灌丛	15.46	0.052 1	0.805 5
2	草丛	2.45	0.304 5	0.746 0
	合计	—	0.356 6	1.551 5

由表 10-21 可知，项目新增占地损失生物量为 1.551 5 t，不足评价区总生物量的万分之一，对评价区生物量损失影响较小。

本项目为已建矿山，历史上形成的露天采场、废石堆对地表植被造成了一定的破坏，项目建设同时已经对原有露天采场、废石堆进行绿化，加之生态自然恢复，将使区域的植被覆盖率进一步提高。

目前矿区已多年未生产，现有工程建设期间临时占地范围内植被已自然恢复，区域植物群落结构已和周边未受干扰区域基本一致，并趋于稳定。类比现有工程可知，在自然恢复和采取人工辅助恢复（绿化）的前提下，本项目的建设对植被和生物量的影响较小。

（3）对动物的影响

项目施工期，进入施工场地人员相对较多，同时基础施工和设备安装等施工活动均会对区域内动物产生一定的惊扰，但项目施工期较短。同时，区域内人类活动已久，目前已无大型兽类出没，动物种类以当地北方山地土著哺乳类、爬行类和鸟类动物为主。局部地段的个体可能会因人员活动或车辆碾压受到损害，但不会造成整个矿区工业场地区周边物种的消失。施工活动也将使其部分个体向远离这些工程占地区的适生生境迁移。项目的实施不会对动物的栖息繁殖等产生影响，也不会导致区域动物物种的减少，以及加重生态分割的问题。因此，项目的建设不会对区域内动物的栖息、活动产生明显影响。

（4）对生物多样性的影响

1）植物

根据现状调查，破坏区域内植被类型主要为灌木林地和草地，且为当地常见种类，工程建设期间会减少一定植物数量，但本项目工程占地面积较小，植被数量有限，因此不会造成区域植物多样性的降低，更不会导致评价区植物物种的灭绝。矿区运行期间，经过对工作人员开展生态环境保护培训，制定环境保护制度，自觉保护爱护动植物，不会发生对自然植被的乱砍滥伐现象。矿区周围植物群落结构稳定，矿区运营期间不会对区域植物多样性造成明显影响。

2）动物

①对物种丰富度影响。施工期间，局部地段的个体可能会因人员活动或车辆碾压受到损害，但不会造成整个评价区内这些动物物种的消失，对物种丰富度影响较小。

②对地域分布格局影响。受到影响的动物同类生境易于找寻，它们将因栖息地被占用而迁移至附近相同的生境。施工期，因工业场地及人类活动使兽类失去栖息地，将使栖息于工程占地区及附近区域动物的种群数量减少，噪声也将使栖息于工程占地区及附近区域的动物向远离噪声源地区的区域迁移。这些将使工程占地区及其附近区域的兽类物种密度在一定时期内降低。

随着矿区退役，占地内植被得以恢复，生境得以重建，动物分布格局将会逐步恢复至原来水平。因此矿区对区域动物分布格局影响较小。

③对种群数量影响。施工作业将影响工程占地区及附近区域的兽类，使其逃离原栖息地或活动区域，部分可能逃离评价区。但这些物种属地区广布种，且容易在评价区内找到适合的活动区或栖息地。因而矿区建设不会导致评价区总的种群数量明显减少。

因此，项目建设占地不会导致动物物种的减少，也不会使矿区植物群落的种类发生变化或造成某种植物种的消失，矿山建设对区域的生物多样性影响较小。

（5）对生态系统的影响

项目所在区域内生态系统类型主要属陆地生态系统类型，主要为森林生态系统和草地生态系统，以及由矿区工业场地及道路等组成的聚落生态系统。本项目为已建矿山，有多年开采历史且为地下开采，本项目基建工程主要为井巷工程开拓，地面工程仅包括 Fe1 号、Fe2 号矿体新建通风平硐 1 硐口场地，Fe3 号矿体新建斜井 3-1 井口场地，Fe4 号矿体新建平硐 4-1 硐口场地（含值班室、空压机房、配电室）及配套连接道路，总占地面积为 3 566 m^2。

工业场地构建筑物建设所带来的土地利用结构变化、土壤与植被的破坏，将会对区域生态系统造成不可避免的扰动，因此，工程建设会对工业场地周边的生态系统结构产生一定负面影响，项目建设占地范围直接占用土地的地表植被和土壤结构将遭受破坏，进而使项目占地范围内草本生物量在短期内将受到一定影响。项目新建地表构建筑物实际占地面积小，占矿区总面积（2.143 km^2）的 0.16%，项目建设对整体生态系统结构及群落的生产力影响较小，更不会影响其生态系统的稳定性，对整个生态系统稳定性所产生的负面影响较小。

2．运营期生态影响分析

（1）水土流失影响

1）水土流失防治现状

项目所处区域属 21 世纪初期首都水资源可持续利用规划项目重点治理区。其水土流失类型以水力侵蚀为主，主要发生在坡耕地和干旱阳坡，侵蚀形式表现为坡耕地的层状面蚀、沙砾化面蚀、细沟状面蚀，以及荒山阳坡的鳞片状面蚀和沟蚀。项目区属冀北土石山区，根据《土壤侵蚀分类分级标准》，土壤侵蚀容许值为 200 t/（km²·a）。

项目区内的水土流失防治工作已有数十年的历史：早期进行过植树造林、绿化荒山以及农田基本建设等；20 世纪 80 年代以后，开始以小流域为单元进行综合治理；近期主要开展有"三北"防护林体系建设、21 世纪初期首都水资源项目、防沙治沙等国家重点工程以及农田水利建设等，该地区水土流失现象得到一定程度的改善。

2）水土流失防治责任范围及防治分区

①水土流失防治责任范围。根据水土保持方案，项目建设直接影响区有以下几种：

办公生活区。办公生活区地面已经硬化处理，周边也进行了绿化。

道路。原道路两侧植被已恢复。

开采洞口。平硐区直接影响区范围主要在扰动和弃渣的下游侧，下游侧影响边缘平均向外延伸 4 m，边缘长约 20 m，每个平硐直接影响区面积约 0.01 hm²，平硐估算面积为 0.06 hm²。

竖井区。竖井直接影响区范围主要在扰动和弃渣的下游侧，下游侧影响边缘平均向外延伸 4 m，边缘长约 20 m，每个竖井直接影响区面积约 0.01 hm²，竖井估算面积为 0.02 hm²。

通风井区。直接影响区破坏面周围，周围向外延伸 1 m 计算，边缘长约 20 m，通风井直接影响区面积为 0.01 hm²。

采空区。采空区内地表遭不同程度的破坏，直接影响区按向下游延伸 20 m 计算，直接影响区面积为 1.15 hm²。

②水土流失防治分区。项目建设施工造成的水土流失，在地域上呈点状分布，均属水力侵蚀区，因此按照不同施工区及破坏区划分项目建设水土流失防治分区

为办公生活区、道路、开采洞口、采空区、堆料场、弃渣场。

③防治措施。苗木年龄宜选用 2 年生以上，进行大苗栽植，以利于提高造林成活率和尽早郁闭。树种配置依地块形状布设，立地条件好的布设乔木树种，对立地条件比较差的地块布设灌木树种进行绿化。株行距视树种配置方式及地块宽度不同而异，该项目主要为灌木造林，为尽快恢复植被控制水土流失，栽植株行距选用 1.0 m×1.0 m。

整地方式包括：穴状整地，一穴一株，整地规格均采用"穴径×坑深"为 0.3 m×0.3 m，整地时将坑内土在圆穴周围做成土埂，坑内填表土。鱼鳞坑整地，长径 0.6 m，短径 0.4 m，深 0.5 m，整地时在坑内取土在下沿做成弧状土埂，坑内填表土。栽植，最宜在雨季造林，苗木栽植时应将苗木扶直、栽正，保证根系舒展、深浅适宜，分层覆土至地径以上 2 cm 后踏实，栽后浇水。抚育管理，固定专人管护，防止人畜破坏，苗木受旱时应及时灌水保苗，每年冬季调查成活率，并根据情况进行补植。

根据水土保持方案，本项目防治措施及工程量包括浆砌石砌筑 832.48 m³，干砌石砌筑 1 043.63 m³，土方开挖 1 219.04 m³，土方回填 347 m³，覆土方量 25 800 m³，栽植棉槐 62 934 株，爬山虎 100 株，撒播草籽 1.06 hm²，鱼鳞坑整地 61 700 个，穴状整地 100 个。

3）水土保持监测

①监测时段

根据项目进展情况，本方案监测时段为矿山开采运行期，时间按 10 年计。

②监测区域和监测点位

水土保持监测区域以水土流失防治责任范围为准，根据工程设计和施工安排，对防治责任范围内的水土流失因子、水土流失状况及水土流失防治效果等内容进行监测，监测范围共计 20.14 hm²。

由于本工程建设均已建设完毕，因此本工程监测以调查为主，不安排定位监测。

③监测内容

水土流失因子监测。水土流失因子主要有：植被状况，主要指标包括林草植被的分布、面积、种类、生长情况等，并计算林地的郁闭度、林草植被覆盖度等指标；降雨状况，主要指标包括年降水量、年降水量的季节分布和暴雨情况；项目占地和扰动地表面积情况，挖、填方数量情况。

水土流失状况监测。根据施工的进度，分期对项目区水土流失面积、水土流失量、水土流失程度等的变化情况进行统计，对项目区的土壤侵蚀形式、侵蚀强度、侵蚀面积、侵蚀量等进行地面监测。结合场地巡查对施工中造成的沟道淤积、冲刷进行分析，并预测其发展趋势，保证水土流失危害评价的准确性。水土流失危害分析应与原地貌水土流失危害比较分析，以得出较为合理和准确的定性结论。

水土保持设施防治效果监测。主要监测水土保持工程投入使用初期的防治效果，并对工程的维修、加固和养护提出建议。主要监测内容包括各项治理措施面积和保存情况、水土保持工程的数量、质量、规格、保护与维修情况及水土流失治理度等，同时对施工中破坏的水土保持设施数量进行调查和核实。还要对林草措施的成活率、保存率、生长情况及覆盖度进行监测。

④监测方法与监测

依据《水土保持监测技术规程》（SL 277—2002）和项目建设过程中水土流失情况，确定本项目的监测方法主要为实地调查、场地巡查方法进行监测。由监测人员深入项目区通过访问、实地量测、填写表格等形式获取监测数据，及时掌握水土流失情况及变化。

⑤监测频次

降雨状况监测。自项目建设开工当年开始，直至方案服务年限结束，每年汛后到当地气象站收集资料 1 次。

植被状况监测。监测 3 次，分别在水土流失现状调查、水土保持工程完工和水土保持工程投入使用后的第一个雨季结束时进行。

扰动地表面积、损坏占压水土保持设施情况监测。监测 3 次，分别在水土流失现状调查、工程施工过程中和主体工程竣工时进行。

挖填方、临时堆土量情况监测。监测多次，重点对挖方填方数量、土方转运量进行详细记录，监测频次应根据施工情况确定，并及时进行调整。

水土流失量监测。在产生水土流失季节里每月至少监测 3 次，当出现日降水量 ≥50 mm 时，应当在雨后加测，其他季节视情况而定。

水土流失危害及其趋势监测。监测多次，分 3 个阶段进行：第一阶段监测 1 次，在水土流失现状调查时进行；第二阶段的监测频次根据水土保持工程的施工阶段安排多次；第三阶段监测 1 次，在水土保持工程完工后进行。

水土保持措施防治效果监测。防治措施的数量和质量监测 2 次，分别在水土保持工程完工和水土保持工程投入使用后的第一个雨季结束时进行。排水拦挡工程效果监测 2 次，分别在排水工程修建初期和水土保持工程完工投入使用后进行。林草措施效果共监测 2 次，分别在植物措施种植后第二年和项目运行期结束后进行。

⑥水土流失防治结论

根据水土保持方案，预测时段内项目区原地貌水土流失量为 293.60 t，预测因项目建设可能造成的水土流失量为 1 507.47 t，新增水土流失量 1 213.87 t，因项目建设可能造成的土壤侵蚀量是原地貌条件下土壤侵蚀总量的 5.13 倍。该建设项目，运输道路、弃渣场可能造成的土壤侵蚀量较大，应作为水土措施设计的重点部位。

通过水土保持综合治理，项目区水土流失得到控制，基本实现防治目标。

（2）生态影响与评价

1）对地形地貌的影响

项目建设对地形地貌的影响主要为井下开采所致，影响主要表现为地表移动、塌陷。根据《开发利用方案》，该项目在预测地表错动范围均在各矿体周围，不超过矿界范围，错动区域内无居民住宅等建筑物。根据现状调查，矿山开采过程中形成部分采空区，采空区目前较为稳定，未发生采空塌陷等地质灾害。

2）对地下水环境的影响

矿区内构成含水岩组的地层岩性为太古界单塔子群白庙组（Ar_b）角闪斜长片麻岩，以基岩裂隙水为主，富水性弱，地下水主要接受大气降水垂直入渗补给，地表错动对地下水的补、径、排无显著影响。

3）对动植物的影响

虽然项目生产运行阶段矿体采用竖井、平硐、斜坡道开拓方式进行地下开采，植被赖以生存的表层土壤不会发生变化，不会对地表植被产生明显的影响。但是，地表错动范围内土壤层可能会遭到破坏，进而对植被生长造成一定影响，不过影响范围限于地表错动范围，且经平整、回填、覆土、绿化等措施处理后可得到快速恢复。

矿山开采和运输过程中会产生粉尘。粉尘降落在植物叶面上，吸收水分形成一层深灰色的薄壳，降低叶面的光合作用，并堵塞叶面气孔，阻碍叶面气孔的呼吸作用及水分蒸发，减弱调湿和机体代谢功能，造成叶尖失水、干枯、落叶和减产。粉尘的酸性物质能损毁叶面表层的腊质和表皮茸毛，使植株生长减退。粉尘还会使某些作物花蕾脱落，进而造成减产。但是该项目生产运行阶段将采取适当措施来降低扬尘，项目边界粉尘浓度满足《铁矿采选工业污染物排放标准》（GB 28661—2012）中新建企业大气污染物无组织排放浓度限值。因此，矿山运营不会对周围的农作物和植被产生危害。

本项目评价区域内动物主要有野兔、蛇、山鸡、麻雀、喜鹊等，均为分布较广的物种，区域内较为常见，评价范围内无珍稀物种分布。矿山开采对动物的影响主要是项目占地导致其栖息地或活动范围缩小。由于本项目周边相似生境分布较多，评价范围内动物活动范围较广，且矿山为地下开采，占地面积小，影响范围较小。因此，本项目的实施不会对区域动物的生存产生严重影响。

4）对生态景观影响

本项目为地下开采，在开采过程中不会产生明显的地表破坏，项目的建设可能会对周围的景观产生的影响主要表现在硐口平台和工业场地、矿石/废石临时堆场等设施自身景观和自然环境景观之间形成冲突，由于原有自然生态系统的正常结构和功能遭到破坏，致使景观类型趋于简单化、破碎化，增加了人工建筑景观在该系统中的作用，将形成该区域自然景观用地和工矿景观用地交错替换的土地结构和景观格局，这种转变将会使该项目生态评价区内的土地结构和景观格局发生一定变化。

由于新增的人工建筑景观分布相对集中，该项目建设后对评价区域整体景观斑块的破碎度影响不大。但随着矿山服务期满后，随着工程开采的结束和生态恢复措施的实施，将拆除矿区内的工业建筑，并对矿石堆场进行平整和复垦绿化，恢复并形成新的景观，重建景观生态系统，对当地被破坏的景观进行一定补偿，促进区域景观生态系统向良性方向发展，不会对当地景观造成明显影响。

5）对生态系统功能影响

本项目矿区范围内起控制作用的生态系统为林地生态系统，项目场地、运矿道路占地对局部自然植被产生一定影响，生物生产力有所降低。项目占地改变了土地利用类型，对区域生态系统生产力造成了一定影响。根据本项目水土保持方案及矿山地质环境与恢复治理方案，通过采取定期对项目场地、地表错动区等采取生态恢复措施，使破坏的生态环境得到恢复和补偿。服务期满后及时闭矿，实施生态恢复及补偿措施，以减轻本项目对生态系统生产力的影响。本项目对生态系统生产力的影响可以接受。

矿山服务期满进行生态恢复后，植被覆盖率得到恢复和提高，且乔、灌、草搭配协调，物种多样性有所增加，各项环境功能也均较开采前有所提高。

地表变形引起土壤侵蚀，改变了表土的理化性状和自身营养条件。对土壤养分和水分的保持构成极大威胁，不仅可能出现渗漏、冲刷现象，而且减弱并改变了土壤持水能力和通气状况，影响有机质和矿物质分解、淋溶和沉淀，影响土壤胶体对离子的吸附和交换，土壤酸碱中和及土壤氧化还原等作用的进行。土地变形及由此引起的土壤侵蚀，破坏了微生物适宜的生活环境，就会减少由微生物作用而产生的腐殖质，腐殖质减少，土壤保水能力差，容易流失，肥力下降，土壤恶化，就会影响到土壤对植被养分供应。

矿山开采矿种为铁矿，根据开发利用方案，矿山开采产生的废弃物无有毒有害物质，因此，矿山开采产生的废弃物对土壤无污染。

通过本方案的落实，各种复垦措施发挥效益，不仅能够改变土壤渗漏、冲刷等现状，还能增加土壤肥力，提高土壤保水能力，增强生态环境功能。

6）闭矿期生态影响分析及恢复措施

项目建设期和运营期间采区及工业场地生产建筑设施、废石场积压占地、井下矿石开采均将改变原始地形地貌，对区域生态环境产生一定的破坏影响。本评价提出以下闭矿（库）期的生态恢复措施：

①道路等迹地恢复

道路尽量由公司或地方政府加以利用，对废弃不用的道路实施迹地恢复，规划生态恢复方案，进行复垦、植被。

②矿山工业场地生态恢复

矿山工业场地不再使用的厂房、沉沙设施、垃圾池、管线等各项建筑物和基础设施全部拆除，并清理废墟，以进行植树种草进行景观和植被恢复。

③沉陷区恢复治理

矿山地下开采的 Fe1 号、Fe2 号矿体采深采厚比为 37：103，根据矿山地质环境保护与恢复治理方案，预测塌陷范围为采空区范围，面积为 87 107 m^2，塌陷深度为 0.5 m。对地下采空区上方出现的地表裂缝、地面塌陷进行回填治理，回填方量为 43 554 m^3，回填后表层进行覆土、种植松树绿化。

④采矿硐口恢复

矿山规划闭坑后对平硐、风井、斜井用浆砌石进行封堵，厚度约 1 m，封堵需要浆砌石量约 89 m^3。封堵后种植爬山虎进行绿化，种植爬山虎约 200 株。对竖井 SJ2 进行回填，回填量约为 1 962 m^3。竖井回填后，对其周边进行种植爬山虎进行绿化，种植爬山虎约 50 株。

⑤土地复垦措施

A．工程技术措施。根据矿山的施工工艺、时序，结合工程土地复垦适宜性分析，矿山运行期对不再利用的已损毁单元优先进行治理，矿山开采结束后对所有损毁单元进行拆除、清理、平整、覆土等工程技术措施，最后种植适合当地生长的植被。

B．生物措施。其包括植物筛选、植物种植和土壤改良措施。

筛选植物的依据：具有耐旱和优良的水土保持作用的植物种属，能减少地表径流、涵养水源；有固氮能力，能形成稳定的植被群落；地上部分生长迅速，枝叶茂盛，能尽快地覆盖地面，有效阻止风蚀；能较快形成松软的枯枝落叶层，提高土壤的保水保肥能力（本次选用的植物品种略）。

植物的种植是土地复垦的工作重点，根据"边损毁，边复垦"的原则，在复垦条件成熟之后，及时对损毁的土地种植植物，恢复植被。根据损毁地类及土地适宜性评价确定植被恢复类型，选择适宜的植物品种和种植方式，根据损毁面积、需补种面积比例、需要植树的密度来确定需要种植的数量（详细的植物种植技术略）。

土壤改良是指在苗木栽植后，在林下均匀撒播尿素和过磷酸钙增加土壤肥力，施肥标准为尿素 75 kg/hm^2，过磷酸钙 15 kg/亩（225 kg/hm^2）。

C．监测措施。为了保障土地复垦工程的顺利实施和保护土地复垦的成果，必须对土地损毁情况、复垦所需土源、质量是否得到保证，以及复垦的效果等进行动态监测。监测内容主要包括土地损毁监测和复垦效果监测。土地损毁监测内容包括损毁土地位置、损毁土地面积、损毁形式等；复垦效果监测内容包括对复垦单元各类复垦措施的工程数量和工程质量的监测及土壤质量的监测，如 pH、有机质含量、全氮、有效磷、速效钾等肥力指标，以及林草成活率、保存率、生长情况及覆盖率等。

D．管护措施。植物的管护对于复垦工作的成效具有重要影响，管护对象是复垦责任范围内的林地。结合项目区实际、土地损毁时序和复垦工作安排，制定本方案管护措施（具体管护工程技术措施略）。

E．复垦工程措施设计。井下运输巷道采用 M7.5 水泥浆砌石砌筑封堵墙，巷道规格为 3.0 m×3.0 m，厚度为 1 m，浆砌石封堵量为 18 m^3。对平硐口采用 M7.5 水泥浆砌石砌筑封堵墙，断面规格为 3.0 m×3.0 m 三心拱形，厚度为 1 m。对拟复垦区域设置一排干砌石挡土墙，干砌石挡墙采用块石砌筑，块石砌体外露面的坡顶和侧面应选用比较整齐的石块，块石护坡表面切缝的宽度不应大于 25 mm，所有前后的明缝均应用小片石料填塞紧密（详细复垦工程措施设计略）。

（七）生态保护及治理措施可行性论证

根据矿山地质环境保护与恢复治理方案、项目水土保持方案、《矿山生态环境保护与恢复治理技术规范（试行）》（HJ 651—2013）、《冶金行业绿色矿山建设规范》（DZ/T 0319—2018）等相关要求，针对地表错动区、项目工业场地和矿区运输道路制定了生态恢复措施。

1. 建设期

1）充分利用区域内自然地形地貌，尽可能减少占地面积，减小对植被的破坏面积；减少挖方、填方量，尽量做到工程自身土石方平衡。施工期应避开雨天与大风天气，以减少水土流失量。

2）各施工场地施工时，在各开挖场地周围采取临时拦挡措施。挖方及时回填，不能立即回填的，堆放在指定场所，采取防风抑尘网、苫布遮盖等措施。

3）道路建设应结合地形、土地利用类型等情况，减少植被破坏与挖填方量，尽量选取地形平缓、植被较少的草地或灌木林地，通过挖方、填方相结合实现土石方平衡，开挖土方及时回填，平整夯实，以防止土石滑坡。

4）运输道路修建时，在道路坡度较大的一侧修建浆砌石排水沟，同时结合地形，根据当地地形对道路两侧进行绿化，绿化要根据周围环境现状选取种植乔、灌、草或几种结合的绿化带。道路建设施工结束后，应及时恢复临时占地，使之与原有地貌和景观协调。

5）制定严格的施工操作规范，严禁施工车辆随意开辟施工便道；地表工程建设清理地面植被时，禁止燃烧植被。

6）对工业场地和井口工作平台裸露地面进行硬化处理，在工业场地和井口工作平台周边结合区域环境进行植树、植草绿化，选择适宜当地生长的灌木及草本品种，并在工业场地和井口工作平台四周设置浆砌石截排水沟。

2. 运营期

（1）地表错动范围防治工程

在开采错动圈周围醒目位置设置警示牌，禁止无关人员进入错动范围，避免地面塌陷而造成人员伤亡。同时加强安全管理与地基稳定性监测，在岩石错动范围内设置监测点（线），定期进行监测，并组织专人定期巡查，若场地基底发生错动，应立即充填地表裂缝，平整土地，覆土绿化，保证项目场地安全。

（2）平硐口平台及工业场地

对在用井口平台区及工业场地裸露地面进行硬化处理，在井口平台及工业场地周边结合区域环境进行乔草结合或灌草结合模式的绿化，工业场地和平台四周设置浆砌石截排水沟，以防止水土流失。

对已开采完毕的系统平硐口进行封堵及植被恢复，工业场地拆除建筑物和设备，覆土绿化，进行植被恢复。具体为 Fe1 号、Fe2 号矿体开采系统 641 m 中段开采完毕后平硐 19 及通风平硐 1 予以封闭，通风平硐 1 硐口场地进行迹地恢复、覆土绿化；Fe2 号矿体西段 593 m、542 m 中段及 Fe1 号矿体西段 542 m 中段开采完毕后平硐 20 予以封闭，平硐 20 硐口场地进行迹地恢复、覆土绿化；全部开采完毕后竖井 SJ2、平硐 22、平硐 23 予以封闭，工业广场进行迹地恢复、覆土绿化。Fe3 号矿体开采完毕后平硐 33、斜井 3-1、通风井 3-1 予以封闭，斜井 3-1 井口场地进行迹地恢复、覆土绿化。Fe4 号矿体开采完毕后平硐 4-1、通风井 4-1 予以封闭，平硐 4-1 硐口场地进行迹地恢复、覆土绿化。

（3）矿石/废石临时堆场

在临时堆场上游设置截排水系统，在下游设置挡土墙，并定期洒水抑尘，对堆场周边进行绿化形成隔离带，减少扬尘、噪声、水土流失等的影响程度，矿石的装卸及转运严格控制在临时堆场内，严禁占压外围土地。

（4）植被维护

植被管护：对工业场地及运输道路周边生态恢复植被定期浇水，安排专员加强管护，保证植被成活率。

复垦植被监测：对复垦植被进行定期监测，监测内容包括植被长势、高度、生长密度、成活率、郁闭度、生长量等。采用随机调查法。

3．闭矿期

闭矿期以矿山环境治理和生态恢复为主，生态环境逐步恢复至矿区建设前水平。闭矿期采取的环境治理和生态恢复措施如下。

（1）岩石错动区生态治理恢复工程

矿山地下开采可能引起地表错动，使地表变形，破坏地表原有形态，可能引起水土流失、含水层破坏、影响植物生长等生态问题。闭矿后应对塌陷范围及时覆土绿化，进行生态恢复。本项目预测塌陷范围为采空区范围，面积为 87 107 m^2，塌陷深度为 0.5 m，回填方量为 43 554 m^3，回填后表层进行覆土、种植松树绿化。覆土厚度为 0.3 m，覆土方量约为 26 132 m³，松树株距为 3 m×3 m，共种植松树 9 678 株。

矿山闭坑时应对可能的开采崩落范围内设监测点，对地表移动情况进行定期观测，及时对采空区进行崩落围岩处理，若出现采空区塌陷及伴生地表裂缝、地面沉降灾害迹象，应对地表裂缝回填，覆土绿化，同时设置警示牌。

（2）地形地貌景观治理恢复工程

1）采矿硐口

矿山规划闭坑后对平硐、风井、斜井用浆砌石进行封堵，厚度约 1 m，封堵需要浆砌石量约 89 m³。封堵后种植爬山虎进行绿化，种爬山虎约 200 株。对竖井 SJ2 进行回填，回填量约为 1 962 m³。竖井回填后，对其周边种植爬山虎进行绿化，种植爬山虎约 50 株。

2）工业场地及矿石/废石临时堆场

工业场地内值班室、空压机房等临时建筑占地面积约 1 519 m²，破除硬化地面面积为 2 371 m²，覆土厚度为 0.5 m，种植棉槐 1 575 株；覆土厚度为 1 945 m³。

种植棉槐、沙棘。挖穴状坑种植棉槐，规格为株高 60 cm，株行距为 2 m×2 m，每穴一株，整地规格为直径 0.5 m，深 0.4 m。挖穴状坑种植沙棘，规格为株高 60 cm，株行距为 2 m×2 m，每穴一株，整地规格为直径 0.5 m，深 0.4 m。植被种植后，需要有专人看管，以防止牲畜踏食，或被人砍伐。对于死苗还要采取补栽补种措施。

（3）矿山地质环境监测工程

矿山地质环境监测是矿山地质环境保护与恢复治理依据的主要信息来源，其目的是评价环境质量，预测环境质量的发展趋势，为制定环境综合防治对策提供科学依据，并监视全面环境管理的效果，为后续治理工程的实施积累经验。根据矿山地质环境治理工程，确定本方案监测内容为采空塌陷、岩石移动情况和地下水情况。

1）采空塌陷、岩石移动范围监测

监测内容。本次对地下开采矿体的岩石移动范围内设置监测点，以对岩石的移动情况进行监测，共布设 10 个监测点。

监测方法。沿中线均匀布设监测点，对地面变形情况进行监测。用于与监测点数据进行对比，监测基准点布设在土体相对稳定、透视条件良好且易保护的地方。需布设控制点 10 个，监测点 10 个。埋设水泥桩，水泥桩规格为 10 cm×10 cm×

100 cm，埋入地下 80 cm 处，测出其坐标、标高，并编号，每次监测时测量坐标、标高并记录，与原始数据比较分析。监测使用全站仪。1—5 月、10—12 月每月监测 1 次，6—9 月为雨季，每 10 天监测 1 次，合计每个监测点每年监测 20 次。

监测人员。矿山自有全站仪、RDK 等测量设备，监测人员由矿山专业人员负责，进行实时监测，监测人员需进行详细地监测记录，年终提交报告。在监测过程中发现问题及时采取措施处理。

2）含水层监测

矿山开采时派专人记录日排水量，调查影响范围内民井的水位变化，时刻关注气象变化，发现异常及时上报，组织专家进行分析，判定突然变化原因，及时采取有效措施，然后进行处理。地下涌水量通过每日排水量监测，监测频率为每季度 1 次，汛期每月 1 次，每年汛期按 3 个月计算。含水层监测点共布设 2 个，每个监测点每年监测 6 次。

本评价按照《矿山生态环境保护与恢复治理技术规范（试行）》（HJ 651—2013）相关要求，并结合矿山实际情况，对项目生态影响保护措施进行了完善。针对本项目生产过程中可能造成的生态影响，本评价结合本项目矿山地质环境恢复与治理方案等内容，分别提出了建设阶段、生产运行阶段及服务期满后生态环境保护措施（详细的生态环境保护措施略）。

本项目对废弃的工业场地拆除现有设备及构建筑、平整场地、覆土绿化，对利旧的工业场地、运输道路进行改造，增加排水设施及绿化措施，可使矿区现状的生态环境得到有效改善。生产运行阶段按照"边开采边治理边恢复"的原则，各矿段开采完毕即进行生态恢复；在地表错动范围内进行监测，在地表错动范围的边界设置警示牌。服务期满后对地表错动范围内继续监测，发现出现地裂缝、地面塌陷及时进行填埋、夯实、覆土、绿化；矿山闭矿后对井口进行封堵；对工业场地等进行拆除、平整后覆土绿化。通过类比同类矿山的生产情况，采取以上生态恢复措施，可使整个矿区的生态环境得到有效保护，并使现状的生态环境问题得到改善，生态措施可行。

【课后习题与训练】

1. 生态环境影响评价的工作程序是怎样的？
2. 如何划分生态环境影响评价的工作等级和评价范围？

3. 生物量如何调查与计算？

4. 生态环境现状评价方法有哪些？

5. 一般敏感保护目标如何确定？环境敏感区包括哪些？

6. 生态环境保护措施包括哪些内容？

第十一章　固体废物处置与影响分析

　　固体废物处置与影响分析是确定拟开发行为或项目建设、运行和生产经营阶段产生的固体废物的种类、产生量和形态对人群和生态环境影响的范围和程度，提出处理处置方法，避免、消除和减少其影响的措施。

第一节　固体废物概述

一、概念与分类

（一）概念

　　固体废物，是指在生产、生活和其他活动中产生的丧失原有利用价值或者虽未丧失利用价值但被抛弃或者放弃的固态、半固态、液态和置于容器中的气态的物品、物质以及法律、行政法规规定纳入固体废物管理的物品、物质。

　　固体废物的来源广泛，种类繁多，性质各异，但可以归为两类来源：一类是生产过程中产生的，另一类是产品在流通过程和消费使用后产生的。

（二）分类

　　固体废物分类方法很多，可以根据其性质、状态和来源等进行分类。如按其化学性质可分为有机废物和无机废物；按其形状可分为固体废物（粉状、粒状、块状）和泥状废物（污泥）；按其危害状况可分为有害废物（指有易燃性、易爆性、腐蚀性、毒性、传染性、放射性等废物）和一般废物。本书按照国家固体废物控制标准中分类的要求，将固体废物分为一般固体废物与危险废物两种。

1．一般固体废物

一般固体废物是指生产、生活和其他活动中产生的未被列入国家危险废物名录的固体废物。通常分为城市垃圾、一般工业固体废物和农业固体废物 3 种。

（1）城市垃圾

城市垃圾是指来自居民的生活消费、商业活动、市政建设和维护、机关办公等过程中产生的固体废物，一般可以分为以下几类。

1）生活垃圾，是指在日常生活中或者为日常生活提供服务的活动中产生的固体废物以及法律、行政法规规定视为生活垃圾的固体废物，包括厨余物、庭院废物、废纸、废塑料、废织物、废金属、废玻璃陶瓷碎片、砖瓦渣土及废家具、废旧电器等。

2）城建渣土，是指城市建设过程中产生的废砖瓦、碎石、渣土、混凝土碎块等。

3）商业固体废物，是指商业活动过程中产生的包装材料、丢弃的主/副食品等。

（2）一般工业固体废物

一般工业固体废物就是从工矿企业生产过程中排放出来的，未被列入《国家危险废物名录》或者根据《危险废物鉴别标准》（GB 5085）、《固体废物浸出毒性浸出方法》（GB 5086）和《固体废物浸出毒性测定方法》（GB/T 15555）鉴别方法判定不具有危险特性的工业固体废物。一般工业固体废物分为第Ⅰ类一般工业固体废物和第Ⅱ类一般工业固体废物，其中第Ⅰ类一般工业固体废物为按照 GB 5086 规定方法进行浸出试验而获得的浸出液中，任何一种污染物的浓度均未超过 GB 8978 最高允许排放浓度，且 pH 为 6～9 的一般工业固体废物；第Ⅱ类一般工业固体废物为按照 GB 5086 规定方法进行浸出试验而获得的浸出液中，有一种或一种以上的污染物浓度超过 GB 8978 最高允许排放浓度，或者是 pH 为 6～9 的一般工业固体废物。

一般工业固体废物主要来自：①冶金废渣，指金属冶炼过程中或冶炼后排出的所有残渣废物，如高炉矿渣、钢渣、有色金属渣、粉尘、污泥、废屑等；②采矿废渣，指在各种矿石、煤炭的开采过程中产生的矿渣，包括矿山剥离废渣、掘进废石、各种尾矿等；③燃料废渣，主要是工业锅炉特别是燃煤的火力发电厂排出大量粉煤灰和煤渣；④化工废渣，指化学工业生产中排出的工业废渣，包括电石渣、碱渣、磷渣、盐泥、铬渣、废催化剂、绝热材料、废塑料、油泥等，这类废渣往往含大量的有毒物质，对环境的危害极大；⑤建材工业废渣，指建材工业生产中排出的工业废渣，如水泥、黏土、玻璃废渣、砂石、陶瓷、纤维废渣等。在一般工业固体废物中，还有来自机械工业的金属切削物、型砂等废弃物；食品工业的肉、骨、水果、蔬菜等废弃物；轻纺工业的布头、纤维、染料等废料；建筑业的建筑废料等。

（3）农业固体废物

农作物收割、畜禽养殖、农产品加工过程中要排出大量的废弃物，主要是农作物秸秆和畜禽类粪便等。

2. 危险废物

危险废物泛指除放射性废物以外，具有毒性、易燃性、反应性、腐蚀性、爆炸性、传染性因而可能对人类的生活环境产生危害的废物。《中华人民共和国固体废物污染环境防治法》规定："危险废物是指列入国家危险废物名录或者根据国家规定的危险废物鉴别标准和鉴别方法认定的具有危险特性的固体废物。"医疗废物属于危险废物，医疗废物是指医疗卫生机构在医疗、预防、保健以及其他相关活动中产生的具有直接或间接感染性、毒性以及其他危害性的废物。2020 年 11 月 5 日生态环境部部务会议修订通过《国家危险废物名录（2021 年版）》（生态环境部令　第 15 号），名录中共列出了 50 类危险废物的废物类别、行业来源、废物代码、常见危险废物组分和危险特性，共 479 种。

目前危险废物的鉴别标准有《危险废物鉴别标准　通则》（GB 5085.7—2019）、《危险废物鉴别标准　腐蚀性鉴别》（GB 5085.1—2007）、《危险废物鉴别标准　急性毒性初筛》（GB 5085.2—2007）、《危险废物鉴别标准　浸出毒性鉴别》（GB 5085.3—2007）、《危险废物鉴别标准　易燃性鉴别》（GB 5085.4—2007）、《危险废物鉴别标准　反应性鉴别》（GB 5085.5—2007）和《危险废物鉴别标准　毒性物质含量鉴别》（GB 5085.6—2007）。

二、固体废物的特性

（一）相对性

固体废物具有鲜明的时间和空间特征，是在错误时间放在错误地点的资源。从时间方面讲，它仅仅是在目前的科学技术和经济条件下无法加以利用，但随着时间的推移，科学技术的发展及人们的要求变化，今天的废物可能成为明天的资源。从空间角度来看，废物仅仅相对于某一过程或某一方面没有使用价值，而并非在一切过程或一切方面都没有使用价值。一种过程的废物，往往可以成为另一种过程的原料。固体废物，一般具有某些工业原材料所具有的化学、物理特性，且较废水、废气容易收集、运输、加工处理，因而可以回收利用。

（二）终态性和源头性

废水和废气既是水体、大气和土壤环境的污染源，又是接受其所含污染物的环境。固体废物则不同，它们往往是许多污染成分的终极状态。一些有害气体或飘尘，通过治理，最终富集成为固体废物；一些有害溶质和悬浮物，通过治理，最终被分离出来成为污泥或残渣；一些含重金属的可燃固体废物，通过焚烧处理，有害金属浓集于灰烬中。这些"终态"物质中的有害成分，在长期的自然因素作用下，又会转入大气、水体和土壤，故又成为大气、水体和土壤环境的污染"源头"。

（三）潜在性、长期性和灾难性

固体废物对环境的污染不同于废水、废气和噪声。固体废物呆滞性大、扩散性小，具有不可稀释性，一旦造成环境污染，很难补救恢复。其中污染成分的迁移转化，如浸出液在土壤中的迁移，是一个比较缓慢的过程，其危害可能在数年甚至数十年后才能表现出来。从某种意义上讲，固体废物特别是危险废物对环境造成的危害可能要比废水、废气严重得多。

三、固体废物的污染途径

（一）对大气环境的污染

固体废物对大气环境的污染途径主要有 3 种：①气体污染，指一些有机固体废物在适宜的湿度和温度下被微生物分解，释放出有毒有害气体或恶臭，造成空气污染；②粉尘污染，指固体废物中各种来源的粉尘进入大气环境，造成空气污染；③二次污染，指固体废物处理过程如垃圾焚烧产生的大气污染物。

（二）对水环境的污染

固体废物对水环境的污染途径主要有两种：固体废物弃置于水体，直接释放污染物；固体废物在堆放过程中由于雨水的浸渍，产生含有有害化学物质的渗滤液，通过地表径流或下渗对附近地区的地表及地下水造成污染。

（三）对土壤环境的污染

长期堆放的固体废物特别是有害固体废物，经过风化分解、降水淋溶，产生有毒有害液体渗入并污染土壤环境，同时会改变土壤的性质和土壤结构、破坏土壤的腐解能力。

第二节 固体废物处理与处置

固体废物处理，是指通过物理、化学、生物等不同方法，使固体废物转化成适于运输、贮存、资源化利用以及最终处置的一种过程。固体废物处置，是将无法进一步处理和利用的固体废物长期地保留在环境中所采取的终端治理技术措施。其目的和技术要求是使固体废物在环境中最大限度地与生物圈隔离，避免或减少其中的污染组分在现在和将来对环境和人类健康造成危害，是固体废物管理技术体系中的最后环节，如惰性废物一般堆存、生活垃圾卫生填埋、危险废物安全填埋、放射性废物地下处置等。随着对环境保护的日益重视以及正在出现的全球性的资源危机，工业发达国家开始从固体废物中回收资源和能源，并且将再生资源的开发利用视为"第二矿业"，给予高度重视。我国于 20 世纪 80 年代中期提出了以"资源化""无害化""减量化"为控制固体废物污染的技术政策，并确定以后较长一段时间内应以"无害化"为主，未来发展趋势必然是从"无害化"走向"资源化"。

虽然将固体废物中可利用的部分材料充分回收利用是控制固体废物污染的最佳途径，但是它需要较大的资金投入，并需要先进的技术做支撑。

一、"资源化"处理

"资源化"处理是通过各种方法从固体废物中回收或制取物质和能源，将废物转化为资源，即转化为同一产业部门或其他产业部门新的生产要素，同时达到保护环境的目的。固体废物"资源化"是固体废物的主要归宿。

相较于自然资源，固体废物属于"二次资源"或"再生资源"范畴，虽然它一般不具有原使用价值，但是通过回收、加工等途径，可以获得新的使用价值。

近几十年，固体废物的数量以惊人的速度不断增长，而世界资源也正以惊人的速度被开发和消耗，维持工业发展命脉的石油和煤炭等不可再生资源已经濒临枯竭。在这种形势下，欧美及日本等许多国家和地区纷纷把固体废物资源化利用列为国家的重要经济政策。世界各国的废物资源化的实践表明，从固体废物中回收有用物资和能源的潜力相当大。

"资源化"应遵循的原则：技术可行，经济效益好，就近利用，符合国家相应产品的质量标准。"资源化"方式主要有：

（1）资源回收

从尾矿和废金属渣中回收金属元素作为工业原材料，如利用含铝量高、含铁量低的煤矸石制作铝铵钒、三氧化二铝、聚合铝、二氧化硅等产品，从剩余滤液中提取锗、镓、铀、钒、钼等稀有金属。

（2）能源回收

如可以利用煤矸石做沸腾炉燃料用于发电、制造煤气。此外，还有焚烧回收能源以及从有机废物分解回收燃料油、煤气及沼气等。

（3）做土壤改良剂和肥料

如用粉煤灰改良土壤，对酸性土、黏性土和弱盐碱地都有良好效果；用铜矿渣粉和硫铁矿渣做肥料等。

（4）直接利用

如各种包装材料直接利用。

（5）做建筑材料

如利用矿渣、炉渣和粉煤灰等可制作水泥、砖、保温材料等各种建筑材料，也可做道路和地基的垫层材料。

固体废物资源化的优势很突出，包括：①生产成本低，如用废铝炼铝比用铝矾土炼铝可减少资源90%～97%，减少空气污染95%，减少水质污染97%；②能耗少，如用废钢炼钢比用铁矿石炼钢可节约能耗74%；③生产效率高，如用铁矿石炼1 t钢需8 h，而用废铁炼1 t电炉钢只需2～3 h；④环境效益好，可除去有毒、有害物质，减少废物堆置场地，减少环境污染。因此，推行固体废物资源化，是维持生态系统的良性循环、保证国民经济可持续发展的一项有效措施。

二、"减量化"处理

固体废物"减量化"的基本任务是通过适宜的手段减少固体废物的数量和体

积，主要从以下两个方面着手。

一是对固体废物进行处理利用。这属于物质生产过程的末端，即通常人们所理解的"废弃物综合利用"。

二是减少固体废物的产生。这属于物质生产过程的前端，需从资源的综合开发和生产过程中物质资料的综合利用着手。当今，从国际上资源开发利用与环境保护的发展趋势来看，人们对综合利用范围的认识，已从物质生产过程的末端（废物利用）向前延伸了，即从物质生产过程的前端（自然资源开发）起，就考虑和规划如何全面合理地利用资源，把综合利用贯穿自然资源的综合开发和生产过程中物质资料与废物综合利用的全程，也即"废物最小化"与"清洁生产"。其工作重点包括采用经济合理的综合利用工艺和技术，制定科学的资源消耗定额等。

固体废物"减量化"处理方法主要有：

1）通过改变产品设计，开发原材料消耗少、包装材料省的新产品，并改革工艺，强化管理，减少浪费，以降低产品的单位资源消耗量。

2）提高产品质量，延长产品寿命，尽可能减少产品废弃的概率和更换次数。

3）开发可多次重复使用的制成品。

4）采用焚烧、压实、破碎、干燥等方法，减小固体废物体积。

三、"无害化"处理

固体废物"无害化"处理的基本任务是将固体废物通过工程处理，达到不损害人体健康、不污染周围自然环境（包括原生环境与次生环境）的目的。

目前，废物"无害化"处理工程已经发展成一门崭新的工程技术。例如，垃圾的焚烧、卫生填埋、堆肥、粪便的厌氧发酵、有害废物的热处理和解毒处理等。其中，高温快速堆肥处理工艺、高温厌氧发酵处理工艺已经基本成熟。

在对废物进行"无害化"处理时，必须注意的是，各种"无害化"处理工程技术的通用性是有限的，其优劣程度与处理技术、设备条件以及固体废物的本身特性有关。

四、临时贮存

对于建设项目产生的一般性固体废物，临时贮存场所必须能保证该废弃物不挥发、不扬尘、不淋溶、不丢弃，按《一般工业固体废物贮存、处理场污染控制标准》（GB 18599）要求执行。

对于建设项目产生的危险废物，临时贮存场所必须能保证该废弃物不挥发、不扬尘、不淋溶、不渗漏（防渗）、不丢弃，并有符合标准的标识，按《危险废物贮存污染控制标准》（GB 18597）相关要求执行。在危险废物临时贮存场所进行防渗处理时，按其理化特性及其危害程度分为 10^{-7} cm/s、10^{-10} cm/s、10^{-13} cm/s 3 个防渗等级进行。

五、一般工业固体废物处置

一般工业固体废物填埋场、处置场适宜处理未被列入《国家危险废物名录》或据 GB 5085 和 GB 5086.1～2 及 GB/T 15555.1～12 鉴别判定不具有危险特性的工业固体废物。一般工业固体废物填埋场、处置场，不应混入危险废物和生活垃圾。第 Ⅰ 类和第 Ⅱ 类一般工业固体废物应分别处置。其要求如下：

1）处置场应采取防止粉尘污染的措施，处置场周边应设置导流渠，应设计渗滤液集排水设施和构筑堤、坝、挡土墙等设施。

2）含硫量大于 1.5%的煤矸石，应采取措施防止自燃。

3）堆放第 Ⅱ 类一般工业固体废物的处置场：当天然基础层的渗透系数大于 1.0×10^{-7} cm/s 时，应采用天然或人工材料构筑防渗层，防渗层的厚度应相当于渗透系数 1.0×10^{-7} cm/s 和厚度 1.5 m 的黏土层的防渗性能；必要时应设计渗滤液处理设施，对渗滤液进行处理。

4）堆放第 Ⅱ 类一般工业固体废物处置场的其他环境保护要求：定期检查维护防渗工程，定期监测地下水水质，发现防渗功能下降，应及时采取必要措施；定期检查维护渗滤液集排水设施和渗滤液处理设施，定期监测渗滤液及其处理后的排水水质，发现集排水设施不通畅或处理后的水质超过排放要求时，应及时采取必要措施。

5）关闭或封场时，表面坡度一般不超过 33%。标高每升高 3～5 m，应建造一个台阶，台阶应有不小于 1 m 的宽度、2%～3%的坡度和能经受暴雨冲刷的强度。

6）关闭或封场后，仍需继续维护管理，直到稳定为止。

7）关闭或封场后，应设置标志物，注明关闭或封场时间，以及使用该土地时应注意的事项。

8）堆放第 Ⅰ 类一般工业固体废物的处置场关闭时，表面一般应覆一层天然土壤，其厚度视固体废物的颗粒度大小和拟种植物种类确定。

9）堆放第Ⅱ类一般工业固体废物的处置场封场时，表面应覆土二层，第一层为阻隔层，覆 20～45 cm 的黏土，并压实，防止雨水渗入固体废物堆体内；第二层为覆盖层，覆天然土壤，以利于植物生长，其厚度视栽种植物种类而定。

10）封场后，渗滤液及其处理后排放水的监测系统应继续维持正常运转，直至水质稳定为止。地下水监测系统应继续维持正常运转。

第三节 固体废物环境影响分析

一、固体废物环境影响分析的工作类型

固体废物的环境影响评价主要分两大类型：第Ⅰ类是对一般工程项目产生的固体废物，由产生、收集、运输、处理到最终处置的环境影响评价；第Ⅱ类是对处理、处置固体废物设施建设项目的环境影响评价。

二、固体废物环境影响分析的工作特点

由于对固体废物污染实行由产生、收集、贮存、运输、预处理直至处置全过程控制，在固体废物环评中必须体现全过程特点，即应该包括所建项目涉及的各个过程。为了保证固体废物处理、处置设施的安全稳定运行，必须建立一个完整的收、贮、运体系，这个体系与处理、处置设施构成一个整体，其中各个环节对路线周围环境敏感目标造成的可能影响，是环评工作关注的重点。

三、固体废物环境影响分析的工作程序

由于固体废物不是对某一特定自然环境产生影响的，固体废物环境影响评价工作没有等级划分，只是按照固体废物类型分类分析。

固体废物的环境影响分析工作程序：确定固体废物类别，找出污染源强，明确固体废物贮存、处理过程中产生的各类污染物对各环境要素的影响，进行产生、收集、贮存、运输、处理、处置全过程的评价。

四、固体废物环境影响分析的内容

1. 污染源调查

根据调查结果，给出包括固体废物的名称、组分、性态、数量等内容的调查

清单，同时按一般工业固体废物和危险废物分别列出。

2. 污染防治措施的论证

根据工艺过程、各个产出环节提出防治措施，并对防治措施的可行性加以论证。

3. 提出最终处置措施方案

除提出包括综合利用、填埋、焚烧等措施的处理方案之外，还应该针对固体废物收集、贮运、预处理等全过程的环境影响，提出防治措施。

对处理、处置固体废物设施的环境影响评价内容，是根据处理处置的工艺特点、固体废物环境影响评价技术导则和相应的污染控制标准而确定的。一般工业废物贮存与处置场、危险废物贮存场所、生活垃圾填埋场、生活垃圾焚烧厂、危险废物填埋场、危险废物焚烧厂等工程项目，都有相应的标准对厂（场）址选择、污染控制项目、污染物排放限制等作出规定，环境影响评价必须严格予以执行。

固体废物防治措施，首先必须做到不产生二次污染，如果产生了二次污染，则应转化为相应环境要素的影响评价内容。如果固体废物产生污染空气的挥发性气体，则将其作为一个污染源按大气环境要素的方法进行影响预测与评价。

【课后习题与训练】

1. 什么是固体废物？固体废物如何分类？
2. 什么是危险废物？危险废物的特性包括什么？
3. 固体废物影响环境的方式有哪些？
4. 我国现阶段固体废物处理和利用的情况是怎样的？
5. 对一般项目产生的固体废物进行环境影响评价，其主要工作内容是什么？

第十二章　环境风险评价

在现代工业高速发展的同时，突发性事故频现。在世界环境史上曾发生过几起震惊国际的重大环境污染事件，其中就有 20 世纪 80 年代发生的印度博帕尔市农药厂异氰酸酯毒气泄漏与苏联切尔诺贝利核电站事故。这些灾难性的突发事件引起了环境学者的极大关注，人们逐渐认识并关心重大突发性事故造成的环境危害的评价问题。

第一节　环境风险评价概述

一、环境风险评价发展历程

20 世纪 70—80 年代，环境风险评价体系基本形成。最具代表性的评价体系是美国原子能委员会 1975 年完成的《核电厂概率风险评价实施指南》，即著名的 WASH 1400 报告。1983 年美国国家科学院出版的《联邦政府风险评价管理》，提出了健康风险评价的"四步法"，即危害识别、暴露评价、剂量-效应关系评价和风险表征，成为环境风险的指导性文件，目前已被世界各国和国际组织普遍采用。20 世纪 90 年代后，生态环境风险评价逐渐成为新的研究热点。美国在 1998 年正式出台了《生态风险评价指南》，其他国家如加拿大、英国、澳大利亚等也在 20 世纪 90 年代中期相继提出并开展了生态风险评价的研究工作。

我国的环境风险评价起步于 20 世纪 90 年代。国家环境保护局于 1990 年下发第 57 号文，要求对重大环境污染事故隐患进行风险评价，而且 90 年代的重大项目环境影响报告中也普遍开展了环境风险的评价。1993 年，国家环境保护局颁布的《环境影响评价技术导则总纲》（HJ/T 2.1—2011）规定：对于环境风险事故，在有必要且具备条件时，应进行建设项目的环境风险评价或环境风险分析。1997 年国家环境保护局、农业部、化工部联合发布的《关于进一步加强对农药生产单位废水排放监督管理的通知》规定：新建、扩建、改建生产农药的建设项目必须针对生产过程中可能产生的水污染物，特别是特征污染物进行风险评价。为了规范环境风险评价技术工作，2004 年 12 月，国家环境保护总局颁布了《建设项目环境风险评价技术导则》（HJ/T 169—2004）。近年来，环境保护部陆续发布了《突发环境事件应急预案管理暂行办法》（环发〔2010〕113 号）、《关于进一步加强环境影响评价管理防范环境风险的通知》（环发〔2012〕77 号）、《关于切实加强风险防范严格环境影响评价管理的通知》（环发〔2012〕98 号）等一系列加强环境风险管理的文件。为适应环境影响评价体制改革、环保发展新要求和环境风险防控新形势，着力提升导则的科学性、可操作性，更好地指导建设项目环境风险评价工作，2018 年 11 月，生态环境部印发了《建设项目环境风险评价技术导则》（HJ 169—2018）。环境风险评价在我国受到了空前的重视和关注，环境风险评价技术得到了长足的发展。

二、基本概念

1. 环境风险

环境风险是指突发性事故对环境造成的危害程度及可能性。

环境风险具有不确定性和危害性的特点。不确定性是指人们对事件发生的时间、地点、强度等事先难以准确预测；危害性是针对事件的后果而言，具有风险的事件对其承受者会造成威胁，并且一旦事件发生，就会对风险的承受者造成损失或危害，包括对人体健康、经济财产、社会福利乃至生态系统等带来不同程度的危害。

2. 环境风险潜势

环境风险潜势是对建设项目潜在环境危害程度的概化分析表达，是基于建设项目涉及的物质和工艺系统危险性及其所在地环境敏感程度的综合表征。

3. 风险源

风险源是指存在物质或能量意外释放，并可能产生环境危害的源。

4. 危险物质

危险物质是指具有易燃易爆、有毒有害等特性，会对环境造成危害的物质。

5. 危险单元

危险单元是指由一个或多个风险源构成的具有相对独立功能的单元，事故状况下应可实现与其他功能单元的分割。

6. 最大可信事故

最大可信事故是基于经验统计分析，在一定可能区间内发生的事故中，造成环境危害最严重的事故。

7. 大气毒性终点浓度

大气毒性终点浓度是指人员短期暴露可能会导致出现健康影响或死亡的大气污染物浓度，用于判断周边环境风险影响程度。

三、环境风险评价

环境风险评价是以突发性事故导致的危险物质环境急性损害防控为目标，对建设项目的环境风险进行分析、预测和评估，提出环境风险预防、控制、减缓措施，明确环境风险监控及应急建议要求，为建设项目环境风险防控提供科学依据。

环境风险评价的目的是分析和预测建设项目存在的潜在危险、有害因素，建设项目建设和运行期间可能发生的突发性事件或事故（一般不包括人为破坏及自然灾害），引起有毒有害和易燃易爆等物质泄漏，所造成的人身安全与环境影响和损害程度，提出合理可行的防范、应急与减缓措施，以使建设项目事故率、损失和环境影响达到可接受水平。

环境风险评价应把事故引起厂（场）界外人群的伤害、环境质量的恶化及对生态系统影响的预测和防护作为评价工作重点。环境风险评价在条件运行的情况下，可利用安全评价数据开展进行。

四、环境风险评价与其他评价的区别

1. 环境风险评价与环境影响评价的区别

环境风险评价是环境影响评价中的重要组成部分，但是环境风险评价与环境影响评价研究的重点、方法等存在一定的差异（表 12-1）。环境影响评价是指对拟建的建设项目和规划实施后可能对环境产生的影响进行分析、预测和评估的过程，而环境风险评价是对有毒有害物质危害人体健康和对生态系统的影响程度进行概率估计，并提出减小环境风险的方案和对策的过程。

表 12-1　环境风险评价与环境影响评价的区别

项目	环境风险评价	环境影响评价
分析重点	突发事故	正常运行工况
持续时间	很短	很长
应计算的物理效应	泄漏、火灾、爆炸，向空气、水中释放污染物	向空气、地面水、地下水释放污染物、噪声、热污染等
释放类型	瞬时或短时间连续释放	长时间的连续释放
应考虑的影响类型	突发性的激烈的效应及事故后期长远效应	连续的、累积效应
主要危害受体	人、建筑、生态	人和生态
危害性质	急性中毒，灾难性的	慢性中毒
照射时间	很短	很长
源项确定	较大的不确定性	不确定性很小
评价方法	概率方法	确定论方法
防范措施与应急计划	需要	不需要

　　环境影响评价偏重对项目运行过程中污染物排放的长期、持续性环境影响的评价，它通过提出污染控制措施等手段降低项目对环境产生的不良影响；环境风险评价则偏重项目运行中由突发性的事故导致在短期内对周围环境产生的危害，这种事故的发生具有一定的随机性，且造成的后果往往是灾难性的，通常采用事故预防和应急预案等风险管理措施来降低危害发生的概率，减少危害发生后的损失。因此，从完整的环境影响评价角度来看，环境风险评价应是特定条件下、特殊类型的环境影响评价，是涉及风险问题的环境影响评价。

2．环境风险评价与安全评价的区别

　　环境风险评价与安全评价两者联系紧密，是实际工作中最容易混淆的，但事实上，两者的侧重点不同，在研究内容上也存在区别（表 12-2）。

表 12-2　常见事故类型下环境风险评价与安全评价的内容对比

事故类型	环境风险评价	安全评价
石油化工厂管线油品泄漏	土壤污染和生态破坏	火灾、爆炸
大型码头油品泄漏	海洋污染	火灾、爆炸

事故类型	环境风险评价	安全评价
储罐、工艺设备有毒物质泄漏	空气污染、人员毒害	火灾、爆炸，人员急性中毒
油井井喷	土壤污染和生态破坏	火灾、爆炸
高硫化氢井井喷	空气污染、人员毒害	火灾、爆炸
石油工艺设备易燃烃类泄漏	空气污染、人员毒害	火灾、爆炸，人员急性中毒
炼化厂二氧化硫等事故排放	空气污染、人员毒害	人员急性中毒

安全评价以实现工程和系统安全为目的，应用安全系统工程原理和方法，对工程、系统中存在的危险、有害因素进行辨识与分析，判断工程、系统发生事故和职业危害的可能性及其严重程度，从而为制定预防措施和管理决策提供科学依据。安全评价主要针对的是人为因素或自然因素等引起的火灾、爆炸、中毒等重大安全危害，而环境风险评价则侧重通过自然环境如空气、水体和土壤等传递的突发性环境危害；安全评价主要关注环境影响评价事故对厂（场）界内环境和职工的影响，环境风险评价主要关注事故对厂（场）界外环境和人群的影响。

五、建设项目环境风险评价程序与内容

从建设项目立项到投入运营的各个过程，都存在如何规避"风险"的问题。建设项目的风险涉及各个方面，如投资、安全、环境质量、人体健康、社会影响、资源要求、产品销路、产品使用和产品生命终结后的处理等。

（一）建设项目环境风险评价程序

建设项目环境风险评价工作流程见图 12-1。

（二）环境风险评价内容

建设项目环境风险评价的基本内容包括风险调查、环境风险潜势初判、风险识别、风险事故情形分析、风险预测与评价、环境风险管理等。基于风险调查，分析建设项目物质及工艺系统危险性和环境敏感性，进行风险潜势的判断，确定风险评价等级；风险识别及风险事故情形分析应明确危险物质在生产系统中的主要分布，筛选具有代表性的风险事故情形，合理设定事故源项；各环境要素按确定的评价工作等级分别开展预测评价，分析说明环境风险危害范围与程度，提出环境风险防范的基本要求。

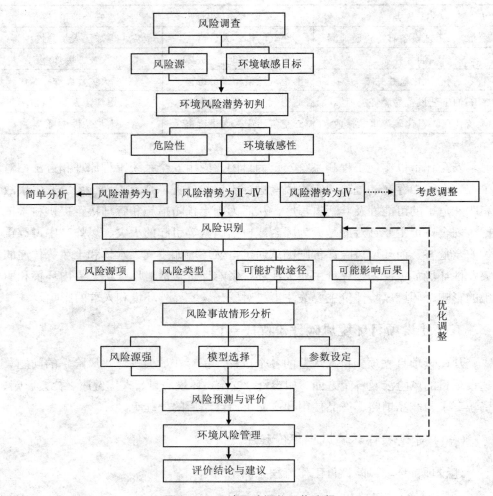

图 12-1 环境风险评价工作流程

大气环境风险预测：一级评价需选取最不利气象条件和事故发生地的最常见气象条件，选择适用的数值方法进行分析预测，给出风险事故情形下危险物质释放可能造成的大气环境影响范围与程度；二级评价需选取最不利气象条件，选择适用的数值方法进行分析预测，给出风险事故情形下危险物质释放可能造成的大气环境影响范围与程度；三级评价应定性分析说明大气环境影响后果。

地表水环境风险预测：一级、二级评价应选择适用的数值方法预测地表水环境风险，给出风险事故情形下可能造成的影响范围与程度；三级评价应定性分析说明地表水环境影响后果。

地下水环境风险预测：一级评价应优先选择适用的数值方法预测地下水环境风险，给出风险事故情形下可能造成的影响范围与程度；低于一级评价的，风险预测分析与评价要求参照《环境影响评价技术导则　地下水环境》（HJ 610—2016）执行。

（三）环境风险评价工作等级与评价范围

建设项目的性质不同，其潜在的环境风险就可能存在差异，环境风险评价的内容也有所不同。根据潜在环境风险的大小和发生的可能性，将环境风险评价工作分成不同的等级，并依此确定相应的评价范围。

1．评价工作等级

依据《建设项目环境风险评价技术导则》（HJ 169—2018），建设项目环境风险评价工作等级划分为一级、二级、三级。根据建设项目设计的物质及工艺系统危险性和所在地的环境敏感性确定环境风险潜势，按照表 12-3 确定评价工作等级，风险潜势为Ⅳ及以上的，进行一级评价；风险潜势为Ⅲ的，进行二级评价；风险潜势为Ⅱ的，进行三级评价；风险潜势为Ⅰ的，可开展简单分析，即对于详细评价工作内容而言，在描述危险物质、环境影响途径、环境危害后果、风险防范措施等方面给出定性的说明。

表 12-3　评价工作级别划分

环境风险潜势	Ⅳ、Ⅳ⁺	Ⅲ	Ⅱ	Ⅰ
评价工作等级	一级	二级	三级	简单分析

2．环境风险评价范围

确定评价范围应以建设项目的边界为基础，根据各要素评价等级，分别确定。

大气环境风险评价范围：一级、二级评价距建设项目边界一般不低于 5 km；三级评价距建设项目边界一般不低于 3 km。油气、化学品输送管线项目一级、二级评价距管道中心线两侧一般均不低于 200 m；三级评价距管道中心线两侧一般均不低于 100 m。当大气毒性终点浓度预测到达距离超出评价范围时，应根据预测到达距离进一步调整评价范围。地表水环境风险评价范围与地下水环境风险评价范围分别参照地表水与地下水环境影响评价相关章节。

环境风险评价范围应根据环境敏感目标分布情况、事故后果预测可能对环境产生危害的范围等综合确定；项目周边所在区域，评价范围外存在需要特别关注的环境敏感目标，评价范围需延伸至所关心的目标。

第二节　环境风险调查、风险潜势初判与风险识别

一、环境风险调查

环境风险调查包括建设项目风险源调查与环境敏感目标调查。其中，建设项目风险源调查即针对建设项目涉及的危险物质类型、数量及分布情况开展调查，主要内容有调查建设项目危险物质数量和分布情况、生产工艺特点、收集危险物质安全技术说明书等基础资料；环境敏感目标调查即根据建设项目事故状态下危险物质可能影响途径（大气、地表水、地下水等），筛选可能受影响的环境敏感目标，主要内容有：根据危险物质可能的影响途径，明确环境敏感目标，给出环境敏感目标区位分布图，列表明确调查对象、属性、相对方位及距离等信息。

二、环境风险潜势初判

建设项目潜在的环境风险水平主要受两方面因素影响。一方面是建设项目涉及的危险物质生产、使用、储存中的危险性，这种危险性越高，建设项目潜在的风险水平越高；另一方面是建设项目一旦发生突发事故，对周围环境（包括大气、水体等）可能造成影响后果的严重程度，建设项目所在地的环境敏感程度越高，后果越严重，则该项目潜在的环境风险水平越高。对于存在极高风险的建设项目可考虑前期进行优化调整，降低其风险潜势。

环境风险潜势初判即从项目涉及的物质及工艺系统危险性、周围环境敏感程度两方面，结合事故情形下的环境影响途径，初步判断建设项目在未采取风险防控措施的情况下固有的、潜在的风险状况。在环境风险评价工作中，对建设项目环境风险潜势进行初步判断，可为环境风险评价工作重点确定、工作等级判断、风险防控措施建议提供依据，也可为管理部门差别化管理提供技术支持。

（一）环境风险潜势划分

建设项目环境风险潜势划分为Ⅰ、Ⅱ、Ⅲ、Ⅳ/Ⅳ⁺级，根据建设项目涉及的物

质和工艺系统的危险性及其所在地的环境敏感程度，结合事故情形下环境影响途径，对建设项目潜在环境危害程度进行概化分析，按照表 12-4 确定环境风险潜势。

表 12-4　建设项目环境风险潜势划分

环境敏感程度（E）	危险物质及工艺系统危险性（P）			
	极高危害（P1）	高度危害（P2）	中度危害（P3）	轻度危害（P4）
环境高度敏感区（E1）	IV⁺	IV	III	III
环境中度敏感区（E2）	IV	III	III	II
环境低度敏感区（E3）	III	III	II	I

（二）危险物质及工艺系统危险性 P 的确定

分析建设项目生产、使用、储存过程中涉及的有毒有害、易燃易爆物质，参考《建设项目环境风险评价技术导则》（HJ 169—2018）附录 B 确定危险物质的临界量。定量分析危险物质数量和临界量的比值（Q）和所属行业及生产工艺（M），并按照以下方法对危险物质及工艺系统危险性（P）等级进行判断。因不同环境要素的风险等级可能不一致，建设项目环境风险潜势的综合等级取各要素等级的相对高值。

1. 危险物质的确定

突发事件环境风险的大小与物质的理化性质、危险性和物质数量的多少密切相关。以危险物质清单识别项目环境风险，易于管理操作。国内外根据不同的识别方法与管理目的，已提出包括极危险物质清单、危险物质清单、管制物质清单及危险源辨识清单等。《建设项目环境风险评价技术导则》（HJ 169—2018）附录 B.1 中共推荐重点关注突发环境事件危险物质 385 种，可作为危险物质识别的参考。对于未列入导则附录表 B.1，但根据风险调查需要分析计算的危险物质，可根据其危险性，按表 B.2 中的推荐值进行选取。此外，导则附录 B 中所列危险物质以危险化学品突发环境事件急性损害防控为主，未将单纯具有火灾爆炸危险性的氢气，以及健康危险慢性毒性物质列入附录 B 中。

2. 危险物质数量与临界量比值（Q）

调查每种危险物质在厂界内的最大存在总量，并计算其与附录 B 中对应临界量的比值 Q。最大存在总量计算包括生产场所及储存场所。在不同厂区的同一种物质，按其在厂界内的最大存在总量分别计算。对于长输管线项目，按照两个截断阀室之间管段危险物质最大存在总量计算。

当只涉及一种危险物质时，计算该物质的总量与其临界量比值，即 Q；

当存在多种危险物质时，则按式（12-1）计算物质总量与其临界量比值：

$$Q = \frac{q_1}{Q_1} + \frac{q_2}{Q_2} + \cdots + \frac{q_n}{Q_n} \qquad (12\text{-}1)$$

式中：q_1，q_2，$\cdots$，q_n 为每种危险物质的最大存在总量，t；Q_1，Q_2，$\cdots$，Q_n 为每种危险物质的临界量，t。

当 $Q<1$ 时，该项目环境风险潜势直接确定为 I，环境风险评价可开展简单分析；当 $Q \geqslant 1$ 时，将 Q 值划分为 $1 \leqslant Q < 10$、$10 \leqslant Q < 100$、$Q \geqslant 100$。

3．行业及生产工艺（M）

考虑不同行业生产工艺特点差别较大，按照是否使用重点监管危险化工工艺和是否涉及大量危险化学品的原则，将建设项目分为 3 类，见表 12-5，M 按照其生产工艺特点进行选取，具有多套工艺单元的项目，对每套生产工艺分别评分并求和。将行业及生产工艺划分为 $M>20$、$10<M \leqslant 20$、$5<M \leqslant 10$、$M=5$，分别以 M1、M2、M3、M4 表示。

表 12-5　行业及生产工艺

行业	评估依据	分值
石化、化工、医药、轻工、化纤、有色冶炼等	涉及光气及光气化工艺、电解工艺（氯碱）、氯化工艺、硝化工艺、合成氨工艺、裂解（裂化）工艺、氟化工艺、加氢工艺、重氮化工艺、氧化工艺、过氧化工艺、胺基化工艺、磺化工艺、聚合工艺、烷基化工艺、新型煤化工工艺、电石生产工艺、偶氮化工艺	10/套
	无机酸制酸工艺、焦化工艺	5/套
	其他高温或高压，且涉及危险物质的工艺过程、危险物质贮存罐区	5/套（罐区）
管道、港口/码头等	涉及危险物质管道运输项目、港口/码头等	10
石油天然气	石油、天然气、页岩气开采（含净化）、气库（不含加气站的气库）、油库（不含加气站的油库）、油气管线（不含城镇燃气管线）	10
其他	涉及危险物质使用、贮存的项目	5

4．危险物质及工艺系统危险性（P）

根据危险物质数量与临界量比值（Q）和行业及生产工艺（M），按照表 12-6

确定危险物质及工艺系统危险性等级（P），分别以 P1、P2、P3、P4 表示。

表 12-6 危险物质及工艺系统危险性等级判断（P）

危险物质数量与临界量比值（Q）	行业及生产工艺（M）			
	M1	M2	M3	M4
$Q \geq 100$	P1	P1	P2	P3
$10 \leq Q < 100$	P1	P2	P3	P4
$1 \leq Q < 10$	P2	P3	P4	P4

（三）环境敏感程度（E）的确定

为分析危险物质在事故情形下的环境影响途径，如大气、地表水、地下水等，需要首先对建设项目各要素环境敏感程度（E）等级进行判断。

1. 大气环境

依据环境敏感目标环境敏感性及人口密度划分环境风险受体的敏感性，共分为 3 种类型，E1 为环境高度敏感区，E2 为环境中度敏感区，E3 为环境低度敏感区，分级原则见表 12-7。

表 12-7 大气环境敏感程度分级

分级	大气环境敏感性
E1	周边 5 km 范围内居住区、医疗卫生、文化教育、科研、行政办公等机构人口总数大于 5 万人，或其他需要符殊保护区域；或周边 500 m 范围内人口总数大于 1 000 人；油气、化学品输送管线管段周边 200 m 范围内，每千米管段人口数大于 200 人
E2	周边 5 km 范围内居住区、医疗卫生、文化教育、科研、行政办公等机构人口总数大于 1 万人，小于 5 万人；或周边 500 m 范围内人口总数大于 500 人，小于 1 000 人；油气、化学品输送管线管段周边 200 m 范围内，每千米管段人口数大于 100 人，小于 200 人
E3	周边 5 km 范围内居住区、医疗卫生、文化教育、科研、行政办公等机构人口总数小于 1 万人；或周边 500 m 范围内人口总数小于 500 人；油气、化学品输送管线管段周边 200 m 范围内，每千米管段人口数小于 100 人

2. 地表水环境

依据事故情况下危险物质泄漏到水体的排放点受纳地表水体功能敏感性，与下游环境敏感目标情况，共分为 3 种类型，E1 为环境高度敏感区，E2 为环境中度敏感区，E3 为环境低度敏感区，分级原则见表 12-8。其中地表水功能敏感性分区和环境敏感目标分级分别见表 12-9 和表 12-10。

表 12-8　地表水环境敏感程度分级原则

环境敏感目标	地表水功能敏感性		
	F1	F2	F3
S1	E1	E1	E2
S2	E1	E2	E3
S3	E1	E2	E3

表 12-9　地表水功能敏感性分区

敏感性	地表水环境敏感特征
敏感 F1	排放点进入地表水水域环境功能为Ⅱ类及以上，或海水水质分类第一类；或以发生事故时，危险物质泄漏到水体的排放点算起，排放进入受纳河流最大流速时，24 h 流经范围内涉跨国界的
较敏感 F2	排放点进入地表水水域环境功能为Ⅲ类，或海水水质分类第二类；或以发生事故时，危险物质泄漏到水体的排放点算起，排放进入受纳河流最大流速时，24 h 流经范围内涉跨省界的
低敏感 F3	上述地区之外的其他地区

表 12-10　环境敏感目标分级

分级	环境敏感目标
S1	发生事故时，危险物质泄漏到内陆水体的排放点下游（顺水流向）10 km 范围内、近岸海域一个潮周期水质点可能达到的最大水平距离的两倍范围内，有以下一类或多类环境风险受体：集中式地表水饮用水水源保护区（包括一级保护区、二级保护区及准保护区）；农村及分散式饮用水水源保护区；自然保护区；重要湿地；珍稀濒危野生动植物天然集中分布区；重要水生生物的自然产卵场及索饵场、越冬场和洄游通道；世界文化和自然遗产地；红树林、珊瑚礁等滨海湿地生态系统；珍稀、濒危海洋生物的天然集中分布区；海洋特别保护区；海上自然保护区；盐场保护区；海水浴场；海洋自然历史遗迹；风景名胜区；或其他特殊重要保护区域
S2	发生事故时，危险物质泄漏到内陆水体的排放点下游（顺水流向）10 km 范围内、近岸海域一个潮周期水质点可能达到的最大水平距离的 2 倍范围内，有以下一类或多类环境风险受体的：水产养殖区；天然渔场；森林公园；地质公园；海滨风景游览区；具有重要经济价值的海洋生物生存区域
S3	排放点下游（顺水流向）10 km 范围、近岸海域一个潮周期水质点可能达到的最大水平距离的 2 倍范围内，无上述"S1"和"S2"包括的敏感保护目标

3．地下水环境

依据地下水功能敏感性与包气带防污性能，共分为 3 种类型，E1 为环境高度敏感区，E2 为环境中度敏感区，E3 为环境低度敏感区，分级原则见表 12-11。其中地下水功能敏感性分区和包气带防污性能分级分别见表 12-12 和表 12-13。当同一建设项目涉及两个 G 分区或 D 分级及以上时，取相对高值。

表 12-11　地下水环境敏感程度分级

包气带防污性能	地下水功能敏感性		
	G1	G2	G3
D1	E1	E1	E2
D2	E1	E2	E3
D3	E2	E3	E3

表 12-12　地下水功能敏感性分区

敏感性	地下水环境敏感特征
敏感 G1	集中式饮用水水源（包括已建成的在用、备用、应急水源，在建和规划的饮用水水源）准保护区；除集中式饮用水水源以外的国家或地方政府设定的与地下水环境相关的其他保护区，如热水、矿泉水、温泉等特殊地下水资源保护区
较敏感 G2	集中式饮用水水源（包括已建成的在用、备用、应急水源，在建和规划的饮用水水源）准保护区以外的补给径流区；未划定准保护区的集中式饮用水水源，其保护区以外的补给径流区；分散式饮用水水源地；特殊地下水资源（如热水、矿泉水、温泉等）保护区以外的分布区等其他未列入上述敏感分级的环境敏感区
不敏感 G3	上述地区之外的其他地区

表 12-13　包气带防污性能分级

分级	包气带岩土的渗透性能
D3	$M_b \geqslant 1.0\ m$，$K \leqslant 1.0 \times 10^{-6}\ cm/s$，且分布连续、稳定
D2	$0.5\ m \leqslant M_b < 1.0\ m$，$K \leqslant 1.0 \times 10^{-6}\ cm/s$，且分布连续、稳定 $M_b \geqslant 1.0\ m$，$1.0 \times 10^{-6}\ cm/s < K \leqslant 1.0 \times 10^{-4}\ cm/s$，且分布连续、稳定
D1	岩（土）层不满足上述"D2"和"D3"条件

三、环境风险识别

（一）风险识别内容

建设项目环境风险识别的内容包括：物质危险性识别，即主要原辅材料、燃料、中间产品、副产品、最终产品、污染物、火灾和爆炸伴生/次生物等；生产系统危险性识别，即主要生产装置、储运设施、公用工程和辅助生产设施，以及环境保护设施等；危险物质向环境转移的途径识别，即分析危险物质特性及可能的环境风险类型、识别危险物质影响环境的途径、分析可能影响的环境敏感目标。

（二）风险识别方法

1．资料收集和准备

根据危险物质泄漏、火灾、爆炸等突发性事故可能造成的环境风险类型，收集和准备建设项目工程资料，周边环境资料，国内外同行业、同类型事故统计分析及典型事故案例资料。对已建工程应收集环境管理制度，操作和维护手册，突发环境事件应急预案，应急培训、演练记录，历史突发环境事件及生产安全事故调查资料，设备失效统计数据等。

2．物质危险性识别

按《建设项目环境风险评价技术导则》（HJ 169—2018）附录 B 识别出的危险物质，以图表的方式给出其易燃易爆、有毒有害危险特性，明确危险物质的分布。

3．生产系统危险性识别

通过建设项目生产系统分析其风险点，并采用定性或定量分析方法筛选确定重点风险源：按工艺流程和平面布置功能区划，结合物质危险性识别，以图表的方式给出危险单元划分结果及单元内危险物质的最大存在量；按生产工艺流程分析危险单元内潜在的风险源；按危险单元分析风险源的危险性、存在条件和转化为事故的触发因素。

4．环境风险类型及危害分析

环境风险类型包括危险物质泄漏，以及火灾、爆炸等引发的伴生/次生污染物排放。

根据物质及生产系统危险性识别结果，分析环境风险类型、危险物质向环境转移的可能途径和影响方式。

（三）风险识别结果

在风险识别的基础上，图示危险单元分布。给出建设项目环境风险识别汇总，包括危险单元、风险源、主要危险物质、环境风险类型、环境影响途径、可能受影响的环境敏感目标等，说明风险源的主要参数。

第三节　风险事故情形分析、风险影响预测与评价

一、风险事故情形分析

（一）风险事故情形设定

在风险识别的基础上，选择对环境影响较大并具有代表性的事故类型，设定风险事故情形。风险事故情形设定内容应包括环境风险类型、风险源、危险单元、危险物质和影响途径等。风险事故情形设定原则如下：

1）同一种危险物质可能有多种环境风险类型。风险事故情形应包括危险物质泄漏，以及火灾、爆炸等引发的伴生/次生污染物排放情形。对不同环境要素产生影响的风险事故情形，应分别进行设定。

2）对于火灾、爆炸事故，需将事故中未完全燃烧的危险物质在高温下迅速挥发释放至大气，以及燃烧过程中产生的伴生/次生污染物对环境的影响作为风险事故情形设定的内容。

3）设定的风险事故情形发生可能性应处于合理的区间，并与经济技术发展水平相适应。一般而言，发生频率小于 $10^{-6}/a$ 的事件是极小概率事件，可作为代表性事故情形中最大可信事故设定的参考。

4）风险事故情形设定的不确定性与筛选。由于事故触发因素具有不确定性，事故情形的设定并不能包含全部可能的环境风险，但通过具有代表性的事故情形分析可为风险管理提供科学依据。事故情形的设定应在环境风险识别的基础上筛选，设定的事故情形应具有危险物质、环境危害、影响途径等方面的代表性。

（二）源项分析

源项分析基于风险事故情形的设定，对源强进行估算。事故源强是为事故后果预测提供分析模拟情形的基本参数，事故源强的数据一般采用计算法和经验估算法获得。计算法适用于以腐蚀或应力作用等引起的泄漏型为主的事故；经验估算法适用于以火灾、爆炸等突发性事故伴生/次生的污染物释放。其中，计算法所涉及的泄漏频率计算参考《建设项目环境风险评价技术导则》（HJ 169—2018）附录 E 的推荐方法确定，也可采用事故树、事件树分析法或类比法等确定；液体、气体和两相流泄漏速率的计算参考附录 F 推荐的方法。

1．物质泄漏量的计算

泄漏时间应结合建设项目探测和隔离系统的设计原则确定。一般情况下，设置紧急隔离系统的单元，泄漏时间可设定为 10 min；未设置紧急隔离系统的单元，泄漏时间可设定为 30 min。

泄漏液体的蒸发速率需通过计算获得，蒸发时间应结合物质特性、气象条件、工况等综合考虑，一般情况下，可以 15～30 min 计；泄漏物质形成的液池面积以不超过泄漏单元的围堰（或堤）内面积计。

2．经验法估算物质释放量

火灾、爆炸事故在高温下迅速挥发释放至大气的未完全燃烧危险物质，以及在燃烧过程中产生的伴生/次生污染物，可采用经验法估算释放量。

3．其他估算方法

1）装卸事故，泄漏量按装卸物质流速和管径及失控时间计算，失控时间一般可以 5～30 min 计。

2）油气长输管线泄漏事故，按管道截面 100%断裂估算泄漏量，应考虑截断阀启动前、后的泄漏量。截断阀启动前，泄漏量按实际工况确定；截断阀启动后，泄漏量以管道泄压至与环境压力平衡所需要的时间计。

3）水体污染事故源强应结合污染物释放量、消防用水量及雨水量等因素综合确定。

4．源强参数确定

根据风险事故情形确定事故源参数（如泄漏点高度、温度、压力、泄漏液体蒸发面积等）、释放/泄漏速率、释放/泄漏时间、释放/泄漏量、泄漏液体蒸发量等，给出源强汇总。

二、风险影响预测

由于风险评价一般是环境影响评价的一部分，对事故性排放的污染物的风险评价，可使用各环境要素影响评价中已验证的模型，预测污染物在环境中的暴露浓度，不过在参数的选择上需根据事故的特点进行修正。

（一）有毒有害物质在大气中的扩散

1. 预测模型筛选

预测计算时，应区分重质气体与轻质气体排放选择合适的大气风险预测模型。其中，重质气体和轻质气体的判断依据可采用《建设项目环境风险评价技术导则》（HJ 169—2018）附录 G 中 G.2 推荐的理查德森数进行判定。目前，普遍推荐 SLAB 模型与 AFTOX 模型进行气体扩散后果预测，模型选择应结合模型的适用范围、参数要求等说明模型选择的依据，或当泄漏事故发生在丘陵、山地等时，应考虑地形对扩散的影响，如选用推荐模型以外的其他技术成熟的大气风险预测模型时，需说明模型选择理由及适用性。

SLAB 模型适用于平坦地形下重质气体排放的扩散模拟，该模型处理的排放类型包括地面水平挥发池、抬升水平喷射、烟囱或抬升垂直喷射及瞬时体源，可以在一次运行中模拟多组气象条件，但模型不适用于实时气象数据输入；AFTOX 模型适用于平坦地形下中性气体和轻质气体排放及液池蒸发气体的扩散模拟，该模型可模拟连续排放或瞬时排放，液体或气体，地面源或高架源，点源或面源的指定位置浓度、下风向最大浓度及其位置等。

在选择模型时，地表粗糙度是重要的参考因子，地表粗糙度一般由事故发生地周围 1 km 范围内占地面积最大的土地利用类型来确定。地表粗糙度取值可依据模型推荐值，或参考表 12-14 确定。

表 12-14　不同土地利用类型对应地表粗糙度取值　　　　　单位：m

地表类型	春季	夏季	秋季	冬季
水面	0.000 1	0.000 1	0.000 1	0.000 1
落叶林	1.000 0	1.300 0	0.800 0	0.500 0
针叶林	1.300 0	1.300 0	1.300 0	1.300 0
湿地或沼泽地	0.200 0	0.200 0	0.200 0	0.050 0
农作地	0.030 0	0.200 0	0.050 0	0.010 0

地表类型	春季	夏季	秋季	冬季
草地	0.050 0	0.100 0	0.010 0	0.001 0
城市	1.000 0	1.000 0	1.000 0	1.000 0
沙漠化荒地	0.300 0	0.300 0	0.300 0	0.150 0

对于特殊地形山区或河谷等特殊地形，需要考虑地形对扩散的影响时，所采用的地形原始数据分辨率一般不应小于 30 m。以上推荐模型的说明、源代码、执行文件、用户手册以及技术文档可在"国家环境保护环境影响评价数值模拟重点实验室"网站（www.lem.org.en）下载。

2. 预测范围与计算点

预测范围即预测物质浓度达到评价标准时的最大影响范围，由预测模型计算获取，预测范围一般不超过 10 km。计算点分特殊计算点和一般计算点。特殊计算点是指大气环境敏感目标等关心点，一般计算点是指下风向不同距离点。一般计算点的设置应具有一定分辨率，距离风险源 500 m 范围内可设置 10～50 m 间距，大于 500 m 范围内可设置 50～100 m 间距。

3. 事故源参数与气象参数

根据大气风险预测模型的需要，事故源参数需要调查泄漏设备类型、尺寸、操作参数（如压力、温度等），泄漏物质理化特性（如摩尔质量、沸点、临界温度、临界压力、比热容比、气体定压比热容、液体定压比热容，液体密度、汽化热等）。

大气风险预测时应根据评价等级选取气象参数。一级评价需选取最不利气象条件及事故发生地的最常见气象条件分别进行后果预测，其中，最不利气象条件取 F 类稳定度，风速 1.5 m/s，温度 25℃，相对湿度 50%；最常见气象条件由当地近 3 年内的至少连续 1 年气象观测资料统计分析得出，包括出现频率最高的稳定度、该稳定度下的平均风速（非静风）、日最高平均气温、年平均湿度。二级评价需选取最不利气象条件进行后果预测，最不利气象条件取 F 类稳定度，风速 1.5 m/s，温度 25℃，相对湿度 50%。

4. 大气毒性终点浓度值选取

大气毒性终点浓度值即预测评价标准，大气毒性终点浓度值选取参见《建设项目环境风险评价技术导则》（HJ 169—2018）附录 H，分为 1 级、2 级。其中，1 级为当大气中危险物质浓度低于该限值时，绝大多数人员暴露 1 h 不会对生命造成威胁，当超过该限值时，有可能对人群造成生命威胁；2 级为当大气中危险物质浓度低于该限值时，暴露 1 h 一般不会对人体造成不可逆的伤害，或出现的症状一般不会损伤该个体采取有效防护措施的能力。

5. 预测结果表述

对于预测结果的表述要求如下：①给出下风向不同距离处有毒有害物质的最大浓度，以及预测浓度达到不同毒性终点浓度值的最大影响范围；②给出各关心点的有毒有害物质浓度随时间变化情况，以及关心点的预测浓度超过评价标准时对应的时刻和持续时间；③对于存在极高大气环境风险的建设项目，应开展关心点概率分析，即有毒有害气体（物质）剂量负荷对个体的大气伤害概率、关心点处气象条件的频率、事故发生概率的乘积，以反映关心点处人员在无防护措施条件下受到伤害的可能性。有毒有害气体大气伤害概率估算参见《建设项目环境风险评价技术导则》（HJ 169—2018）附录 I。

（二）有毒有害物质在地表水、地下水环境中的运移扩散

有毒有害物质进入水环境的途径分为直接与间接两种方式，即事故直接导致和事故处理处置过程间接导致的情况，一般为瞬时排放和有限时段内排放。

1. 预测模型

根据风险识别结果，有毒有害物质进入水体的方式，水体类别及特征，以及有毒有害物质的溶解性，选择适用的预测模型。对于油品类泄漏事故，流场计算按《环境影响评价技术导则 地表水环境》（HJ 2.3—2018）中的相关要求，选取适用的预测模型；溢油漂移扩散过程按《海洋工程环境影响评价技术导则》（GB/T 19485—2014）中的溢油粒子模型进行溢油轨迹预测；其他事故，地表水风险预测模型及参数参照 HJ 2.3—2018；地下水风险预测模型及参数参照《环境影响评价技术导则 地下水环境》（HJ 610—2016）。

终点浓度值即预测评价标准，终点浓度值的选取应根据水体分类及预测点水体功能要求，按照《地表水环境质量标准》（GB 3838—2002）、《海水水质标准》（GB 3097—1997）、《生活饮用水卫生标准》（GB 5749—2022）或《地下水质量标准》（GB/T 14848—2017）选取。对于未列入上述标准，但确需进行分析预测的物质，其终点浓度值选取可参照 HJ 2.3—2018、HJ 610—2016；对于难以获取终点浓度值的物质，可按质点运移到达判定。

2. 预测结果表述

根据风险事故情形对地表水环境的影响特点，预测结果可采用以下方式：①给出有毒有害物质进入地表水体最远超标距离及时间；②给出有毒有害物质经排放通道到达下游（按水流方向）环境敏感目标处的到达时间、超标时间、超标持续时间及最大浓度，对于在水体中漂移类物质，应给出漂移轨迹。

针对地下水环境的复杂性，预测结果应给出有毒有害物质进入地下水体到达下游厂区边界和环境敏感目标处的到达时间、超标时间、超标持续时间及最大浓度。

（三）环境风险评价

结合各要素风险预测，分析说明建设项目环境风险的危害范围与程度。大气环境风险的影响范围和程度由大气毒性终点浓度确定，明确影响范围内的人口分布情况；地表水、地下水对照功能区质量标准浓度（或参考浓度）进行分析，明确对下游环境敏感目标的影响情况。环境风险可采用后果分析、概率分析等方法进行定性或定量评价，以避免急性损害为重点，确定环境风险防范的基本要求。

第四节　环境风险管理与环境风险评价结论

一、环境风险管理的概念

环境风险管理既是环境风险评价的重要组成部分，也是环境风险评价的最终目的，包括环境风险的防范措施与应急预案两个方面的内容。具体来说，环境风险管理就是由生态环境主管部门、企事业单位和环境科研机构运用各种先进的管理工具，通过对环境风险的分析、评价，考虑到环境的种种不确定性，提出供决策的方案，力求以较少的环境成本获得较多的安全保障。

环境管理的目的是根据环境风险评价的结果，按照恰当的法规和条例，选用有效的控制技术，进行风险费用削减和效益分析，确定可接受的风险度和损害水平并进行政策分析，以及考虑社会经济和政治因素，决定适当的管理措施并付诸实施，以降低或消除该风险度，保护人群健康与生态系统的安全。

环境风险管理的内容包括：制定有毒有害物质的环境管理条例和标准；提高环境影响评价的质量，加强环境管理；拟定特定区域、城市或工业的综合环境管理规划；加强对风险源的控制（包括了解风险源的分布、现状，控制管理计划，潜在风险预报，风险控制人员培训与配备）；风险的应急管理及恢复技术。

（一）环境风险管理目标

环境风险管理目标是采用最低合理可行原则（As Low As Reasonable Practicable，ALARP）管控环境风险。采取的环境风险防范措施应与社会经济技术发展水平相适应，运用科学的技术手段和管理方法，对环境风险进行有效的预防、监控、响应。

（二）环境风险防范措施

在环境风险预测、分析及评价结论的指导下，有针对性地提出对应环境风险防范措施是环境风险管理的目标与任务。

1. 大气风险防范措施

结合风险源状况明确环境风险的防范、减缓措施，提出环境风险监控要求，并结合环境风险预测分析结果、区域交通道路和安置场所位置等，提出事故状态下人员的疏散通道及安置等应急建议。

2. 废水环境风险防范措施

明确"单元—厂区—园区/区域"的环境风险防控体系要求，设置事故废水收集（尽可能以非动力自流方式）和应急储存设施，以满足事故状态下收集泄漏物料、污染消防水和污染雨水的需要，明确并用图示防止事故废水进入外环境的控制、封堵系统。应急储存设施应根据发生事故的设备容量、事故时消防用水量及可能进入应急储存设施的雨水量等因素综合确定。应急储存设施内的事故废水，应及时进行有效处置，做到回用或达标排放。结合环境风险预测分析结果，提出实施监控和启动相应的园区/区域突发环境事件应急预案的建议要求。

3. 地下水环境风险防范措施

重点采取源头控制和分区防渗措施，加强地下水环境的监控、预警，提出事故应急减缓措施。

4. 其他风险防范措施

1）针对主要风险源。提出设立风险监控及应急监测系统，实现事故预警和快速应急监测、跟踪，提出应急物资、人员等的管理要求。

2）对于改建、扩建和技术改造项目，应分析依托企业现有环境风险防范措施的有效性，提出完善的意见和建议。

3）环境风险防范措施应纳入环保投资和建设项目竣工环境保护验收内容。

4）考虑事故触发具有不确定性，厂内环境风险防控系统应纳入所在园区/区域环境风险防控体系，明确风险防控设施、管理的衔接要求。极端事故风险防控及应急处置应结合所在园区/区域环境风险防控体系统筹考虑，按分级响应要求及时启动园区/区域环境风险防范措施，实现厂内与园区/区域环境风险防控设施及管理有效联动，有效防控环境风险。

（三）突发环境事件应急预案编制要求

首先应确定不同的事故应急响应级别，根据不同级别制定应急预案。应急预案主要内容是消除污染环境和人员伤害的应急处理方案，根据要清理的危险物质的特性，有针对性地提出消除环境污染的应急处理方案。

突发环境事件应急预案是管控环境风险，降低环境事故危害的基本管理制度，以环境风险评价成果为基础，提出对下一步突发环境事件应急预案编制的要求，可有效衔接技术评价成果与管理需求。按照国家、地方和相关部门要求，提出企业突发环境事件应急预案编制或完善的原则要求，包括预案适用范围、环境事件分类与分级、组织机构与职责、监控和预警、应急响应、应急保障、善后处置、预案管理与演练等内容；明确企业、园区/区域、地方政府环境风险应急体系，企业突发环境事件应急预案应体现"分级响应、区域联动"的原则，与地方政府突发环境事件应急预案相衔接，明确分级响应程序。

二、评价结论与建议

评价结论是评价工作的总结，需综合环境风险评价专题的工作过程，总结环境风险评价的成果，明确给出建设项目环境风险是否可防控的结论；根据建设项目环境风险可能影响的范围与程度，提出缓解环境风险的建议措施；对存在较大环境风险的建设项目，须提出环境影响后评价的要求。

基于评价结论，应从各方面提出环境风险防控的建议：首先，明确建设项目危险因素，简要说明主要危险物质、危险单元及其分布，明确项目危险因素，提出优化平面布局、调整危险物质存在量及危险性控制的建议；其次，概括建设项目的环境敏感性及事故环境影响，简要说明项目所在区域环境敏感目标及其特点，根据预测分析结果，明确突发性事故可能造成环境影响的区域和涉及的环境敏感目标，提出保护措施及要求；最后，总结环境风险防范措施和应急预案，结合区域环境条件和园区/区域环境风险防控要求，明确建设项目环境风险防控体系，重点说明防止危险物质进入环境及进入环境后的控制、削减、监测等措施，提出优化调整风险防范措施建议及突发环境事件应急预案原则要求。

【课后习题与训练】

1. 什么是环境风险？环境风险有什么特点？
2. 什么是环境风险评价？环境风险评价的程序包括哪几个阶段？
3. 环境风险评价各个阶段的主要内容是什么？

第十三章　厂址选择的可行性分析

在建设项目的环境影响评价工作中，项目选址的可行性分析是一项前置性的重要工作。项目选址可行性分析必须从法律规划、卫生防护距离、环境防护距离、环境影响程度、公众参与等多个方面进行综合评价。在接受项目环境影响评价任务后，应首先结合该区域的环境敏感目标分布，对项目建议书提供的厂址进行初步的法律符合性判断；其次根据周围的环境敏感程度及工程分析结果，进行各要素评价等级与评价范围的确定；再次制定初步的环境现状调查方案、监测方案、评价标准；最后进行环境调查和分析，确定厂址是否可行。

第一节　厂址选择的法律符合性分析

在进行建设项目的厂址可行性评价时，首先必须进行厂址的法律符合性评价。如果某项目的选址违反了现行法律，则应在选址合法后再进行其他的工作。

一、法律对项目选址的综合性规定

（一）环境保护法

《中华人民共和国环境保护法》第十九条规定："编制有关开发利用规划，建设对环境有影响的项目，应当依法进行环境影响评价。未依法进行环境影响评价的开发利用规划，不得组织实施；未依法进行环境影响评价的建设项目，不得开工建设。"

第二十九条规定："国家在重点生态功能区、生态环境敏感区和脆弱区等区域划定生态保护红线，实行严格保护。各级人民政府对具有代表性的各种类型的自然生态系统区域，珍稀、濒危的野生动植物自然分布区域，重要的水源涵养区域，具有重大科学文化价值的地质构造、著名溶洞和化石分布区、冰川、火山、温泉等自然遗迹，以及人文遗迹、古树名木，应当采取措施予以保护，严禁破坏。"

（二）自然保护区管理条例

《中华人民共和国自然保护区条列》第十八条规定："自然保护区可以分为核心区、缓冲区和实验区。

自然保护区内保存完好的天然状态的生态系统以及珍稀、濒危动植物的集中分布地，应当划为核心区，禁止任何单位和个人进入；除依照本条例第二十七条的规定经批准外，也不允许进入从事科学研究活动。

核心区外围可以划定一定面积的缓冲区，只准进入从事科学研究观测活动。

缓冲区外围划为实验区，可以进入从事科学试验、教学实习、参观考察、旅游以及驯化、繁殖珍稀、濒危野生动植物等活动。

原批准建立自然保护区的人民政府认为必要时，可以在自然保护区的外围划定一定面积的外围保护地带。"

第二十六条规定："禁止在自然保护区内进行砍伐、放牧、狩猎、捕捞、采药、开垦、烧荒、开矿、采石、挖沙等活动；但是，法律、行政法规另有规定的除外。"

第二十七条规定："禁止任何人进入自然保护区的核心区。因科学研究的需要，必须进入核心区从事科学研究观测、调查活动的，应当事先向自然保护区管理机构提交申请和活动计划，并经自然保护区管理机构批准；其中，进入国家级自然保护区核心区的，应当经省、自治区、直辖市人民政府有关自然保护区行政主管部门批准。

自然保护区核心区内原有居民确有必要迁出的，由自然保护区所在地的地方人民政府予以妥善安置。"

第二十八条规定："禁止在自然保护区的缓冲区开展旅游和生产经营活动。因教学科研的目的，需要进入自然保护区的缓冲区从事非破坏性的科学研究、教学实习和标本采集活动的，应当事先向自然保护区管理机构提交申请和活动计划，经自然保护区管理机构批准。

从事前款活动的单位和个人，应当将其活动成果的副本提交自然保护区管理机构。"

第二十九条规定："在自然保护区的实验区开展参观、旅游活动的，由自然保护区管理机构编制方案，方案应当符合自然保护区管理目标。

在自然保护区组织参观、旅游活动的，应当严格按照前款规定的方案进行，并加强管理；进入自然保护区参观、旅游的单位和个人，应当服从自然保护区管理机构的管理。

严禁开设与自然保护区保护方向不一致的参观、旅游项目。"

第三十二条规定："在自然保护区的核心区和缓冲区内，不得建设任何生产设施。在自然保护区的实验区内，不得建设污染环境、破坏资源或者景观的生产设施；建设其他项目，其污染物排放不得超过国家和地方规定的污染物排放标准。在自然保护区的实验区内已经建成的设施，其污染物排放超过国家和地方规定的排放标准的，应当限期治理；造成损害的，必须采取补救措施。

在自然保护区的外围保护地带建设的项目，不得损害自然保护区内的环境质量；已造成损害的，应当限期治理。

限期治理决定由法律、法规规定的机关作出，被限期治理的企业事业单位必须按期完成治理任务。"

（三）土地管理的相关法律

对不在规划的工业用地或建设用地中进行建设的项目，一定要特别注意是否符合《中华人民共和国土地管理法》与《中华人民共和国土地管理法实施条例》的相关规定。

《中华人民共和国土地管理法实施条例》第八条规定："国家实行占用耕地补偿制度。在国土空间规划确定的城市和村庄、集镇建设用地范围内经依法批准占用耕地，以及在国土空间规划确定的城市和村庄、集镇建设用地范围外的能源、交通、水利、矿山、军事设施等建设项目经依法批准占用耕地的，分别由县级人民政府、农村集体经济组织和建设单位负责开垦与所占用耕地的数量和质量相当的耕地；没有条件开垦或者开垦的耕地不符合要求的，应当按照省、自治区、直辖市的规定缴纳耕地开垦费，专款用于开垦新的耕地。

省、自治区、直辖市人民政府应当组织自然资源主管部门、农业农村主管部门对开垦的耕地进行验收，确保开垦的耕地落实到地块。划入永久基本农田的还应当纳入国家永久基本农田数据库严格管理。占用耕地补充情况应当按照国家有关规定向社会公布。"

第九条规定："禁止任何单位和个人在国土空间规划确定的禁止开垦的范围内从事土地开发活动。

按照国土空间规划，开发未确定土地使用权的国有荒山、荒地、荒滩从事种植业、林业、畜牧业、渔业生产的，应当向土地所在地的县级以上地方人民政府自然资源主管部门提出申请，按照省、自治区、直辖市规定的权限，由县级以上地方人民政府批准。"

（四）草原法

对于在草原以及草原周边进行的建设项目，要依据《中华人民共和国草原法》对项目选址进行法律的符合性评价。该法第三十八条规定："进行矿藏开采和工程建设，应当不占或者少占草原；确需征用或者使用草原的，必须经省级以上人民政府草原行政主管部门审核同意后，依照有关土地管理的法律、行政法规办理建设用地审批手续。"

第四十条规定："需要临时占用草原的，应当经县级以上地方人民政府草原行政主管部门审核同意。

临时占用草原的期限不得超过二年，并不得在临时占用的草原上修建永久性建筑物、构筑物；占用期满，用地单位必须恢复草原植被并及时退还。"

第四十一条规定："在草原上修建直接为草原保护和畜牧业生产服务的工程设施，需要使用草原的，由县级以上人民政府草原行政主管部门批准；修筑其他工程，需要将草原转为非畜牧业生产用地的，必须依法办理建设用地审批手续。

前款所称直接为草原保护和畜牧业生产服务的工程设施，是指：（一）生产、贮存草种和饲草饲料的设施；（二）牲畜圈舍、配种点、剪毛点、药浴池、人畜饮水设施；（三）科研、试验、示范基地；（四）草原防火和灌溉设施。"

第四十二条规定："国家实行基本草原保护制度。下列草原应当划为基本草原，实施严格管理：（一）重要放牧场；（二）割草地；（三）用于畜牧业生产的人工草地、退耕还草地以及改良草地、草种基地；（四）对调节气候、涵养水源、保持水土、防风固沙具有特殊作用的草原；（五）作为国家重点保护野生动植物生存环境的草原；（六）草原科研、教学试验基地；（七）国务院规定应当划为基本草原的其他草原。基本草原的保护管理办法，由国务院制定。"

第四十九条规定："禁止在荒漠、半荒漠和严重退化、沙化、盐碱化、石漠化、水土流失的草原以及生态脆弱区的草原上采挖植物和从事破坏草原植被的其他活动。"

第五十条规定："在草原上从事采土、采砂、采石等作业活动，应当报县级人民政府草原行政主管部门批准；开采矿产资源的，并应当依法办理有关手续。

经批准在草原上从事本条第一款所列活动的，应当在规定的时间、区域内，按照准许的采挖方式作业，并采取保护草原植被的措施。

在他人使用的草原上从事本条第一款所列活动的，还应当事先征得草原使用者的同意。"

第五十一条规定："在草原上种植牧草或者饲料作物，应当符合草原保护、建设、利用规划；县级以上地方人民政府草原行政主管部门应当加强监督管理，防止草原沙化和水土流失。"

第五十二条规定："在草原上开展经营性旅游活动，应当符合有关草原保护、建设、利用规划，并事先征得县级以上地方人民政府草原行政主管部门的同意，方可办理有关手续。在草原上开展经营性旅游活动，不得侵犯草原所有者、使用者和承包经营者的合法权益，不得破坏草原植被。"

对于涉及荒漠化、沙漠化环境的建设项目，其选址要依据《中华人民共和国防沙治沙法》中的规定进行法律符合性评价。该法第十七条规定："禁止在沙化土地上砍挖灌木、药材及其他固沙植物。

沙化土地所在地区的县级人民政府，应当制定植被管护制度，严格保护植被，并根据需要在乡（镇）、村建立植被管护组织，确定管护人员。

在沙化土地范围内，各类土地承包合同应当包括植被保护责任的内容。"

第二十二条规定："在沙化土地封禁保护区范围内，禁止一切破坏植被的活动。

禁止在沙化土地封禁保护区范围内安置移民。对沙化土地封禁保护区范围内的农牧民，县级以上地方人民政府应当有计划地组织迁出，并妥善安置。沙化土地封禁保护区范围内尚未迁出的农牧民的生产生活，由沙化土地封禁保护区主管部门妥善安排。

未经国务院或者国务院指定的部门同意，不得在沙化土地封禁保护区范围内进行修建铁路、公路等建设活动。"

（五）森林法

对于涉及公有林权的林地、国家森林公园的建设项目选址，要按《中华人民共和国森林法》的规定进行符合性评价。该法第三十七条规定："矿藏勘查、开采以及其他各类工程建设，应当不占或者少占林地；确需占用林地的，应当经县级以上人民政府林业主管部门审核同意，依法办理建设用地审批手续。

占用林地的单位应当缴纳森林植被恢复费。森林植被恢复费征收使用管理办法由国务院财政部门会同林业主管部门制定。

县级以上人民政府林业主管部门应当按照规定安排植树造林，恢复森林植被，植树造林面积不得少于因占用林地而减少的森林植被面积。上级林业主管部门应当定期督促下级林业主管部门组织植树造林、恢复森林植被，并进行检查。"

第三十九条规定："禁止毁林开垦和毁林采石、采砂、采土以及其他毁林行为。

禁止向林地排放重金属或者其他有毒有害物质含量超标的污水、污泥，以及可能造成林地污染的清淤底泥、尾矿、矿渣等。

禁止在幼林地砍柴、毁苗、放牧。

禁止擅自移动或者损坏森林保护标志。"

（六）文物保护法

对于铁路、公路、机场、输油输气管线等涉及范围大的大型交通类建设项目，在进行选址、选线时要特别注意是否压矿或破坏文物，按照《中华人民共和国矿产资源法》及《中华人民共和国文物保护法》进行其法律的符合性评价。

《中华人民共和国矿产资源法》第二十条规定："非经国务院授权的有关主管部门同意，不得在下列地区开采矿产资源：（一）港口、机场、国防工程设施圈定地区以内；（二）重要工业区、大型水利工程设施、城镇市政工程设施附近一定距离以内；（三）铁路、重要公路两侧一定距离以内；（四）重要河流、堤坝两侧一定距离以内；（五）国家划定的自然保护区、重要风景区，国家重点保护的不能移动的历史文物和名胜古迹所在地；（六）国家规定不得开采矿产资源的其他地区。"

《中华人民共和国文物保护法》第九条规定："各级人民政府应当重视文物保护，正确处理经济建设、社会发展与文物保护的关系，确保文物安全。

基本建设、旅游发展必须遵守文物保护工作的方针，其活动不得对文物造成损害。

公安机关、工商行政管理部门、海关、城乡建设规划部门和其他有关国家机关，应当依法认真履行所承担的保护文物的职责，维护文物管理秩序。"

第十七条规定："文物保护单位的保护范围内不得进行其他建设工程或者爆破、钻探、挖掘等作业。但是，因特殊情况需要在文物保护单位的保护范围内进行其他建设工程或者爆破、钻探、挖掘等作业的，必须保证文物保护单位的安全，并经核定公布该文物保护单位的人民政府批准，在批准前应当征得上一级人民政府文物行政部门同意；在全国重点文物保护单位的保护范围内进行其他建设工程或者爆破、钻探、挖掘等作业的，必须经省、自治区、直辖市人民政府批准，在批准前应当征得国务院文物行政部门同意。"

第十八条规定："根据保护文物的实际需要，经省、自治区、直辖市人民政府批准，可以在文物保护单位的周围划出一定的建设控制地带，并予以公布。

在文物保护单位的建设控制地带内进行建设工程，不得破坏文物保护单位的历史风貌；工程设计方案应当根据文物保护单位的级别，经相应的文物行政部门同意后，报城乡建设规划部门批准。"

第十九条规定："在文物保护单位的保护范围和建设控制地带内，不得建设污染文物保护单位及其环境的设施，不得进行可能影响文物保护单位安全及其环境的活动。对已有的污染文物保护单位及其环境的设施，应当限期治理。"

第二十条规定："建设工程选址，应当尽可能避开不可移动文物；因特殊情况不能避开的，对文物保护单位应当尽可能实施原址保护。

实施原址保护的，建设单位应当事先确定保护措施，根据文物保护单位的级别报相应的文物行政部门批准；未经批准的，不得开工建设。

无法实施原址保护，必须迁移异地保护或者拆除的，应当报省、自治区、直辖市人民政府批准；迁移或者拆除省级文物保护单位的，批准前须征得国务院文物行政部门同意。全国重点文物保护单位不得拆除；需要迁移的，须由省、自治区、直辖市人民政府报国务院批准。

依照前款规定拆除的国有不可移动文物中具有收藏价值的壁画、雕塑、建筑构件等，由文物行政部门指定的文物收藏单位收藏。

本条规定的原址保护、迁移、拆除所需费用，由建设单位列入建设工程预算。"

第二十九条规定："进行大型基本建设工程，建设单位应当事先报请省、自治区、直辖市人民政府文物行政部门组织从事考古发掘的单位在工程范围内有可能埋藏文物的地方进行考古调查、勘探。

考古调查、勘探中发现文物的，由省、自治区、直辖市人民政府文物行政部门根据文物保护的要求会同建设单位共同商定保护措施；遇有重要发现的，由省、自治区、直辖市人民政府文物行政部门及时报国务院文物行政部门处理。"

（七）水土保持法

对于在山区、丘陵等生态敏感与水土流失严重区进行建设的项目，要依据《中华人民共和国水土保持法》的相关规定，由有资质的水土保持单位编制该项目的《水土保持方案》，根据《水土保持方案》《中华人民共和国水土保持法》进行项目选址的法律符合性评价。

对于生活垃圾、工业固体废物等固体废物进行处理与处置的项目，其选址应在满足其他法律法规的前提下，还要按《中华人民共和国固体废物污染环境防治法》对其选址进行法律的符合性评价。

该法第二十条规定："产生、收集、贮存、运输、利用、处置固体废物的单位和其他生产经营者，应当采取防扬散、防流失、防渗漏或者其他防止污染环境的措施，不得擅自倾倒、堆放、丢弃、遗撒固体废物。禁止任何单位或者个人向江河、湖泊、运河、渠道、水库及其最高水位线以下的滩地和岸坡以及法律法规规定的其他地点倾倒、堆放、贮存固体废物。"

第二十一条规定："在生态保护红线区域、永久基本农田集中区域和其他需要特别保护的区域内，禁止建设工业固体废物、危险废物集中贮存、利用、处置的设施、场所和生活垃圾填埋场。"

第二十三条规定："禁止中华人民共和国境外的固体废物进境倾倒、堆放、处置。"

第四十三条规定："县级以上地方人民政府应当加快建立分类投放、分类收集、分类运输、分类处理的生活垃圾管理系统，实现生活垃圾分类制度有效覆盖。县级以上地方人民政府应当建立生活垃圾分类工作协调机制，加强和统筹生活垃圾分类管理能力建设。各级人民政府及其有关部门应当组织开展生活垃圾分类宣传，教育引导公众养成生活垃圾分类习惯，督促和指导生活垃圾分类工作。"

第七十七条规定："对危险废物的容器和包装物以及收集、贮存、运输、利用、处置危险废物的设施、场所，应当按照规定设置危险废物识别标志。"

（八）放射性污染项目选址的相关法律

对于核电、输变电等放射性污染的项目，其选址除进行其他法律符合性评价外，还要按《中华人民共和国放射性污染防治法》的规定进行判断。该法第十八条规定："核设施选址，应当进行科学论证，并按照国家有关规定办理审批手续。在办理核设施选址审批手续前，应当编制环境影响报告书，报国务院环境保护行政主管部门审查批准；未经批准，有关部门不得办理核设施选址批准文件。"

二、大气环境要素中法律对项目选址的规定

《中华人民共和国大气污染防治法》第十八条规定："企业事业单位和其他生产经营者建设对大气环境有影响的项目，应当依法进行环境影响评价、公开环境影响评价文件；向大气排放污染物的，应当符合大气污染物排放标准，遵守重点大气污染物排放总量控制要求。"

第三十九条规定："城市建设应当统筹规划，在燃煤供热地区，推进热电联产和集中供热。在集中供热管网覆盖的地区，禁止新建、扩建分散燃煤供热锅炉；已建成的不能达标排放的燃煤供热锅炉，应当在城市人民政府规定的期限内拆除。"

第六十八条规定："地方各级人民政府应当加强对建设施工和运输的管理，保持道路清洁，控制料堆和渣土堆放，扩大绿地、水面、湿地和地面铺装面积，防治扬尘污染。住房城乡建设、市容环境卫生、交通运输、国土资源等有关部门，应当根据本级人民政府确定的职责，做好扬尘污染防治工作。"

三、水环境要素中法律对项目选址的规定

（一）水污染防治法

《中华人民共和国水污染防治法》第二十七条规定："国务院有关部门和县级以上地方人民政府开发、利用和调节、调度水资源时，应当统筹兼顾，维持江河的合理流量和湖泊、水库以及地下水体的合理水位，保障基本生态用水，维护水体的生态功能。"

第二十九条规定："国务院环境保护主管部门和省、自治区、直辖市人民政府环境保护主管部门应当会同同级有关部门根据流域生态环境功能需要，明确流域生态环境保护要求，组织开展流域环境资源承载能力监测、评价，实施流域环境资源承载能力预警。县级以上地方人民政府应当根据流域生态环境功能需要，组织开展江河、湖泊、湿地保护与修复，因地制宜建设人工湿地、水源涵养林、沿河沿湖植被缓冲带和隔离带等生态环境治理与保护工程，整治黑臭水体，提高流域环境资源承载能力。从事开发建设活动，应当采取有效措施，维护流域生态环境功能，严守生态保护红线。"

（二）水环境质量保护法

《中华人民共和国水法》第十九条规定："建设水利工程，必须符合流域综合规划。在国家确定的重要江河、湖泊和跨省、自治区、直辖市的江河、湖泊上建设水工程，未取得有关流域管理机构签署的符合流域综合规划要求的规划同意书的，建设单位不得开工建设；在其他江河、湖泊上建设水工程，未取得县级地方人民政府水行政主管部门按照管理权限签署的符合流域综合规划要求的规划同意书的，建设单位不得开工建设。水工程建设涉及防洪的，依照防洪法的有关规定执行；涉及其他地区和行业的，建设单位应当事先征求有关地区和部门的意见。"

第三十四条规定："禁止在饮用水水源保护区内设置排污口。

在江河、湖泊新建、改建或者扩大排污口，应当经过有管辖权的水行政主管部门或者流域管理机构同意，由环境保护行政主管部门负责对该建设项目的环境影响报告书进行审批。"

第三十六条规定："在地下水超采地区，县级以上地方人民政府应当采取措施，严格控制开采地下水。在地下水严重超采地区，经省、自治区、直辖市人民政府批准，可以划定地下水禁止开采或者限制开采区。在沿海地区开采地下水，应当经过科学论证，并采取措施，防止地面沉降和海水入侵。"

第三十七条规定："禁止在江河、湖泊、水库、运河、渠道内弃置、堆放阻碍行洪的物体和种植阻碍行洪的林木和高秆作物。

禁止在河道管理范围内建设妨碍行洪的建筑物、构筑物以及从事影响河势稳定、危害河岸堤防安全和其他妨碍河道行洪的活动。"

第三十八条规定："在河道管理范围内建设桥梁、码头和其他拦河、跨河、临河建筑物、构筑物，铺设跨河管道、电缆，应当符合国家规定的防洪标准和其他有关的技术要求，工程建设方案应当依照防洪法的有关规定报经有关水行政主管部门审查同意。

因建设前款工程设施，需要扩建、改建、拆除或者损坏原有水工程设施的，建设单位应当负担扩建、改建的费用和损失补偿。但是，原有工程设施属于违法工程的除外。"

第四十条规定："禁止围湖造地。已经围垦的，应当按照国家规定的防洪标准有计划地退地还湖。

禁止围垦河道。确需围垦的，应当经过科学论证，经省、自治区、直辖市人民政府水行政主管部门或者国务院水行政主管部门同意后，报本级人民政府批准。"

第四十三条规定："国家对水工程实施保护。国家所有的水工程应当按照国务院的规定划定工程管理和保护范围。

国务院水行政主管部门或者流域管理机构管理的水工程，由主管部门或者流域管理机构商有关省、自治区、直辖市人民政府划定工程管理和保护范围。

前款规定以外的其他水工程，应当按照省、自治区、直辖市人民政府的规定，划定工程保护范围和保护职责。

在水工程保护范围内，禁止从事影响水工程运行和危害水工程安全的爆破、打井、采石、取土等活动。"

（三）海洋环境保护法

《中华人民共和国海洋环境保护法》第二十七条规定："沿海地方各级人民政府应当结合当地自然环境的特点，建设海岸防护设施、沿海防护林、沿海城镇园林和绿地，对海岸侵蚀和海水入侵地区进行综合治理。

禁止毁坏海岸防护设施、沿海防护林、沿海城镇园林和绿地。"

第三十条规定："入海排污口位置的选择，应当根据海洋功能区划、海水动力条件和有关规定，经科学论证后，报设区的市级以上人民政府环境保护行政主管部门备案。

环境保护行政主管部门应当在完成备案后十五个工作日内将入海排污口设置情况通报海洋、海事、渔业行政主管部门和军队环境保护部门。

在海洋自然保护区、主要渔业水域、海滨风景名胜区和其他需要特殊保护的区域，不得新建排污口。

在有条件的地区，应当将排污口深海设置，实行离岸排放。设置陆源污染物深海离岸排放排污口，应当根据海洋功能区划、海水动力条件和海底工程设施的有关情况确定，具体办法由国务院规定。"

第三十三条规定："禁止向海域排放油类、酸液、碱液、剧毒废液和高、中水平放射性废水。

严格控制向海域排放低水平放射性废水；确需排放的，必须严格执行国家辐射防护规定。

严格控制向海域排放含有不易降解的有机物和重金属的废水。"

第四十二条规定："新建、改建、扩建海岸工程建设项目，必须遵守国家有关建设项目环境保护管理的规定，并把防止污染所需资金纳入建设项目投资计划。

在依法规定的海洋自然保护区、海滨风景名胜区、重要渔业水域及其他需要特别保护的区域，不得从事污染环境、破坏景观的海岸工程项目建设或者其他活动。"

第四十五条规定："禁止在沿海陆域内新建不具备有效治理措施的化学制浆造纸、化工、印染、制革、电镀、酿造、炼油、岸边冲滩拆船以及其他严重污染海洋环境的工业生产项目。"

第四十六条规定："兴建海岸工程建设项目，必须采取有效措施，保护国家和地方重点保护的野生动植物及其生活环境和海洋水产资源。

严格限制在海岸采挖沙石。露天开采海滨砂矿和从岸上打井开采海底矿产资源，必须采取有效措施，防止污染海洋环境。"

第四十九条规定："海洋工程建设项目，不得使用含超标准放射性物质或者易溶出有毒有害物质的材料。"

第六十一条规定："禁止在海上焚烧废弃物。

禁止在海上处置放射性废弃物或者其他反射性物质。废弃物中的放射性物质的豁免浓度由国务院制定。"

第六十二条规定："在中华人民共和国管辖海域，任何船舶及相关作业不得违反本法规定向海洋排放污染物、废弃物和压载水、船舶垃圾及其他有害物质。

从事船舶污染物、废弃物、船舶垃圾接收、船舶清舱、洗舱作业活动的，必须具备相应的接收处理能力。"

第七十条规定："船舶及有关作业活动应当遵守有关法律法规和标准，采取有效措施，防止造成海洋环境污染。海事行政主管部门等有关部门应当加强对船舶及有关作业活动的监督管理。

船舶进行散装液体污染危害性货物的过驳作业，应当事先按照有关规定报经海事行政主管部门批准。"

另外，建设项目在选址时涉及行洪河道时，还应满足《中华人民共和国防洪法》与《中华人民共和国河道管理条例》的相关规定。

第二节　厂址选择的规划符合性分析

建设项目在选址时不仅要符合法律法规的要求，也要与相关规划一致。在建设项目环境影响评价的工作过程中，对选址有较强约束力的规划有城市总体规划、工业园区规划、土地利用规划、行业规划。对建设项目涉及的各种规划，都要仔细研究，确保选址与规划的要求一致；否则须先进行规划变更或获得相关规划部门允许，在获取许可文件后才能进行后续相关工作。

一、城市总体规划对项目选址的约束

城市给排水设施、垃圾填埋场、城市道路修建或改造、城市污水处理厂等公共市政项目选址，在城市总体规划中都已确定，所以在进行这类项目的选址可行性论证时，首先就是与总体规划进行比对，看是否与总体规划确定的厂址一致。如果不一致，则需要先申请调整规划，若申请未获批准，则只能另选厂址。

对于非市政项目，则将项目建设内容与规划地类进行对比，如果不一致，则需相关规划部门给予允许建设的批复文件，若未获批准，则只能另选厂址。

另外，当项目选址满足规划要求后，还要按项目周边规划的建设内容进行环境影响评价，当项目的建设营运影响规划实施时，则该选址仍不可行。例如，在总体规划中商业地类上有一综合性大型商业零售项目建设，而在其相邻地块为医疗用地，则该项目的厂址就会因较大的噪声影响医疗地类的规划实施。

二、工业园区规划对项目选址的约束

一般污染影响类项目都要求进相应的工业园区，便于产业的合理布局与环境污染防治。所以接到污染影响类项目时，应首先看其选址是否在工业园区内；其次分析其建设内容是否符合工业园区规划的产业结构；最后判断其选址是否符合该园区的工业布局规划要求，即规划地类是否与建设内容一致，如不一致，则在该园区内重新选址。

如果某项目不在规划的工业园区内，但是在城市总体规划范围内，则按总体规划的要求进行厂址的规划符合性评价；否则按土地利用规划进行符合性评价。

三、土地利用规划对项目选址的约束

土地利用规划的地类较多，一般涉及基本农田、一般耕地、林地、荒地、未利用土地、建设用地等，其中一般耕地又分为水浇地、一般旱地、水稻地等。按土地法，基本农田和有权林地是严禁被占用的；一般耕地和非有权林地必须取得国土资源、林业相关主管部门的审批文件后才能占用。

四、行业规划对项目选址的约束

对于铁路、高速公路、国道、省道、机场、港口、输油输气输水管线等建设项目，均由交通规划来对这类建设项目的选址、选线进行约束。所以，在接受这类项目时必须先查阅项目所在区域的交通规划，如项目符合交通规划，则进行项目选址选线的规划符合性评价，否则须取得相关主管部门的初审文件才能开展工作。

另外，钢铁、水泥、石化、火电等影响国计民生的传统行业的建设项目，必须按行业规划进行其选址的规划符合性评价；输变电站、线及核电类建设项目，须按特种行业的规划要求严格进行规划符合性评价，若不符合规划，则项目会被否决；物种种子保护区规划、流域开发利用规划、海洋功能规划等规划对项目建设的选址也有一定的约束力，如有涉及也要进行规划符合性分析。

第三节　厂址选择的环境功能符合性分析

建设项目的选址如果符合法律、满足相关规划要求，就可进行翔实的工程分析、确定污染源源强和防治措施以及环境影响预测与评价，如果评价结果改变项目所在区域的环境功能，则应先进行污染防治措施的升级，减少排放量后再进行预测与评价；如果仍会改变其所在区域的环境功能，则该项目在此建设不可行。

一、空气环境功能符合性评价

在城市总体规划、工业园区规划中均有空气环境功能区划，所以项目在规划范围内建设时，需要将建设项目大气环境影响预测评价结果与空气环境功能区划进行对比。如果项目会改变空气环境功能，则应提高项目重点废气污染源的处理

效率，若不能解决问题则只能另行选址。

如果项目建设所在区域没有空气环境功能区划，则要根据现场调查判断环境的敏感程度，提出空气环境质量标准，经当地生态环境主管部门批准后按标准中规定的空气质量确定其功能，以此为项目选址可行性的评价标准。

如果建设项目存在有毒有害废气排放，则需设置大气保护距离与卫生防护距离，当该距离之内有污染对象时则应先考虑迁出方案，否则只能另行选址。

二、水环境功能符合性评价

水环境的功能区划是按地表水、地下水分别进行的。地表水体如河流、湖泊、海洋、水库、人工灌溉渠和排洪渠等一般均有环境功能区划，如果没有环境功能区划则需慎重，必要时可与当地生态环境主管部门一起进行现场调查，以准确把握该水体的环境功能，提出环境质量标准建议，经批复后按该标准进行环境功能符合性评价。

地下水一般均按Ⅲ类水体对待，其环境功能是可饮用水水体，所以地下水绝对禁止污染，这对所有项目选址的环境功能约束力是一样的。

三、声环境功能符合性评价

在城市总体规划、工业园区规划中均有声环境功能区划，据此对项目进行选址可行性评价即可。对不在规划范围内的项目或项目所在区域没有声环境功能区划，则参考空气、水环境功能符合性评价的处理方法。

噪声、热及放射性污染均属于能量污染，往往都需设置一定的衰减距离，如所选厂址不能满足该距离要求，则先考虑将污染对象迁出，不能实现则只好另行选址。

另外，在建设项目选址符合法律法规、满足规划、不改变所在区域的环境功能、有足够的防护距离的条件下，还必须得到受其影响的所有民众的同意，即在建设项目环境影响评价中进行公众参与调查。虽然目前公众参与调查对建设项目选址的约束力还没有达到与国家、地方法律法规等同的程度，只是作为一个参考依据纳入厂址选择的可行性分析之中，但随着民众环境保护意识的提高，其影响会越来越大。

【课后习题与训练】

1. 在进行建设项目厂址选择时，最优先关注的是什么问题？为什么？
2. 在水源地准保护区是否能建设管线输送项目？为什么？
3. 化工类项目能否建设在城市规划的建成区内？为什么？
4. 熟料造纸项目选址和生料造纸项目选址是否一样？为什么？

第十四章　战略环境影响评价

战略环境影响评价是对政府政策、规划、计划的环境影响评价，公共政策环境影响评价、区域环境影响评价、规划环境影响评价均属于战略环境影响评价。规划、政策、重大决策对环境的影响往往是长时间、大范围的，并且经常是不可逆的，所以对其进行环境影响评价是非常重要的，也越来越受到人们关注。

第一节　战略环境影响评价的发展过程

一、国外战略环境影响评价的发展历程

（一）美国

环境影响评价制度起源于美国。1970 年 1 月 1 日美国联邦政府实施的《国家环境政策法》（NEPA），被认为是美国国家环境保护的"基本宪章"。尽管该法中没有将建设项目环境影响评价与战略环境影响评价分开，也没有明确提出这样的概念，但是该法第 102 条规定，"凡对人类环境质量有重大影响的法案或草案，以及联邦开发行为的提案或报告均应提出环境影响说明书（EIS）"，要求美国联邦政府各机构在计划、方案、政策制定之前，要提出环境影响报告，对计划造成的环境影响作详细评价。如果涉及批准国家条例的建议，则由对该条例的实施负主要责任的联邦机构编制环境影响报告书。但多数情况下，某项联邦行动的建议会牵涉多个联邦机构，为了避免因各部门相互推诿导致评价工作的迟延，《国家环境政策法实施条例》第 1501.5 节和第 1501.6 节针对多个部门的情况，提出了主办机关和协办机关的分工方法。主办机关负责监督环境影响评价和报告书的编制。如果不能就"主办机构"的问题达成一致，那么其中任何一个机关或有关的个人，都

可以将争议提交总统环境质量委员会，由该委员会确定"主办机关"。该条例还规定，"主办机关"可以要求相关机关在评价过程中提供合作，而且被要求提供合作的任何其他联邦机关都有义务担任合作机关，不得拒绝。

（二）加拿大

加拿大1993年以"内阁指令"形式，发布了《关于政策和计划建议的环境评价程序的内阁指令》。该指令规定：所有联邦政策和计划建议必须经过环境评价程序；联邦政府部门在向内阁提交有关政策和计划建议的同时，应当附属一份关于环境影响的公开说明。实行该程序的目的是确保环境影响能被纳入规划和决策过程，在政策建议的论证阶段，环境因素能与经济、社会、文化等因素被一并考虑，使环境评价的结果成为支持决策的信息，从而促进综合决策。1999年，加拿大政府发布了新的《关于政策、规划和计划提案开展环境评价的内阁指令》及其相应的实施指南。

（三）荷兰

荷兰的环境影响评价立法框架，主要由两部分组成：一是1987年制定的《环境保护法》第七章"环境影响评价"，通常被称为"1987年环境影响评价法"，主要适用于那些对环境具有严重不利影响的"活动"和政府关于该活动的"决定"；二是1994年以"内阁指令"提出的环境论证程序，主要适用于政府层次的环境评价。

根据1987年关于环境影响评价的法律要求，如果某些行业性政策、全国性或区域性规划和计划的建议，包含具体的项目方案，而该项目依法必须经过环境影响评价程序，那么这些规划和计划必须经过环境影响评价程序。这种评价在荷兰被称为"战略环境和影响评价"（SEIA）。实践中，这种层次上的环境评价程序，主要适用于对环境具有直接而严重影响的规划和计划，如全国电力生产规划、全国废物处置规划、土地开发规划和供水规划等。

根据1994年关于提高立法质量的"内阁指令"的要求，各部门提出新的立法草案时，必须对环境影响进行相应的论证，称为"环境论证"。与项目层次的环境评价程序相比，对立法草案的"环境论证"，则是一种相对简单、灵活的"评估式程序"。荷兰实行新的"环境论证"程序，旨在确保环境影响能够在新法律中得到适当的考虑。

（四）英国

英国政府在 1991 年首次提出对政策进行环境评估，并由环境部公布了专门的指导性文件：《政策评估和环境》。根据该文件，中央政府的各项政策应当经过环境评估。为此，内阁还向每个部门设置了一名专门负责环境事务的官员，称为"绿色部长"，以促进各部门对政策的环境评估。为了指导中央各部门开展政策性环境评估，英国还先后发布了一系列指导性文件。例如，1992 年制定的第 12 号规划政策指南要求地方政府制定各种发展政策、规划和建议，都应进行环境评估；1994 年制定的《发展规划的环境评估：实用指南》，对发展规划制定过程中的环境评估方法和程序作了十分详细的规定。

（五）新西兰

新西兰关于政策和规划环境评价的要求，集中体现在 1991 年制定的《1991 年新西兰资源管理法》。该法确定了环境评价、费用有效性、公众参与、公开透明 4 项基本制度和原则，规定环境评价分为两类，分别是政策和规划的环境评价、资源开发许可的环境评价。中央政府制定的不同领域的"国家政策"与各地区政府制定的"地区政策"都必须充分考虑环境影响，并确信所提出的政策目标和规划有利于实现可持续发展，而且所提措施符合费用有效性原则。

综上所述，美国的《国家环境政策法》最初体现了规划环境影响评价的思想，但是直到 20 世纪 80 年代，随着世界范围内资源开发步伐的加快和开发规模的扩大，出现了第二次环境污染和生态破坏的高潮，环境影响评价的范围开始由项目层次扩展到规划及政策层次。同时，伴随 20 世纪 80 年代末至 90 年代初"可持续发展"战略的提出，一些学者开始对规划层次的评价体系进行理论上的探讨，提出了"战略环境评价"（SEA）的概念，即系统、综合评价政府部门的政策、计划、规划的可供选择方案对环境的影响。

战略环境评价的概念一经提出，就成了学术研究的热点，得到了世界范围的广泛关注。一些政府和组织相继投身进来，极力推动战略环境评价的发展。1989 年，世界银行发布了环境影响评价指令（Operational Directive 4.00），要求对部门和区域性的开发进行环境评价，并在其"环境评价回顾"中，对战略环境评价在发展中国家开展的情况进行分析。1993 年，欧盟委员会以内部通报形式通过了"对今后所有可能造成显著环境影响的战略行为或立法议案必须经过战略环境评价"的规定。1997 年，欧洲第四届 EIA 专题会议讨论了 SEA 在各国的实施经验、所面临的问题及今后发展方向。2001 年，欧盟委员会正式采用了对一些规划的环境影响开展评价的指令（2001/42/CE）。之后，国际影响评价协会（IAIA）也发表了战略环评的培训手册，并公布了《战略环境评价执行标准》。2004 年联合国环境规划署（UNEP）技术、产业和经济部发布了《环境影响评价与战略环境评价——更好地纳入决策程序》。

二、国内战略环境影响评价的发展历程

20 世纪 80 年代起我国的一些学者也开始介绍国外的战略环境评价，并首先在区域环境影响评价领域进行了一些理论和实践探索，提出了对新老城市发展开展环境影响评价，并完成了山西能源开发和煤化工基地、津京唐地区综合区域发展规划和深圳特区开发的 3 个区域的环境影响评价工作。

20 世纪 90 年代以来，《中国 21 世纪议程——中国 21 世纪人口、环境与发展白皮书》、《国务院关于环境保护若干问题的决定》（国发〔1996〕31 号）及《国家环境保护局"三定"方案》等文件中明确提出对现行重大政策和法规环境影响评价的要求。同时，国务院 1998 年颁布的《建设项目环境保护管理条例》规定："流域开发、开发区建设、城市新区建设和旧区改造等区域性开发，编制建设规划时应当进行环境影响评价。"而且在有些地方进行了规划环评试点，积累了实践经验，如山西省煤炭和电力发展战略环境影响评价（1997）、《上海市城市交通白皮书》环境影响评价（2001）等。

2002 年 10 月 28 日，第九届全国人民代表大会常务委员会第三十次会议通过了《中华人民共和国环境影响评价法》，并于 2003 年 9 月 1 日生效，从法律上明确了规划层次上也需要开展环境影响评价，包括土地利用及区域、流域、海域综合性规划和"工业、农业、畜牧业、林业、能源、水利、交通、城市建设、旅游、自然资源开发"10 类专门性规划及其指导性规划。国家环境保护部于 2014 年正式发布了《规划环境影响评价技术导则　总纲》（HJ 130—2014），明确了需要编制环境影响报告书、环境影响篇章或说明的规划类型及进行规划环境影响评价的具体程序、方法、内容要求等。在 2019 年对《规划环境影响评价技术导则　总纲》进行了修订，2020 年 3 月 1 日实施，并同时发布了《规划环境影响评价技术导则　产业园区》（HJ 131—2021）、《规划环境影响评价技术导则　流域综合规划》（HJ 1218—2021），进一步完善了规划类环境影响评价的技术导则体系。

三、战略环境影响评价的发展趋势

战略决策的环境影响评价总体上有两个发展趋势。

一是战略环境影响评价的内容逐渐丰富，由说明性分析变为更详细的专业性评价，采用的评价方法、技术手段及评价标准都在不断地完善。

二是战略环境影响评价的对象变得多元化，由单一的战略决策的政策性说明，向由依据决策制订的实施规划推进。由于战略决策存在很大的不确定性，而依据决策制订的规划则比决策更为具体，其不确定性变化幅度要小很多，因此这一发展趋势有利于提高环境影响评价工作的针对性结论的准确性、科学性。

第二节　战略环境影响评价的类型

一、公共政策环境影响评价

公共政策是政府制定的行为准则或行动方案，有区域级的（可能涉及多个国家）、国家级的，也有地方级的。由于公共政策具有政治性、社会性、权威性、普遍性，所以对环境的影响比较大。

公共政策环境影响评价就是对公共政策实施过程中及实施完成后的环境影响的判断分析过程，这类评价具有以下意义：

1）推动公共政策制定的科学化。

2）推动公共政策制定的民主化。一个区域的环境与每个人都息息相关，公共政策的环境影响评价是该政策涉及的人群全员参与的一个很好的途径与平台，每个人都会以他的学识、经历、感受作出该政策对环境影响程度的分析与判断。

3）有利于公共政策的实施。在公共政策的环境影响评价过程中，必定会对该政策进行详细的解释、说明、分析、预测与评价，这对公共政策的传播是很有利的，同时容易得到公众理解与支持，便于政策实施。

4）能够提前做好环境保护的防治措施，有利于增加公共政策的社会效益与环境效益。

公共政策环境影响评价方法有政策制定者自评法、专家评价法、公众参与调查与评价法、模型预测与评价法等。

二、区域环境影响评价

区域环境影响评价就是对某区域已有的以及未来的开发建设行为产生的环境影响进行分析判断与预测评价的过程。因区域开发建设具有规模大、范围广、综合性强、层次结构复杂的特点,其环境影响评价非常复杂,采用的方法有专家评价法、公众参与调查与评价法、模型预测与评价法等。区域环境影响评价符合环境整体性、系统性的特点,有利于找到区域环境优化与改善的综合性方案,避免"头痛医头脚痛医脚"。

区域环境影响评价的主要内容包括:①区域环境特点与主要环境问题分析;②已建行为与环境的协调性分析;③区域环境容量评估(承载力估算);④区域各拟建行为或规划分析;⑤拟建行为或规划的环境影响预测与评价;⑥区域环境风险评估;⑦区域环境保护方案论证;⑧不确定性分析与执行总结。

三、规划环境影响评价

根据《中华人民共和国环境影响评价法》,规划环境影响评价是指对规划实施过程中及实施后可能造成的环境影响进行分析、预测和评估,提出预防或者减轻不良环境影响的对策和措施,进行跟踪监测的方法与制度。它可看作一种在规划层次及早协调环境与发展关系的手段。

与建设项目环境影响评价不同的是,规划环境影响评价涉及的空间范围大、时间跨度长,而且从规划酝酿阶段开始直到规划的实施,都要考虑环境影响,因此在内容上规划环境影响评价更强调累积影响分析和不确定性评估。

环评法和其后颁布的《规划环境影响评价技术导则(试行)》(HJ/T 130—2003)(于 2019 年进行了修订)、《关于印发〈编制环境影响报告书的规划的具体范围(试行)〉和〈编制环境影响篇章或说明的规划的具体范围(试行)〉的通知》(环发〔2004〕98 号)中,均明确了我国目前规划环评仅限于特定的对象,土地利用的有关规划,区域、流域、海域的建设、开发利用规划,工业、农业、畜牧业、林业、能源、水利、交通、城市建设、旅游、自然资源开发的有关专项规划,即通常所说的"一地、三域、十专项"。这些规划相较开发区区域规划,尺度更大、影响更深、持续时间更长、不确定性更大、综合性更强、战略层次更高。

由于《中华人民共和国环境影响评价法》明确了规划环境影响评价的法律地位,并于 2010 年开始在我国试点开展这方面的工作,目前虽然不完全成熟,但也积累了一定的经验，本章将以规划环境影响评价为对象来讲述规划环境影响评价的工作程序与内容。

第三节　规划环境影响评价的工作程序与内容

一、规划环境影响评价的工作程序

第一步：确定评价的范围。任何规划环评的第一步都要界定评价的范围，之后才能进行规划环境影响的识别，确定不同利益方关注的环境因素。

第二步：规划分析。通过规划分析，找到环境影响因子、影响要素及其影响途径，对规划区域内环境无法承受的规划方案确定可能的替代方案。通过文献的调查、与规划专家的商讨或借助计算机模拟，筛选出可行的替代方案。

第三步：提出环境保护的措施或方案。根据规划分析的结果，提出该规划必须实施与建议实施的环境保护的措施或方案。

第四步：评估规划可能的环境影响。根据采取环境保护措施或方案后进入环境要素的物质或能量，利用各种评价方法和技术，定量预测与评价规划的环境影响程度是否超过了区域环境承载力，如超过，则修改规划方案直到满足为止；如没超过，则给出污染物排放总量控制指标。

第五步：进行不确定性分析。由于规划的战略性和超前性，在规划的实施过程存在很大的不确定性，对于各种可能性，都要进行定量或定性的环境影响分析，并提出应对方案。

二、规划环境影响评价的内容

《规划环境影响评价技术导则　总纲》（HJ 130—2019）要求，环境影响报告书的内容应包括总则、规划分析、环境现状调查与评价、环境影响识别与评价指标体系构建、环境影响预测与评价、规划方案综合论证和优化调整建议、环境影响减缓对策和措施、环境影响跟踪评价计划、公众参与、评价结论十大部分。

（一）总则

总则包括规划的一般背景、与规划有关的环境保护政策、环境保护目标和标准、环境影响识别（表）、评价范围与环境目标和评价指标、与规划层次相适宜的影响预测和评价所采用的方法。其中，环境影响识别与目标、指标确定的基本程序见 HJ 130—2019 中的图 1。其识别的内容包括影响因子识别、影响范围识别、时间跨度识别、影响性质识别等。

（二）规划分析

规划分析包括描述规划的社会经济目标和环境保护目标（和/或可持续发展目标），分析规划与上、下层次规划（或建设项目）的关系和一致性、规划目标与其他规划目标、环保规划目标的关系和协调性。筛选符合规划目标和环境目标要求的可行的各规划（替代）方案。根据最终确定的规划方案，计算污染物的产生源强，提出污染防治方案及其处理效率，计算污染物排放量。

（三）环境现状调查与评价

环境现状调查与评价包括概述环境调查工作，针对规划对象，按照全面、重点相结合的方法，应调查环境、社会、经济 3 个方面现状。分析规划涉及的区域/行业领域存在的主要环境问题，及其历史演变，并预计在没有本规划情况下（零方案）的环境发展趋势。分析环境敏感区域和/或现有的敏感环境问题，以表格一一对应的形式列出可能对规划发展目标形成制约的关键因素或条件，列出可能受规划实施影响的区域和（或）行业部门。分析评价区域资源利用水平、生态状况、环境质量等现状与区域资源利用上线、生态保护红线、环境质量底线等管控要求间的关系，明确提出规划的资源、生态、环境制约因素。

（四）环境影响识别与评价指标体系构建

根据规划内容及年限识别分析评价期内规划实施对资源、生态、环境影响的途径、方式、性质、范围和程度以及可能产生的环境风险。在准确的影响识别的前提下，确定评价目的，从而构建指标体系。

（五）环境影响预测与评价

按环境主题（如生物多样性、人口、健康、动植物、土壤、水、空气、气候因子、矿产资源、文化遗产、自然景观）描述所识别、预测的主要环境影响，突出对主要污染物与主要环境要素的影响预测与评价。不同规划方案或设置的不同情景，分别描述所识别、预测其直接影响、间接影响、累积影响。在描述环境影响时，说明不同地域尺度（当地、区域、全球）和不同时间尺度（短期、长期）的影响。对不同规划方案可能导致的环境影响进行比较，包括环境目标、环境质量、环境质量稳定性的比较。

（六）规划方案综合论证和优化调整建议

根据评价的结果以及"三线一单"的要求，论证规划内容的合理性，以及对不合理部分进行规划调整的必要性。

（七）环境影响减缓对策和措施

环境影响减缓对策和措施包括：

1. 环境可行的规划方案

根据多个规划方案（含零方案）的预测评价结果，对所有符合规划目标的规划方案排序，主要是从环境影响大小、经济合理、技术可行 3 个方面进行的。

2. 环境可行的推荐方案

推荐方案和替代方案，有时推荐方案也可以是可行方案的重新组合，使之更加合理。

3. 环保对策与减缓措施

环保对策与减缓措施包括预防措施、最小化措施、减量化措施、修复补救措施和重建措施 5 个方面。

4. 规划的结论性意见与建议

建议采纳环境可行的推荐方案，或修改规划目标或规划方案，或放弃规划。

（八）环境影响跟踪评价计划

拟订监测与跟踪评价计划，以分析规划实施后的环境影响与预测的吻合程度、相关对策落实程度，对已实施但没有达到预期效果的规划、污染防治方案提出改进措施。

（九）公众参与和会商意见处理

公众参与是一个向公众传达、解释规划及规划实施的环境影响的过程，公众在知情并清楚自己的选择后果后进行选择。这里的"公众"，包括专家与确定的评价区域内的单位、民众；参与时机为规划环评全过程；规划环评报告书中应概述与环境评价有关的专家咨询和收集的公众意见与建议，以及其落实情况。对于未采纳的意见，应给予说明。

（十）评价结论

采用非技术性文字简要说明规划背景、规划目标、评价过程、环境资源现状、预测的环境影响、推荐的规划方案建议与减缓措施、公众参与会商处理结果、总体评价结论。

【课后习题与训练】

1. 规划的环境影响评价有哪些原则？为什么要坚持这些原则？

2. 在进行规划分析时，必须十分注意各种规划的协调性与一致性，为什么？

3. 在我国已开始对各类规划进行环境影响评价的尝试，每个规划环境影响评价都要求进行不确定性分析，为什么？不确定性主要从哪几个方面进行分析？

4. 在对规划的源项分析中，要特别注意产业结构与产业布局，为什么？

5. 战略性决策对环境的影响时间长、范围大、程度深，试举例说明。

第十五章　环境影响评价中的新技术

环境影响评价涉及环境、社会、经济等因素的空间分布信息和时间演变信息。对于这些时空信息和属性信息的获取，传统手段主要依靠纸质地图和有限的统计资料。然而，纸质地图所负载的时空信息为模拟信息，在信息的容量、质量等方面存在局限。因此，作为先进的信息获取与管理手段——"3S"技术在环境影响评价中的应用，已成为热点。

第一节　"3S"技术基本原理

"3S"是遥感（remote senescing，RS）、地理信息系统（geographical information system，GIS）、全球定位系统（global positioning system，GPS）3 种技术的统称。"3S"是目前对地观测系统中空间信息获取、存储、更新、分析和应用的三大支撑技术，是资源合理规划利用、自然灾害动态监测与防治、环境监测与评价等领域中常用的重要手段。

一、遥感技术系统基本原理

（一）遥感概念

遥感，是指不直接接触物体，从远处通过探测仪器接收来自目标地物的电磁波信息，经过对信息的处理，判别目标地物的属性。

遥感作为一个术语，是在 1962 年美国密执安大学召开的第一次国际环境遥感讨论会后被普遍采用的；作为一门技术，是在 1972 年美国第一颗地球资源技术卫星（Landsat-1）成功发射并获取了大量的卫星图像之后在世界范围内得到广泛应用的。到 21 世纪，各国卫星相继不断发射，遥感技术与应用得到迅猛发展。

（二）遥感技术系统

遥感技术系统主要由遥感平台、传感器、遥感信息的接收和处理，以及遥感图像的判读和应用 4 部分组成。遥感平台是指遥感中搭载传感器的运载工具，按其距地面的高度可分为地面平台、航空平台和航天平台。传感器是遥感的核心仪器，也称遥感器或者探测器，是远距离感测和记录地物环境辐射或反射电磁能量的遥感仪器。目标地物反射、发射和吸收的电磁波是遥感的信息源，传感器接收到目标地物的电磁波信息，记录在数字磁介质或胶片上，卫星地面站接收到遥感卫星发送过来的数字信息，并进行一系列的处理，如辐射校正、几何粗校正、投影变换等，转换为用户可使用的通用数据格式，或模拟信号记录在胶片上。遥感图像的判读就是将遥感图像的光谱信息转化为用户的类别信息，即对数据进行分析分类和解译，从而将图像数据转化为能解决实际问题的有用信息。

（三）遥感技术系统分类

根据遥感平台不同，可将遥感分为地面遥感、航空遥感（气球、飞机）、航天遥感（人造卫星、飞船、空间站、火箭）。地面遥感是把传感器设置在地面平台上，如车载、船载、手提、固定或活动高架平台上；航空遥感是把传感器设置在航空器上，如气球、航模、飞机及其他航空器等；航天遥感则是把传感器设置在航天器上，如人造卫星、宇宙飞船、空间实验室等。目前，常用的是航天遥感，主要的遥感平台有美国的 Landsat、World View、Qiuckbird、IKonos、GeoEye-1、Orbview 卫星，法国的 SPOT 卫星，日本的陆地卫星 ALos，印度的 IRS-P5、IRS-P6 卫星，我国的中巴资源卫星 CBERS、GF 系列等。

根据工作波段不同，可以将遥感分为紫外遥感（探测波段为 $0.30 \sim 0.38 \ \mu m$）、可见光遥感（探测波段为 $0.38 \sim 0.76 \ \mu m$）、红外遥感（探测波段为 $0.76 \sim 14.00 \ \mu m$）、微波遥感（探测波段为 $1 \ mm \sim 1 \ m$）以及多波段遥感等。

根据传感器不同，遥感可以分为主动遥感、被动遥感（航空航天、卫星）。主动遥感是指传感器主动地向被探测的目标物发射一定波长的电磁波，然后接收并记录从目标物反射回来的电磁波，如微波雷达；被动遥感是指传感器直接接收并记录目标物反射的太阳辐射或目标物自身发射的电磁波，如可见光遥感。

根据记录方式不同，遥感可分为成像遥感、非成像遥感。

根据应用领域不同，遥感可以分为环境遥感、大气遥感、资源遥感、海洋遥感、地质遥感、农业遥感、林业遥感等。

（四）遥感技术特点

1. 宏观性与同步性

航摄飞机飞行高度为 10 km 左右，陆地卫星的卫星轨道高度达 910 km 左右，一景 Landsat 影像其覆盖面积可达 185 km。因此，遥感能在较短的时间内从空中乃至宇宙空间对大范围地区进行同步对地观测，并从中获取有价值的遥感数据。这些数据使人们能及时获取大范围的同步信息，拓展了人们的视觉空间，为宏观掌握地面事物的现状创造了极为有利的条件，同时为宏观研究自然现象和规律、地球资源和环境提供了宝贵的一手资料。

2. 时效性与动态性

遥感技术获取信息的速度快、周期短。卫星日复一日地围绕地球运转，可以获取所经地区的各种自然信息，迅速更新原有资料，或根据新旧资料变化进行动态监测，这是人工实地测量和航空摄影测量无法比拟的。例如，Landsat 4、Landsat 5 卫星，每 16 天就可覆盖地球一遍，NOAA 气象卫星每天经过同一地区两次。

遥感探测能周期性、重复地对同一地区进行观测，有助于人们通过所获取的遥感数据，发现并动态地跟踪地面许多事物或现象的变化与演化，如天气变化、自然灾害突发、环境污染等。

3. 多波段性

一个遥感平台上可以携带多个传感器，一个传感器上可以设置多个波段。由于不同地物的波谱特性不同，根据不同的任务，遥感技术可选用不同波段来获取地面信息，如可见光、紫外线、红外线、微波等。例如，为了获取地面覆盖物、水体、冰层、沙漠下面的地物特性等地物内部信息，可以选择微波遥感。

4. 综合性

遥感探测所获取的是同一时段、覆盖大范围地区的遥感数据，这些数据综合地展现了地面自然与人文现象，宏观地反映了地面各种事物的形态与分布，客观真实地展示了地质、地貌、土壤、植被、水文、人工构筑物等地物的特征，为全面揭示地理事物发展规律及其之间的内在关联性，提供了综合性的海量数据。

5. 经济性

在地球上有很多地方，自然条件极为恶劣，人类难以到达，如沙漠、沼泽、高山峻岭等。遥感技术则不受地面条件限制，特别是航天遥感可方便及时地获取各种宝贵资料，表现出很高的经济效益与社会效益。

（五）遥感技术基本原理

自然界中任何地物都具有发射、反射和吸收电磁波的性质，遥感技术的基础是利用地物反射或发射电磁波的特性，传感器接收来自地物的电磁波，并发给地面接收站，用户从而判读和分析地表的目标及现象。

太阳发出的电磁波，经过大气的吸收和散射作用后，到达地表，地物就会对其进行反射和吸收。由于每种物体的物理和化学特性不同，它们对不同波长的入射光的反射率也不同。遥感探测正是将遥感仪器所接收到的目标地物的电磁波信息与物体的反射或发射光谱相比较，从而对地物进行识别和分类。

各种卫星通过不同的遥感技术实现不同的用途，如气象卫星是用于气象的观测预报，海洋水色卫星用于海洋观测，陆地资源卫星用于陆地上所有土地、森林、河流、矿产、环境资源等的调查。

（六）遥感影像特征与应用

遥感影像特征可以从空间分辨率、光谱分辨率、时间分辨率和温度分辨率 4 个方面来归纳。空间分辨率是指遥感图像上能够详细区分的最小单元的尺寸或大小，用像元大小来表示。光谱分辨率是指传感器所选用波段数量的多少、各波段的波长位置、波段间隔大小，间隔越小，波谱分辨率越高。时间分辨率是指对同一目标重复探测时，相邻两次的探测间隔。温度分辨率是指热红外传感器分辨地表热辐射（温度）最小差异的能力。根据不同的遥感应用目的，采用不同的时间分辨率和空间分辨率（表 15-1～表 15-3）。

表 15-1 各研究层次对遥感图像空间分辨率的需求

研究层次	分辨率/m	研究层次	分辨率/m	研究层次	分辨率/m
概略地质制图	1 000	地质构造详查	30	地热资源	1 000
矿化地段调查	30	海洋温度	1 000	作物长势监测	25～50
区域地质构造	300	水污染控制	10～20	森林分布	300
侵蚀调查	10	土地类型划分	200	污染源识别	10
山区植被调查	200	鱼群分布与迁移	10	森林资源调查	100
城乡规划	5～10	海岸带变化	100	作物病虫害监测	5～10
土壤识别	75	航行设计	5	土壤保护	75

研究层次	分辨率/m	研究层次	分辨率/m	研究层次	分辨率/m
城市交通密度分析	5	农作物估产	50	土壤详查	3
洪水灾害	50	地震评估	1～5	森林病虫害探测	50
大比例尺土地详查	1～3	森林火灾预报	50	土地变化监测	1
道路交通规划	50	大比例尺地形图测绘	0.1～0.5	水污染控制	50

表 15-2 各主要成图比例尺对遥感图像空间分辨率的需求

成图比例尺	专题图	
	空间分辨率/m	地形图
1：500 000	50.0	100～150
1：250 000	25.0	50～100
1：200 000	20.0	40～50
1：100 000	10.0	20～40
1：50 000	5.0	10～20
1：25 000	2.5	5～8
1：10 000	1.0	2～3
1：5 000	0.5	1～2
1：2 000	0.2	0.4～1.0

表 15-3 部分遥感信息源的应用范围

卫星名称	空间分辨率/m		成像谱段		成图比例尺	应用范围
	全、单色	多谱段	全、单色	多谱段		
Landsat7（美国）	15	30	0.450～12.500 μm		1：10 万～1：30 万，个别领域 1：1 万～1：3 万	可用于矿产资源调查、石油普查、土地类型划分、区域地质调查、环境质量监测、渔业资源管理、农作物估产、水土保持、灾害预测、森林病虫害探测、污染监测等
SPOT4（法国）	10	20	0.61～0.68 μm	0.50～1.75 μm	1：10 万～1：20 万，个别领域 1：2 万～1：5 万	除 Landsat7 应用范围之外，还可用于水污染控制、水库建设、工程地质应用等
Radarsat（加拿大）	10～100		微波		1：10 万～1：50 万，个别领域 1：2 万～1：5 万	应用范围同 SPOT4
CBERS（中国、巴西）	19.5（天底点）		0.45～0.73 μm		1：20 万，个别领域 1：5 万～1：10 万	除 Landsat7 应用范围之外，还可用于地热开发、区域工程地质应用、道路选线与勘查等

卫星名称	空间分辨率/m		成像谱段		成图比例尺	应用范围
	全、单色	多谱段	全、单色	多谱段		
QuickBird-2（美国）	0.62	2.44	450～900 nm	450～690 nm	1∶1万～1∶5万,个别领域1∶2 000～1∶5 000	大比例尺遥感专题制图、大比例尺地形测图、获取 DEM 数据、城市规划、土地资源利用详查及动态监测、城市资源及生态评价等
IKONOS（美国）	0.82	3.28	450～900 nm	450～880 nm	1∶1万～1∶2万,个别领域1∶5 000	应用范围同 QuickBird-2

二、地理信息系统技术系统基本原理

（一）地理信息系统概念

地理信息系统，是以空间数据库为基础，在计算机软硬件的支持下，对空间相关数据进行采集、管理、操作、分析、模拟和显示，并采用空间模型分析方法，适时提供多种空间和动态的地理信息，为相关研究和空间决策服务而建立起来的计算机技术系统。

国际上地理信息系统的发展始于 20 世纪 60 年代，起源于北美。世界第一个地理信息系统是在 1963 年由加拿大测量学家 R.F.Tominson 提出并建立的。20 世纪 80 年代以后是 GIS 普及和推广的大发展阶段，它与遥感技术相结合，应用领域不断拓展。这一阶段出现了一些具代表性的 GIS 软件，如国外的 ARC INFO、MICROSTATION、SICAD、GENAMAP、ARCGIS 和国内的 MAPGIS、SUPER MAPGIS、IMAGIS 等专业软件。

（二）地理信息系统组成

从系统论的角度，地理信息系统可分为数据库系统、数据库管理系统、计算机硬件和系统软件、应用人员和组织机构 4 个子系统。其中，数据库系统完成对数据的存储，它包括几何（图形）数据库和属性数据库两种类型，二者也可以合二为一，即属性数据存在几何数据中；数据库管理系统完成对地理数据的输入、处理、分析和输出；计算机硬件和系统软件中，前者主要包括计算机、打印机、绘图仪、数字化仪、扫描仪，后者主要指操作系统；专业的应用人员和强有力的组织机构是地理信息系统成功应用和运行的保障。

从数据处理的角度，地理信息系统可分为数据输入子系统、数据存储与检索子系统、数据分析与处理子系统和数据输出子系统。其中，数据输入子系统负责数据的采集、预处理和数据的转换；数据存储和检索子系统负责组织和管理数据库中的数据，以便数据查询、更新与编辑处理；数据分析与处理子系统负责对数据库中的数据进行计算和分析、处理，如面积计算、体积计算、缓冲区分析、空间叠置分析等；数据输出子系统以表格、图形、图像方式对数据库中的内容、计算与分析结果进行输出。

（三）地理信息系统数据源

地理信息系统数据源，是指建立地理数据库所需的各种数据的来源，主要包括地图数据、遥感影像数据、地面测量数据、数字数据、文字资料、多媒体数据等。

1. 地图数据

主要来源于各种类型的普通地图和专题地图。这些地图数据丰富，图上实体间的空间关系直观，实体的类别或属性清晰，有的地图如实测地形图还具有很高的精度。

2. 遥感影像数据

主要来源于航天和航空遥感，数据类型多样，包括多平台、多传感器数据，以及多时相、多光谱、多角度和多分辨率的遥感影像数据。

3. 地面测量数据

主要来源于野外试验、站点观测、实地测量等获取的数据（含 GPS 数据）。地面测量数据可以通过转换进入 GIS 的地理数据库，以便进一步得到应用。

4. 数字数据

主要来源于政府各部门有关不同领域（如人口、经济等）的大量统计数据和已有的各种数据库。

5. 文字资料

各行业、各部门的有关法律文档、行业规范、技术标准、条文条例等。

6. 多媒体数据

包括声音、图像、视频等，其主要作用是辅助 GIS 分析和信息查询。

三、全位定位系统基本原理

（一）全球定位系统概念

全球定位系统（GPS）是由美国国防部研制的利用人造地球卫星进行单位测量的空间卫星导航定位系统，于 20 世纪 70 年代开始实施，到 90 年代初完成建设。

世界上其他的卫星定位导航系统还有俄罗斯的 GLONASS、欧洲空间局的 NAVSAT、国际移动卫星组织的 INMARSAT，以及我国的北斗卫星导航系统等。

（二）全球定位系统组成

1. 空间部分——GPS 星座

GPS 的空间部分由 24 颗工作卫星组成，位于距地表 20 000 km 的上空，均匀分布在 6 个轨道面上每个轨道面 4 颗，轨道倾角为 55°。此外，还有 4 颗有源备份卫星在轨运行。卫星的分布使得在全球任何地方、任何时间都可观测到 4 颗以上的卫星，并能保持良好定位解算精度，GPS 在时间上具有连续的全球导航能力。

2. 地面控制部分——地面监控系统

地面控制部分由 1 个主控站、5 个全球监测站和 3 个地面控制站组成。监测站将取得的卫星观测数据，包括电离层和气象数据，经过初步处理后，传送到主控站；主控站从各监测站收集跟踪数据，计算出卫星的轨道和时钟参数，然后将结果送到 3 个地面控制站；地面控制站在每颗卫星运行至上空时，把这些导航数据及主控站指令发送给卫星。

3. 用户设备部分——GPS 信号接收机

用户设备部分接收 GPS 卫星发射的信号，并进行处理，从而确定接收机到卫星的距离。如果计算出 4 颗或者更多卫星到接收机的距离，再参照卫星的位置，就可以确定出接收机在三维空间中的位置。目前各种类接收机体积越来越小、重量越来越轻，野外使用十分方便。

（三）全球定位系统的主要特点

1. 全球性、全天候

作为先进的测量手段和新的生产力，全球定位系统具有的全天候自动测量的特点，已经融入国民经济建设、国防建设和社会发展的各个应用领域。

2．性能好、精度高、应用广

随着全球定位系统的不断改进，硬、软件的不断完善，性能的不断完善，精度的逐步提高，其应用领域正在不断地开拓，目前已遍及国民经济各部门，并开始逐步深入人们日常生活。

3．观测时间短

随着 GPS 系统的不断完善，软件的不断优化，观测时间不断缩短。目前 20 km 以内相对静态定位，仅需 15～20 min；快速静态相对定位测量时，当每个流动站与基准站相距在 15 km 以内时，流动站观测时间只需 1～2 min；然后随时定位时，每站观测只需几秒。

（四）全球定位系统基本原理

GPS 定位基本原理是利用测距交会确定点位。1 颗卫星信号传播到接收机的时间只能决定该卫星到接收机的距离，但并不能确定接收机相对于卫星的方向，在三维空间中，GPS 接收机的可能位置构成 1 个球面；当测到 2 颗卫星的距离时，接收机的可能位置被确定在 2 个球面相交构成的圆上；当得到第 3 颗卫星的距离后，球面与圆相交得到 2 个可能的点；第 4 颗卫星用于确定接收机的准确位置。因此，如果接收机能够得到 4 颗 GPS 卫星的信号，就可以进行定位；当接收到信号的卫星数目多于 4 个时，可以优选 4 颗卫星计算位置。

四、"3S" 集成技术系统

"3S" 集成技术是将遥感系统、全球定位系统、地理信息系统融为一个统一的有机体的新技术。在 "3S" 技术集成技术系统中，RS 和 GPS 相当于人的两只眼睛，负责获取海量信息及其空间定位；GIS 相当于人的大脑，对所得的信息加以管理和分析。RS、GPS 和 GIS 三者的有机结合，构成了整体上的实时动态对地观测、分析和应用的运行系统，为科学研究、政府管理、社会生产提供了新一代的观测手段、描述语言和分析工具。

"3S" 集成的方式可以在不同的技术水平上实现。低级阶段表现为通过互相调用一些功能来实现 "3S" 集成技术系统之间的联系；高级阶段表现为 "3S" 系统之间不仅相互调用功能，而且直接共同形成有机的一体化系统，对数据进行动态更新，快速准确地获取定位信息，实现实时的现场查询和分析判断。目前，开发

"3S"集成技术系统软件一般采用栅格数据处理方式实现与 RS 的集成，使用动态矢量图层方式实现与 GIS 的集成。

GIS、RS 和 GPS 三者集成利用，构成整体的、实时的和动态的对地观测、分析和应用的运行系统，提高了 GIS 的应用效率。在实际的应用中，较为常见的是"3S"两两之间的集成，如 GIS 与 RS 集成、RS 与 GPS 集成、GPS 与 GIS 集成等。

（一）GIS 与 RS 集成

GIS 用于管理与分析空间数据，RS 用于空间数据采集和分类，它们的研究对象都是空间实体，两者关系十分密切。通过 GIS 与 RS 的集成，一方面可利用遥感影像数据，另一方面可利用经过处理过的电子地图、矢量地图等提取必要的信息。

（二）RS 与 GPS 集成

从 GIS 的角度来看，GPS 和 RS 都可看作数据源获取系统。然而，GPS 和 RS 既分别具有独立的功能，又可以互相补充完善对方。GPS 的精确定位功能弥补了 RS 定位困难的问题。GPS 出现以前，地面同步光谱测量、遥感的几何校正和定位等都是通过地面控制点进行大地测量才能确定的，不但费时、费力，而且当无地面控制点时更无法实现，从而严重影响数据实时进入系统。而 GPS 的快速定位可使 RS 数据及地面同步监测数据之间实现实时、动态配准。利用 RS 数据还可实现 GPS 定位遥感信息查询。将 GPS 定位信息与遥感影像结合，可实现具体某一地物的遥感信息查询。

（三）GPS 与 GIS 集成

GPS 和 GIS 集成，不仅能取长补短使各自的功能得到充分的发挥，而且还能产生许多更高级功能，从而使 GPS 和 GIS 的功能都迈上一个新台阶。

通过 GIS 系统，可使 GPS 的定位信息在电子地图上获得实时的、准确的、形象的反映及漫游查询。通常，GPS 接收机所接收信号无法输入地图，如果把 GPS 的接收机同电子地图相配合，并利用实时差分定位技术和相应的通信手段，就可以开发出各种电子导航和监控系统，广泛用于交通、公安侦破、车船自动驾驶、科学种田和海上捕鱼等方面。另外，GPS 可为 GIS 及时采集、更新或修正数据。

例如，在外业调查中通过 GPS 定位得到的数据，输入给电子地图或数据库，可对原有数据进行修正、核实、赋予专题图属性以生成专题图。

总之，"3S"集成技术，将使测绘、遥感、制图、地理和管理决策科学相融合，因此已经成为快速实时空间信息分析和决策支持的强有力的技术工具。

第二节　"3S"技术在环境影响评价中的综合应用

"3S"以其各类信息的数字化、大容量的数据存储设备和高效智能的处理系统，为环境影响评价提供了丰富的信息和先进的技术手段。通过对遥感影像的光谱分析，环境影响评价人员可以准确、实时地获得所需的地形、地质、水文、气象等资料，建立起环境数据库与模型库，分析、预测评价区域的环境现状与变化趋势。

一、"3S"技术在环境影响评价中的综合应用

（一）现状调查与监测

环境影响评价的初始阶段就是现状调查，往往要耗费大量的人力、物力、财力，又难以做到实时、准确。运用"3S"技术可以迅速调查城市地形地貌、湖泊水系、绿化植被、景观资源、交通状况、土地利用、建筑分布。利用遥感技术对环境进行监测，遥感技术具有其他技术手段所无法媲美的优势，可以获取生态环境变化的基本地面资料，能够提供诸如沙漠化进程、土地盐渍化和水土流失、生态环境恶化（如酸雨对植被的污染）、工业废水和生活污水对水体的污染、石油对海洋的污染等基本状况和发展程度的数据和资料。

1. 大气环境现状调查与监测

大气环境现状调查主要是调查大气污染源的分布、污染源周围的扩散条件、污染物的扩散影响范围等，通过遥感手段并辅以少量地面同步监测数据，可以定量分析污染物浓度的梯度变化值。大气环境现状监测包括污染源监测、污染物定量监测和灾害性大气监测等。影像越来越清晰，可用于监测固定源污染源信息，如在卫星影像上能清楚地看到炭黑厂的黑烟尘。利用具有热红外波段、覆盖范围广的气象卫星数据可以监测全国的秸秆焚烧点；卫星传感器不断发展，科学家已经开始追踪由森林大火、工业排放和城市排放产生的大气污染情况；灾害性大气

污染主要是沙尘暴，卫星图像拥有红外通道，可以确定沙尘暴的位置，同时它所具有的高时间分辨率（如 1 h 重返），更有利于大尺度监测沙尘暴的运动轨迹。目前沙尘暴研究和监测的主要是利用遥感手段。

2. 水环境现状调查与监测

水环境现状调查与监测的任务是获得水体的分布、泥沙、有机质、化学污染等状况和水深、水温等要素的信息，从而对一个地区的水资源和水环境等作出评价，为环境、水利、交通、航运等部门提供决策支持。应用遥感技术，通过对遥感影像的分析，可以快速监测出水体污染源的类型、位置分布及水体污染的分布范围等。

水体及其污染物的光谱特性是利用遥感信息进行水环境监测和评价的依据。水环境现状调查与监测内容包括水体富营养化、悬浮固体、油污染和热污染等方面。水体富营养化遥感监测是通过分析水体反射、吸收和散射太阳辐射能形成的光谱特征与富营养化水质参数浓度之间的关系，建立富营养化水质参数的定量遥感反演模型，并分析各水质参数之间的相关性，建立适当的富营养化评价模型。

水中悬浮固体（SS）含量是水质指标的重要参数之一，选择与悬浮物质浓度相关性好的波段，如可见光波段中 0.58～0.68 μm 对水中泥沙反应最敏感，然后结合实测悬浮物质的数据进行分析，建立特定波段辐射值与悬浮固体浓度之间的关系模型，通过反演得出悬浮固体的浓度。

遥感在监测油污染时不仅能够发现污染源、确定污染的区域范围和估算油的含量，而且通过连续监测，能够得到溢油的扩散方向和速度，预测影响的区域。

由于人类活动向水体排放的"废热"引起环境水体的增温效应而产生的污染，称为水体热污染。遥感对水体热污染的监测同样有效，目前主要的探测手段有热红外遥感和微波遥感。

3. 生态环境现状调查与监测

生态环境现状调查与监测主要包括土地覆盖监测、森林覆盖监测、草地覆盖监测和湿地资源监测等方面。例如，传统 5 年一次的一类森林调查和 10 年一次的二类森林调查存在更新周期长、历经时间长、样地易被特殊对待、数据可比性差等缺陷，难以科学、准确地评估森林资源和生态状况变化，而遥感具有宏观性、客观性、周期性、便捷性等特点，已经在森林资源清查（一类调查）和规划设计调查（二类调查）中发挥重要作用；遥感技术在草地资源调查、分类和制图中得到应用，大大地提高了草地资源调查与制图的精度，促使草地分类由定性逐渐走向定量化，可以完成草地退化监测与评估，节省了人力、物力和财力；遥感技术具有观测范围广、信息量大、获取信息快、更新周期短、节省人力物力和人为干扰因素少等诸多优势，提取湿地边界、进行湿地分类、监测湿地动态变化等成为湿地研究的有力手段。

4．城市环境现状调查与监测

城市的飞速发展带来了一系列环境问题。遥感以其快速、准确和实时地获取资源环境状况及其变化数据的优越性，成为城市环境监测的主要手段。例如，大量研究表明，利用卫星遥感影像可以获取城镇用地信息，从而揭示城市扩张的动态变化，这是监测城市扩张的有效方法，与统计数据分析方法相比更具实时性和可靠性；在热岛效应研究中，传统实地观测法的点位密度低，数据同步性和空间代表性差，要想细致地研究城市热岛的平面分布、内部结构特征尚有一定困难，遥感监测时相多、范围广、能长期连续观测，不受气候影响，可以进行大面积地表温度测定，且通过遥感手段获取的观测资料时间同步性好，随着当前高分辨率卫星热红外遥感技术的发展完善，它在城市热岛研究中发挥着越来越重要的作用；利用遥感技术对固体废物进行监测管理，即根据有关的遥感图像解译标志，定期利用高光谱和高分辨率遥感图像进行固体废物堆积的监测，包括工业、生活垃圾的堆放状况，堆放点的分布，堆放点的面积、数量等。

5．重大项目/工程遥感监测

许多重大项目/工程不仅时间长，而且波及面广，工程建设的后续影响难以预料，所以需对工程效果进行长期跟踪监测，如三峡工程、南水北调工程、青藏铁路工程、上海浦东开发区等引起的环境问题及工程建成后的环境状况令世人瞩目。

利用遥感技术进行动态、连续、准确的监视与评价辅助重大工程的规划、开展和决策，如 2008 年的北京奥运会完美落幕，遥感技术作出了重要的贡献。申奥之前，遥感技术测定北京的气象和环境数据，保障奥运会召开的时间；筹办阶段，遥感技术帮助北京进行地形规划，监控场馆建设进度及质量，制定完整的安全保卫电子信息系统；奥运会举行期间，遥感技术时刻为奥运场馆的安保、交通提供便利。在奥运召开前期，中国科学院面向北京奥运大气环境保障需求，由中国科学院主持的"北京及周边地区奥运大气环境监测和预警联合行动计划"项目，为北京市政府的大气环境保障决策提供了有力的支撑。此外在奥运会期间，中国科学院遥感所提供了青岛浒苔分布卫星遥感监测图、分析报告和奥帆赛区浒苔面积及周边海域浒苔分布、重量估算；确定浒苔灾害发源地点和时间；提供了奥帆赛区浒苔面积、密集度航空遥感高精度定量监测结果，为决策部门提供准确的数据支持和决策依据。

（二）现状评价与预测

在建立地理信息数据库的基础上，对各种环境现状（如土地利用现状、水气声渣污染现状、环境功能区分布现状、污染物处理点的分布等）进行充分研究，再结合利用 GIS 技术所获得的环境治理效益最优分析图，便可获得基于 GIS 综合分析上的环境影响评价。利用 GIS 软件可发挥点源的空间分析功能：选择属性满足条件的点以获得需要空间分析的点源，再指定缓冲区分析的范围，便可得到这类点源的影响区域，并将点源信息转变为面源的信息。依据现有的点源分布情况，确定最佳治理点的空间位置，以获得最优环境治理效能比。在环境影响评价综合分析图上叠加线信息后，可以在 GIS 系统中采用设定缓冲区的办法来得到线型污染源的分布及面积。

《生态环境状况评价技术规范》（HJ 192—2015）规定了生态环境质量指数计算公式，公式中包含林地面积、草地面积、湿地面积、耕地面积、建筑用地面积、未利用土地面积、湖泊面积、河流长度等参数。这些参数都有赖于遥感手段获取。城市环境质量评价一般采用综合指数法，即计算环境质量值（或环境质量指数）。通过遥感手段可以获取计算公式中的一些参数，如城市地形地貌、地质、土壤、植被等。

（三）成果展现

成果展现表现在二维图件和三维景观的制作。利用遥感、摄影测量和虚拟现实 VR 技术可以建立环境影响评价蓝图的动态模型，重现历史，展示未来，加强环境影响评价的宣传性。图件制作除基础性的自然地理（地形、地貌、地质、土壤、植被、水系、气象等）、社会经济（行政边界、人口密度、交通运输、市政管网、名胜古迹等）等图形制作以外，环境影响评价中专题图件，如污染源分布图、区域污染现状图、区域污染评价图、城镇布局最优设计图等均可采用 GIS 制作。

（四）信息发布与公众参与

利用计算机网络可以进行规划方案的信息发布、网上公示、意见征集和动态查询，在互联网上开展公众参与，变"闭门造车"的传统模式为多方参与、重在过程的开放模式，提高环境影响评价的法律基础和群众基础。

二、"3S"技术在环境影响评价中的应用展望

虽然 GIS、RS 和 GPS 的结合在解决城市水环境生态规划问题上显示了强大的技术优势，但目前在该领域上应用还存在很多问题有待进一步研究和解决。

（一）GIS、RS 和 GPS 一体化还有待加强

GIS、RS 和 GPS 三者集成利用，构成整体的、实时的和动态的对地观测、分析和应用的运行系统，提高了 GIS 的应用效率。但在实际的应用中，在不同阶段，实际应用中较为常见的是"3S"两两之间的集成，但是在该领域同时集成并充分发挥"3S"技术的应用实例则较少，虽然有"3S"集成的基础平台，但是平台的应用还远未达到预期的效果，怎样解决"3S"技术在城市水环境生态规划中的实际应用是未来需要努力研究的地方。

（二）加强基于"3S"技术的专业模型库研究

常规的专业研究模型已经不能满足基于"3S"技术特别是以 GIS 为核心具有较强空间特性平台研究的需要。即使已有的很多模型研究只是利用数字的高程模型，还不是真正的数字水文模型。充分利用"3S"技术的空间特性，找到专业模型的物理运行机制，更好地满足解决实际问题的需要，还有待进一步研究。

（三）利用"3S"新技术，不断进行预测、管理等新技术研究

充分分析并发掘原有技术手段无法或还没有完全发掘的历史资料所蕴含的丰富信息，为相关预测提供更充分科学和合理的依据。加强图像模拟及虚拟现实的研究，设计更为友好的人机互动界面，使更多人参与水资源管理，也是一个重要的研究课题。

综上所述，"3S"技术的最终方向在于 3 种技术的完美结合，同时满足多维空间的多尺度展示和分析功能，相信未来的"3S"技术将会在环境影响评价中有更广泛的应用。

【课后习题与训练】

1. 什么是"3S"技术？
2. 目前在环境影响评价中常用的遥感数据有哪些？
3. "3S"技术在环境影响评价中有哪些应用？

参考文献

[1] 蔡俊. 噪声污染控制工程[M]. 北京：中国环境科学出版社，2011.

[2] 崔可锐，钱家忠. 水文地质学基础[M]. 合肥：合肥工业大学出版社，2010.

[3] 冯学智，王结臣，周卫，等. "3S"技术与集成[M]. 北京：商务印书馆，2007.

[4] 冯颖竹，陈惠阳，余土元，等. 中国酸雨及其对农业生产影响的研究进展[J]. 中国农业学报，2012，28（11）：306-311.

[5] 高甲荣，齐实，丁国栋. 生态环境建设规划[M]. 北京：中国林业出版社，2009.

[6] 高廷耀，顾国维，周琪. 水污染控制工程：第四版[M]. 北京：高等教育出版社，2015.

[7] 高俊岩，王小英，毋海燕. 浅析GIS在环境影响评价中的应用[J]. 科技情报开发与经济，2005，15（17）：126-128.

[8] 高洪梅，李耀初，李朝晖. 我国危险废物环境管理与评价研究浅议[J]. 环境科学导刊，2008，27（4）：8-83.

[9] 郭颖，肖怀德，张尚宣，等. GIS技术在环境影响评价中的应用：以某钢铁厂为例[J]. 科学咨询：科技·管理，2009，20（10）：76-77.

[10] 郝吉明，马广大. 大气污染控制工程（第三版）[M]. 北京：高等教育出版社，2010.

[11] 何德文，李铌，柴立元. 环境影响评价[M]. 北京：科学出版社，2008.

[12] 何绍福，马剑，李春茂. "3S"技术发展综述[J]. 三明高等专科学校学报，2001，18（3）：50-54.

[13] 贺志勇，张肖宁，史文中. "3S"技术在公路景观环境评价中的应用初探[J]. 测绘通报，2004（9）：26-28.

[14] 环境保护部环境工程评估中心. 环境影响评价技术方法[M]. 北京：中国环境出版社，2015.

[15] 贾德峰，张翠萍，方佳. 基于GIS的生态环境影响评价建模方法初探[J]. 四川环境，2009，28（3）：58-60.

[16] 荆平. 基于 GIS 组件的环境影响评价地图系统[J]. 环境科学与技术, 2004, 27（6）: 58-60.

[17] 李博, 杨持, 林鹏. 生态学[M]. 北京: 高等教育出版社, 2000.

[18] 李淑芹, 孟宪林. 环境影响评价[M]. 北京: 化学工业出版社, 2011.

[19] 梁晓星, 汪葵, 邓喜红, 等. 环境影响评价[M]. 广州: 华南理工大学出版社, 2009.

[20] 刘宝双. 基于 RS/GIS 技术的公路景观生态风险评价研究[D]. 西安: 长安大学, 2009.

[21] 刘绮, 潘伟斌. 环境质量评价: 第二版[M]. 广州: 华南理工大学出版社, 2008.

[22] 刘晓冰. 环境影响评价: 修订版[M]. 北京: 中国环境科学出版社, 2010.

[23] 刘晓冰, 梁晓星, 郭璐璐, 等. 环境影响评价[M]. 北京: 中国环境科学出版社, 2012.

[24] 刘双跃. 安全评价[M]. 北京: 冶金工业出版社, 2010.

[25] 马太玲, 张江山. 环境影响评价（第二版）[M]. 武汉: 华中科技大学出版社, 2012.

[26] 彭天魁. 3S 技术在生态环境影响评价专题图中的应用[J]. 水力发电, 2008, 34（5）: 5-7, 31.

[27] 秦向红, 毕雪梅. GIS 与环境影响评价规划[J]. 哈尔滨师范大学自然科学学报, 2004, 20（1）: 86-89.

[28] 钱瑜. 环境影响评价: 第二版[M]. 南京: 南京大学出版社, 2012.

[29] 时志强, 蔡同锋. 环境监理在建设项目环境管理中的意义[J]. 环境科学与管理, 2014, 39（9）: 32-34.

[30] 唐华丽, 王晓红. GIS 技术在环境评价领域的应用现状[J]. 山地农业生物学报, 2008, 27（6）: 534-538.

[31] 王孟本. "生态环境"概念的起源与内涵[J]. 生态学报, 2003, 9（23）: 1911-1914.

[32] 王伟武, 王人潮, 朱利中. 基于"3S"技术的环境质量评价及其研究展望[J]. 浙江大学学报: 农业与生命科学版, 2002（5）: 578-584.

[33] 汪祖丞, 刘玲. 3S 技术在环境影响评价中的应用研究[J]. 环境科学与管理, 2009, 34（9）: 171-173.

[34] 吴吉春, 薛禹群. 地下水动力学[M]. 北京: 中国水利水电出版社, 2009.

[35] 谢彦刚, 何晓春. 环境影响评价[M]. 北京: 化学工业出版社, 2010.

[36] 姚申君, 吴健平, 易敏, 等. GIS 在环境影响评价中的应用[J]. 环境科学导刊, 2007, 26（6）: 77-80.

[37] 尹占娥. 现代遥感导论[M]. 北京: 科学出版社, 2008.

[38] 袁竞, 王希华. 基于 3S 技术的宁波市东部区域常绿阔叶林动态初步研究[J]. 华东师范大学学报: 自然科学版, 2012（4）: 142-148.

[39] 袁英贤. GIS 在环境影响评价中的应用[J]. 环境科学与管理，2007，32（4）：169-173.

[40] 张小平. 固体废物污染控制工程：第二版[M]. 北京：化学工业出版社，2010.

[41] 赵廷宁. 生态环境建设与管理[M]. 北京：中国环境科学出版社，2004.

[42] 赵金平，焦述强. 基于 GIS 技术环境影响评价的研究进展及展望[J]. 新疆地质，2004，22（4）：395-399.

[43] 中国地质调查局. 水文地质手册（第二版）[M]. 北京：地质出版社，2012.

[44] 周国强. 环境影响评价：第二版[M]. 武汉：武汉理工大学出版社，2009.

[45] 朱俊，张利鸣，浦静姣，等. 基于 GIS 的营口港总体规划生态环境影响分析[J]. 环境科学研究，2006，19（5）：142-148.

[46] 朱华，曾光明. 3S 及 VR 技术在环境规划中的应用[J]. 湖南大学学报：自然科学版，2004，31（4）：81-84.

[47] 朱世云，林春绵，何志桥，等. 环境影响评价[M]. 北京：化学工业出版社，2013.

[48] 张廷斌，唐菊兴，刘登忠. 卫星遥感图像空间分辨率适用性分析[J]. 地球科学与环境学报，2006（1）：79-82.